徳永昌弘著

20世紀ロシアの開発と環境

「バイカル問題」の政治経済学的分析

北海道大学出版会

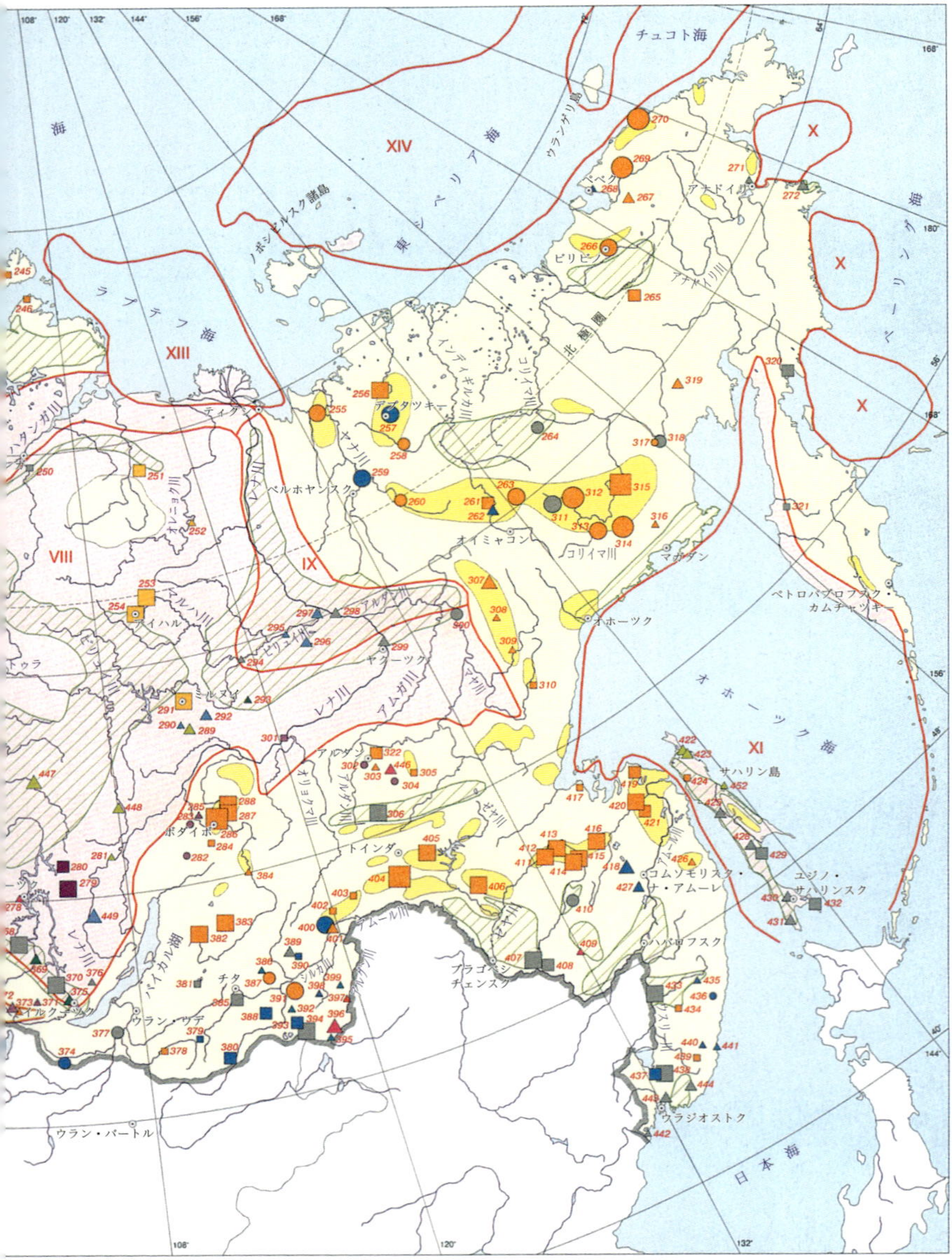

鉱物資源の種類

- レナ川・トゥングスカ川
- レナ川・ビリュイ川
- 太平洋岸(開発予定)
- オホーツク海
- バレンツ海
- ラプテフ海(開発予定)
- 北極海東部(開発予定)

燃料

- 天然ガス
- 石油(随伴ガスを含む)
- 石炭
- 油頁岩(オイルシェール)
- 放射性金属(ウラン)

金属

- 鉄鋼(鉄，クロム，チタン，マンガン)
- 非鉄金属(銅，ニッケル，鉛，亜鉛，アルミニウム)
- レアメタル(タングステン，モリブデン，錫，水銀，アンチモンほか)
- 貴金属(金，銀，プラチナ)

非金属

- 無機化学工業用原料(燐灰石，燐灰土，硫黄，ホウ素，蛍石)
- 建材用原料(アスベスト，雲母，滑石，黒鉛，マグネサイト，石膏，セメント用原料)
- 塩類(食塩，カリウム塩，マグネシウム塩)
- 貴石(ダイヤモンド)

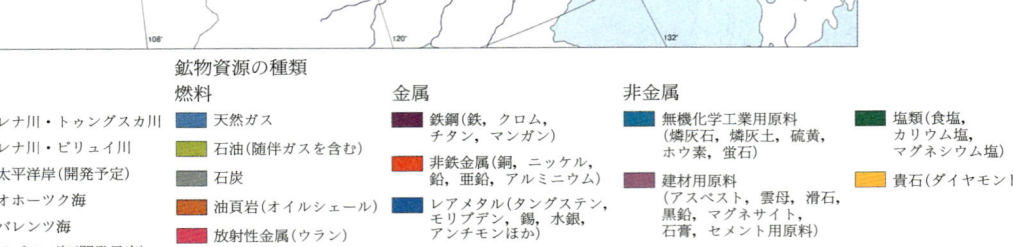

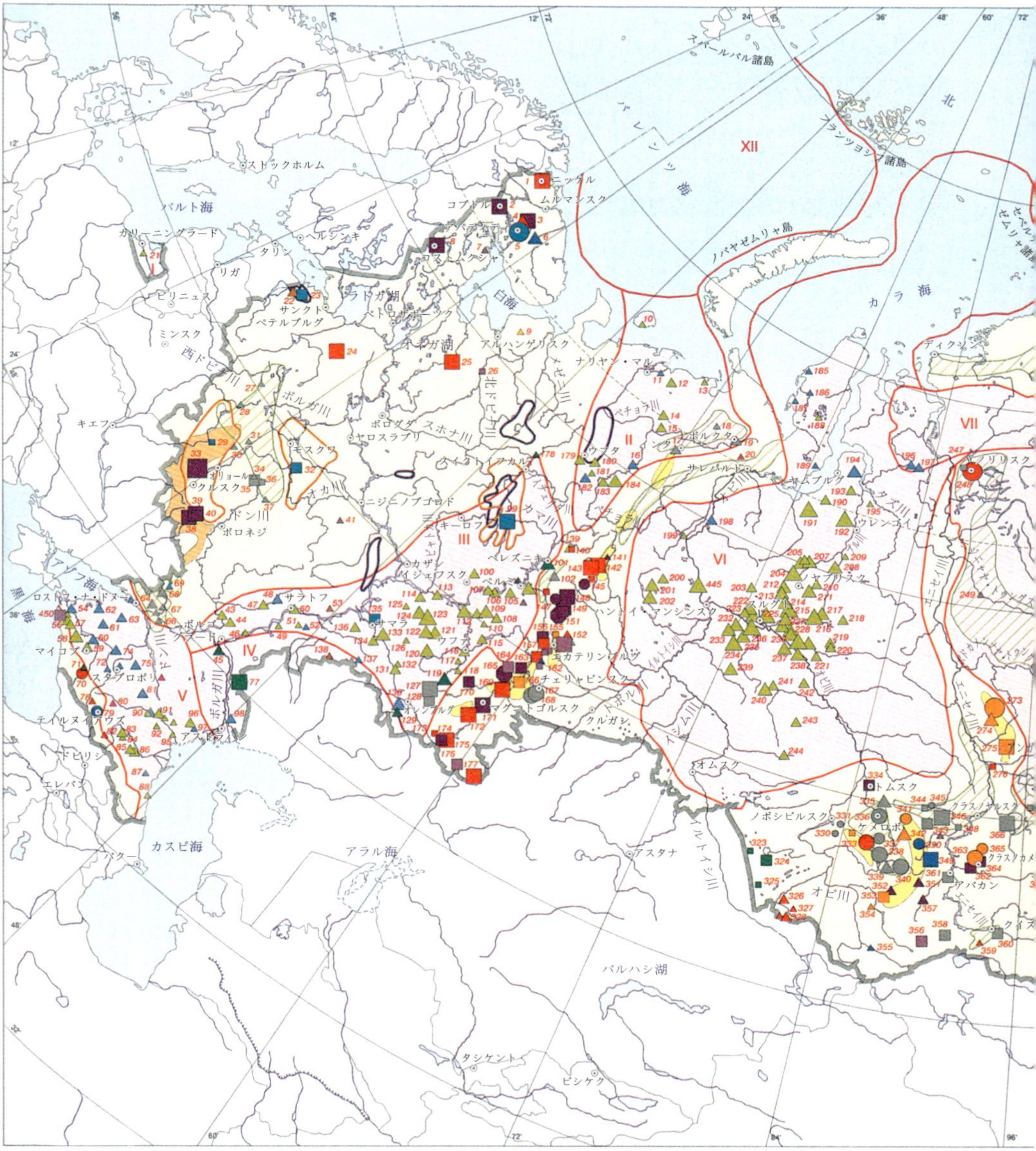

鉱業の活動状況

採掘技法

□ 露天掘り（採取，切羽，浚渫，加圧）

△ 地下掘り（縦坑，坑道，ボーリング孔）

○ 露天掘りと地下掘りの混合

地形の崩壊度

□ △ ○ 超高

□ △ ○ 高

□ △ ○ 中

□ △ ○ 低

31 主要な産地別の番号

鉱物資源の賦存状況

石炭

鉄鉱

燐鉱

頁岩（シェール）

砂金

III 石油・天然ガス（枠内のローマ数字は油田・ガス田の地区番号）

I バルト海

II ティマン・ペチョラ

III ボルガ・ウラル

IV カスピ海沿岸

V 北コーカサス

VI 西シベリア

VII エニセイ川・アナバル

口絵 1　地下資源開発に起因する地形崩壊の状況

出所）Экологический атлас России. Москва, 2002. С. 26-27.

凍土層の融解過程の主要な人為的要因

記号	サーモカルスト	熱浸食	熱的摩耗	凍裂	凍上	着氷形成	土壌流	岩塊流
	●	●	●				●	
	●	●	●	●			●	
	●	●			●		●	
	●	●		●	●		●	
	●				●			
	●			●	●	●		

記号	サーモカルスト	熱浸食	熱的摩耗	凍裂	凍上	着氷形成	土壌流	岩塊流
					●	●		
						●	●	●
	●	●			●	●	●	●
	●					●	●	
	●	●			●	●	●	

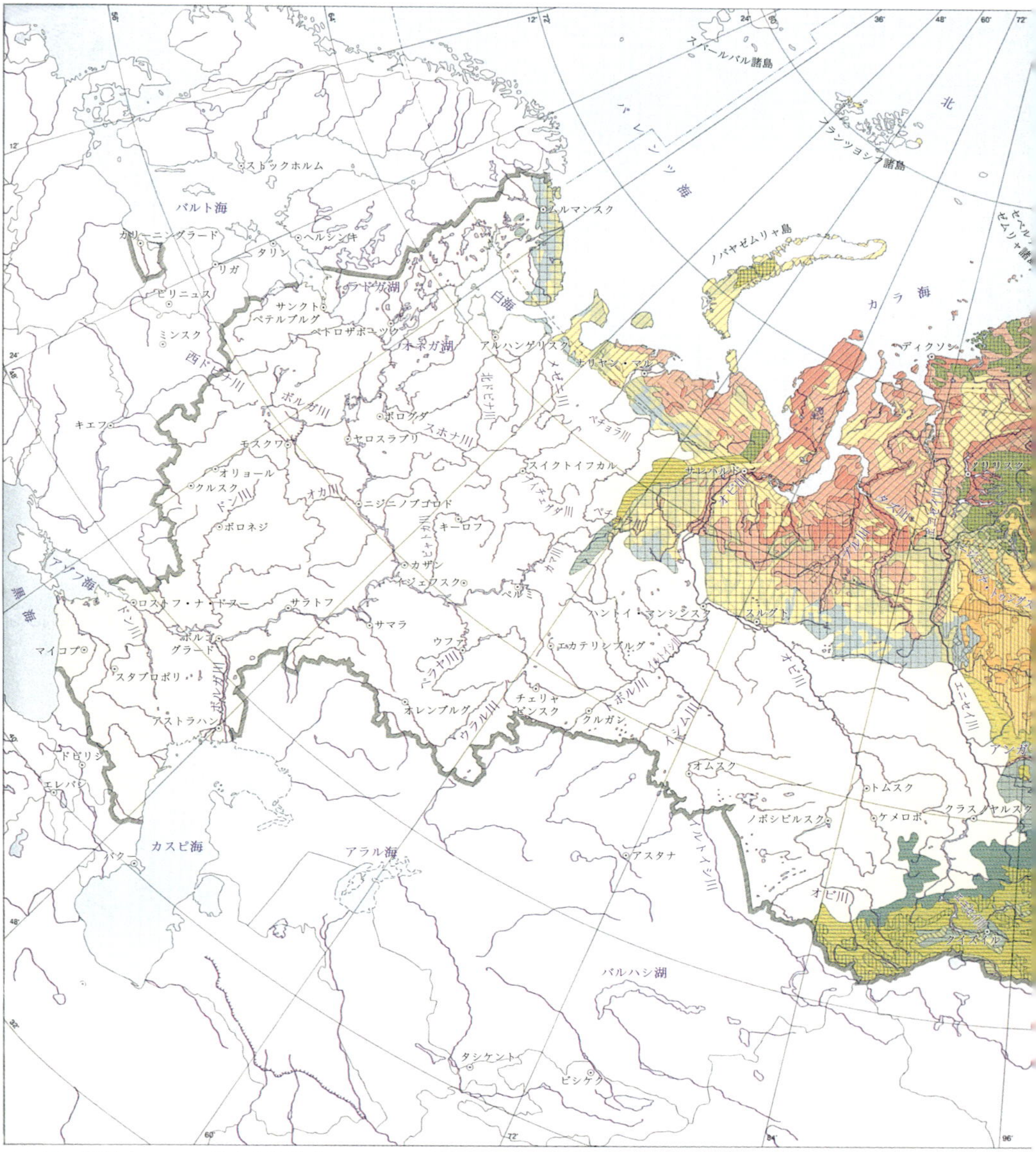

凍土層の融解プロセスの潜在的進行度

平地地帯(低地，高原，山間盆地，大峡谷)

- 弱
- 低
- 中
- 高
- 超高

山岳地帯

山地，山麓，高地	山間峡谷
弱	低
弱	中
低	中
低	高
中	高
中	超高
高	超高
	氷河

口絵2　永久凍土融解の状況

出所）Экологический атлас России. Москва, 2002. С. 50-51.

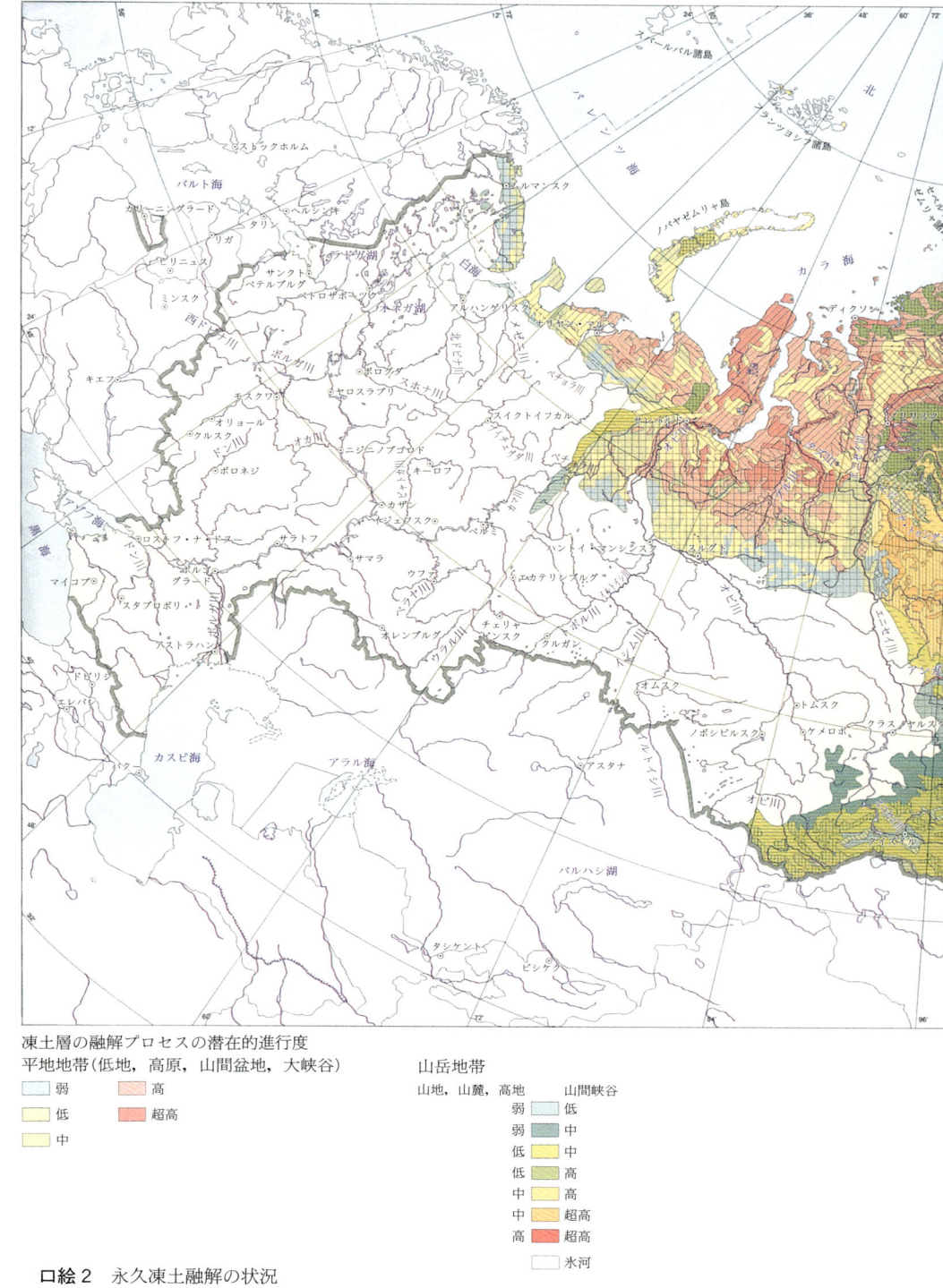

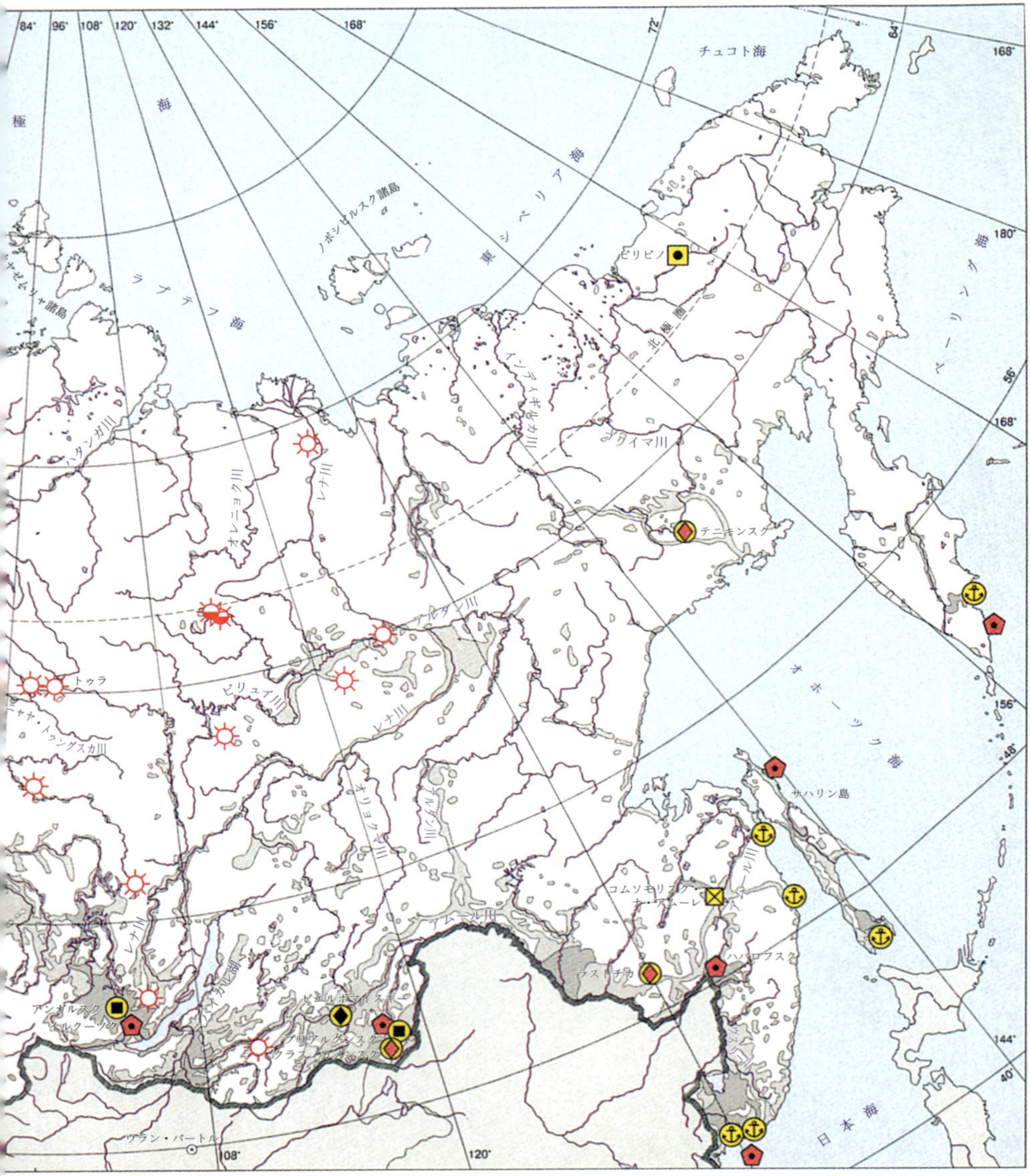

寸人口密度(人/km^2)

25 超

5 以上 25 以下

5 未満

常住者の不在地

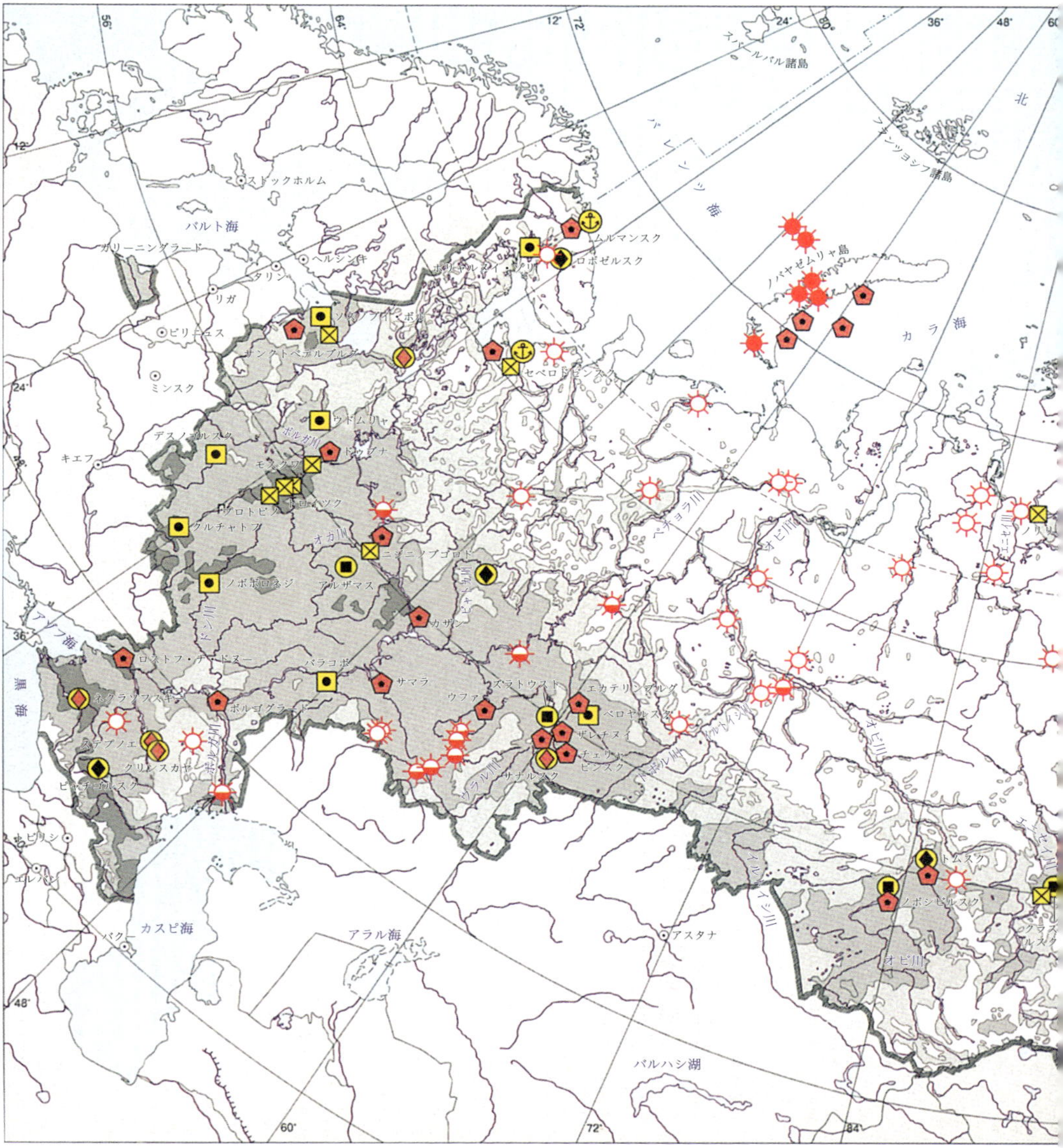

鉱物資源の探査・採掘ならびに建造物の建設を目的として行われた地下核爆発の実施地点

- 放射能汚染（基準値を上回る放射線量）が確認された産業地帯
- 閉鎖地区（放射線量は基準内）

放射性物質による環境汚染の潜在的脅威が予想される地点

- 核兵器の実験施設
- 放射性物質の埋設地
- ウラン鉱の採掘・精錬企業
- 無機化学工業の生産施設
- 放射化学工業の生産施設
- 原子力発電所
- 研究用原子炉
- 原子力艦隊の基地

口絵３　放射能汚染源の分布状況

出所）Экологический атлас России. Москва, 2002. С. 38.

目次

目　次

凡例

一　引用注と参考文献の表記は北海道大学スラブ研究センターの和文出版物の様式に準拠した。

二　引用注は章ごとに設け、同一の出典であっても章が替われば初出の表記をした。邦訳があるものについては初出時に原著の出典を併記した。

三　参考文献には本論で参照・引用した以外の文献も含まれており、テーマ別に整理した上で和文、欧文、露文の著者名・書名順に並べた。

四　外国語の和文表記は基本的に慣例に従ったが、ロシア語の地名については、筆者が「ヨーロッパ・ロシア」編の執筆陣の一人である『世界地名大事典』(朝倉書店、二〇一二年より順次刊行中)の表記を一部参考にした。

序章

一　課題と問題意識

本書の課題は、ソビエト社会主義共和国連邦(以下、ソ連と略す)と、その崩壊後のロシア連邦(以下、ロシアと略す)を対象に、公害・環境問題の見地から二〇世紀における経済開発の過程を政治経済学的な視角で分析することにある。特に、かつては「無主地」(terra nullius)と呼ばれたが、ソ連の計画経済機構の下で世界のエネルギー生産基地の一角を占めるにまで登りつめたシベリアに焦点を当て、社会主義工業化の名の下で進められた後背地の近代化プロジェクトの実像を明らかにする。ソ連経済の近代化が同国の政治経済構造に規定されていたように、その帰結として発現した公害・環境問題も政治経済的要因から無縁ではない。本書では、このような意味において公害・環境問題の政治経済学的な分析を試みる。[1]

「現存したソ連社会主義」の公害・環境問題に対する社会科学者の学術的関心は、以下の三つの研究領域で見られた。[2]第一は公害・環境問題の体制的規定をめぐる論争で、同問題が経済体制を問わず近代化一般に付随するとみなされるかどうかが議論の焦点であった。四大公害に象徴される激甚型の公害・環境問題を抱えていた日本では、それが資本主義の「体制的な災害」か否かが問われていた中で、体制的に異なるとされた社会主義諸国でも深刻な公害・環境問題が発生しているという事実に多大な関心が寄せられた。例えば、後に都留・塩野谷論争と呼ばれた一九七〇年代初頭の議論の対立点は、突きつめると公害・環境問題の原因として体制的要因を認めるかどうかに帰着する。その際、同問題の本質は体制を問わない近代化の「ひずみ現象」で、私的所有に代表される資本主義的生産関係を否定しても根本的な解決には至らないとする主張の論拠として、社会主義諸国の公害・環境問題がたびたび言及された。公害・環境問題の体制的規定をめぐる論争は他でも見られ、米国のソ連研究者マーシャル・ゴールドマン(Marshall Goldman)が提唱した「環境収斂論」(environmental convergence theories)は西欧の学界で大きな反響を巻き起こしただけでなく、ソ連共産党の機関誌でも取り上げられ、厳しく糾弾された。そこでの議論の焦点は社会主義の体制的優位の存否で、やはり公害・環境問題の体制的要因を認めるかどうかが争われた。

第二は公害・環境問題への対応局面で、社会主義諸国における公権力の環境政策と企業の環境対策の効率性が問われた。先の議論は理論系の経済学者を中心に行われたのに対し、ここでは実証的な制度分析を通じた計画経済機構の検証の一環という性格が強く、社会主義諸国を研究対象とする専門家が論争の中心にいた。その一例は、ロバート・マッキンタイアおよびジェームス・ソーントン(Robert McIntyre and James Thornton)とチャールズ・ジーグラー(Charles Ziegler)の間の論争である。市場原理を否定し、官僚組織による国家統制を是とする計画経済機構が有効な環境ガバナンスを構築できるかについて、両者は議論を交わした。今日ではほとんど顧みられないが、計画経済機構下での環境ガバナンスの構築をめぐるソ連国内の政策論争は一九六〇年代半ばに始まり、西欧の先進諸国と同様に一九七〇年代は環境政策の強化が図られた転換期である。当時の環境政策は世界的にも直接規制が主流であったため、厳格な法規制の存否は環境重視の姿勢を示す重要な判断基準であった。その実効性に疑問符が打たれ、社会主義諸国の環境ガバナンスの破綻が誰の目にも明らかになったのは一九八〇年代半ばを過ぎてからである。

第三は「現存したソ連社会主義」の崩壊前後の状況を念頭に置いた諸研究で、上述の二点とは異なり対立点や論争はなく、逆にひとつの認識を共有していた。すなわち、計画経済機構の破綻と社会主義体制下での近代化プロジェクトの失敗である。アラル海域の生態系破壊、チェルノブイリ原発事故、バイカル湖流域の環境汚染は多くの耳目を集めた事例だが、いずれもソ連社会主義の欠陥を露呈した公害・環境問題とみなされた。一九八〇年代末になると、このような見方はソ連国内でも共有された。ソ連初の環境白書と言われるソ連自然保護国家委員会の報告書(一九八九年)は、その衝撃的な内容もさることながら、国家機構の一角を占める組織が社会主義体制の破綻を環境面で認めたという歴史的事実も、これに劣らず重大である。さらに、同時期に高揚した環境保護運動は反体制運動の一助となり、バルト諸国やコーカサス地域などでは独立を要求する民族運動と結びつき、ソ連社会主義の終焉を導く政治舞台を準備したことはよく知られている。一部の東欧諸国でも、環境保護運動は体制転換を促す原動力のひとつであった。

「現存したソ連社会主義」の公害・環境問題に関する以上の先行研究は、方法論上の問題点を広く共有していた。最初に計画経済機構の採用という点で、資本主義諸国とは異なる問題発生メカニズムが想定された。とりわけ、市場原理と私企業を否定した社会主義諸国における公害・環境問題の発生メカニズムの独自性や特異性が、議論の焦点であった。次は顕在化した公害・環境問題への対応局面で、社会主義体制存立の理論的礎石を成していたマルクス・レーニン主義と、共産党一党独裁下での集権的な国家機構運営に起因する影響が検証された。ここでは環境保護運動の展開と実情も見据えながら、社会主義諸国における公権力の環境政策と企業の環境対策の実効性や効率性が問われていた。最終的に、これらの論点は社会主義体制の劣位性という結論に行き着くわけだが、資本主義体制との比較を暗黙の是とする議論の枠組みは、いくつかの点で重大な欠陥を内包していた。

何よりも「現存したソ連社会主義」に関する歴史研究は、社会主義体制を支えていた諸制度の法定(*de jure*)と実態(*de facto*)の相貌の乖離を明らかにしている[(3)]。特に、計画経済機構は「不足の経済」(shortage economy)を常態化させたために、各企業は公の資源配分計画の枠外で独自の資源調達を余儀なくされ、そこに非公式な市場経済の要素と企業管理者の裁量の余地が存在したと言われる。洋の東西を問わず、公害・環境問題が企業活動における資源投入のあり方に大きく左右される以上、計画経済機構の形式面に囚われた議論は実態を見誤るおそれがある。さらに、今日まで論争は続いているが、「現存したソ連社会主義」を全体主義と捉えることに異議を唱え、集権的ではあっても国家の意思は必ずしも一元的でなく、多元的な利害関係者の存在と、その利害調整の過程を重視する見方（集権的多元主義）がある。(4) 地域開発政策や環境政策をめぐり、各地域・産業部門間の意見対立が表面化した事例は早くから知られており、本書が事例研究として取り上げるバイカル湖流域の環境汚染のケースでは、汚染源の企業活動の是非に関する膨大な量の意見書、陳情書、書簡、議事録を収録したソ連国家計画委員会の公文書の存在が、(5) 多様な利害表明と意見調整の機会が存した可能性を示唆している。一般に全体主義の議論では、ソ連崩壊に至る社会変動の過程を説明できないと批判されるが、(6) その中で一定の役割を果たしていた環境保護運動の展開も全体主義の枠組みでは捉えきれないであろう。また、体制転換後のロシアでは、末端の社会規範から企業構造・行動、そして権力機構のあり方に至るまで、ソ連社会からの惰性ないし連続性が見られるとたびたび指摘されてきた。ジョナサン・オルドフィールド（Jonathan Oldfield）が強調するように、少なくとも一九九〇年代のロシアの環境ガバナンスはソ連末期の法体系に基づき整備され、自然環境の概念的把握にはソ連知識人の残した知的遺産が継承されている。(7) そして、二〇〇〇年代の環境行政は、資源開発の管轄省庁が同時に環境保全の機能も担うという点で、ソ連時代に逆戻りした感さえあった。以上の諸点は、簡潔に述べれば、経済体制に関する資本主義と社会主義の二元論的な思考回路を前提とするかぎり、(8)「現存したソ連社会主義」の公害・環境問題の実態把握と理論的解釈は十分に行えないことを示している。

二　分析の枠組み・手法・アプローチ

これまでの先行研究の成果と議論の到達点を踏まえて、「現存したソ連社会主義」の公害・環境問題を政治経済学的に検証するにあたり、以下で述べる実証分析の枠組み・手法・アプローチを本書では用いる。

まず、実証分析の枠組みとして「現存したソ連社会主義」を近代化の側面で捉え、その帰結として公害・環境問題を理解する。ソ連の「社会主義プロジェクト」は、一時的ではあれ資本主義に対抗する代替的な近代化戦略としての地位を確立した一方で、最終的には「モダニティの欠陥プロジェクト」として葬られた。[9]「欠陥」のひとつが公害・環境問題であることは、現在では疑う余地のない史実であろう。近代化された工業社会の一種としてソ連を捉えようとする試みは、ソ連研究の分野では主流と言えないが、[10]公害・環境問題の発生が経済主体の活動に起因し、当該国の近代化路線と密接に結びついている以上、その「特異な近代化」[11]の推進過程の解明は不可欠である。他方、一九八〇年代末以降の資本主義化は近代化プロジェクトの再起動と言え、その過程で公害・環境問題の解決が試みられてきた。さらに、分析の枠組みとして近代化に焦点を当てることは、次に述べる分析手法の発見にも繋がる。

一九八〇年代半ばに欧州で誕生した「エコロジー近代化」(ecological modernization) と呼ばれる環境研究の新領域は、各国の環境ガバナンスの比較研究に有用な分析手法を編み出してきた。エコロジー近代化とは、簡潔に述べれば、経済成長と環境負荷の持続的なデカップリングや環境負荷の絶対的減少を導く政治・経済・社会のあり方を探ろうとする試みである。先進国で成功した環境政策の事例研究から始まったエコロジー近代化の議論は、現在では途上国や新興国の分析にも適用され、各国で異なる政治・経済・社会的条件下で環境ガバナンスの発展を考えるための議論の枠組みを提供している。一般に社会主義諸国の環境ガバナンスは独自の特徴を備え、そのことが公害・環境問題の生成と変化に大きく影響したと考えられている。他方で、市場経済機構の導入は環境ガバナンスの大幅な見直しを要請する。最大の課題は環境政策における直接規制から間接規制への転換で、企業改革と連動しながら、行政的手法だけでなく経済的手法も取り入れた制度設計を必要とする。エコロジー近代化の研究手法は、経済成長と環境負荷の関係の定量的分析に加え、環境ガバナンスの展開に関する記述的・質的な検証を可能とする点で大きな利点を有している。

社会主義諸国の公害・環境問題に関する実証的な事例研究が積み重ねられる中で提起された問題は、その地域的な多様性をどのように理解するかである。公害・環境問題は本来的に局地的な性格を有し、公権力による地域経済開発と密接に結びついていることから、ソ連の公害・環境問題も「地域分析の形式で」「各々の空間的文脈において」捉える必要がある。(12) 換言すれば、地域研究の一環として公害・環境問題の生成と変化の過程を検証することが求められる。そこで、本書の第II部では、ソ連の公害・環境問題の代表的事例として内外で注目されたシベリアのバイカル湖流域の環境汚染を取り上げ、地域研究のアプローチで政治経済学的な分析を試みる。社会主義近代化プロジェクトの重点地域であったシベリアは、計画経済機構の下で「無主地」の後背地から世界有数の資源産出地域へと大きく変貌した。その過程で環境破壊・汚染が急速に進行し、特にバイカル湖周辺は深刻な汚染地域のひとつと認定されている。そのため、当地を事例とした先行研究は多数に上るが、その大半は環境汚染の実態究明に傾注しており、政治経済学的な分析は少ない。ソ連崩壊前後に公開された公文書で確認すると、事実経過を誤認したケースも見受けられる。公害・環境問題の発生から現在に至るまでの通史的な事例研究には地域研究のアプローチが最も適しており、「現存したソ連社会主義」の公害・環境問題に特有の動態的経路や、その体制転換前後の連続性と非連続性などの解明にも繋がるであろう。

以上の実証分析の枠組み・手法・アプローチを整理した概念図が図序-1である。その上で、本書の理論上の位置づけを明確にするために、さらに次の三点をあらかじめ指摘しておきたい。

第一に「現存したソ連社会主義」の公害・環境問題は、独自の近代化路線(社会主義工業化)の過程で発生し、そのメカニズムはソ連の政治経済システムのあり方に規定されていたと考える。ただし、体制的規定から出発して演繹的に独自性や特異性を導くのではなく、史実に基づく帰納的な手法で解明を試みる。換言すれば、本書は

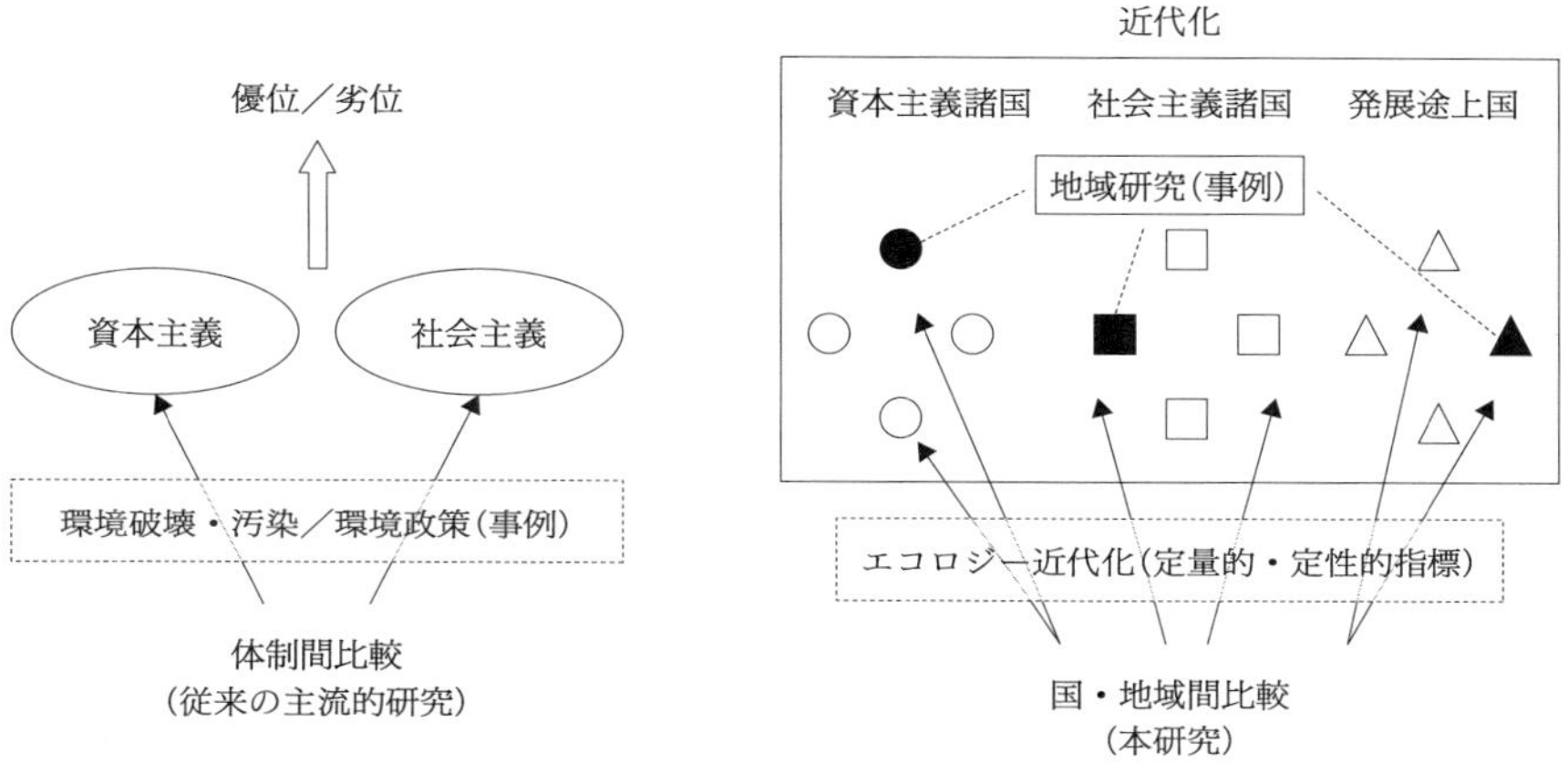

図序-1　本書の分析枠組み・手法・アプローチ

注）1980年代末の世界情勢を想定した概念図である。
出所）筆者作成。

社会主義体制の公害・環境問題の研究ではなく、同問題の見地からソ連の政治経済システムに特有の構造的要因を解き明かそうとする歴史研究である。その際、公害・環境問題に関する体制間比較の手法は否定されるが、社会主義諸国同士を含む国別・地域間比較はむしろ有用と考える。それは類型化を意図しているわけではなく、実証的な比較分析を通して、各国・地域に一貫する共通性と各々に備わる独自性を検出できるからである。

第二に一九八〇年代末から始まる市場経済機構の導入は近代化の再起動と位置づけられるため、ソ連からロシアへの体制転換に伴う非連続性に留意しながら、公害・環境問題の動態を連続的に理解する[13]。この点は、先に否定した同時点での二元論的な体制間比較に加え、異時点での体制間比較の否定も意図している。体制的規定の枠組みに縛られないエコロジー近代化論は、公害・環境問題に対する社会全体の取り組みを環境ガバナンスとして把握することで、その比較分析だけでなく、特定の領域を対象にした時系列分析も可能にする。実際、体制転換後のロシアの環境ガバナンスは、ソ連時代にさかのぼらねば十分に理解できず、そこに体制的規定を持ち込むことは事態の単線的理解を生む。現在は過去を映す鏡であり、体制転換後のロシア研究は、ソ連研究の深化をもたらす導きの糸と言えよう。そのかぎりで、本書中のロシアに関する記述は最新の現状分析ではなく、歴史研究の一部である。

第三に公害・環境問題の生成と変化の過程を明らかにする上で、地域研究は優れたアプローチである。一般に公害・環境問題は領域的に限定されるため、個別の近代化プロジェクトを端緒とする事例研究として取り上げることで、具体的な因果関係の解明が期待される。そもそも、公害・環境問題は地域性を強く帯びている。すなわち、環境破壊や環境汚染の発現形態は地域で大きく異なり、そこでは政治経済学的な力学が働いている。本書の事例研究に即して言えば、「なぜバイカルか」という問いかけが求められ、その回答を通じてこそソ連の「社会主義プロジェクト」と公害・環境問題の関係性は明確にされる。同問題の地域性に焦点を当てることは、環境政策の面でも重要である。大規模な企業移転を含む都市整備計画と連動した一九五〇年代以降のモスクワの大気汚染対策は、ソ連における数少ない環境政策の成功例として知られるが、そこに中央と地方の間の構造的格差や空間的な位階構成を見出すことは難しくない。しかしながら、体制論を実証分析の基本的枠組みとする既存研究では、ほとんど不問に付されてきた点である。ソ連崩壊により、アラル海域の生態系破壊(主にカザフスタンとウズベキスタン)、チェルノブイリ原発事故(同ウクライナとベラルーシ)、セミパラチンスクの放射能汚染(同カザフスタン)など、破局的な部類に属する負の遺産の多くがロシアから事実上切り離されたことは、その後の各国の環境政策の内容と費用負担に大きな影響を与えたが、この点も公害・環境問題に見られる地域性の問題の重要性を示唆している。

以上、多くの先行研究が暗黙の了解としていた体制論の枠組みではなく、ソ連の政治経済システムの構造的要件に規定された近代化プロジェクトに関する歴史研究として、本書は「現存したソ連社会主義」の公害・環境問題の実証分析に取り組む。体制転換後に近代化プロジェクトは新装され、現在も進行中である。二〇〇八年五月に就任したメドベージェフ大統領(現首相)が改革のスローガンとしてロシアの政治経済の近代化を掲げたことは記憶に新しく、また示唆に富むキーワードであった(14)。こうした新たな近代化の過程で過去の公害・環境問題の清算が図られる一方で、市場経済機構の導入に伴い、新たな公害・環境問題が日々生まれている。その適例は自動車公害や廃棄物問題であろう。このように近代化を中心に据えた分析枠組みで公害・環境問題の研究に取り組むことで、過去から現在までを連続的に捉えることができる。

三　本書の構成

本書は第I部と第II部で構成される。第I部では、「現存したソ連社会主義」の公害・環境問題に関する先行研究の批判的検討を経て、同問題の趨勢を近代化論の枠組みで概観した後に、社会主義工業化の一環として大規模な近代化プロジェクトが実施されたシベリアに焦点を当て、その長期的な発展過程を開発と環境の両面から検証する。続いて、第II部では、シベリア南部のバイカル湖流域の環境汚染を取り上げる。その実態を確認しながら、最大の汚染源として設立当初から批判され、数十年にわたり操業の是非が論じられてきたバイカリスクセルロース・製紙コンビナート(以下、バイカリスク工場と略す)の動向を中心に検討する。

第I部第一章は、実証分析に先立ち、ソ連の公害・環境問題の解釈をめぐり交わされた議論のポイントを整理しながら、その意義と限界を明らかにする。論点は所有関係から経済制度の効率性に移りつつも、公害・環境問題で経済体制間の優劣を認めないとする環境収斂論の是非が最大の焦点であった。一連の論争は、日本では経済体制論アプローチと呼ばれる環境経済論の手法に結実した。その内容を批判的に検討することで、以下に続く実証分析の枠組みを提示することが本章の目的である。

第二章では、ロシアの公害・環境問題に関する実態究明の成果を踏まえながら、一九八〇年代末から公開中の政府環境白書・統計類や国際機関の報告書に依拠して、社会主義近代化プロジェクトが環境面で残した爪痕を明らかにする。特に、第四章以降で詳述するシベリアを重点的に取り上げ、資源開発に基づく社会主義工業化の環境面での帰結を確認する。また、負の遺産の清算と回復が図られるという点で体制転換後の動向も重要であるため、ソ連崩壊前後の連続性と非連続性の両面に留意しながら併せて検討する。

第三章では、エコロジー近代化論が提起した環境ガバナンスの比較研究の分析手法に基づいて、一九六〇年代以降のロシアの環境ガバナンスの長期的展開を検証し、その特徴と問題点を析出する。経済成長と環境負荷のデカップリングのモデル分析に続いて、環境行政を司る政府機関だけでなく、企業、環境ＮＧＯ、マスメディア、研究・教育機関、一般市民なども関与する広義の環境ガバナンスのあり方を検討の対象とする。ここでも体制転換前後の連続性と非連続性に留意して、近代化プロジェクトの制御という点でロシアの環境ガバナンスが果たしてきた役割を評価する。

続いて、第四章からはシベリアを対象とした地域研究に入り、長らくロシアの後背地であった当地が社会主義工業化を通じて急速に経済成長する一方で、深刻な環境破壊・汚染を招くことになった地域経済開発の過程を検証する。本章では、社会主義工業化の名の下で推進されたシベリア開発の史的展開を解明するため、ソ連崩壊前後に公表された公文書・統計類に依拠して、シベリア経済の長期的な発展過程を史実とともに確認する。地域統計資料に加え、各事業所の立地先が明記された企業総覧を活用することで、シベリア開発の地域的展開の実態を明らかにした上で、その理解を深めるために「面状の工業化」と「点状の工業化」という概念を提起する。

第Ⅱ部第五章は前章の議論を引き継ぎ、後背地シベリアの中でも工業化が遅れていた東シベリアの近代化に大きく寄与したとされるアンガラ川流域開発に焦点を当てる。戦後ソ連における近代化プロジェクトの中で最大級の規模を誇ると同時に、現代のロシア経済の展望を占う上で極めて重要な東シベリア・太平洋パイプライン建設プロジェクトの基点となった地域経済開発である(15)。本章では、一九五〇年代から本格化したアンガラ川流域開発でロシア有数の工業地域へと変貌した一方で、産業公害では最悪の地域に分類されるイルクーツク州の工業化の展開を中心に考察する。次章以降で詳述するバイカリスク工場はイルクーツク州南部に位置し、アンガラ川流域開発の一環として建設された企業である。第四章で提起した「面状の工業化」と「点状の工業化」の概念を用いて、アンガラ川流域開発の実像を描写することが本章の狙いである。

第六章から第八章までは、ソ連における公害・環境問題の嚆矢と言われるバイカル湖流域の環境汚染の事例研究を行う。本事例は一九六〇年代半ばの公開論争を通じて内外に周知され、公害・環境問題をソ連で最上位の政治議題にまで引き上げたことで知られる(「バイカル問題」)。第六章では、アンガラ川流域開発の過程でバイカリスク工場の建設計画が登場した歴史的経緯を概観した後に、同工場の建設をめぐる国内の意見対立を経て、最終的にソ連国家計画委員会主催の合同会議(一九六六年七月)で計画推進に向けた政治決着が図られ、バイカル湖流域の公害・環境問題が歴史的に生成された過程を追究する。後に環境汚染を惹き起こす企業の立地過程に深く関わる開発計画の動向と発想に配慮しつつ、ソ連における公害・環境問題の代表的事例としてバイカル湖流域がクローズアップされるまでの動きを検討する。

第七章では、一九六六年冬のバイカリスク工場の操業直後からバイカル湖流域の環境汚染が報告され、公害・環境問題の重要性が政治的に認知される過程で、一九六〇年代末頃から環境政策の体系化と強化が図られてきたにもかかわらず、「バイカル問題」が解決に向かわず、むしろ深く根を下ろすことになった開発と環境のジレンマの深化の過程を検証する。同時期の環境政策は公害・環境問題の技術的解決を指向し、社会主義工業化に基づく近代化の更なる推進を展望していた。経済開発と環境保護を一体化して進めるという方針は、西欧諸国に先駆けてエコロジー近代化の発想を先取りしていたと言えるが、その未熟な試みは失敗に終わる。慢性化した開発と環境のジレンマは、独自の近代化路線としての社会主義工業化に見出していた体制的な優位性を徐々に掘り崩し、一九八〇年代末のペレストロイカを迎えて社会主義近代化プロジェクトの破綻は白日の下に晒されることになった。

第八章は、近代化路線と環境ガバナンスの根本的な転換が図られたペレストロイカ以降の時期を取り上げる。バイカル湖流域の事例では、一九八七年にバイカリスク工場が生産停止と事業転換を命じられたことに象徴されるように、ペレストロイカは環境政策の抜本的な変革を公言した。さらに、資源開発を軸とした開発路線の是正、環境保護運動の台頭、地方政府機関の裁量権の拡大などの動きも顕在化し、いわばエコロジー近代化の理想像に近い姿が現れていた。しかし、エコロジー近代化が同時に要請する市場経済機構の浸透は、国家の統制力の低下と企業の自然発生的な民営化を招き、バイカリスク工場の事業転換命令が事実上反故にされるなど、バイカル湖流域の公害・環境問題は混迷の度を深めていく。ロシアの資本主義化はバイカリスク工場の再生に繋がる機会を提供するかに見えたが、グローバル金融危機の余波で工場は二〇〇八年秋に生産停止と破産措置に追い込まれ、四〇余年に及んだ事業は一度幕を下ろした。バイカリスク工場に引導を渡したのは政府の環境政策でも環境保護運動の取り組みでもなく、市場原理の下で企業の盛衰を決する資本主義経済の論理であった。本章では、バイカル湖流域の公害・環境問題の事例研究を通して、資本主義化という近代化プロジェクトの再起動によって開発と環境のジレンマの解消を目指そうとした試みと、その今日までの帰結が明らかにされる。

以上を踏まえて、終章で本論を総括し、論証された内容に基づいて二〇世紀ロシアの開発と環境の政治経済学について再考しながら、移行経済論と環境経済論の理論的発展に寄与すると考えられる論点を最後に提示する。

(1) 公害・環境問題の政治経済学は都留重人が提起し、宮本憲一や寺西俊一などによる実証研究の蓄積を通じて、分析の理論的枠組みとして深められてきた(都留重人『公害の政治経済学』岩波書店、一九七二年、宮本憲一『環境経済学』岩波書店、一九八九年(初版)・二〇〇七年(新版)、寺西俊一『地球環境問題の政治経済学』東洋経済新報社、一九九二年、除本理史、大島堅一、上園昌武『環境の政治経済学』ミネルヴァ書房、二〇一〇年、吉田文和『環境経済学講義』岩波書店、二〇一〇年他)。その成果と課題については、後述の第一章四を参照。

(2) 以下で扱う先行研究については、次章以降で詳述する。そのため、ここでは必要最低限の文献参照にとどめる。

(3) 具体的な事例の紹介は、溝端佐登史「体制転換と国家社会主義の遺産」デービッド・レーン(溝端佐登史、林裕明、小西豊著訳)『国家社会主義の興亡——体制転換の政治経済学』明石書店、二〇〇七年、三五六—三九一頁を参照。

(4) Alec Nove, *The Soviet Economic System*, 2nd ed. (London, Boston: Allen & Unwin, 1980)[アレック・ノーヴ(大野喜久之輔、家本博一、吉井昌彦訳)『ソ連の経済システム』晃洋書房、一九八六年、五九—八六頁]

(5) その一部は公開され、Экология и власть, 1917-1990. Документы. Москва, 1999. С. 133-137, 229-231 に収録されている。

(6) レーン『国家社会主義の興亡』二三三—二六〇頁。

(7) Jonathan D. Oldfield, *Russian Nature: Exploring the Environmental Consequences of Societal Change* (Aldershot: Ashgate, 2005), pp. 65-91.

(8) 資本主義と社会主義の二元論を前提とした旧来の比較経済学に対する批判は、Suleiman (Solomon) I. Cohen, *Economic Systems Analysis and Policies: Explaining Global Differences, Transitions and Developments* (Hampshire: Palgrave Macmillan, 2007)[スレイマン・コーヘン(溝端佐登史、岩﨑一郎、雲和広、徳永昌弘監訳　比較経済研究会訳)『国際比較の経済学——グローバル経済の構造と多様性』ＮＴＴ出版、二〇一二年、三—二二頁]; Simeon Djankov, Edward Glaeser, Rafael La Porta, Florencio Lopez-de-Silanes and Andrei Shleifer, "The New Comparative Economics," *Journal of Comparative Economics* 31:4 (2003), pp. 595-619 などを参照。これに対し、Josef C. Brada, "The New Comparative Economics versus the Old: Less Is More but Is It Enough?," *European Journal of Comparative Economics* 6:1 (2009), pp. 3-15[ジョゼフ・ブラダ(岩﨑一郎、堀江典生、樋渡雅人訳)「比較経済学の『新』と『旧』——比較経済研究のこれからを問い直す五つの命題」『比較経済研究』第四八巻第二号、二〇一一年、一—一一頁]は、「旧」比較経済学の分析枠組みや実証研究の成果から学ぶべき点は今日でも多いと述べている。

(9) レーン『国家社会主義の興亡』四二—七八頁。

(10) David Lane, *Soviet Society under Perestroika* (Boston: Unwin Hyman, 1990), p. xiii.

(11) 塩川伸明『現存した社会主義——リヴァイアサンの素顔』勁草書房、一九九九年、二九三—三四一頁。

(12) Philip R. Pryde, ed., *Environmental Resources and Constraints in the Former Soviet Republics* (Boulder: Westview Press, 1995), p. vii.

(13) ロシア史研究の泰斗エレーヌ・カレール=ダンコース(Hélène Carrère d'Encausse)は、単に「ロシアは特異であり、決して自由や民主主義には適合しない」と捉えるのではなく、近代化を目指すロシアの道が他所よりも格段に困難なことを踏まえながら、ロシアの置かれた実情を理解すべきであると述べている(Hélène Carrère d'Encausse, *La Russie inachevée*

(Paris: Fayard, 2000)［エレーヌ・カレール＝ダンコース（谷口侑訳）『未完のロシア――一〇世紀から今日まで』藤原書店、二〇〇八年、二三頁］)。

(14) ロシアの近代化をめぐるメドベージェフ自身の発言の内容と変化については、上野俊彦「メドヴェージェフ『近代化』論の政治的含意」『平成二二年度ロシア研究会中間報告書「ロシアにおけるエネルギー・環境・近代化」』日本国際問題研究所、二〇一一年三月、八七―九三頁を参照。エネルギー問題を含む経済分野の近代化の目指すべき方向性、歴史的背景、内在的矛盾などをめぐる議論については、溝端佐登史「ロシア経済における近代化」同上書、一―二四頁、左治木吾郎「メドベージェフ政権と『経済の近代化』――その位置づけと評価をめぐって」『ロシア・ユーラシアの経済と社会』二〇一一年二月号、一四―三二頁、Pavel K. Baev, "Russia Abandons the 'Energy Super-power' Idea but Lacks Energy for 'Modernisation'," *Strategic Analysis* 34:6 (2010), pp. 885-896; Walter Laqueur, "Moscow's Modernization Dilemma: Is Russia Charting a New Foreign Policy?," *Foreign Affairs* 89:6 (2010), pp. 153-160; *Гонтмахер Е.* Российская модернизация: институциональные ловушки и цивилизационные ориентиры // Мировая экономика и международные отношения. 2010. № 10. С. 3-11 などが挙げられる。

(15) 本プロジェクトの概要については、伊藤庄一『北東アジアのエネルギー国際関係』東洋書店、二〇〇九年、本村真澄「ロシアから極東向けパイプラインが始動する」『石油・天然ガスレビュー』第四四巻第四号、二〇一〇年、一七―三六頁、劉旭「東シベリア～太平洋石油パイプライン建設と資源開発――建設開始から正式稼働開始まで」『スラヴ研究』第五七巻、二〇一〇年、一五七―一七七頁などを参照。

第Ⅰ部

第一章　公害・環境問題と経済体制

――社会主義国ソ連の「公害」論争を振り返って

はじめに

環境庁編『環境白書（総説）』（平成四年版）は、社会主義諸国の公害・環境問題を取り上げ、資本主義諸国に劣らず深刻な様相を呈していた状況を概観した後に、その原因を次の五点にまとめた。すなわち、生産の増大を至上命令とする中央集権的な計画経済機構の下で、①自然環境の保護は各企業の業績とみなされず、②環境アセスメントを含む公害防止対策が軽視されたため、③非効率かつ公害発生型の産業活動が許容され、④石炭・石油や工業・農業用水の価格が政策的に極めて低く設定されたことから、資源浪費型の経済構造となり、⑤民主化も後れていたために環境保護運動が表面化せず、事後的な改善策さえなおざりにされていた。[1] ここでは、公害・環境問題との関わりにおいて、中央集権的な計画経済機構がいかに非効率で（①、③、④）、抑止力を欠いていたか（②、⑤）を強調している。社会主義諸国の公害・環境問題を扱う昨今の研究の中で、この点に異を唱えるものはないであろうが、計画経済の非効率性と官僚制の弊害を問題点として指摘するだけでは、社会主義諸国の経済システムは非効率で国家機関は肥大化していたため、公害・環境問題でも同様の悪影響が働いていたという二段論法にとどまり、その発生メカニズムと変化のダイナミズムを積極的に提示しうるとは言いがたい。さらに、上記の五点が社会主義諸国に独自の特徴であるとするならば、「反証の否定」の検証として、それらが資本主義諸国では本来的に見出せないことを示さなければならない。しかし、自然環境を軽視した公害発生型の産業活動が許されていたという点は①、②、③、少なくとも高度経済成長期の資本主義諸国にも当てはまるであろう。

そもそも公害・環境問題は、資本主義諸国で戦後の高度経済成長期に顕在化した社会問題である。いわゆる「市場の失敗」の一形態とみなす外部不経済論、私企業(営利企業)の利潤獲得原理に起因する社会的費用の不払いや環境破壊・汚染による損失と補償の金銭的評価を試みる社会的費用論、資本主義体制の社会構造を批判的に分析する経済体制論など、従来の経済学ないし政治経済学の枠内で考察する立場から、近代科学批判を出発点とする環境倫理学や経済学に熱力学の法則を適用するエントロピー論など、自然環境を経済の与件とする思考を否定し、価値観を転換して新しい学問体系の創出を目指そうとする動きまで、公害・環境問題の解釈は多岐に及ぶ。その際、念頭に置かれる事象は、地域的には資本主義諸国が圧倒しており、情報公開が制約されていた社会主義諸国の公害・環境問題が本格的な議論の俎上に載せられるのは、それ以前に先駆的な業績が見られたとはいえ[2]、一九八〇年代半ばからである。

そのため、社会主義諸国の実態が断片的にしか捉えられなかった時代には、その公害・環境問題に対する評価は、当時の資本主義諸国で深刻化していた環境破壊・汚染についての見方を裏返したに過ぎない傾向が強かった。つまり、公害・環境問題を経済成長一般の産物と考えれば、経済体制に関わりなく近代化の過程で発生し、そうではなく、それは資本主義体制に強く規定されているとみなせば、社会主義体制の下では克服されうるという議論である。それでも、社会主義諸国が自国内の環境汚染の存在を公式に認め、新聞を中心とするマスメディアに告発調の記事が掲載されると、それらを頼りにした実証的な研究が始まり、中央集権的な計画経済機構に固有の問題点を析出する試みがなされた。

こうした研究の成果と併せて、社会主義体制の崩壊に至る過程で国家権力の弱体化が情報の遺漏や公開をもたらし、公害・環境問題の実態が白日の下に晒されると、「現象している問題は程度の差こそあれ資本主義的工業化の諸結果と同じである」[3]という認識が浸透し、「…資本主義体制論からだけ説明する公害論の定義にたいしては、社会主義国の公害の現実をみれば批判がでてくるのは当然であろう」[4]と言われるまでになった。とはいえ、社会主義陣営が健在であった時期には、社会主義体制は資本主義体制のオルタナティブ(対抗軸)と認識されていたため、双方の公害・環境問題はもっぱら経済体制論の枠内で議論されていた。体制論に基づく二分法は、社会主義から資本主義への体制転換を経た今日でも根強い。各々の体制的欠陥から公害・環境問題の特徴を引き出すか[5]、あらかじめ定義づけられた体制論の文脈の中で個々の事例を読み解いていく傾向が見られる。[6]

そこで、以下では公害・環境問題と経済体制に関する議論の検証を通じて、次章からの実証研究で追究される論点と分析枠組みをあらかじめ提示したい。本章の課題は次の三点である。第一に、公害・環境問題の体制的規定をめぐる論争の展開を整理し、その中で経済体制という概念がどのように把握され、論争を通じていかなる変化を遂げてきたかという点を明らかにする。第二に、社会主義諸国の公害・環境問題にアプローチする手法を検討する作業の一環として、体制論の妥当性を批判的に検討することで、いわゆる経済体制論アプローチの意義と限界について考える。第三に、以上の議論と先行研究の成果を踏まえて、「現存したソ連社会主義」の公害・環境問題の政治経済学的な検証に有用な分析枠組みを提起する。

一　公害・環境問題の体制的規定をめぐる論争

戦後復興を終えて高度経済成長の時期を迎えていた一九六〇年代の日本は、世界に類例のない激甚型の産業公害に直面し、「公害列島」とまで呼ばれる事態に直面していた。深刻化する健康被害を目の前にして、それまでは事態を楽観視してきた政府も、一九六〇年代後半には本腰を入れて公害対策に取り組まざるを得なくなった。

この時期に、公害の実態と原因を明らかにしたいくつかの先駆的な業績が見られた。四大公害を筆頭に、各地で頻発していた健康被害や自然・生活環境の悪化などが政治経済学的に検証され、公害・環境問題は資本主義体制一般あるいは特殊日本的な資本主義の蓄積様式と結びついているとされた。ここで、資本主義体制を規定するものと考えられていたのは、土地を含む生産手段の私的所有に基づく私企業の利潤獲得運動である。[7]このように公害・環境問題と経済体制の関係について、一九六〇年代半ばに議論の端緒が見られたのは事実である。とはいえ、こうした課題に本腰を入れて取り組む社会科学者はごく一部に限られていた。しかし、一九七〇年代に入ると状況は一変する。そのきっかけとなったのは、米国のニクソン大統領が発表した一九七〇年の年頭教書である。[8]

1　公害・環境問題は「市場の失敗」か、資本主義の「体制的な災害」か

この年頭教書において、公害・環境問題は今後の世界的な重要課題のひとつになると宣言された。それを受けて、日本でも佐藤栄作首相を本部長とする公害対策本部が政府内に設けられ(一九七〇年八月)、それまでの経済成長優先の政策を見直し、公害対策を産業・経済政策に組み込む方針が示された。同年一一月に招集された臨時国会は、公害対策基本法の体系下で関連法規を抜本的に整備するために一四もの公害関係法案(政府提出)を可決したことから、「公害国会」と呼ばれたことはよく知られている。政府の公式見解によると、公害・環境問題は高度成長という経済的繁栄が残した「ひずみ現象」で、これを取り除くことは、より高度な産業社会への移行を目指す政策課題のひとつであった。[9]言い換えれば、公害・環境問題は体制を問わず経済成長一般に付随するもので、イデオロギーや体制論の文脈で論じても根本的な解決にはならないと考えられていた。

以上のような社会の動きに呼応して、日本の経済学者の間で公害・環境問題の解釈をめぐる論議が巻き起こり、当時は近代経済学者と呼ばれたエコノミストらが論戦の火蓋を切り、公害・環境問題の原因を資本主義的生産関係に求める経済体制論アプローチ[10]への批判を始めた。

近代経済学者の主張

自然環境を社会の共有資源あるいは共通資本と捉える近代経済学者は、公害・環境問題の発生メカニズムを次のように説明した。すなわち、従来は自由財とみなされていた自然環境が、経済発展に伴い稀少性を帯びてきたにもかかわらず、それを稀少資源として適切に評価する枠組みが発達しなかった。それゆえ、私企業が生産活動で自然環境を使用する際に適切な対価を支払わないことから、その浪費が環境汚染というかたちで顕在化する[11]。他方で、同じく経済発展の結果として社会の所得水準が上昇すると、自然環境を含む社会的な資源ないし資本の金銭的評価が高まり、その損失をもたらす産業公害に対し、人々の経済的な関心が呼び起こされる[12]。したがって、公害・環境問題を解決する方法は自ずから明らかである。今日の社会では稀少性を有する自然環境に対して、適切な評価づけを行わなければならない。稀少資源の自然環境に所有権を設定し、帰属先を明確化した上で、加害者と被害者の当事者間交渉を通じて自然環境の市場を創出するか[13]、所有権を社会全体に帰属させる場合には何らかの公的介入が正当化され、特に土地の私的所有に制約を課すことが考えられる[14]。いずれにせよ、私的所有と私有財産を前提とする資本主義体制下でも、市場経済機構の修正を図れば公害・環境問題の解決は可能と見る立場である。

マルクス経済学者の反論

近代経済学者による以上の主張に対し、マルクス経済学に依拠する経済学者は、公害・環境問題は資本主義的生産関係に付随して発生する社会的災害で、階級対立を反映する貧困化現象のひとつであると規定した[15]。私的所有に基づく資本主義の下で公害・環境問題の発生が必然化される理由を説明するものとして、多くの論者が取り上げたのがマルクスの「不変資本充用上の節約」と「無償の自然力」である[16]。個々の資本の立場では、費用価格ないし生産費を減少させることで超過利潤が獲得される。そこで、各資本の利潤率を限界まで高めることが要請される。それゆえ、社会的に見れば本来投下すべき不変資本ではあるものの、資本の利潤率の上昇には直接結びつかない労働安全設備や公害防止設備は「節約」されなければならない。さらに、労働手段および労働対象の使用価値と交換価値の維持、もしくは分業や協業という「労働の社会的結合」ないし「労働の社会化」の働きなどに対して資本は何ら支払わないというかぎりで、労働の「生産的な潜勢力」としての「労働の自然力」は無償化される。他方で、自然環境において超過利潤の源泉となる「独占されうる自然力」についても、その働きは対価を得られないので、やはり無償化される。これらの自然力は「資本の生産力」として現れるが、あくまでも無償で利用される。そのため、自然力の維持と発展に必要な資本投下は無視され、自然環境の浪費と収奪が常態化し、最後には破壊される運命にあるという。

以上の立論から明らかなように、マルクス経済学者にとって、公害・環境問題は自然環境の浪費と解釈される資源問題に還元されるものではなく、労働環境や労働条件の悪化とも関わる体制的な厄災であり、近代経済学者の見解に異を唱えた[17]。「公害は資本主義の体制的な災害[18]」であるがゆえに、労働運動や住民運動などの反体制運動に解決の糸口が見出された。また、国家独占資本主義論の支持者は、公権力を中立的と考える見解を批判し、国家独占資本主義段階の公害・環境問題の加害者は「独占体」(資本と公権力の連合体)であると主張した。

2　社会主義諸国の公害・環境問題

資本主義諸国の公害・環境問題をめぐる論争に、体制論の視点から大きな波紋を呼び起こしたのは、ソ連をはじめとする社会主義諸国で発生していた環境汚染である。一九七〇年三月に東京で開催された国際公害シンポジウムでソ連における環境汚染の実態が報告されると、マスメディアを通じて概況が広く伝えられた[19]。社会主義体制下でも公害・環境問題が発生しているという事実は、この問題は体制を問わない現象で、資本主義体制の否定が根本的な解決をもたらすと考えるのは誤りとする主張の論拠にされたことは言うまでもない[20]。近代経済学者の論陣が上記の論争を仕かけた理由のひとつも、この点を明確化することにあったと考えられる。ここで注目したいのは、社会主義諸国の公害・環境問題の事例が論争に持ち込まれたことで、その体制的規定に関する議論の焦点が所有面から制度面に移ったことである。

資本主義体制下の公害・環境問題を市場経済機構のあるべき姿の問題として捉え、体制批判にまで結びつけることに論理の飛躍があると考える近代経済学の論者は、社会制度が工業化と都市化の進行に追いつかない状況では公害・環境問題は体制を問わず発生し、社会主義体制下で初めて解決されるとみなすのは、やはり論理の飛躍であると主張した(21)。市場経済を否定し、計画経済を採用しても、社会的費用を反映した適正な価格設定が行われなければ、外部不経済の一形態として公害・環境問題は発生する。社会主義国のソ連で実際に問題が起きているのは、計画主体の政府当局が社会的費用を十分に把握していないか、それが技術的に困難であることを示しているとして、現存の「計画的費用」と社会的費用の乖離が指摘された(22)。

こうした議論に対し、マルクス経済学に依拠する論陣は、両体制下の公害・環境問題を同列に扱うことは理論的に誤りであるという点でほぼ一致していた。すなわち、ソ連をはじめとする社会主義諸国で見られる公害は、歴史的に資本主義的諸条件(「旧社会の母斑」)を引き継いでいることに由来するもので、それゆえ、来るべき共産主義への移行とともに解消に向かう性格を本来的ないし体制的に帯びているとして、社会主義の過渡的性格に起因する二面性を強調した。つまり、社会主義の歴史的発展段階を無視するような議論は許されないという主張で、両体制の公害・環境問題は質的に異なるものとされた。社会主義体制下での公害は過渡的で、いわば括弧つきの「公害」であった(23)。さらに、計画経済機構を採用する社会主義体制下では、問題の所在が確認され、技術的に可能であれば、必要な環境対策は即座に行われる「経済体制的基礎」があるともされた(24)。この点は社会主義の優位性を示すものとしてたびたび言及され、その証左として、世界一厳しいと当時言われた汚染物質の排出基準や自然環境の保護を定めた各種法令などが挙げられた(25)。

公害・環境問題と経済体制をめぐる論争は、ソ連の環境汚染の事例を持ち込むことで、当該問題の体制的規定をめぐる議論に別の視角を提供したと言える。それまでは公害・環境問題の発生原因として、もっぱら所有関係に焦点が当てられていた。しかし、私的所有を否定したソ連で環境汚染が発生しているという事実から、公害・環境問題は所有関係の文脈のみでは論じられないことが明らかになった。土地を含む生産手段の国有化が問題の解決を保証するわけではなく、その先の政策手段の選択肢として、分権的な市場経済か、集権的な計画経済かという経済制度の効率性が議題に上り、体制概念が生産関係に基づく二元的な対立物としてだけでなく、現存する社会の実態を踏まえて語られ始めたのである。

ただし、ソ連をはじめとする社会主義諸国は、発展段階ないし発展水準の違いはあるにせよ、社会主義体制であるという前提の下で議論されていた。ソ連における公害・環境問題は、すなわち社会主義体制の公害・環境問題であった。しかし、その議論の出発点として重視されるべき実態の解明と因果関係の検証は、情報面での壁にもぶつかり、ほとんど顧みられなかった。社会主義諸国の公害・環境問題を論じているとしながら、実際は資本主義諸国の公害・環境問題に関する認識を裏返したに過ぎない立論にとどまっていた。

二　環境収斂論の登場と批判

1　マーシャル・ゴールドマン『ソ連における環境汚染』

公害・環境問題の見地から経済体制の優位性を争う論壇に一石を投じたのは、米国のソ連研究者マーシャル・ゴールドマン(Marshall Goldman)である。ゴールドマンは早くからソ連の環境汚染の実証研究に従事し、一九七〇年代初めにシベリアのバイカル湖の水汚染問題を取り上げ、自然環境を犠牲にして生産計画の遂行を優先する企業と管轄省庁の姿勢が原因であると指摘した[26]。これに、都市部の上下水道整備や大気汚染対策の歴史的推移、大河川の水質汚濁、天然資源の濫用問題、アラル海やカスピ海とその周辺の複合的な環境汚染など、いくつかの事例を加えて、ソ連の公害・環境問題に関する研究の集大成としてまとめられた著作が『ソ連における環境汚染』である（本章注（２）を参照）。ソ連全域で進行していた複合的な環境汚染の実態を詳細に明らかにした上で、社会主義体制の制度的欠陥を次のように整理した。

ソ連の計画経済機構は企業の業績を生産実績で計るため、企業管理者と管轄省庁の官僚層は公害防止や環境保全に資金を振り向けるよりも、むしろ自然環境を犠牲にして計画の定める生産ノルマの達成を追求する。公式見解に反して、公害を抑制する制度的枠組みが機能していないばかりか、それを促進するような独自の政治経済的な諸力が働いている。さらに、社会主義体制下の公害・環境問題の発生原因として、社会的に最適な価格決定の前提条件となる外部性評価の技術的困難性、プロジェクトの費用便益分析が少数の計画担当者に任される際に発生する環境影響評価の恣意性、マルクスの労働価値学説に起因する天然資源使用料の導入の後れなどを挙げ、ソ連で起きている公害・環境問題は総じて社会主義体制に固有の問題で、資本主義体制に比して体制的な優位性を何ら示すものではないという結論を下した。それゆえ、同問題の解決策として、土地を含む生産手段の国有化と政府の直接的管理を唱える主張に対しては、ソ連の現実を直視すれば、このような見解はとうてい受け入れられないと繰り返し拒否している[27]。

公害・環境問題で経済体制の優劣を認めない立場は、後に「環境収斂論」(environmental convergence theories)と呼ばれ、その先鋒とゴールドマンは目された[28]。一連の実証研究から導かれた結論は、前節で検討した近代経済学者の見解に近いが、ソ連における環境汚染の実態究明こそゴールドマンが最も重視した点で、かつ最大の研究成果であった。実証研究に基づく帰納的なソ連の制度分析は説得力を有していたことから、ソ連研究と公害・環境研究の双方の分野で大きな反響を呼び、以下で述べるように、公害・環境問題の経済体制論アプローチの新たな地平を切り拓くきっかけとなった。換言すれば、ゴールドマンによる一連の研究は社会主義体制の公害・環境論を喚起し、その後の議論をリードする役割を果たしたと言える。

2　ソ連のイデオローグ

ゴールドマンをはじめとする環境収斂論に対し、誰よりも強く反発したのはソ連のイデオローグである。前節で触れた国際公害シンポジウムの第四セッション「経済体制と環境管理」では、ソ連代表のワジム・セミョーノフ(Vadim Semenov)が、科学的な都市計画に見られる社会主義の進歩性を強調してソ連の都市問題に関する報告を締め括ったのに続いて[29]、米国代表のゴールドマンが「ソ連における環境破壊」という演題で、その実相を明らかにしながら、環境破壊の過程で七つの要因がソ連独自の諸力として働いていると結論したことから[30]、「物議をかもしたゴールドマン報告」「ソ連代表は猛然と反論」と回想されるまで[31]、公害・環境問題における経済体制の解釈をめぐって白熱した議論が交わされた。質疑応答の中で、セミョーノフはゴールドマンの報告を強い調子で批判した後に体制間の差異に言及し、社会主義の下では社会の発展段階に応じて適切な措置を執ることが可能であり、所有関係の人民的性格が環境政策の適宜かつ迅速な遂行を可能にする点で社会主義体制は優れていると力説した[32]。セミョーノフの議論のポイントは、資本主義体制下のいわゆる無政府性と対比して、私的所有を否定した社会主義体制は社会秩序を合目的的に組織化することで、開発と環境のバランスを意識的に制御しうる潜在的能力が大きい点を示すことにあった[33]。現実に起きている環境汚染の実態や環境政策の不備などを否定するのではなく、それらを歴史的制約の問題として扱うことで社会主義体制の外部に定置したわけである。すなわち、帝政ロシアから引き継いだ国内経済の後進性、ロシア革命後と戦後復興期の社会情勢が要請した迅速な工業化と最大限の資源投入、それに伴い余儀なくされた公共サービスや環境対策の後れなどが挙げられ[34]、公害・環境問題の原因を社会主義体制の内部に求めるのではなく、外因性の歴史的な制約として理解した。それゆえ、環境汚染の発生と環境政策における体制面の優位性は矛盾せずに並存することになり、環境収斂論は前者にだけ焦点を絞り、体制間の差異を無視した不適切な事実認識をしているという批判が可能になる。[35]

環境収斂論に対するソ連のイデオローグからの批判はソ連共産党の機関誌でも表明され、ゴールドマンを名指しして、「我々の条件下における環境破壊の事実――残念ながら、確かに今も存在する事実――は、我々の思想上の敵により、反ソ・反共の意識を広める地盤として、最も入念なやり方で研究、普遍化、利用されている」[36]と厳しく糾弾した。公害・環境問題に関する西側の議論は、総じて「新しい領域における反共」のブルジョア・イデオロギーと位置づけられ、なかでも経済成長の原則に疑問を唱える「成長の限界」の主張は、科学技術革命の成果を否定し、発展途上国の経済発展を抑制することで、先進国との間に存ずる経済格差の永続化を図るデマゴギーとして徹底的に非難された。[37]こうした議論の中にも、やはり公害・環境問題の現実面(環境破壊・汚染の発生)と潜在面(環境政策の実効性)を二分して、後者に体制面の優位性を求めようとするロジックが見出される。それゆえ追求されるべき道は自ずから明らかで、科学技術革命の成果を環境政策に最大限取り入れ、開発と環境のバランスを意識的に制御できるように、社会主義の下で生産力をよりいっそう発展させせなければならない。[38]それは、同時に生産性の上昇にも寄与することになる。その際、「生産のエコロジー化」(экологизация производства)と経済システムの効率化という一石二鳥を狙う決定打として示された概念が「ゼロ・エミッション」(безотходные/zero emission)であった。[39]徹底した生産力主義とリサイクル主義に基づく循環型経済システムの構築が目指され、第II部で取り上げるバイカリスクセルロース・製紙コンビナートでは、その方針の実行が環境対策の現場で試みられた(第七章三を参照)。開発と環境を一体的に捉え、近代化のさらなる推進で公害・環境問題の解決を図ろうとする発想は、一九八〇年代中葉から欧州で膾炙した「エコロジー近代化」(ecological modernization)[40]の主張と重なるところが多い(エコロジー近代化については本章五で後述する)。

当時は西欧の先進国でも、経済成長の抑制ではなく、技術革新に基づく効率性の向上で公害・環境問題の解決を図ろうとしていたことから、国家権力が描いていた将来の理想像に体制間で大きな違いは見られず、こうした目標への到達手段として経済システムの効率性が競われていたと言える。以下では、この点をめぐる論争をソ連研究(本章三)と公害・環境研究(同四)の両面から追跡する。

三　計画経済機構の検証

環境収斂論は欧米のソ連研究者の間で関心を呼び、ゴールドマンが提起した論点は批判的に検討された。とりわけ、社会主義諸国に特有の集権的な計画経済機構の構成面と機能面に焦点が当てられた。

1　マルクス・レーニン主義と公害・環境問題

多くの論者が関心を寄せたのは、中央集権的な計画経済の理論的礎石を成すマルクス・レーニン主義である。特に、その政治経済理論の根幹に位置する労働価値学説に問題の所在を見出そうとした。

経済学は誤った自然理解を人間社会にもたらしたとする批判的な見地から、価値形成論を学説史的に追跡したハンス・イムラー(Hans Immler)は、人間と自然の歴史を総体的に把握する仕方において、哲学者としてのマルクスの右に出る者はほとんどいないと認める。しかしながら、自然が提供する物質的実体の有用性を意味する「使用価値は経済学の考察範囲外にある」と述べた経済学者としてのマルクスの価値論では、価値を形成するのはもっぱら労働で、自然はその客体的ないし受動的役割を演じているに過ぎないと批判する。社会的な価値形成過程の制約条件としてのみ自然を措定した労働価値学説は、生産力の発展に寄与する自然本来の諸力を捨象したため、いわば倒錯された価値命題に陥り、価値生産を自然破壊へと向かわせる契機になった。それはマルクス経済学と社会主義理論の深奥にまで行き渡り、社会主義体制に特有の発展経路を通じて形成された工業社会も自然

の危機を招来したとする。(41)

労働価値学説に起因する問題点はゴールドマンも言及しており、天然資源の価格設定の不備を繰り返し指摘している。すなわち、マルクス・レーニン主義の総本山であるソ連では、一部の例外を除き、長らく天然資源に価格は存在しなかった。労働価値学説を厳密に遵守すれば、人間の手を加えていない「自然の賜物」に経済的価値を見出すことは適当でなく、天然資源の占有や利用に価格を付与することはイデオロギーの面で困難と見られたからである。(42)そのため、環境汚染が顕在化していたにもかかわらず、水や土地は自由財として扱われ、その是正を求める声は、「投入された社会的労働によってのみ価格が決定されるという『社会主義経済の原則に矛盾する』(43)」という理由で退けられた。実際、経済活動における非効率な資源利用が蔓延していたことから、マルクス・レーニン主義に基づくフェティシズム的な工業化と経済的インセンティブの欠如が社会主義諸国の環境破壊・汚染の元凶であるという見方は時代を問わず非常に根強い。(44)

他方で、こうした解釈に異を唱える論者は、マルクス・レーニン主義はマルクスの政治経済理論とは似て非なるものと主張する。すなわち、社会主義諸国は重大な社会問題に直面したとき、その時々の状況に首尾良く応ずるために、現実とイデオロギーの摺り合わせを繰り返してきた。マルクス・レーニン主義は政治的意思決定の基盤ではあるものの、社会問題への現実的対応から採用を余儀なくされた諸政策を正当化するイデオロギー上の調整装置でもあり、それゆえに絶えず修正を受けてきた。換言すれば、マルクス・レーニン主義は神聖といえども決して不可侵ではなく、そこには現実に適応しようとする順応性が見られた。(45)戦後の経済成長に伴い顕在化した公害・環境問題も、社会主義体制の正当性に挑戦する新しい社会問題であり、社会が要請する「型」にマルクス・レーニン主義を「塡め込み」ながら有効な打開策を模索してきたという見解である。

後者の論拠となったのも天然資源の価格設定に関する問題で、マルクス・レーニン主義の誤謬を強調する先の論者が取り上げたテーマと同じである。ただし、ここで言及されるのは、ソ連における卸売価格改定の一環として一九六七年七月に導入された天然資源使用料(石炭と石油が主たる対象)である。この制度改革の是非はソ連国内で大きな論争を呼び、環境汚染防止の観点からは不十分であることを推進派の経済学者も認めていたが[46]、ここでは以下の二点に注目したい。第一に、論争を巻き起こしながらも労働価値学説に抵触する価格政策が実際に採用されたことは、マルクス・レーニン主義の絶対性と不変性に対して疑問を投げかけるに十分な事実である。第二に、より興味深い点は、天然資源使用料の導入を擁護する基礎理論として、最終的にマルクスの差額地代論が採用されたことである。資本主義社会の発展的延長上に現存の社会主義社会を措定することで、マルクスが理論化した資本主義経済の地代概念は社会主義体制下でも妥当性を失わないとされ、土地を含む資源の生産性と地勢・地味を差異化した差額地代率の設定により、適正な卸売価格(農産物の場合は調達価格)を通じて資源の濫用を防ぐというロジックである。こうした議論の展開は、マルクスの政治経済理論の諸要素を必要に応じて切り出し、状況に応じて再構成するというイデオローグの手法を反映していると考えられ、社会的に要請される諸政策をイデオロギーの面から正当化する役割をマルクス・レーニン主義は果たしていたと言えよう。

社会主義諸国の公害・環境問題におけるマルクス・レーニン主義の影響をめぐる見解の相違は、共産党を頂点とする権力機構が社会を十全に掌握し、マルクス・レーニン主義に基づく社会主義的近代化を貫徹したと見るのか、そうではなく利害を異にする諸集団が構成する多元的な社会において、各々の利害調整を図る一種の「道具立て」(settings)としてマルクス・レーニン主義が機能したと見るのかの違いに帰着する。後者の立場では、そもそも公害・環境問題が社会問題として認知されてきたことが、社会の中で分岐する諸利害の存在を証明していると理解される[47]。こうした議論は、もっぱらマルクス・レーニン主義のイデオロギー面の解釈から論点を引き出すのではなく、社会主義諸国の現実を見据えながら、その問題点を探るという方法論上の発展を示唆している。そこで、看過できないもうひとつの問題として、現実に機能している計画経済機構の実態が議題に上り、そこでは公害・環境問題の解決に向けた施策の有効性が問われた。

2　計画経済における環境政策の有効性

マルクス・レーニン主義の順応性を認める論者も、社会主義諸国の公害・環境問題の実態を楽観視していたわけでなく、むしろ有効な対策が執られていないことを強調し、その原因の究明を試みていた。(48) 巨大な官僚組織を擁する計画経済機構が環境政策の面で有効に機能しうるか否かで議論を交わしたのは、ロバート・マッキンタイアおよびジェームス・ソーントン(Robert McIntyre and James Thornton)とチャールズ・ジーグラー(Charles Ziegler)である。(49)

両者が共有していた認識は、社会主義国ソ連で公害・環境問題が発生しているのは揺るぎない事実である点と、しかしながら、それをもって同問題を経済成長の副産物とみなし、体制を問わず工業化が等しく自然環境の荒廃をもたらすとする環境収斂論には首肯しない点である。資本主義諸国と社会主義諸国の双方で発生している環境汚染の規模と程度を客観的に比較しうる指標や方法論は確立されていないのに、各々の経済システムが潜在的に有している、あるいは実際に示している環境ガバナンスの効率性を環境汚染の事例で短絡的に代置しているためである。(50) 環境収斂論に対する批判から始めるマッキンタイアおよびソーントンは、集権的な計画経済を理念型システムと把握すれば、分権的な市場経済と比べて、企業の立地決定から汚染物質の除去に至る各局面で的確な判断を下すために必要な情報へのアクセスが政策立案者に保障されている点で、環境政策の効率性では計画経済の方が潜在的に優れていると主張した。ここでの議論のポイントは、彼らに反論するジーグラーが適切に述べているように、マルクス・レーニン主義の政策的含意である生産手段の社会化(経済機構の国有化)が市場の外部性の内部化に成功し、ソ連では有効な環境政策が展開されていると主張しているわけではなく、事実に即してこれを否定しながらも、計画経済機構の機能面に焦点を絞り、その構成上の要件から情報収集・伝達面の優位性を見出そうとしている点にある。その上で、ジーグラーが指摘した問題点は、マッキンタイアおよびソーントンの議論が現実から出発していながら、理念型システムとしての計画経済機構の分析にこだわっていることの無意味さと、現存するソ連の計画経済機構はもはや純粋な経済システムではなく、経済的効率性とはしばしば無縁の政治の論理で動いていることから、実際に収集・伝達される情報が歪められている可能性である[51]。さらに、ジーグラーが着目したのは、もっぱら環境政策に従事する行政機関(保健省や水文気象・自然環境監視国家委員会など)の存在である。産業部門を統括する省庁が中枢を占める計画経済機構で正確な情報が適切に扱われていたならば、これらの組織は本来必要ないはずである。しかし、実際は全国規模で業務を行い、予算も増額されてきたことから、マッキンタイアおよびソーントンが強調した情報収集・伝達面での計画経済の優位性には現実的根拠がないと反論した。マッキンタイアおよびソーントンを含め、ほとんどの論者が肯定的に評価する環境行政の拡大という事態を経済システムにおける情報の整合性という観点から読み直し、環境政策の効率性に疑問を呈したのである。

両者の議論から想起されるのは、社会主義経済の下で合理的な価格形成が可能か否かを争った「社会主義経済計算論争」であろう。環境破壊・汚染の発生で社会が被る経済的損失(しばしば社会的費用と呼ばれる金銭的損失)を補償する生産価格が、計画経済の下で設定可能かどうかという問いは、上記の論争で定置された問題と本質的には同根である。ただし、ここで注目したいのは、数学を駆使したモデルの精緻化に精力を費やしていた計算論争に、現存する計画経済機構の検証が加えられてきたように[52]、公害・環境問題においても事実に立脚しながら経済システムの効率性の問題が提起され、日本の経済学者の間で行われた論争と同じく、体制概念が生産関係の領域から踏み出し、現実の制度的文脈の中で語られ始めた点である(本章一2を参照)[53]。

四　公害・環境問題の経済体制論アプローチ

1　素材・体制論――「体制面が素材面を分断する」

ソ連における環境汚染の実証分析に基づき社会主義体制の公害・環境論を展開したゴールドマンは、公害・環境問題の研究にあたり、具体的事実の解明から出発することの重要性を示した。しかし、個々の事例を体制間の比較にまで昇華する発想に難があり、自然現象として顕在化する環境破壊・汚染と経済体制の議論を結びつける思考の理論的根拠が十分に明らかにされていない点に各方面から批判が集中したことは、すでに指摘したとおりである。ゴールドマンにとって体制とは現存する制度そのもので、社会主義の過渡的性格などはまったく問題にされず、社会主義と共産主義は同一視されていた。そこで、実態の解明から始めるゴールドマンの姿勢に共鳴しながらも、公害・環境問題の現象面を独自の視点から「素材面」と捉え直し、それが体制的規定を帯びる過程を明確にしようと試みたのが都留重人である。

都留は近代経済学とマルクス経済学の双方に造詣が深く、公害・環境問題に対する独自のアプローチは、その体制的規定をめぐる論戦で二分されたどちらの陣営とも距離を置いていた(本章一を参照)。同僚の塩野谷祐一との間で、後に都留・塩野谷論争と呼ばれた論争のきっかけは作ったものの、あらかじめ回答が用意されている体制論に偏りがちな議論に対して、「…市場メカニズムの論理で現実の事象を解釈することは、一種の体制論理の適用であって、…公害現象は国家独占資本主義の一病弊である、という言い方をするときにも、やはりそこには、一種の体制論理の適用があり、いずれにせよ、既成の体制論理の体系は、それを修得してしまえば、すべての事象を割り切ってしまう便宜さをもち、論理的な整合性を誇ることもできる(54)」と述べ、体制論の枠組みだけで公害・環境問題にアプローチすることは、現象面の諸事情を見過ごし、それらと「体制面」の関わりを見誤らせるおそれがあると批判した。そこで、ゴールドマンの研究を導きの糸として、「素材面の実体を虚心坦懐に調べなおしてみること(55)」に力点を置き、より直接的には公害・環境問題の機能的側面、つまり現象面の因果関係を明確

にすべきとした塩野谷からの批判に応えて、議論の前面に押し出された概念が「素材面」である。(56)

公害・環境問題に対するアプローチは、都留自身が「マルクスの方法論を駆使しての客観的な現状分析(57)」と明言するように、マルクスの議論を土台にしている。具体的には、マルクスの言う「法則」と「形態」を「素材面」と「体制面」に読み換え、両者の関係を次のように整理した。(58)曰く、公害・環境問題の発生過程において、物理的もしくは技術的要因に共通点が見られても、環境破壊・汚染が自然現象として顕在化するまでには体制的な事情が介入する。「体制面が素材面を分断する」(59)わけだが、ここでの「体制面」とは、剰余生産物の生産と分配の体系で区分される歴史的な社会構造を指している。このように、公害・環境問題の「素材面」と「体制面」を峻別した上で、両者を統一的に把握する弁証法的なアプローチが都留の唱えた「政治経済学的接近方法」で、それまでの体制論に見られた「安易な体制論理適用(60)」を克服しようとする試みであった。

以上の理論的検証に先立ち、都留はソ連、米国、日本の環境汚染の事例を比較して、「素材面」と「体制面」の関係を解明することの意義を強調した。ソ連の事例については、ゴールドマンの実証研究に依拠して、バイカル湖の汚染問題を概観している。そこでは、生産計画と環境保全計画のいずれもが同じ計画当局の裁量下にあるために、生産第一主義への偏向と、それに対する批判の抑制をもたらし、深刻な環境汚染を招いたとされる。(61)環境汚染の「素材面」の理解では、もとよりゴールドマンに異論を唱えることはないが、ゴールドマンは自然環境を犠牲にしてまで生産計画の遂行に邁進する関係者の性向を強調し、工業化と高度経済成長に議論を収斂させているとして、(62)「はたして公害は、ゴールドマンが言うように、工業化現象そのものにその原因をもつのであろうか(63)」と疑問を提起し、ソ連の計画経済機構の構造に「体制面」の特徴を見出そうとした。

経済活動の主体とその監督者が同じ指揮系統に属していることの弊害を説く都留の指摘自体は、特に目新しくなく、ゴールドマンも「…制御者と被制御者とを一身で兼ねることに伴う危険の一つ(64)」と述べ、ソ連の計画経済機構に見られる特徴のひとつと認識している。さらに、ゴールドマンは「環境破壊の一般的原因」と「社会主義国における環境破壊の独自の原因」を明確に論じ分けていることから、「体制面」の理解に乏しいとは言えない。[65]したがって、両者の違いは、公害・環境問題と経済体制の関係について、ゴールドマンにあっては必ずしも明瞭に整理されていなかった体制的規定の問題に対し、都留は「素材面」および「体制面」の区別と両者の統一的把握という素材・体制論によって、実証分析の枠組みを明示した点にある。さらに、現存の制度に還元される傾向にあった体制概念を再び高所から捉え直し、社会的生産と分配のあり方を「体制面」の構造と位置づけた点も、ゴールドマンの議論を発展的に継承した都留の独自な視点であろう。「公害の政治経済学」のひとつの到達点であるだけでなく、[66]経済体制論の枠組みで資本主義諸国と社会主義諸国の公害・環境問題を統一的に把握しようとする「公害の比較体制論」の出発点であったとも言えよう。

2　経済体制論アプローチの限界――素材・体制論を中心に

体制的規定から議論を始めて演繹的に結論を導く体制論とは対照的に、素材・体制論は具体的事実の解明に基づく帰納的な手法で公害・環境問題にアプローチした。特に、ゴールドマンが提起した環境収斂論を批判的に継承し、資本主義諸国と社会主義諸国の公害・環境問題を統一的な枠組みで理解しようとする試みは、既存の体制論に見られた自己撞着を乗り越えた点で方法論上の発展を示す重要な画期であった。素材・体制論の特徴は、既存の諸制度の分析にとどまらず、歴史的に形成された生産と分配のシステムを「体制面」で捉えようとした点にも求められる。他方で、素材・体制論を含む経済体制論アプローチは看過できない重大な問題点を抱えていた。

第一に、素材・体制論の最大の問題点は、「素材面」の現象を動態的に把握できないことにある。「体制面が素材面を分断する」と言われる際の「素材面」は、経済体制に対して中立的な自然現象を前提にしているが、「素材面」の対象自体が初めから体制的に規定されていることはないだろうか。例えば、地球環境問題でクローズアップされている温室効果ガスの場合、「体制面」に規定された量的な増加に伴い、「素材面」の物理的な特性は不変であるにもかかわらず、自然環境と人間社会に対する影響力は大きく変化している。また、その排出量の抑制を目的とした経済的手法(排出権取引など)は、市場メカニズムという「体制面」のプリズムを通して「素材面」を評価する。さらに、地球環境問題の認識ないし解釈さえも、「体制面」の影響から逃れられるわけではない。それゆえ、「素材面」から入り「体制面」におとすという手法は、古典的な産業公害の発生局面に焦点を当てた因果関係に限れば、一定の説得力を有しているかもしれないが、往々にして「素材面」に内在する「体制面」の問題を見過ごすことになる。すなわち、生産力の変化に応じて「素材面」の内容が変わり、公害・環境問題のあり方にも影響するという動態的な過程を把握することができない。

第二に、都留が述べるように、環境破壊・汚染が「その地域の住民の精神的遺産、文化、経済的生活すべてのものを破壊する」(67)のならば、そこには空間的に限定された地域性の問題が浮かび上がる。素材・体制論を含む経済体制論アプローチが実証面で困難にぶつかるのは、公害・環境問題の事象の中にしばしば地域性の要因が認められるからである。特定の階層や地域に環境被害が集中することはよく知られており、資本主義体制下では資本制蓄積の法則に従って社会的弱者に被害が集中すると理解されてきた。他方で社会主義体制下の公害・環境問題の場合、資本主義体制下と同様に、いわゆる受苦圏の形成は事実として認められてきたが、その発生メカニズムが明示されることはなかった。資本主義体制下とは異なるメカニズムで被害の集中が見られるという指摘にとどまるか(68)、経済体制を超越した諸要因が働いているとして、言論・出版・結社の自由の欠如や人権・民族原理の軽視などが力説されるだけであった(69)。

ここで再びゴールドマンの議論に戻ると、必ずしも明示的ではないが、ソ連における環境政策の地域差を踏まえて、公害・環境問題に領域的な位階構造が見られるという議論を萌芽的に展開している。すなわち、モスクワの上下水道整備と大気汚染対策の歴史的推移を検討した後に、「モスクワ以外は優先順位がつねにモスクワより低い」(70)と述べ、続けて、バイカル湖(シベリア)、アラル海(中央アジア)、カスピ海(中央アジアおよびコーカサス）など、モスクワから遠く離れた地域の環境汚染の実例を検証することで、公害・環境問題でも構造的な地域格差が中央と地方の間に存ずることを示唆していた。(71) しかし、ゴールドマン自身が体制論の枠組みを前提にしていたかったことと、公害・環境問題に体制間の優劣を認めないとする主張自体が地域性の視角を定式化しなかったことと、その後の論争では、もっぱら同問題の体制的規定に焦点が当てられた（本章二および三を参照）。同様に素材・体制論も、社会主義諸国の公害・環境問題で観察された地域性を「素材面」で認識できても、「体制面」では十分に解釈できないという難点を抱えていた。その最大の理由は、社会主義諸国の公害・環境問題に現象として見られた「不均等発展の地域性」(72) が、独占段階にある資本主義経済の不均等発展の地域的発現を示す概念であったことから、領域的な位階構造の指摘は経済体制論アプローチを構成する理論的要件に抵触するおそれがあり、その現象を正面から論じることができなかった点に求められる。(73) 宮本憲一の中間システム論（本章注(66)を参照）は、「体制面」で扱えない事象を「中間領域」に逃がすことで問題の解消に努めたが、体制的規定に添わない諸要因を体制論の枠組みで扱おうとする試み自体が経済体制論アプローチの限界を吐露している。(74)

第三に、「現存した社会主義」の概念規定は一意的でなく、国家資本主義論や産業社会の収斂理論に代表されるように、「現存したソ連社会主義」を独自の社会構成体とはみなさない見解は早くから表明されていた。(75) あるいは、資本主義社会と質的に異なるという認識は共有していても、全体主義と多元主義の論者が描くソ連社会像は大きく異なる（序章二を参照）。他方で、資本主義社会の多様性をめぐる議論に呼応して、社会主義諸国間の経済発展の多様性を強調する研究も見られる。(76) 二元論的な思考体系を前提とする経済体制論アプローチでは、こうした「現存した社会主義」に関する理論研究の成果を吸収できないばかりか、社会主義諸国の公害・環境問題に見られる具体的事実の解釈が曖昧なままにされてしまう。例えば、資本主義諸国でも公権力が公害・環境問題に関与した事例として、大規模な公共事業に伴う環境破壊・汚染の発生が指摘されたが、(77) それらと社会主義諸国の事例の間で「政府の失敗」をめぐる体制間の異同が正面から論じられたことはない。総じて、体制論の枠組みでは実証面と理論面の双方の研究成果が十分に吸収されず、その弊害は小さくない。それゆえ、経済体制論アプローチが取り込まれている二元論の世界を脱し、「統一的なフレームワークの中で解釈しようとする収斂・統合的説明[78]」が求められているのである。

五　エコロジー近代化――近代化論の再考

1　分析手法としてのエコロジー近代化

資本主義諸国と社会主義諸国の公害・環境問題を統一的な分析枠組みで把握しようとする先駆的な試みは、エコロジー近代化と呼ばれる方法論を採用する研究者の間で行われた。エコロジー近代化論は一九八〇年代半ばに欧州で産声を上げ、いわゆる「成長の限界」説に異を唱えて、近代化と経済発展の抑制ではなく、そのさらなる発展こそが公害・環境問題の根本的解決を可能にすると主張したジョセフ・ヒューバー(Joseph Huber)の超工業化論(super-industrialization)に始まる。その単線的な近代社会像を乗り越え、実証研究の蓄積と分析手法の彫琢に努めたマルティン・イェニッケ(Martin Jänicke)、アーサー・モル(Arthur Mol)、マルテン・ハイエ(Maarten Hajer)などが、現在の代表的論客として知られる。著名な社会科学者のアンソニー・ギデンズ(Anthony Giddens)やデビット・ハーベイ(David Harvey)に取り上げられ、ウルリッヒ・ベック(Ulrich Beck)の再帰的近代化論やリスク社会論との関連性が強調されたことで、エコロジー近代化論は学界で大きな影響力を持つようになった[79]。同時に、その基本的な構想が持続的発展の概念と合致していたため、一九九二年の国連環境開発会議(リオデジャネイロ)を機に持続的発展が一種の社会規範として国際社会に受容されると、欧州の一部の先進国はエコロジー近代化に基づく成長戦略を採用した[80]。その後、こうした国々が国際舞台で環境外交のイニシアチブを握るようになった。

エコロジー近代化に関する業績は規範的研究と分析的研究に大別される。[81] さらに、明確な区別は難しいが、後者は定量的な国際比較研究と記述的な事例研究に分けられる。双方とも当初は西欧の先進国を対象としていたが、二〇〇〇年代に入ってから東欧やアジアの新興国・途上国の研究が重点的に進められている。その中で、イェニッケらの研究グループ(ベルリン自由大学環境政策研究所)は、一九八〇年代末から一九九〇年代初頭にかけてエコロジー近代化の東西比較を試み、経済成長と環境負荷のデカップリング[82]もしくは環境負荷の絶対的減少という基準を設定することで、資本主義諸国と社会主義諸国の環境ガバナンスの効率性を統一的に把握しようとした(第三章一1を参照)。主たる関心は、計画経済機構に特有の諸問題の析出ではなく、環境面で見た産業社会の近代化の過程にある。換言すれば、分析の対象は一定の工業化を経た産業社会全般で、その目的は経済システムの効率性の比較よりも、環境面から見て望ましい近代化の経路もしくはエコロジー近代化の構想に合致する近代社会像を見出すことにある。また、先述の環境収斂論に向けられた批判、すなわち環境ガバナンスの効率性を環境汚染の事例で代置しているという問題に対しては、総合的な効率性基準となりうる指標を創出することで、ひとつの解決策を示したとも言える。さらに、エコロジー近代化をめぐる議論では、企業と政府だけでなく、幅広い社会主体(環境NGO、マスメディア、研究・教育機関、一般市民など)の関与を想定した広義の環境ガバナンスのあり方が焦点になるため、公害・環境問題を誘発する特定の近代化路線と、それに対処する独自の政策体系について、体制的規定を介さなくても論じることができる。本書のテーマに則して言えば、ソ連の政治経済システムに組み込まれた独自の近代化(社会主義工業化)が招いた公害・環境問題の発生メカニズムと、集権的な政治・経済機構の下で対応が図られながら、最終的には国家破綻と体制転換を導く一因になった環境ガバナンスの欠陥の所在が解明されることになる。

2　二〇世紀ロシアの近代化

上述したように、「現存したソ連社会主義」の概念規定をめぐっては、現在でも見解が分かれている。主な対立点は二つある。第一はソ連社会を資本主義の一類型として捉えられるかどうかという問題で、国家資本主義と国家社会主義の議論が拮抗している。第二は集権的体制の機能面に関する理解の違いで、一般的には全体主義対多元主義の構図で示される。こうした論議に対し、本書は議論の展開に則して問題提起はしても、正面から取り上げることはしない。どちらに組しても体制論の枠組みに縛られてしまうだけでなく、本書の実証研究の内容からは断定的な結論を下せないためである。

「現存したソ連社会主義」に関する多様な見解に対し、最も意見の相違が小さいか、多数の同意が得られている点は、ソ連が一定の近代化を達成し、第二次世界大戦後に工業国としての地歩を固めたという史実であろう。例えば、ソ連崩壊後の時点で近代産業社会の範疇にロシアを含めても[83]、大きな違和感は覚えない。農業集団化や強制労働の展開、重工業偏重と消費財軽視、経済成長率の上昇偏向など、近代化のバランスシートの中身は絶えず問題視されてきたが、一時的ではあれ資本主義に対抗する代替的な近代化戦略を確立し、二〇世紀中葉の近代化論に大きな影響を与えたことは紛れもない事実である[84]。同時に、一九二〇年代の工業化論争を経てボリシェビキが実施した近代化路線は、そのための原資の捻出を目的とした農業集団化や強制貯蓄といった政策と結びつきながら、特異な形態の近代化を推進した[85]。後に社会主義工業化と呼ばれたソ連流の近代化に関する公式見解の内容は一貫しており、なかんずく重工業の発展を重視していたことから、その展開はソ連の政治経済システムの構造に規定されていたと言えよう。

一九二〇年代末から始動した社会主義工業化は国内経済に大きな変化をもたらしたが[86]、産業立地の側面では、工業化の地理的拡散と既存の産業地域への企業集積を惹起した。前者の代表格がシベリアと中央アジアで、ともに資源開発に基づく工業化が強力に推進された地域である。特に西シベリアの石油・天然ガスの大規模開発は、一九七〇年代半ばにソ連を世界最大の産油国に押し上げた一方で、資源依存とレント・シーキング体質を高める重要な契機となった。その意義はソ連崩壊後にいっそう鮮明となり、現代のロシア経済における天然資源の経済的役割と社会的影響の大きさは周知のとおりである。さらに、一九五〇年代に本格化した東シベリアの地域経済開発は、当地にソ連最大の電力エネルギー・センターを出現させただけでなく、今後のロシア経済の命運を握ると考えられている石油パイプライン建設プロジェクトの基点となる産業地域を形成した。それゆえ、第二次世界大戦後の工業化を視野に入れながら、「現存したソ連社会主義」の下で進められた近代化推進の一形態として社会主義工業化を捉えれば、かつて「無主地」(terra nullius) と呼ばれたシベリアの経済開発の動向は、その成否を見定める格好の材料であると同時に、「工業国」ソ連が後に「資源国」ロシアに変貌する素地を作り出した点で、社会主義工業化の射程を超えた生産力をシベリアにもたらしたと言える(第四章一を参照)。こうした近代化路線の功罪は国内外で絶えず議論され、一九七〇年代以降は公害・環境問題もたびたび議題の俎上に載せられた。特にシベリアの経済開発は、シベリア河川転流計画に象徴されるように、社会主義工業化の雄大さを強調するために開発計画が大規模化する傾向にあったため、それだけ自然環境に与える影響も甚大であった(87)。

単線的な発展史観や経済体制の軽視の面で近代化論は批判されてきたが、「現存した社会主義」の崩壊が二元的な経済観の前提を掘り崩し、多様性は強調されても資本主義化という点では同一の社会変動を招来したことは、近代化論の再考の機会を与えている。見方を変えれば、近代化論は体制的規定を介してないがゆえに、二〇世紀の公害・環境問題を統一的に理解するための手がかりを提供していると言える。そして、同問題に対する近代化論の応用の成果のひとつこそが、上述のエコロジー近代化論であろう。近代化論全般に内在する諸問題は抱えたままだが、二〇世紀ロシアの開発と環境を論じる上で、エコロジー近代化が提起した論点は多くの示唆と含蓄を含んでいる。

3　公害・環境問題の概念規定

最後に、以下で公害・環境問題を論じるにあたり、あらかじめ次のように概念規定しておきたい。まず、社会を取り巻く外的な客体的存在として自然環境を措定するが、それは原始的な自然ではなく、すでに社会化された自然体系を念頭に置く。換言すれば、社会で営まれる経済活動と結びつき、自然と社会の相互依存関係を通じて常に変化する運動体である。人間は経済活動を通じて、根源的には土地に代表される自然環境との間で物質代謝を行い、「社会的な生産＝生活過程」を営む。(88) この過程が攪乱され、最終的に破壊されるだけでなく、自然環境の変化を通じて社会を支える外的な存在条件が掘り崩される現象を環境破壊とする。その際、特に自然環境の悪化に焦点を当てる場合には、自然環境の汚染もしくは環境汚染と呼ぶ。このように自然環境と人間社会の関係を捉えると、環境保護運動は自らの生産と生活を支える自然環境を守り、生活領域の再生産を図るために汚染源の関係者に対抗し、環境破壊と環境汚染の防止や改善を求める運動と理解される。その手段と目的に応じて、企業と係争する公害反対運動、森林や農地などの保全を進める緑化運動、景観もしくはアメニティの維持を求める保存運動、廃棄物の減量化を目指すリサイクル運動など、さまざまな様態で表出する。(89) 公権力が担う環境政策と企業が行う環境対策は環境保護運動に連動して現れ、自然環境を重視するという価値判断を示す一方で、経済活動の拡大と深化による環境破壊・汚染が生み出した矛盾を打破しようとする側面も持つ。すなわち、生産もしくは利潤の増大を第一義的な目的とする経済活動が、企業行動に内在的な性向に規定されて、個別の限界費用曲線と社会的な限界費用曲線の乖離として定量的に評価される環境破壊・汚染を招いたことが、さらなる生産ないし利潤の増大の障害となり、個別の限界費用曲線を押し上げるというような事態から脱却させようとする性格を有する。ここには、生産活動に投じられる直接費用の他に、企業組織の存立に必要な取引費用や潜在的な逸失利益に相当する機会費用が含まれる。最後に、上記の「社会的な生産＝生活過程」に関わる社会主体の営為を環境ガバナンスと呼ぶことで、自然環境と人間社会の相互関係のあり方を表現する。

以上の議論を踏まえて、①環境破壊および環境汚染、②環境保護運動、③環境政策および環境対策、④環境ガバナンスの四つの諸要素から構成される総体として公害・環境問題を概念的に把握する。

おわりに

経済体制論アプローチの狙いは、公害・環境問題の因果関係に見られる体制的規定を明示することにあった。しかし、資本主義と社会主義の二元論を前提とする枠組みでは、自然環境の社会化の過程(「素材面」の変容)が把握されないだけでなく、とりわけ社会主義の理論的要件から逸脱した現象は脇に押しやられるか、曖昧なままにされ、社会主義諸国の実態に関する多様な研究成果も十分に吸収できない。それゆえ、以下の実証分析では体制的規定を一切排し、ソ連の政治経済システムの構造の解明を目的とした歴史研究の一環として、主に現在のロシアの領域を対象に公害・環境問題の検証を進める。すなわち、体制的規定に基づく公害・環境論は不要とする点で、環境収斂論(ゴールドマン)、素材・体制論(都留)、中間システム論(宮本)を含む経済体制論アプローチと異なる。さらに、既存の諸研究は、ソ連の事例分析でもって社会主義体制の公害・環境問題を論じてきたが、この点にも首肯せず、特定国の地域研究という立場を崩さない。

二〇世紀の近代化を通じてソ連が産業社会を確立した過程で公害・環境問題が発生したことを踏まえると、近代化という一元的な枠組みで公害・環境問題にアプローチするエコロジー近代化論は有用な分析手法を提供している。他方で、西欧の先進国の事例研究から始まり、新しい近代化論の構築を目指しているエコロジー近代化論にとって、実証分析の対象国の拡大と他分野の研究成果の摂取は重要な課題である(90)。それゆえ、エコロジー近代化論の分析手法を用いて得られたソ連の公害・環境問題に関する知見は、ソ連経済論とエコロジー近代化論の双方に理論的発展の機会を与えるであろう。

（1）環境庁編『環境白書　総説』（平成四年版）、一九九二年、五五頁。ただし、表現は一部変えている。
（2）Marshall I. Goldman, *The Spoils of Progress: Environmental Pollution in the Soviet Union* (Cambridge: The MIT Press, 1972)〔マーシャル・ゴールドマン（都留重人監訳）『ソ連における環境汚染――進歩が何を与えたか』岩波書店、一九七三年〕; Donald R. Kelley, Kenneth R. Stunkel and Richard R. Wescott, *The Economic Superpowers and Environment: The United States, the Soviet Union, and Japan* (San Francisco: W.H. Freeman, 1976)〔ドナルド・ケリー、ケネス・スタンケル、リチャード・ウェスコット（時事通信社外信部・外国経済部訳）『環境の危機と経済大国――米国・ソ連・日本』時事通信社、一九七九年〕; Philip R. Pryde, *Conservation in the Soviet Union* (Cambridge, New York: Cambridge University Press, 1972); Fred Singleton, ed., *Environmental Misuse in the Soviet Union* (New York: Praeger Publishers, 1976); *Комаров Б.* Уничтожение природы: обострение экологического кризиса в СССР. Frankfurt/Main, 1978〔ボリス・カマロフ（西野建三訳）『シベリアが死ぬ時』アンヴィエル、一九七九年〕などが挙げられる。
（3）林田博史「社会計画化と社会主義」『社会主義経済研究』第三号、一九八四年、四二頁。
（4）宮本憲一『環境経済学』初版、岩波書店、一九八九年、四二頁。
（5）例えば、寺西俊一「現代の環境問題と『経済体制』」慶應義塾大学経済学部環境プロジェクト編『地球環境経済論〔下〕』慶應通信、一九九五年、一―二六頁を参照。
（6）戸田清『環境的公正を求めて――環境破壊の構造とエリート主義』新曜社、一九九四年、六六―一一二頁は、いわゆる「現存した社会主義」を「国家管理主義体制」と定義してから、社会主義諸国の公害・環境問題の事例を解釈している。
（7）庄司光、宮本憲一『恐るべき公害』岩波書店、一九六四年、一三七―一八四頁および都留重人編『現代資本主義と公害』岩波書店、一九六八年、一―三四頁。
（8）辻村江太郎「耐乏日本からの脱却」『エコノミスト』一九七〇年一〇月三〇日号（臨時増刊号）、二七頁。
（9）鹿島磯男「最近の『近代経済学』者の公害論」『経済』第八〇号、一九七〇年、一二三―一二八頁。
（10）「総じていえば、こうした経済体制論アプローチは、分析すべき具体的な環境問題の現実を背後から規定しているトータルな社会経済構造全体の批判的分析をめざすと言い換えてもよいだろう。」（植田和弘、落合仁司、北畠佳房、寺西俊一『環境経済学』有斐閣、一九九一年、一〇六頁）
（11）村上泰亮「公害政策の合意を求めて」『東洋経済』一九七〇年一〇月一四日号、八―九頁および塩野谷祐一「環境破壊の

体制論的把握」『東洋経済』一九七〇年一〇月一四日号、五四頁。
(12) 宇沢弘文「社会資本の経済学」(一九六九年二月初出)『宇沢弘文著作集　第Ⅵ巻』岩波書店、一九九五年、二一九頁。
(13) 今井賢一「産業組織と公害」『中央公論』一九七〇年八月号、一一〇－一一二頁。
(14) 塩野谷「環境破壊の体制論的把握」五五－五八頁。
(15) 宮本憲一「公害問題論序説」『前衛』一九七〇年九月号、四二－四六頁。
(16) 以下の説明は、吉田文和『環境と技術の経済学――人間と自然の物質代謝の理論』青木書店、一九八〇年、一〇一－一二〇、一六七－一八六頁および梅垣邦胤『資本主義と人間自然・土地自然』勁草書房、一九九一年、一五九－二一四頁に基づく。両書は、当時の議論を踏まえながら、公害・環境問題が資本主義の下で発現する過程をマルクスの資本理論に則して叙述している。
(17) 「失業は、資本主義が本来もっている『公害』のもっとも深刻なものである。」(向坂逸郎、原野人『日本独占資本と公害』河出書房新社、一九七二年、一四頁)
(18) 宮本「公害問題論序説」四九頁。
(19) 『朝日新聞』一九七〇年八月六日、一九七〇年一〇月七日、『日本経済新聞』一九七〇年一〇月一六日などを参照。
(20) 公害・環境問題に関する座談会で、自民党の山中貞則総務長官は、「社会主義国の中でもソ連のバイカル湖を例にとるまでもなく公害はある。主義、思想、経済運用の関係というようなことは関係ない」と述べている(『日本経済新聞』一九七〇年八月六日)。
(21) 村上「公害政策の合意を求めて」七頁。
(22) 塩野谷「環境破壊の体制論的把握」五五頁。
(23) 長砂實「社会主義ソ連の『公害』問題――その現実、対策および理論」『公害研究』第二巻第四号、一九七三年、四二－四七頁。また、藤田勇「ソ連における『自然保護法』論の若干の問題」社会主義法研究会編『社会主義国における自然保護と資源利用』法律文化社、一九七五年、七四－八九頁も参照。
(24) 戸田慎太郎「巨大独占資本の『高度成長』と公害――公害発生の基礎的経済構造」『経済』第八〇号、一九七〇年、二一頁。このように、計画経済の支持派が環境政策・対策の優位性に論点を絞り出したことから、公害・環境問題の発生と対処の局面を峻別した上で、資本主義諸国の事例と実証的に比較する作業が始められた(植田和弘「中国における開発と環境――環境政策の評価を中心に」京都大学経済研究所学術交流訪中団『中国の経済発展政策の課題――財政、対外開放、環境政策を中心に』一九八四年一〇月、八七－八八頁)。
(25) 日ソ協会『ソ連の公害対策』一九七一年および『続　ソ連の公害対策』一九七一年を参照。なお、大気・水汚染に関する規制値の国際比較は、Olga Bridges and Jim Bridges, *Losing Hope: The Environment and Health in Russia* (Aldershot: Avebury, 1996), pp. 11-18, 56-69 が詳しい。

(26) Marshall I. Goldman, "The Pollution of Lake Baikal," *The New Yorker*, 19 June 1971, pp. 58-66.

(27) ゴールドマン『ソ連における環境汚染』九一八八頁。

(28) 環境収斂論という呼称は、Marshall I. Goldman, "The Convergence of Environmental Disruption," *Science* 170:3953 (1970), pp. 37-42 の論題に由来すると思われる。同様の立場からソ連の公害・環境問題を論じた研究として、John M. Kramer, "Environmental Problems in the USSR: The Divergence of Theory and Practice," *The Journal of Politics* 36: 4 (1974), pp. 886-899; David E. Powell, "The Social Costs of Modernization: Ecological Problems in the USSR," *World Politics* 23:4 (1971), pp. 618-634 を参照。

(29) V. S. Semenov, "Man in Socialist City Environment and Problems of Scientific City Planning," in Shigeto Tsuru, ed., *Proceedings of International Symposium: Environmental Disruption* (Tokyo: Asahi Evening News, 1970), pp. 160-170.

(30) Marshall I. Goldman, "Environmental Disruption in the Soviet Union," in Ibid., pp. 171-189.

(31) 清浦雷作『世界の環境汚染——その実態と各国の対策』日本経済新聞社、一九七四年、二三一および二三七頁。

(32) "Summary of Discussion," in Tsuru, *Proceedings of International Symposium*, pp. 206-207.

(33) 当時は、シベリア河川転流計画（北極海に注ぐオビ川とエニセイ川の流れを反転させ、中央アジアの水利・灌漑事業に利用する計画）に代表される「自然改造」も、自然環境の科学的制御の一例と考えられていた（*Лемешев М.Я.* Экономика и экология: их взаимосвязь и зависимость // Коммунист. 1975. № 17. С. 48）。

(34) Semenov, "Man in Socialist," p. 164.

(35) ただし、こうした批判は必ずしも的を射てない。ゴールドマンは「ソビエト制度の利点」として集権的な政治体制に見られる意思決定の迅速性と堅牢さに言及し、その弊害を認めながらも、時には環境政策の遂行にプラスに働きうる可能性、換言すれば、体制面の潜在的な優位性を指摘している。詳しくは、ゴールドマン『ソ連における環境汚染』三〇三一三二四頁を参照。

(36) *Лаптев И.Д.* Идеологические аспекты экологических проблем // Коммунист. 1975. № 17. С. 71.

(37) Там же. С. 65-73.

(38) *Лемешев.* Экономика и экология. С. 47-55 や *Нагорный А., Сизякин О., Скуфьин К.* Некоторые вопросы экологизации производства // Коммунист. 1975. № 17. С. 56-63 などを参照。マルクス主義の科学技術論の立場で、

以上の議論を簡潔にまとめた一文が、「…社会主義的生産関係の確立・発展につれ、これら諸国の公害問題は純粋に科学と技術学上の問題として、総力をあげて取り組まれ、無害にすることが不可能な場合は、ためらわずにその使用を廃絶してゆくであろうことが、十分に見透される」(中村静治『現代工業経済論』汐文社、一九七三年、二七三頁)であろう。

(39) *Голланд Э.Б., Фридман Ю.А., Эльберт Э.И.* Технология и окружающая среда // ЭКО. 1977. № 4. С. 70-76.

(40) 「エコロジー的近代化」「環境近代化」「環境配慮型の近代化」とも訳されている。

(41) Hans Immler, *Natur in der ökonomischen Theorie* (Opladen: Westdeutscher Verlag, 1985)［ハンス・イムラー(栗山純訳)『経済学は自然をどうとらえてきたか』農山漁村文化協会、一九九三年、三〇六―三七六頁。］なお、自然と人間社会の融合を目指す経済理論の構築に向けた手がかりとして、イムラーはフィジオクラシー(重農学派)の復権を唱えている(同書、第II部を参照)。こうした解釈がマルクスの労働価値学説を曲解しているとして、イムラーを批判する向きも見られる(韓立新「『労働価値』説における自然の問題――イムラー『労働価値』説批判の批判的検討」唯物論研究協会編『暴力の時代と倫理』青木書店、一九九九年、三二七―三五三頁)。

(42) ゴールドマン『ソ連における環境汚染』五一―五八頁。

(43) カマロフ『シベリアが死ぬ時』八〇―八一頁。同書は、ソ連における公害・環境問題の実状を告発したロシア語の地下出版物で(当時の西ドイツで刊行)、外部からは知り得ない情報を発信するものとして注目された。著者の本名はゼエフ・ウォルフソン(Ze'ev Wolfson)で、現在はイスラエルの研究機関に所属し、東欧・旧ソ連地域の公害・環境問題の専門家として活躍している。他の著作には、Ze'ev Wolfson, *The Geography of Survival: Ecology in the Post-Soviet Era* (Armonk: M.E. Sharpe, 1994)などがある。

(44) 例えば、Murray Feshbach, "Environmental Calamities: Widespread and Costly," in Richard F. Kaufman and John P. Hardt, eds, for the Joint Economic Committee, Congress of the United States, *The Former Soviet Union in Transition* (Armonk: M.E. Sharpe, 1993), pp. 577-596 を参照。

(45) Joan DeBardeleben, *The Environment and Marxism-Leninism: The Soviet and East German Experience* (Boulder: Westview Press, 1985), pp. 3-34.

(46) 客観的な自然条件に基づいて使用料が算定されていない、利潤率の高い企業にのみ制度が適用される、使用料の賦課基準が売上高であるために資源の効率的採掘を直接刺激するものではないなどの問題点が挙げられている(*Шкатов В.* Цены на природные богатства и совершенствование планового ценообразования // Вопросы экономики. 1968. № 9. С. 73)。そのため、料率の引き上げなどの改善策が一九七〇年代に執られた(*Козырев А.И.* Разрешение и проблемы

защиты природной среды (60-70-е годы) // Экономика, предпринимательства, окружающая среда. 1993. № 1. С. 63-64)。

(47) William M. Mandel, "The Soviet Ecology Movement," *Science and Society* 36:4 (1972), pp. 389-390.

(48) John M. Kramer, "Prices and the Conservation of Natural Resources in the Soviet Union," *Soviet Studies* 24:3 (1973), pp. 364-373.

(49) Robert J. McIntyre and James R. Thornton, "On the Environmental Efficiency of Economic Systems," *Soviet Studies* 30:2 (1978), pp. 173-192; Charles E. Ziegler, "Soviet Environmental Policy and Soviet Central Planning: A Reply to McIntyre and Thornton," *Soviet Studies* 32:1 (1980), pp. 124-134; Robert J. McIntyre and James R. Thornton, "Environmental Policy Formulation and Current Soviet Management: A Reply to Ziegler," *Soviet Studies* 33:1 (1981), pp. 146-149; Charles E. Ziegler, "Centrally Planned Economies and Environmental Information: A Rejoinder," *Soviet Studies* 34:2 (1982), pp. 296-299.

(50) それゆえ、これと同様の短絡性は、計画経済の擁護派の側にも当てはまる。環境収斂論への反証として述べられた論拠は、もっぱらソ連の都市部における大気汚染の改善で、それをもって社会主義体制における環境政策の優位性を示していると主張した(中村『現代工業経済論』二六六―二七四頁を参照)。

(51) 「…経営者は、企業の能力に関しては情報を過小に評価し、必要な資源に関しては情報を過大に評価する。そのために省庁は大多数の企業を管轄下に置いているにもかかわらず、これらの情報の総体を正確に掌握することができない。」(Bernard Chavance, *Le Système Économique Soviétique: de Brejnev à Gorbatchev* (Paris: Nathan, 1989)[ベルナール・シャヴァンス(斉藤日出治訳)『社会主義のレギュラシオン理論――ソ連経済システムの危機分析』大村書店、一九九二年、六三頁])

(52) 塚本恭章「社会主義計算論争の史的展開――現代オーストリア学派の貢献」『比較経済体制研究』第八号、二〇〇一年、一五六頁。

(53) ただし、当時の日本と欧米の論壇で大きく異なった点は、前者において計画経済を擁護する側にイデオロギー色が強かったことで、民主主義の最高の形態である社会主義の下では公害・環境問題は起こり得ないとする極論も少なからず見られた。

(54) 都留重人「公害の政治経済学」『季刊現代経済』第三号、一九七一年、四五頁。

(55) 同上、五二頁。

(56) 同上、四三―四五頁および塩野谷「環境破壊の体制論的把握」五三―五四頁を参照。

(57) 都留重人『体制変革の政治経済学』新評論、一九八三年、二頁。

(58) 都留重人『公害の政治経済学』岩波書店、一九七二年、二九―七五頁。

(59) 同上書、六九―七五頁。

(60) 同上書、三六頁。

(61) 同上書、八頁。

(62) 「ゴールドマンの論点は、環境汚染の主要原因は従来有力に論じられてきたように私企業制度にあるというよりは、工業化・都市化現象そのものにある、というところに絞られる」(土岐寛「環境汚染問題への視角――M・I・ゴールドマン『ソ連における環境汚染』(都留重人監訳)を読んで」『都市問題』第八五巻第一号、一九七四年、一一〇頁)。

(63) 都留『公害の政治経済学』二頁。

(64) ゴールドマン『ソ連における環境汚染』七八頁。

(65) Goldman, "Environmental Disruption," pp. 176-185.

(66) 宮本『環境経済学』初版、四三―四五頁。なお、都留の素材・体制論を宮本は精緻化し、公害・環境問題に関わる社会構造の内容を豊富化した上で、これを「素材面」と「体制面」を繋ぐ「中間領域」と呼び、公害・環境問題の中間システム論を提唱した(同上書、四五―四九頁)。

(67) 都留重人編『世界の公害地図(上)』岩波書店、一九七七年、一〇四頁。

(68) 宮本『環境経済学』初版、一四〇―一四一頁。

(69) 宮本の中間システム論の狙いは、こうした体制的規定になじまない諸要因を「中間領域」として取り上げ、都留の素材・体制論を補強することにある。

(70) ゴールドマン『ソ連における環境汚染』一四九頁。

(71) ソ連経済の地域格差の問題については、Donna Bahry, *Outside Moscow: Power, Politics, and Budgetary Policy in the Soviet Republics* (New York: Columbia University Press, 1987); Oksana Dmitrieva, *Regional Development: The USSR and after* (London: UCL Press, 1996); Jonathan R. Schiffer, *Soviet Regional Economic Policy: The East-West Debate over Pacific Siberian Development* (London: Macmillan, 1989); Hans Westlund, Alexander Granberg and Folke Snickars, *Regional Development in Russia: Past Policies and Future Prospects* (Cheltenham: Edward Elgar, 2000)などを参照。

(72) 尹七錫『中央アジアにおける開発と環境』京都大学課程博士申請論文、一九九六年三月は、ソ連時代の中央アジアの農地開発で大規模に展開された灌漑事業が環境汚染を惹き起こす過程を検証した上で、中央と地方の間の植民地的な支配関係の視点から、この問題を捉えることの必要性を強調している。

(73) それゆえ、公害・環境問題の場合と同じ論法で、社会主義体制下の「不均等発展の地域性」は資本主義体制下と質的に異なるという議論が見られた(二瓶剛男「戦後ソヴェト社会主義における都市と農村――『本質的差異』の克服をめぐって」島

崎稔編『現代日本の都市と農村』大月書店、一九七八年、二八九―三一九頁を参照)。

(74) 初版を大幅に改訂した宮本憲一『環境経済学』新版、岩波書店、二〇〇七年は、社会主義諸国の公害・環境問題に言及しているが、「環境の時代にソ連型社会主義の体制は適合できなかった」(同上書、一八頁)と述べるにとどまっている。同書の中間システム論で論じられている内容は、事実上、資本主義体制の公害・環境論のままである。

(75) Tony Cliff, *Stalinist Russia: A Marxist Analysis* (London: M. Kidron, 1955)[トニー・クリフ(対馬忠行、姫岡玲治訳)『ロシア=官僚制国家資本主義論――マルクス主義的分析』論争社、一九六一年]は、ソ連国家資本主義論の古典的著作である。また、ベルナール・シャヴァンス(Bernard Chavance)はソ連経済を商品経済と規定した上で、後者の基本類型を自由競争の資本主義、独占・寡占の西欧先進国経済、ソ連型システムの三つに分けている(シャヴァンス『社会主義のレギュラシオン理論』大村書店、一九九二年、八八頁)。

(76) Dorothee Bohle and Béla Greskovits, “The State, Internationalization, and Capitalist Diversity in Eastern Europe,” *Competition and Change* 11:2 (2007), pp. 89-115; Bernard Chavance and Eric Magnin, “Convergence and Diversity in National Trajectories of Post-socialist Transformation,” in Benjamin Coriat, Pascal Petit and Geneviève Schméder, eds., *The Hardship of Nations: Exploring the Paths of Modern Capitalism* (Cheltenham: Edward Elgar, 2006), pp. 225-244; David Lane, “Post-State Socialism: A Diversity of Capitalisms?,” in David Lane and Martin Myant, eds., *Varieties of Capitalism in Post-communist Countries* (Hampshire: Palgrave Macmillan, 2007), pp. 13-39 などを参照。

(77) 宮本によると、現代社会の公害・環境問題に見られる「政府の失敗」は、資本主義諸国と社会主義諸国で体制的に異なるとされるが、両者の相違に関する説明は曖昧で論点も錯綜している(宮本『環境経済学』初版、二五〇―二五三頁)。

(78) 尹『中央アジアにおける開発と環境』一一六頁。

(79) Frederick H. Buttel, “Ecological Modernization as Social Theory,” *Geoforum* 31:1 (2000), pp. 57-58; Joseph Murphy, “Editorial: Ecological Modernisation,” *Geoforum* 31:1 (2000), p. 8.

(80) 一九九〇年代半ばにスウェーデンの政権党(社会民主党)は、エコロジー近代化の概念を取り入れた綱領を発表した。詳細は、Lennart J. Lundqvist, “Capacity-building or Social Construction? Explaining Sweden's Shift towards Ecological Modernisation,” *Geoforum* 31:1 (2000), pp. 21-32 を参照。

(81) Murphy, “Editorial,” pp. 4-5.

(82) エコロジー近代化の論者は、デカップリング(de-coupling)ではなく脱相関化(de-linking)という概念を用いるが、意味するところに大きな違いはないため、以下では経済用語として定着した観のある前者を使用する。

(83) 富永健一『近代化の理論――近代化における西洋と東洋』講談社、一九九六年、三七―三八頁。

(84) John K. Galbraith, *The New Industrial State* (Boston: Houghton Mifflin, 1967)〔ジョン・ガルブレイス(都留重人監訳)『新しい産業国家』河出書房新社、一九六八年〕; Alexander Gerschenkron, *Economic Backwardness in Historical Perspective: A Book of Essays* (Cambridge: Belknap Press of Harvard University Press, 1962)〔アレクサンダー・ガーシェンクロン(絵所秀紀、雨宮昭彦、峯陽一、鈴木義一訳)『後発工業国の経済史――キャッチアップ型工業化論』ミネルヴァ書房、二〇〇五年〕; Alex Inkeles, *Social Change in Soviet Russia* (Cambridge: Harvard University Press, 1968); Talcott Parsons, *The System of Modern Societies* (Englewood Cliffs: Prentice-Hall, 1971)〔タルコット・パーソンズ(井門富二夫訳)『近代社会の体系』至誠堂、一九七七年〕; Walt W. Rostow, *The Stages of Economic Growth: A Non-communist Manifesto*, 2nd ed. (Cambridge: Cambridge University Press, 1971)〔ウォルト・ロストウ(木村健康、久保まち子、村上泰亮訳)『経済成長の諸段階――一つの非共産主義宣言』ダイヤモンド社、一九七四年〕などが挙げられる。

(85) 詳しくは、塩川伸明『現存した社会主義――リヴァイアサンの素顔』勁草書房、一九九九年、二九三―三四一頁を参照。

(86) 小俣利男『ソ連・ロシアにおける工業の地域的展開――体制転換と移行期社会の経済地理』原書房、二〇〇六年、四一―五三頁および中村泰三『ソ連邦の地域開発』古今書院、一九八五年、九一―一一八頁。

(87) 前掲注(33)を参照

(88) 以上は、飯島伸子編『環境社会学』有斐閣、一九九三年、三―五頁や岩佐茂、劉大椿編『環境思想の研究――日本と中国で環境問題を考える』創風社、一九九八年、一七〇―一七二頁などを参考にした。物質代謝論における生産と生活の再生産の視点は、尾﨑芳治『経済学と歴史変革――労働指揮権としての資本・生活意識・土地所有』青木書店、一九九〇年、一八四―一八六頁および日山紀彦「環境問題と唯物史観――マルクス主義は環境問題に対応できるか」『アソシエ』第七号、二〇〇一年、一〇九―一一五頁から着想を得た。

(89) 宮本『環境経済学』初版、二七三―三四八頁。

(90) Frederick H. Buttel, "Classical Theory and Contemporary Environmental Sociology: Some Reflections on the Antecedents and Prospects for Reflexive Modernization Theories in the Study of Environment and Society," in Gert Spaargaren, Arthur P.J. Mol and Frederick H. Buttel, eds., *Environment and Global Modernity* (London: SAGE Publications, 2000), pp. 28-34.

第二章　開発と環境

――社会主義近代化プロジェクトの遺産と清算

はじめに

社会主義国ソ連で公害・環境問題が発生し、深刻な産業公害への対応に迫られていたことは一九六〇年代には周知の事実であった。前章で検討したように、その解釈をめぐる論争は一九七〇年代初頭から見られる。しかし、同国の公害・環境問題の全容が明らかになるのは、政府内の慎重論を押し切ってソ連自然保護国家委員会が公表した『一九八八年におけるソ連の自然環境情勢の報告書』(一九八九年)をきっかけとして、多数の研究者が実態究明に乗り出してからである。この報告書はソ連初の環境白書と位置づけられ、一九八六年に発生したチェルノブイリ原発事故の影響を含め、極めて深刻な環境破壊・汚染の実態をデータとともに掲載したため、内外の関心を引き寄せた。(1)

ここで、ロシアの公害・環境問題に関する先行研究を振り返ると、第一に、多様な情報源に基づいて環境破壊・汚染の実情を丹念に描き出す作業が精力的に行われた。(2) 大気汚染や水汚染など、自然環境の対象別に公害・環境問題の広がりと深刻さを強調するアプローチが多い。(3) 資源問題に焦点を当てた研究も、ここに含まれるであろう。(3) 第二に、政治的な意思決定過程、環境政策や環境行政の実情、環境保護運動の特徴など、ソ連の公害・環境問題をめぐる諸制度の法定(*de jure*)と実態(*de facto*)の相貌に関心を寄せる研究である。(4) 第三に、マルクス・

レーニン主義のイデオロギー面の影響を含め、計画経済と公害・環境問題の関係に焦点を当てた研究である。計画経済に対する批判的言及は、あらゆるアプローチに例外なく見られるが、公害・環境問題の見地から計画経済機構の作動様態の問題点を正面から扱った研究は意外に少ない(5)。第四に、ソ連からロシアへの体制転換を経て、政治経済システムの変化が公害・環境問題の動向に及ぼした影響の分析を通じて、同国における資本主義化の功罪を論じた研究である(6)。その他、核開発と放射能汚染の実態を検証した安全保障研究(7)、公害・環境問題の見地から科学技術体系の諸問題を析出した技術論(8)、自然環境の変化と人口動態の要因の関係に着目した人口論など(9)、さまざまなアプローチが見られる。

こうした実態究明の成果を踏まえながら、本章では一九八〇年代末から公開中の政府環境白書・統計類や国際機関の報告書に依拠して、社会主義工業化と称されたソ連の近代化プロジェクトが環境面で残した負の遺産の概要を明らかにする。また、その清算と回復が図られるという点では体制転換後の動向も重要であるため、転換前との連続性や非連続性の側面に留意しながら併せて検討する。

一　経済開発と環境破壊・汚染

1　ロシアの公害・環境問題の特徴

政治経済学的な視点でロシアの公害・環境問題を考察すると、その最大の特徴は計画経済機構下で発生した環境破壊・汚染(深刻な産業公害や放射能汚染など)を抱えながら、市場経済機構への転換の中で出現した新たな公害・環境問題(自動車公害や廃棄物問題など)に直面している点にある。その一方で、ソ連崩壊後に独立した国々の公害・環境問題が領域的に切り離され、負の遺産の継承をロシアが免れたことも事実である。例えば、チェルノブイリ原発事故の被災地はロシア、ベラルーシ、ウクライナの三カ国に及ぶが、移住が義務づけられた高レベルの放射能汚染区域(セシウム一三七の高汚染地域)の四分の三は後二者の国々に位置する。[10] また、同事故と並ぶ激甚型の大規模な環境破壊で、ソ連社会主義の下での経済開発の失敗例と目されるアラル海域の生態系破壊(大規模な灌漑用水開発が招いたアラル海の縮小、湖底の表出による砂漠化の進行、周辺地域の土壌劣化・破壊など)は中央アジアのカザフスタンとウズベキスタンに集中し、ロシアは間接的な影響(砂漠化した土地から飛来する黄砂)を被っているに過ぎない。

工場廃水や煤煙などの産業公害の存在は一九五〇年代には広く認知され、当時のソ連政府も事態の収拾に乗り出していた。環境破壊・汚染の進行と深化に危機感を募らせた研究者の一部は、経済開発に伴う環境破壊・汚染の拡大に懸念を表明し、各々の所属機関(ソ連科学アカデミー傘下の研究所や高等教育機関など)を通じて、環境規制の強化や工場建設計画の見直しなどを政府首脳に請願した。次章で述べるように、事の成否は別にして、計画経済機構下でも産業公害の解決に向けた政策的な対応が重ねられていた。産業公害の問題は決して放置されていたわけでなく、専門家の意見や世論の動向を考慮しながら、ソ連でも実務的に対処されていたのである。しかし、その成果は芳しくなく、後にアメリカの研究者らが「環境虐殺」(ecocide)と呼ぶまでに、ソ連の自然環境の荒廃ぶりは劇的であった。[11]

他方、原子力開発・利用の過程で発生した放射性汚染の問題は徹底的に隠蔽された。例えば、後に「ウラルの核惨事」と呼ばれたチェリャビンスク郊外の爆発事故による放射性物質の飛散や放射性廃棄物の意図的な河川投棄(一九四〇年代〜一九六〇年代)、北洋および極東海域での放射性廃棄物の海洋投棄(一九五〇年代〜一九九〇年代)、資源探査を目的とした地下核爆発で発生した放射性物質の放出(一九六〇年代〜一九八〇年代)が公式発表されたのは一九八〇年代末以降で、被災地の汚染調査や健康被害者の救済はソ連崩壊後にようやく始められた。[12]

チェルノブイリ原発事故の発生時も政府通達で情報統制が敷かれ、その後の情報公開が紆余曲折を経たことはよ

く知られている。(13)

ロシアにおける計画経済から市場経済への転換は一九八〇年代末に始まるが、その過程で公害・環境問題の様相は大きく変化した。経済システムの転換に伴う一九九〇年代のロシアの構造不況は、経済活動の停滞によって環境負荷を大きく減らしただけでなく、エネルギー効率性が極めて悪い生産設備の休停止をもたらした。産業公害を中心とする環境破壊・汚染の一定の改善は積極的な環境政策の成果ではなく、市場経済への転換が環境負荷の大きい汚染産業の解体を促したことで生じたのである(第三章一4を参照)。しかし、それは一部の産業公害の軽減であって、「環境虐殺」とまで称された旧来の公害・環境問題が全面的に解決されたわけではない。加えて、市場経済の拡大と深化に伴う消費社会の到来は、消費財の物不足が常態化していた計画経済の時代には考えられなかった公害・環境問題をもたらした。一部の大都市では、生産部面の産業公害に代わり、消費部面に関わる自動車の排気ガスによる大気汚染や一般廃棄物の急増が焦眉の問題となっている。特に、ロシアの乗用車市場(中古車を含む年間販売台数)は一九九〇年代半ばの百万台から二〇〇八年の三百万台へと急拡大し、ソ連時代には経験しなかった自動車問題(交通事故・渋滞、大気汚染、騒音、健康被害など)が一挙に顕在化した。自動車を主体とする輸送機関からの大気汚染物質の排出量は一九九〇年代半ば以降増え続け、一九九五年の一一〇〇万トンから二〇〇八年には一七三〇万トンに達し、首都モスクワでは大気汚染物質の九五・七%(二〇〇九年)が輸送機関から排出されている。(14) また、モスクワとサンクトペテルブルグを結ぶ高速道路の建設予定地であるモスクワ州ヒムキ地区の森林伐採をめぐるトラブルでは、当時のメドベージェフ大統領(現首相)が自ら仲裁に乗り出すなど、自動車輸送のインフラ整備のあり方が開発と環境の観点から問われている。(15)

このように、旧来型・途上国型の産業公害に新型・先進国型の環境問題が加わり、冷戦時代の核開発が残したソ連型の放射能汚染を抱えるという三重苦にロシアは直面している。

2　環境破壊・汚染の概観――環境危機地図

次に、ロシアの環境破壊・汚染の状況を概観したい。全国の環境破壊・汚染の状況を検証し、その内容と程度を示した環境危機地図は、一九七〇年代半ばに当時のソ連科学アカデミー地理学研究所の手で作製された。当初、その閲覧は政府高官のみに限定され、一般公開はされなかった。それがようやく許されたのは一九八〇年代末のことである。[16]ゴルバチョフ政権下のグラスノスチ(情報公開)を機に環境危機地図が学術誌や一般紙に公開されると、内外で大きな反響を呼んだ。最初に公開された全国規模の地図は、自然環境が危機的な状況下にある領域を網点で表示した上で、生態系の惨禍が見られる地域として一七カ所を列挙している(図2-1を参照)。本章の冒頭で触れたソ連環境白書では、資源開発が進行した地域を中心に全体で二九〇の地点が居住に適さないとされ、その総面積はソ連領土の一六%(三七〇万平方キロメートル)に及んだ。[17]地図作製者の解説によると、そこでは自然環境の再生・回復が不可能か非常に困難で、ウラル、中央アジア、東シベリアの都市部を中心にソ連の全住民の二六%が居住していた。[18]この環境危機地図の意義を認めたロシア政府は、一九九二年にリオデジャネイロで開催された国連環境開発会議に同図を収録した報告書を提出している。また、自然環境が危機的な状況下にある領域を特定し、環境対策を優先的に施す方針は、一九九一年末に制定のロシア共和国(当時)環境法「自然環境の保護について」で明文化された(第五八条および第五九条)。[19]その後は、地域別ならびに問題別に分類された詳細な環境危機地図が作製され、現在は基本的な原データとともに利用することができる。

環境破壊・汚染の程度や健康被害の状況はさまざまな要因に左右されるため、産業構造や社会状況を直接反映しているわけではない。それでも、ロシア各地の環境破壊・汚染の状況を総合的に比較した研究によると、図2-2が示すように、巨大な工業地帯を抱える中央地域とウラル地域の状況が最も深刻である。大気汚染、水汚染、重金属汚染などの産業公害に加え、軍需産業による放射能汚染が長年にわたり自然環境と人体を蝕んできた。

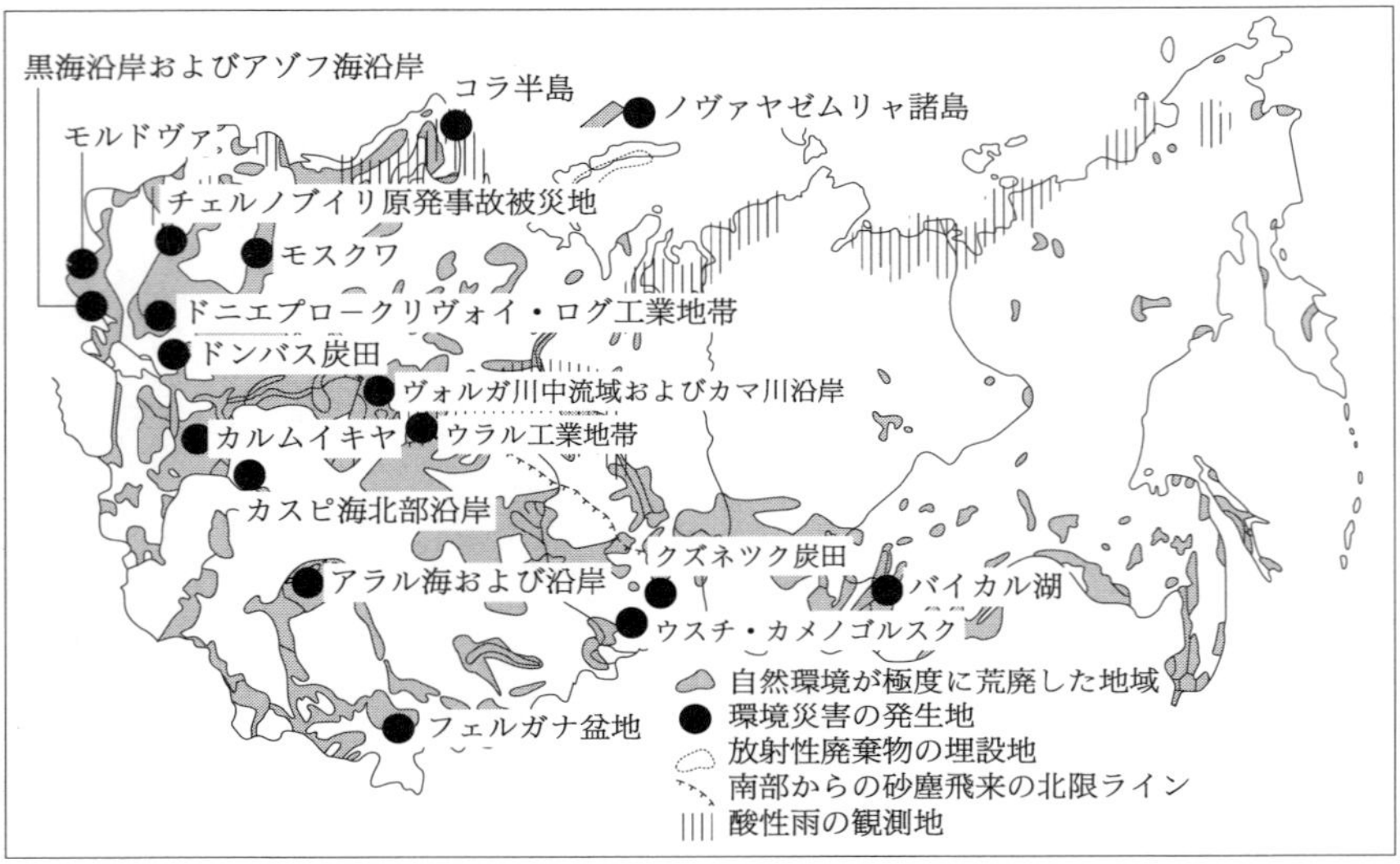

図 2-1　ソ連の環境危機地図

出所）徳永昌弘「開発と環境」吉井昌彦，溝端佐登史編著『現代ロシア経済論』ミネルヴァ書房，155 頁に掲載の図 8-1 を転載。原出所は，«Московские новости» 3 ноября 1991 года に掲載された地図である。

また、ロシアの全住民の四割(約六千万人)が居住するボルガ川流域(ロシア西部に広がる河川群で、主に中央地域、ボルガ・ビャトカ地域、沿ボルガ地域を流れる)も、産業廃水と生活排水による表層水汚染に大気汚染や土壌破壊・汚染が重なり、複合的な環境破壊・汚染の様相を呈している。一九九二年に刊行された最初のロシア環境白書は、モスクワとその近隣地区、ウラル工業地帯、ボルガ川中流域およびカマ川(ボルガ川支流)沿岸を自然環境の荒廃度が最も著しい指定領域に含めている。[20] これらの地域では、電力業、機械製作・金属加工業、鉄鋼業、非鉄金属業、石油化学工業を中心とする重化学企業による産業公害が進行し、チェリャビンスク州のチェリャビンスクやマグニトゴルスク、スベルドロフスク州のニジニ・タギルなどは、ロシアを代表する公害都市である。[21] また、環境面のリスクが高い化学製品や金属・非鉄金属類の生産量と輸出量で比較すると、上位一〇余りの連邦構成主体(連邦国家を構成する地方)のう

①北西地域　②中央地域　③ボルガ・ビャトカ地域
④中央黒土地域　⑤北コーカサス地域

	大気汚染	水汚染	土壌汚染・破壊	森林破壊・乱伐	計
北部地域	9	9	13	11	42
北西地域	4	17	8	4	33
中央地域	6	15	21	2	44
ボルガ・ビャトカ地域	4	9	1	3	17
中央黒土地域	2	5	9	0	16
沿ボルガ地域	10	16	13	0	39
北コーカサス地域	2	16	16	0	34
ウラル地域	9	16	27	10	62
西シベリア地域	9	9	13	4	35
東シベリア地域	10	12	7	13	42
極東地域	4	8	7	11	30
カリーニングラード州	4	6	0	1	11

図2-2　ロシアにおける環境破壊・汚染の地域別概況

注）各地域の環境破壊・汚染の状況を，その深刻度に応じて点数化した。点数が大きいほど，状況が深刻なことを示す。なお，地域区分は当時の経済地区に基づく。

出所）Murray Feshbach, "Environmental Calamities: Widespread and Costly," in Richard F. Kaufman and John P. Hardt, eds, for the Joint Economic Committee, Congress of the United States, *The Former Soviet Union in Transition* (Armonk: M.E. Sharpe, 1993), pp. 591-596 の各表に掲載の数値を一部修正した上で集計した。地域区分を示した地図は，小野堅，岡本武，溝端佐登史編『ロシア経済』世界思想社，1998年，267頁に掲載の地図を転載。

ち八つが中央地域、ウラル地域、ボルガ川流域に位置する。[22]

さらに、ウラル地域をロシアで最悪の自然環境に貶めたのは、当地の核閉鎖施設マヤークが惹き起こした「ウラルの核惨事」による厄災である。チェリャビンスク北方のオジョルスクに位置するマヤークは、第二次世界大戦後に建設されたソ連初のプルトニウム製造工場を母体として、核兵器用のプルトニウム生産炉、プルトニウム抽出用の再処理工場、ラジオアイソトープ工場の三つの施設で構成された。[23] その所在地は極秘扱いとされ、チェリャビンスク四〇もしくは同六五というコードネームの付いた秘密都市であった。そこで一九五七年九月に発生した放射性廃液貯蔵タンクの爆発事故を、反体制科学者ジョレス・メドベージェフ(Жорес Медведев)が渡英後に発表したことから事態が明るみに出た。[24] 同年の爆発事故に加えて、一九四九年から一九五六年までの液体放射性廃棄物の河川投棄と、一九六七年に発生した湖底堆積物中の放射性廃棄物の飛散事故を主因として、チェルノブイリ原発事故時の二〇倍に相当する一〇億キュリー以上の放射能量が放出され、チェリャビンスク州、クルガン州、スベルドロフスク州を中心に約四五万人の被爆者が生まれたことをロシア政府は一九九三年一月に公式認定している。[25]

他方で、農地開発や資源開発が重点的に行われてきた地方では、環境破壊・汚染の原因を特定の事象に絞りやすい単一型の公害・環境問題が発生している。その代表例が、世界最悪の大気汚染地帯と言われる極北シベリアの工業都市ノリリスクの環境破壊・汚染である。自然環境の荒廃度が最も著しい指定領域のひとつであり(本章注(20)を参照)、レアメタル生産で世界有数の非鉄金属企業ノリリスク・ニッケルの精錬工場は、一九四〇年代初頭の操業以来、二酸化硫黄や重金属粒子を大量に排出し、同工場だけでロシアにおける硫黄酸化物の排出量全体の二六%(一九九一年)を占めていた。[26] 当地で深刻な産業公害を惹き起こしてきただけでなく、北極圏で観測される大気汚染物質のスモッグで「北極ヘイズ」と呼ばれる現象の主因と考えられている。[27] 現在でもノリリスクはロシア最大の大気汚染都市で、固定汚染源から排出される大気汚染物質の総量は他都市に比べて一桁多く(年間二百万トン前後)、住民一人あたり排出量(年間九千キログラム台)も他都市の数倍に上る。[28] また、ロシアは世界屈指の森林大国でもあり、古くから林業が盛んな北部、東シベリア、極東の各地域では、盗伐・濫伐・違法伐採や管理体制の不備などが原因で森林破壊が深刻な社会問題となっている。特に、極東地域の無秩序な森林開発は内外の批判を浴び、先住民コミュニティの保護の問題とも絡み合いながら、開発と環境のあり方が問われてきた。[29] そして、大規模な農地開発が進められたロシア南部では、過剰開墾・放牧や不適切な灌漑事業が農地の荒廃と表層水・地下水の汚染を招き、カスピ海北岸のカルムイキヤ共和国やアストラハン州から中央アジアのアラル海周辺にまで至る広大な領域で砂漠化の進行が懸念されている。[30]

3　資源開発と環境破壊・汚染

ロシアは当代随一の資源大国である。二〇〇九年の産出量で世界第一位と第二位を占めた原油と天然ガスだけでなく、[31] 金、ダイヤモンド、プラチナ、パラジウム、ニッケルなどの主要産出国でもあり、世界の取引市場で一定の影響力を持つ。しかし、こうした地下資源の多くは、自然環境が脆弱で大規模開発への抵抗力が弱いシベリア・極東の寒冷地に偏在している。例えば、現在の石油・天然ガスの主要産地は西シベリア平原一帯で、二〇〇八年実績でロシア全体の産油量の六五%と天然ガス生産量の八〇%を占める。今後は、北極海縁海のカラ海に面したヤマル半島、中央シベリア高原南東部、サハリン沖などが、重点的な開発地域となる。[32] そして、二〇〇九年末に運用を開始した東シベリア・太平洋パイプラインが全面開通すれば、石油パイプラインがシベリア・極東を文字どおり横断することになる。[33] さらに、ロシアにおける天然ガス開発を一手に収めている国有企業のガスプロムが進める東方ガス化計画の一環として、やはりシベリア・極東を通る長距離天然ガスパイプラインの敷設が検討中である。貴金属やダイヤモンド、ならびに産業向けの用途が広いレアメタルの鉱床も、シベリア・極東北部に集中している。

一九七〇年代末にソ連の自然環境の荒廃ぶりを内部告発した地下出版物『自然破壊』(邦題『シベリアが死ぬ時』)[34]の著者ゼエフ・ウォルフソン(Ze'ev Wolfson)は、ソ連崩壊後に本名で出版した著書の中で、寒冷地の石油・天然ガス開発が生態系に及ぼす影響を深く憂慮し、次のような警鐘を鳴らした。すなわち、車の轍ひとつで植生が大きく変化するほど自然環境が脆弱な極北地域の開発許容面積の閾値は全体の二%程度と考えられるが、すでに四%を超えているため、生態系の崩壊が加速している。[35] モスクワ大学地理学部監修の『ロシアのエコロジー地図』(二〇〇二年出版)によると、西シベリア鉱区の資源開発で人為的な地形の崩壊が認められる区域は五〇カ所以上に及び、極北地域における生態系崩壊の出発点とされる永久凍土の融解は、西シベリア平原北部からヤマル半島にかけて、ほぼ全域で中高レベルに達している(口絵1および口絵2を参照)。さらに、ソ連時代の資源開発は探査・採掘を目的とした地下核爆発を伴うことがあった。通常の手法に比べて、コスト面で格段に優れていたためである。ソ連原子力・産業省(当時)の発表では、こうした「平和利用」の核爆発は一九六三年以降に一一五回実施されたという。[36] 一部の事例では地表や大気への放射性物質の噴出を招き、一九九五年九月にロシア国内で発表された報告書は、極東北部のサハ共和国、カスピ海北岸のアストラハン州、ウラル山脈を望むペルミ地方において、石油・天然ガスの開発に用いた地下核爆発が原因で放射能汚染が観測された事実を明らかにしている。[37] 一九六五年末にチタ州(現在のザバイカリエ地方)北部のウドカン銅鉱床で行われた地下核爆発では、混乱を避けるために放射能汚染の可能性があった地区の住民をあえて避難させなかった疑いさえ持たれている。[38] 資源開発目的の地下核爆発が行われた地点と、前述の『ロシアのエコロジー地図』に収録された放射能汚染源の分布図を見比べると、両者の位置はおおむね一致していることが分かる(口絵3を参照)。

資源開発に伴う深刻な環境破壊・汚染は過去の話ではなく、現在も日々起きている。二〇〇九年四月に日本へのLNG(液化天然ガス)輸出を始めたサハリンIIプロジェクトは、十分な地滑り・浸食防止対策を施さなかったパイプライン敷設工事の不備と生産施設からの規定量を超えた排水の流出を理由に開発許可が一度取り消された。

この問題は、サハリンⅡプロジェクトのコスト増の後処理や、外資のコンソーシアムからガスプロムへの権益譲渡交渉と絡み合って進展したために、ロシア側に対する疑心暗鬼やさまざまな憶測を呼んだが、想定外の深刻な環境汚染が発生していたことは紛れもない事実である[39]。この点は内外の環境ＮＧＯから厳しく非難され、当時は融資者の一人として名を連ねていた（後に離脱）ＥＢＲＤ（欧州復興開発銀行）も繰り返し改善を要求していた[40]。地元の環境ＮＧＯ「サハリン環境ウォッチ」は、事業の再開後もパイプライン敷設に起因する環境汚染は未解決で、環境法に違反する状況は解消されてないとして、サハリンⅡプロジェクトに対する批判を続けている[41]。上述の東シベリア・太平洋パイプラインでも、稼働後まもなく二件の原油漏洩事故が発生した。同パイプラインの敷設をめぐっては、主要な経由地のサハ共和国を中心に計画段階から反対運動が起きていたため[42]、自社のパイプラインの安全性を強調してきたトランスネフチ（国内の原油輸送を独占的に行うロシア国有企業）に対する信頼性は大きく低下した[43]。パイプラインに対する一般市民の不信感の背景には、ソ連時代から石油・天然ガスの流出事故が多発し、一九八九年六月にはウラル地域で死者三百名を超す大惨事を起こした経緯がある[44]。ロシア統計局の発表によると、現在でも幹線パイプラインの事故は年間二〇件前後～五〇件台のペースで発生している（二〇〇〇～〇九年）[45]。

二　体制転換と公害・環境問題

ソ連の社会主義近代化プロジェクトがロシアに残した公害・環境問題という負の遺産は、市場経済機構の下で清算と回復が図られることになった。上述したように、体制転換後に過去の産業公害や放射能汚染が解決されたわけではなく、むしろ資本主義化に伴う新たなタイプの環境破壊・汚染が日々起きている。それでも、計画経済から市場経済への転換が公害・環境問題の解決のための土台を提供すると期待されたことは確かであり、その結

表 2-1　BRICs 諸国の経済規模，環境負荷，エネルギー効率性（2008 年）

	ブラジル	ロシア	インド	中国	BRICs（4 カ国計）
GDP（購買力平価換算）	2.9%	3.3%	4.8%	12.2%	23.1%
最終エネルギー総消費量	2.3%	5.2%	4.8%	16.4%	28.7%
二酸化炭素排出量（燃料燃焼分）	1.2%	5.4%	4.9%	22.3%	33.8%
GDP（購買力平価）あたり，最終エネルギー総消費量（Mtoe/千ドル）	0.098	0.191	0.120	0.162	0.149
同，二酸化炭素排出量（燃料燃焼分）（t/千ドル）	0.183	0.700	0.421	0.768	0.614

出所）IMF, *World Economic Outlook Database. October 2010* [http://www.imf.org/external/data.htm]（2011 年 2 月 18 日閲覧）; OECD/IEA, *CO_2 Emissions from Fuel Combustion. 2010 edition* (Paris: OECD/IEA, 2010), pp. II.6-8; OECD/IEA, *Energy Balances of Non-OECD Countries. 2010 edition* (Paris: OECD/IEA, 2010), pp. II.385-387 から作成。

果を判断するためには、基本的な環境指標の趨勢と変化の方向性を検証する必要がある。

1　環境負荷の動向――BRICs諸国の比較

二〇〇八年五月に発表されたOECD（経済協力開発機構）の環境報告書は、経済の急成長とともに環境負荷を急激に増しつつあるBRICs諸国（ブラジル、ロシア、インド、中国）に焦点を当て、有力な新興国経済の今後の動向が地球環境の将来を大きく左右することを強調している。[46] IMF（国際通貨基金）の世界経済概観データベースから世界のGDP（国内総生産）に占めるBRICs諸国の割合を算出すると、内外価格差を調整した購買力平価換算のGDP（二〇〇八年）では二三・一％である。そのうち中国がほぼ半分を占め、次いでインド、ロシア、ブラジルの順となる。[47] 他方で、OECDおよびIEA（国際エネルギー機関）のデータによると、最終エネルギー総消費量と二酸化炭素排出量（燃料燃焼分）におけるBRICs諸国の割合は、それぞれ二八・七％と三三・八％である。その過半を中国が占め、次いでロシア、インド、ブラジルの順となる（表2-1を参照）。経済活動との相関性が高いエネルギー関連のデータを環境負荷の指標とすると、中国とロシアの相対的な環境負荷の大きさが読み取れる。すなわち、GDPあたりの環境負荷で見ると、表2-1が示すように両国の数値の高さが際立っており、経済活動のエネルギー効率性の悪さを物語っている。

これとは対照的に、BRICs諸国の中ではブラジルのエネルギー効率性が格段に高く、環境先進国と言われる日本やEU（欧州連合）をも上回っている。次なる新興市場大国への期待を込めて「ポスト中国」と呼ばれるインドは、おおむね米国と同水準にある。(48)

次に、BRICs諸国の環境負荷の動向を時系列で確認すると、ここでも国別の差異が見られる。図2-3および図2-4は、世界の最終エネルギー総消費量と二酸化炭素排出量（燃料燃焼分）の変動に対するBRICs諸国の寄与度を示している。ロシアの最終エネルギー総消費量に関するデータが一九九二年以降の分しか得られないため、四カ国とも同年から翌九三年にかけての変化に対する寄与度から掲載している。両図を見ると、第一に、本節の冒頭で紹介したOECDの環境報告書が強調するように新興国の環境負荷が増大しつつあるといっても、その大半は中国によるものであることが分かる。二〇〇一年以降の中国はエネルギー消費量の拡大に歯止めがかからず、世界の最終エネルギー総消費量の増加分（年間ベース）の二〜四割は中国によるもので、二酸化炭素排出量の増加分（同）については四〜七割にも達する。(49)第二に、BRICs諸国の環境負荷が増大基調にある二〇〇〇年代とは対照的に、一九九〇年代は変動が激しく、特にロシアの寄与度が著しくマイナスに振れている。換言すれば、一九九〇年代のロシアでは環境負荷が大幅に低減しており、同時期の環境事情は他の三カ国とは様相を異にする。第三に、前述したように中国とロシアのエネルギー効率性は極端に悪いが、環境負荷の動向に関しては対照的である。すなわち、中国の環境負荷は基本的に増加傾向にあるが、ロシアの環境負荷は一九九〇年代の大幅減の後も安定的に推移している。

ロシアの環境事情が他のBRICs諸国と異なる最大のポイントは、ソ連崩壊後の経済システムの転換に伴う構造不況の影響である。一九九〇年代のロシア経済はマイナス成長が続き、一九九二〜九八年の間に同国はGDPのほぼ三分の一を喪失した。同時期の経済状況がどれほど酷いものであったかは、表2-2が示すとおりで、「エリツィンのロシア」と「プーチンのロシア」の経済実績の差は一目瞭然である。エリツィン時代の大不況は

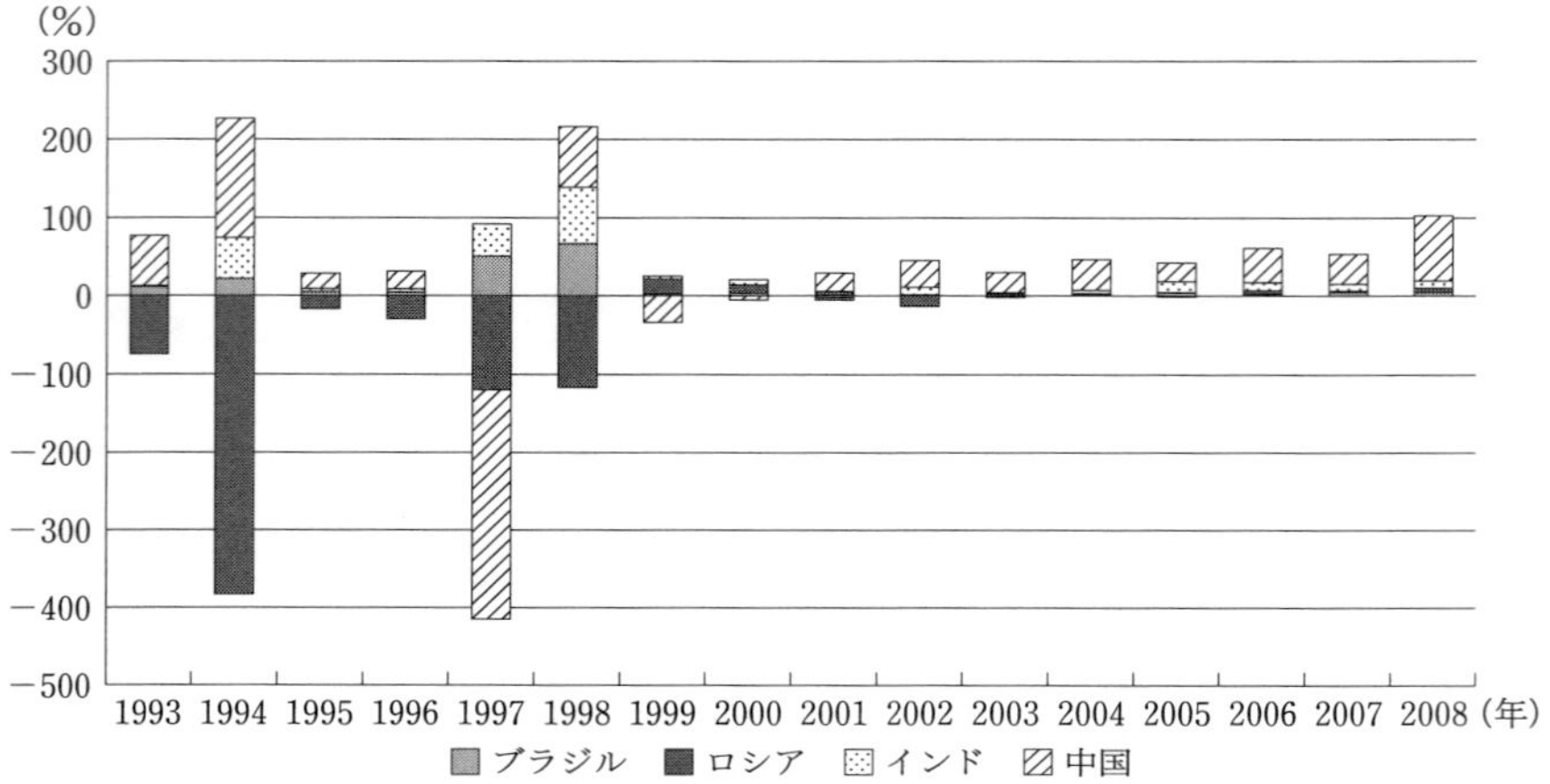

図 2-3　世界の最終エネルギー総消費量の変動に対する寄与度

出所）OECD/IEA, *Energy Balances of Non-OECD Countries 1999-2000* (Paris: OECD/IEA, 2002), pp. II.358-362; *2002-2003* (2005), pp. II.282-284; *2004-2005* (2007), pp. II.292-294; *2009 edition* (2009), pp. II.309-311; *2010 edition* (2010), pp. II.385-387 から作成。

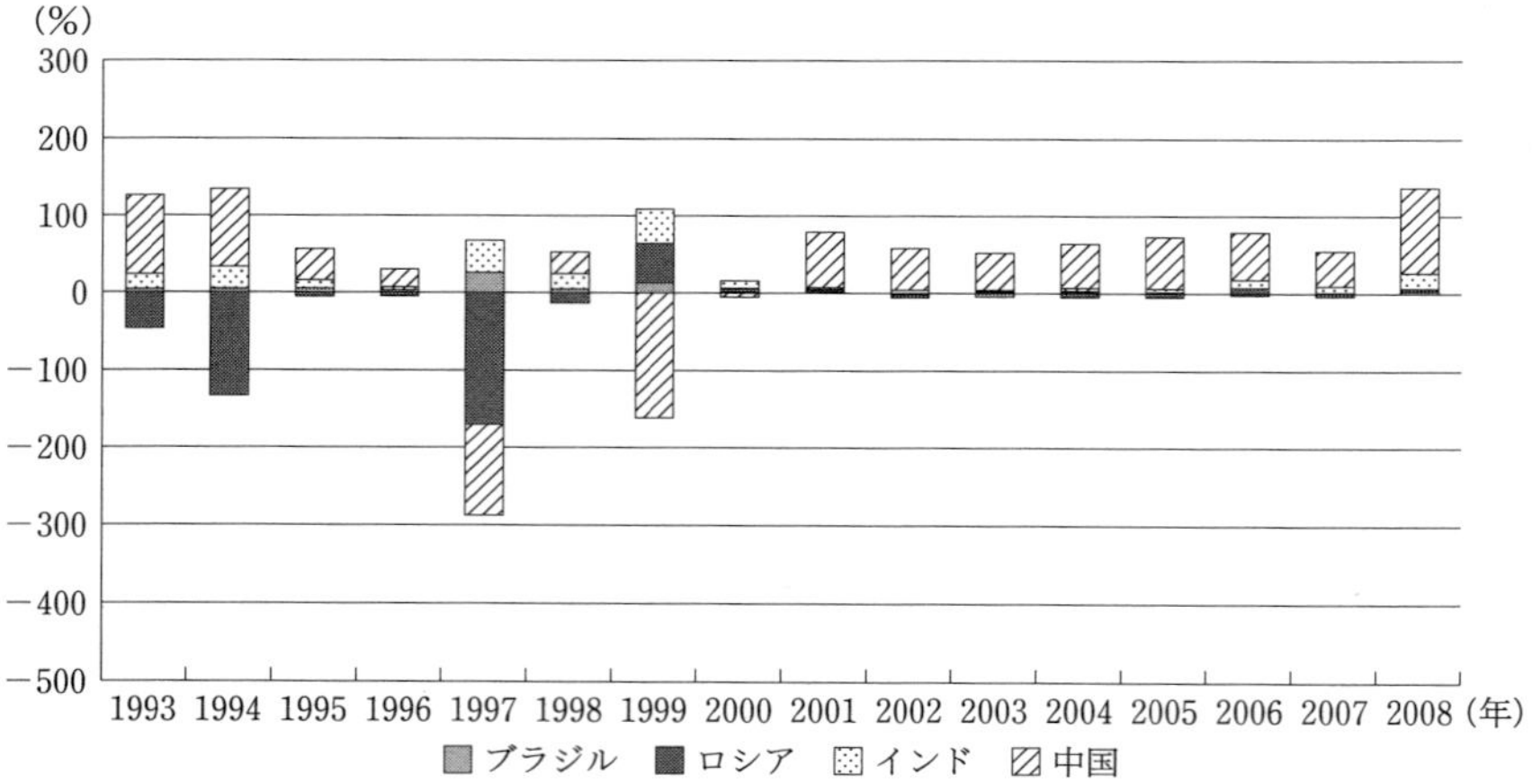

図 2-4　世界の二酸化炭素排出量(燃料燃焼分)の変動に対する寄与度

出所）OECD/IEA, *CO_2 Emissions from Fuel Combustion 1971-2000* (Paris: OECD/IEA, 2002), pp. II.4-9; *1971-2004* (2006), pp. II.4-6; *2010 edition* (2010), pp. II.4-6 から作成。

表 2-2　ロシアの主要経済指標（当該期間内の年平均値）

		1992〜1999 年	2000〜2008 年
実質前年比（%）	GDP	−5.1	7.0
	鉱工業生産	−7.3	5.6
	農業生産	−6.0	3.9
	固定資本投資	−14.5	13.0
	小売売上高	−1.0	12.0
	消費者物価指数	581.1	113.6
	賃金	−11.6	14.8
	最終消費支出	−1.0	12.0
比率（%）	欠損企業比率（＝欠損企業数／総企業数）	36.3	36.1
	失業率	9.5	7.7
	M2/GDP	15.0	26.4
10 億ドル	貿易収支	15.3	83.3
	輸出	90.9	247.1
	輸入	76.0	163.8
	外貨準備高（年末値）	9.2	182.8
	外国直接投資（受入額）	2.7	22.8
	資本流出	17.1	7.7
対 GDP 比（%）	一般政府予算　歳入	34.4	37.0
	歳出	41.8	32.6
	収支	−7.4	4.4
	債務	70.8	26.2

注）外貨準備高は 1993 年以降，貿易収支（輸出入），外国直接投資，資本流出，一般政府予算（歳出・歳入・収支・債務）は 1994 年以降の数字である。

出所）EBRD, *Transition Report* (London: EBRD), various issues; *Росстат*. Российский статистический ежегодник. Москва, Ежегодное изд.; *Росстат* [http://www.gks.ru/]（2011 年 4 月 4 日閲覧）; Банк России [http://www.cbr.ru/]（2011 年 4 月 7 日閲覧）から作成。

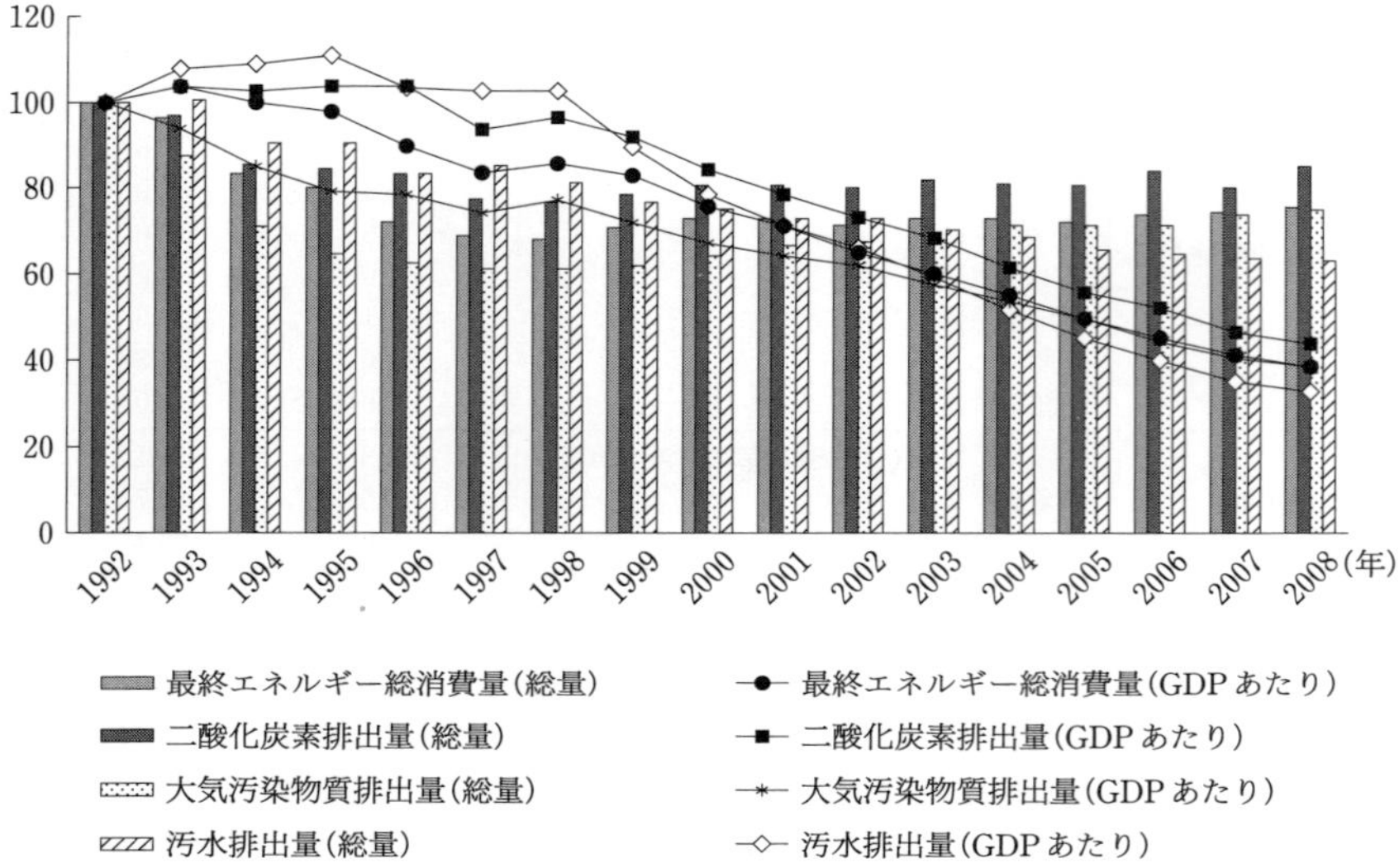

図2-5　ロシアにおける環境負荷の推移

注）1992年実績を100とした指数で表示している。各々のGDP集約度の計算では購買力平価GDPを用いた。二酸化炭素排出量は燃料燃焼分である。

出所）図2-3および図2-4で用いた資料，ならびに *Госкомстат России.* Российский статистический ежегодник. Москва, 2001. С. 67; *Росстат.* Российский статистический ежегодник. Москва, 2010. С. 66から作成。

製造業全般に及び[50]、旧来の重厚長大型産業の崩落は環境負荷の劇的な減少をもたらした。最終エネルギー総消費量と二酸化炭素排出量に加え、大気汚染物質と汚水の排出量の動向を確認すると、総量ベースでは一九九〇年代に二～四割も減少している(図2-5を参照)。なかでも景況に影響されやすい大気汚染物質の排出量は著しく減少し、産業公害の一定の改善に寄与したと言える。そして、国内で通貨・金融危機が発生した一九九八年を底にロシア経済はV字回復を遂げ、一九九九～二〇〇八年の間に年平均七%の高度経済成長を達成したが、図2-5が示すように、購買力平価換算GDPあたりの集約度で見た環境負荷は著しく低下している。すなわち、経済成長と環境負荷のデカップリングが生じており、経済活動に起因する環境負荷の発生量は相対的に低減している[51]。それゆえ、環境負荷の減少という点では、ロシアの資本主義化は一定の成果をもたらしたと言えよう。

2　自然保護事業・対策費の動向

次に、環境政策・対策の実績を反映すると考えられる自然保護事業・対策費の動向を検討したい。表2-3は費用の総額と内訳を示している。経常支出分の環境対策費の定義が大幅に変更されたため（同表注（3）および（9）を参照）、一九九〇年代（上表）と二〇〇〇年代（下表）を一括して取り上げることはできない。経常支出として計上された環境対策費と公害防止設備の修繕費は、原則として企業の自己資金と借入金で賄われている。次に、公害防止目的の設備投資は、企業の自己資金、一般政府予算、その他から支出されている。営林事業と国立公園等の維持管理は政府の管轄下にあり、その多くは政府予算で運営されている[52]。

一九九〇年代の動向に注目すると、対GDP比率で見た自然保護事業・対策費は一九九一年から一九九五年にかけて伸張し、その後に反転したものの一九九八年まで二％台を保っていた。一九八〇年代後半のソ連の実績と比較しても、数字上は良好な状態である。特に、一九九三年から一九九四年にかけて大きく伸びている点は、別の指標をデフレーターとして用いても同じ結果が得られる[53]。ロシア各地の事例研究で明らかにされた事実から受けるイメージと大きく食い違うが、その原因として考えられるのは以下の点である。

データの信頼性

自然保護事業・対策費のデータはロシア統計局によって収集・集計され、その地方機関が企業から申告書を回収した後にモスクワで一元的に管理されている。同局が提供する他のデータと同様に、自然保護事業・対策費のデータの信頼性も疑問視されている。第一に、データの収集対象が鉱工業部門の大・中企業に偏っており、体制転換後の消費社会の到来に伴い、産業公害以外の公害・環境問題（都市部の廃棄物問題、自動車公害など）が深刻

表 2-3　自然保護事業・対策費の推移と内訳[1)]

	1985〜88年（年平均）[7)]	1991年	1992年	1993年	1994年	1995年	1996年	1997年	1998年	1999年
総額（対GDP比率：%）[2)]	1.30[8)]	1.30	1.58	1.63	2.60	2.77	2.53	2.28	2.25	1.64
内訳（%）										
経常支出分の環境対策費[3)]	52.6	57.1	68.6	62.7	52.8	70.8	68.5	69.8	68.6	69.3
公害防止設備の修繕費[4)]	7.3	17.6	8.1	8.8	26.9	9.9	10.1	8.5	10.2	8.1
公害防止目的の設備投資[5)]	27.3	16.5	17.7	21.2	14.9	15.0	15.2	15.3	14.8	14.5
森林の維持管理[6)]	10.8	8.0	5.2	7.0	5.2	4.0	5.8	6.0	6.0	7.6
国立公園，自然保護区等の維持管理	2.0	0.8	0.4	0.2	0.2	0.3	0.4	0.4	0.5	0.5
計	100.0	100.0	100.0	100.0	100.0	100.0	100.0	100.0	100.0	100.0

	2000年	2001年	2002年	2003年	2004年	2005年	2006年	2007年	2008年
総額（対GDP比率：%）	1.32	1.37	1.20	1.31	1.15	1.08	0.96	0.88	0.89
内訳（%）									
経常支出分の環境対策費[9)]	58.7	53.7	58.6	53.5	54.2	52.1	51.9	50.6	49.9
公害防止設備の修繕費	8.8	9.3	8.4	6.9	7.9	6.7	6.2	6.1	4.8
公害防止目的の設備投資	23.1	22.6	19.5	20.5	20.7	25.2	26.5	26.2	27.8
森林の維持管理[10)]	8.7	13.7	12.4	18.2	16.4	15.3	14.6	16.3	17.5
国立公園，自然保護区等の維持管理	0.6	0.7	1.1	0.8	0.9	0.7	0.8	0.9	
計	100.0	100.0	100.0	100.0	100.0	100.0	100.0	100.0	100.0

注）1）データの整合性を欠くため，上表と下表の間に連続性はなく，比較は困難である。
2）1991〜1999年はGDP統計改訂前の旧計数，2000〜2008年は改訂後の現計数を用いて算出した。
3）水資源の保全と合理的利用，大気保全，産業廃棄物の処理，土壌浄化に関する支出で，外部への業務委託費を含む。
4）排水・排気に含まれる汚染物質の除去と廃棄物の処分および無害化に関係する固定資本の修繕費。
5）上記固定資本の更新および新設に関する費用。
6）1996年以降は森林火災の消火経費を含む。
7）ソ連全体の数字。
8）1988年の対GNP比。
9）外部への業務委託費を含まず，公害防止設備の減価償却費を控除した金額。
10）森林火災の消火経費を含む。

出所）*Госкомстат России.* Альбом форм федерального государственного статистического наблюдения за деятельностью юридических лиц, их представительств и филиалов всех форм собственности. Т. 1. Москва, 1996. С. 197; *Госкомстат России.* Народное хозяйство Российской Федерации, 1992. Москва, 1992, С. 318; *Госкомстат России.* Охрана окружающей среды в РФ в 1992 году. Москва, 1993. С. 5; *Госкомстат России.* Охрана окружающей среды в России. Москва, 1998. С. 181; *Госкомстат России.* Российский статистический ежегодник. Москва, 2001. С. 279; *Росстат.* Охрана окружающей среды в России. Москва, Ежегодное изд.; *Росстат.* Российский статистический ежегодник. Москва, 2010. С. 319 から作成。ただし，*Росстат.* Центральная база статистических данных［http://www.gks.ru/dbscripts/Cbsd/DBInet.cgi］（2011年4月9日閲覧）を用いて，データの一部を補正した。

化してきた点に十分に対応していなかった。[54]第二に、しばしばデフレーターとして用いられる統計値は、国際機関や他国の協力を得ながら算定作業の改善が進んだのに対し、公害・環境問題に関するデータの見直しはほとんど行われなかった。そのため、両者のギャップを認識しながら議論しなければならない。[55]

しかし、これらの指摘は自然保護事業・対策費の変化に正面から答えるものではない。第一の点は、ＧＤＰの代わりに鉱工業生産額をデフレーターに用いても同様の趨勢が得られることから、[56]サンプルが鉱工業部門の大・中企業に偏っているとすれば、一般に環境負荷が大きいと考えられる大・中規模の鉱工業企業の環境対策は従前と同様に行われていたと解釈せざるを得ないが、それはあまりにも非現実的である。対ＧＤＰもしくは鉱工業生産額で見た自然保護事業・対策費の伸長の理由のひとつは、むしろ同時期におけるＧＤＰと鉱工業生産額の急減に求められるであろう（表2-2を参照）。

海外からの財政支援

旧共産圏の国々における環境政策・対策の改善を目的として、先進諸国と国際機関は多様なプログラムを提供し、二国間ならびに多国間ベースで技術移転と財政支援を行ってきた。こうした取り組みは企業の環境対策の効率性を高め、公害防止目的の設備投資を促進したと考えられるが、その成果が自然保護事業・対策費の動向に現れているのだろうか。

ＯＥＣＤの推計によると、一九九四〜九七年における環境支援事業の一人あたり受入額は、中東欧諸国およびバルト諸国の二〇・九エキュ（ＥＣＵ）[57]に対し、ＣＩＳ（独立国家共同体）諸国は二・六エキュと約八分の一の水準にとどまっていた。ロシアはＥＵや世界銀行から資金を供与され、米国と幅広い分野でプロジェクトを立ち上げたが、先の数字は二・五エキュとＣＩＳ諸国の平均並みである。[58]したがって、四年間の受入総額（累計額）は約四億四千万ドルにとどまり、[59]同期間の自然保護事業・対策費の約一・二％を占めるに過ぎないことから、海外からの財政支援が大きなインパクトを与えたとは言いがたい。

汚染課徴金の免除制度

環境汚染に対する課徴金制度は、経済的手法を取り入れた政策手段として一九八〇年代末に登場した。その遵守メカニズムの観点から問題視された点が、公害防止目的の設備投資を行えば最大で五〇%の支払免除を認めるとした措置である。例えば、慢性的な資金不足に悩む企業が現物決済で公害防止設備を導入し、課徴金の支払いを回避したケースがヤロスラブリ州で見られた[60]。しかし、公害防止目的の設備投資が自然保護事業・対策費に占める割合は、一九九〇年代後半には一五%前後に過ぎず(表2-3を参照)、課徴金そのものの物納もありうるため、この点で上記の免除制度が自然保護事業・対策費の動向を大きく左右したとは考えにくい。

むしろ、自然保護事業・対策費の七割に達した経常支出分の環境対策費の算定に大きな問題が見出される。二〇〇〇年以降に改善されるまで、同費には外部委託した環境対策費や公害防止設備の減価償却費が含まれていた。換言すれば、環境対策費の多重計上や水増しの余地が大きかった。特に、公害防止設備の減価償却費の控除額は二〇〇〇年代中葉の時点で自然保護事業・対策費の一〇%前後にまで達することから[61]、こうした会計処理を施していなかった一九九〇年代の環境対策費は、実態を反映しない数字上の膨張を見せていたと考えられる。加えて、一九九〇年代のロシアでは、バーター取引や現物払いに代表される非通貨決済が蔓延していた。その評価額が正常な取引価額(市場価格)を上回っていた場合、帳簿上の支払額は結果的に増大することになる。ロシアの場合、こうした事態は流動性不足に起因するだけでなく、そもそも通貨決済を回避することに企業側のメリットがあり、政府側も雇用の維持と引き換えに税金・社会保障費の現物払いや未払いを黙認していた[62]。したがって、節税ないし脱税目的で環境対策費を架空計上する誘因が強く働いていたというよりは[63]、混乱の渦中にあったロシア経済の病理の根の深さを示す非通貨決済の蔓延が、結果として同費の増加に寄与していた可能性は高い。

公害防止目的の設備投資の動向

一九九〇年代のロシアでは体制転換に伴う構造不況が設備投資を阻害し、表２-２に示されたように、固定資本投資の減少はＧＤＰや鉱工業生産額の減少をはるかに上回るペースで進行した。環境対策に関連した設備投資の不調は、自然保護事業・対策費に占める公害防止目的の設備投資の割合の低下となって現れている。これらの投資の低下は公害防止設備の老朽化を放置し、その不備を補うために経常支出分の環境対策費と公害防止設備の修繕費が増大するという悪循環を生むため、長期的には環境対策の効率性を損なう問題である。(64) 表２-３を見ると、一九八〇年代後半と比べて、一九九〇年代後半における公害防止目的の設備投資の割合は一〇％余り低下していることが分かる。こうした傾向に終止符が打たれ、その割合が増加に転じたのは二〇〇〇年代半ばからである。しかしながら、二〇〇〇年代のＧＤＰの伸長に比して自然保護事業・対策費は伸び悩んでおり、同時期の環境政策・対策が経済成長の恩恵を十分に受けたとは言いがたい。

さらに、公害防止目的の設備投資の動向を地域別に検証すると、図２-６が示すように、一九九〇年代に地域間格差が急速に拡大した。二〇〇〇年代に入ると安定したが、一人あたり投資額では二〇〇〇年代後半に再び格差拡大の兆候が現れている。地域の経済力を表す代表的指標のＧＲＰ（地域総生産）も、その算出が始まった一九九〇年代半ばの当初から格差拡大の傾向にあったため、地域経済の動向が公害防止目的の設備投資の水準に影響を及ぼしていると考えられる。そこで、両者の関係を単回帰分析で推計してみると、表２-４に掲げた結果が示唆するように、各地域の公害防止目的の設備投資は当該地域の経済力の規模に依存する傾向が見られる。したがって、各地の環境破壊・汚染の実情に応じた環境政策・対策が適切に行われてきたとは言えないであろう。

例えば、自然環境の荒廃度が最も著しい指定領域に含まれるカルムイキヤは（本章注(20)を参照）、ロシアの最貧地域のひとつである。その中心に位置するカルムイキヤ共和国における公害防止目的の設備投資がロシア全体に占める割合は、一九九〇年代前半に一時的に上昇したものの、後半以降はおおむね〇・一％前後で推移して

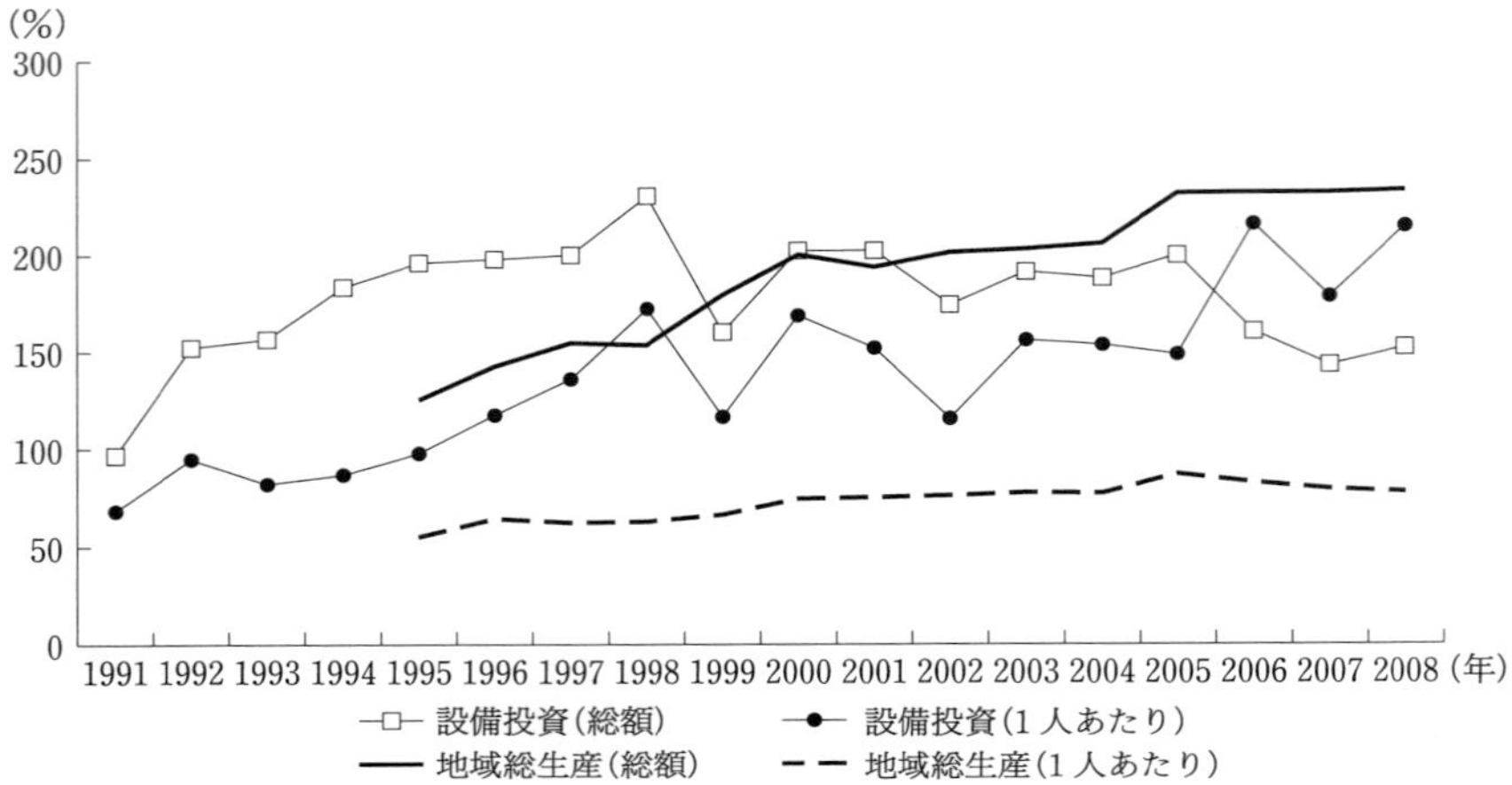

図 2-6　公害防止目的の設備投資に見られる地域間格差(変動係数の推移)

注）州・地方・共和国(計 80 地域)単位で集計し，自治管区は上位行政体に集約した。
出所）*Росстат*[http://www.gks.ru/wps/wcm/connect/rosstat/rosstatsite/main/account/](2011 年 4 月 18 日閲覧); *Росстат*. Российский статистический ежегодник. Москва, 2002. С. 292-293; *Росстат*. Центральная база статистических данных [http://www.gks.ru/dbscripts/Cbsd/DBInet.cgi](2011 年 4 月 18 日閲覧)から作成。

表 2-4　地域総生産・鉱工業生産(X)と公害防止目的の設備投資(Y)の推計式

推計年	推計式(括弧内の数値は t 値)	R^2	観測数	DW	備考
1995	Y＝0.056 X－36.2 (9.83)** (－2.10)*	0.563	77	2.03	X：鉱工業生産(1992〜1994 年の年平均値)
2000	Y＝0.008 X＋18.3 (9.90)** (0.35)	0.567	77	1.69	X：地域総生産(1997〜1999 年の年平均値)
2000	Y＝0.017 X－113.8 (11.46)** (－2.12)*	0.636	77	1.73	X：鉱工業生産(1997〜1999 年の年平均値)
2005	Y＝0.003 X＋326.6 (6.06)** (2.00)*	0.331	76	1.92	X：地域総生産(2002〜2004 年の年平均値)
2005	Y＝0.008 X－52.4 (8.79)** (－0.34)	0.511	76	1.81	X：鉱工業生産(2002〜2004 年の年平均値)

注）最小二乗法(OLS)で推計。X，Y とも総額で，単位は 100 万ルーブル(デノミ前の数値はデノミ後に調整済み)。DW はダービン・ワトソン比の略。**は有意水準 1%，*は同 5%を示す。地域総生産のデータは 1996 年以降に限られるため，1995 年の推計式は鉱工業生産のみを用いた。
出所）図 2-6 に同じ。

いる。[65] 人口三〇万人に満たない小地域で農業と食品加工業を主要産業とするカルムイキヤ共和国は、過剰開墾・放牧や不適切な灌漑事業が原因で深刻な表層水・地下水汚染の問題を抱えてきた。しかし、二〇〇九年のロシア環境白書によると、同共和国は水質基準で汚染水に分類される下水の浄化率が〇％を記録した唯一の連邦構成主体である。[66] 浄水施設を伴う上水道の整備も都市部に限定されるため、水源の汚染は飲料水問題と直結し、水問題の悪循環をもたらしている。

経済の低迷が続く貧しい地域で公害防止目的の設備投資に要する資本が不足する背景には、環境対策への支出をめぐる状況の変化がある。一九八七年制定の国有企業法で環境対策の執行は各企業の責務と明記され、政府機関による代行が禁じられた（第三章注(85)を参照）。企業は自己資金か借入金で環境対策費を負担するように求められ、公害防止目的の設備投資も体制転換後は全体の六〜七割が企業負担となり、連邦政府予算の割合は一割前後にとどまる。[67] そのため、これらの投資は各企業の財務状況に大きく依存する一方で、上下水道のように巨額の資本投下が必要な公益事業は恒常的な資金難に見舞われることになった。資金調達の改善を目的とした水道事業の民間委託はロシアでも進められているが、民間企業の参入は安定的な収益が見込める都市部に限られ、必要性は高くても企業利益に結びつかない貧しい地方での事業は埒外に置かれているのが実情である。[68]

体制転換後の自然保護事業・対策費の動向を見るかぎり、計画経済から市場経済への転換が環境政策・対策の面で著しい改善をもたらしたとは言えないであろう。社会主義近代化プロジェクトが残した負の遺産に対し、アドホックな対応以上の結果は見られず、むしろ地域の社会問題としての公害・環境問題は地域の手で解決するという風潮が強まった。その意味でロシアの資本主義化は公害・環境問題の分断化と地域化を招いたと言えよう。

おわりに

社会主義近代化プロジェクトが残した旧来型・途上国型の産業公害とソ連型の放射能汚染に加え、新型・先進国型の環境問題に直面したロシアにおいて、計画経済から市場経済への転換は公害・環境問題に大きな変化をもたらした。資本主義化の過程で余儀なくされた重厚長大型産業の衰退に伴う環境負荷の劇的な減少は、世界に類例を見ない規模であった。そして、大方の予想に反して、経済成長路線への復帰は環境負荷の顕著な増大を招くことなく、経済成長と環境負荷のデカップリングが鮮明に現れた。ソ連期の社会主義工業化が成し得なかった環境負荷の軽減という課題を短期間で達成した点は、新たな近代化プロジェクトとして始動した資本主義化がロシアで実現した重要な成果であろう。

他方で、公害・環境問題の現場に目を向けると、ノリリスクやカルムイキヤのように基本的な問題の構図が以前と変わらぬところもあれば、サハリンⅡプロジェクトやモスクワ—サンクトペテルブルグ間の高速道路建設をめぐるトラブルのように、ロシアになってから新たな問題が表面化したところもある。とはいえ、後者の場合も、政治問題化するまで環境対策が進展しない点ではソ連時代と同じであろう。一九九〇年代以降の環境負荷の大幅な減少は戦略的な環境政策の結果というよりも、体制転換が惹起した構造不況の意図せぬ副産物である。「環境政策なき環境改善」と呼べる事態が生じたわけだが、次章で詳述するように、その代償は大きく、環境ガバナンスの向上を目指す世界の潮流に背を向けるかのようにロシアの環境ガバナンスは特異な方向に進むことになった。

（1）*Государственный комитет СССР по охране природы.* Доклад. Состояние природной среды в СССР в 1988 году. Москва, 1989. 同書の英語版(抄訳)が、環境庁編『環境白書　総説』(平成四年版)、一九九二年、五五—五八頁で紹介されている。

（2）川名英之『世界の環境問題　第四巻——ロシアと旧ソ連邦諸国』緑風出版、二〇〇九年、Olga Bridges and Jim Bridges, *Losing Hope: The Environment and Health in Russia* (Aldershot: Avebury, 1996); Murray Feshbach and Alfred Friendly, Jr., *Ecocide in the USSR: Health and Nature under Siege* (New York: BasicBooks, 1992); Igor Linkov and Richard Wilson, eds., *Air Pollution in the Ural Mountains: Environmental, Health and Policy Aspects* (Berlin: Springer in cooperation with NATO Scientific Affairs Division, 1998); D.J. Peterson, *Troubled Lands: The Legacy of Soviet Environmental Destruction* (Boulder: Westview Press, 1993); Philip R. Pryde, ed., *Environmental Resources and Constraints in the Former Soviet Republics* (Boulder: Westview Press, 1995); Fred Singleton, ed., *Environmental Problems in the Soviet Union and Eastern Europe* (Boulder: Lynne Rienner Publishers, 1987); Эколого-экономические проблемы России и ее регионов. 3-е изд. / Под ред. В. Г. Глушковой. Москва, 2004 などを参照。チェルノブイリ原発事故の研究蓄積は膨大な量に上るため、紙幅の都合上、その原因と影響を多面的に論じた七沢潔『原発事故を問う——チェルノブイリから、もんじゅへ』岩波書店、一九九六年、David R. Marples, *The Social Impact of the Chernobyl Disaster* (Basingstoke: Macmillan, 1988); Zhores A. Medvedev, *The Legacy of Chernobyl* (Oxford: Blackwell, 1990)［ジョレス・メドヴェジェフ（吉本晋一郎訳）『チェルノブイリの遺産』みすず書房、一九九二年］を挙げるにとどめる。

（3）例えば、Robert G. Jensen, Theodore Shabad and Arthur W. Wright, eds., *Soviet Natural Resources in the World Economy* (Chicago: The University of Chicago Press, 1983)や Takashi Murakami and Shinichiro Tabata, eds., *Russian Regions: Economic Growth and Environment* (Sapporo: Slavic Research Center, Hokkaido University, 2000)などが挙げられる。

（4）Barbara Jancar, *Environmental Management in the Soviet Union and Yugoslavia: Structure and Regulation in Federal Communist States* (Durham: Duke University Press, 1987); Philip R. Pryde, *Environmental Management in the Soviet Union* (Cambridge, New York: Cambridge University Press, 1991); John M. Stewart, ed., *The Soviet Environment: Problems, Policies and Politics* (Cambridge, New York: Cambridge University Press, 1992); Mildred Turnbull, *Soviet Environmental Policies and Practices: The Most Critical Investment* (Aldershot, Brookfield: Dartmouth, 1991); Charles E. Ziegler, *Environmental Policy in the USSR* (Amherst: The University of Massachusetts Press, 1990); *Яницкий, О.Н.* Россия: экологический вызов (общественные движения, наука, политика). Новосибирск, 2002 などを参照。

（5）最も包括的な議論を展開しているのは、Joan DeBardeleben, *The Environment and Marxism-Leninism: The Soviet and East German Experience* (Boulder: Westview Press, 1985)と Ann-Mari Sätre Åhlander, *Environmental Problems in the Shortage Economy: The Legacy of Soviet Environmental Policy* (Aldershot, Brookfield: Edward Elgar, 1994)である。やや各論に寄るが、*Гофман К.Г.* Экономика природопользавания (из научного наследия). Москва, 1998 も、ソ連とロシアの経験を念頭に置いて経済システムと環境政策の関係を論じている。

(6) Randall Bluffstone and Bruce A. Larson, eds., *Controlling Pollution in Transition Economies: Theories and Methods* (Cheltenham, Lyme: Edward Elgar, 1997); OECD, *Environmental Funds in Economies in Transition* (Paris: OECD, 1995); OECD, *Environmental Performance Reviews: Russian Federation* (Paris: OECD, 1999); Jonathan D. Oldfield, *Russian Nature: Exploring the Environmental Consequences of Societal Change* (Aldershot: Ashgate, 2005); *Василенко В.А.* Экология и экономика: проблемы и поиски путей устойчивого развития. 2-е изд. Новосибирск, 1997; *Клюев Н.Н.* Россия и ее регионы: внешние и внутренние экологические угрозы. Москва, 2001 などを参照。

(7) Joan DeBardeleben and John Hannigan, eds., *Environmental Security and Quality after Communism: Eastern Europe and the Soviet Successor States* (Boulder: Westview Press, 1995); Murray Feshbach, *Ecological Disaster: Cleaning up the Hidden Legacy of the Soviet Regime* (New York: The Twentieth Century Fund Press, 1995); Arjun Makhijani, Howard Hu and Katherine Yih, eds., *Nuclear Wastelands: A Global Guide to Nuclear Weapons Production and Its Health and Environmental Effects* (Cambridge: The MIT Press, 1995)などを参照。

(8) 市川浩『科学技術大国ソ連の興亡――環境破壊・経済停滞と技術展開』勁草書房、一九九六年や Malcolm R. Hill, *Environment and Technology in the Former USSR: The Case of Acid Rain and Power Generation* (Cheltenham, Lyme: Edward Elgar, 1997)などがある。

(9) Murray Feshbach, ed.-in-chief, *Environmental and Health Atlas of Russia* (Moscow: PAIM Publishing House, 1995).

(10) 今中哲二「チェルノブイリ原発事故とその放射能災害の概要」『ロシア研究』第三三号、二〇〇一年、九四頁の表1より算出した。

(11) Feshbach and Friendly, *Ecocide in the USSR*.

(12) 川名『世界の環境問題』二七九―三一一頁。

(13) チェルノブイリ原発事故の影響に関する隠蔽工作やデータ捏造の実態については、Feshbach and Friendly, *Ecocide in the USSR*, pp. 150-154 を参照。

(14) *Росстат.* Российский статистический ежегодник, 2010. Москва, 2010. С. 66; *Росстат.* Охрана окружающей среды в России, 2010. Москва, 2010. С. 166.

(15) 森林伐採に反対する環境保護団体が伐採予定地で抗議活動をしていたところ、マスクやタオルなどで顔を隠した正体不明の集団に襲われ、強制排除されたことをきっかけとして二〇一〇年夏に政治問題へと発展した。その後、抗議活動の主催者は逮捕され、環境保護団体と開発側の企業が訴訟合戦を展開した一方で、メドベージェフ大統領は事業の一時凍結と計画内容の精査を命じた。最終的には二〇一〇年末に当初の事業計画どおりに進める方針を大統領自身が示したため、メディアでは失望の声が上がった。以上は、«Коммерсантъ» 24 июля 2010 года; «РБК daily» 30 июля 2010 года; «Время новостей» 28 сентября 2010 года; «Время новостей» 15 декабря 2010 года などを参照した。

(16) Ze'ev Wolfson, *The Geography of Survival: Ecology in the Post-Soviet Era* (Armonk: M.E. Sharpe, 1994), pp. 18-19.

(17) *Государственный комитет СССР по охране природы.* Доклад. С. 112.

(18) *Кочуров Б.И.* На пути к созданию экологической карты СССР // Природа. 1989. № 8. С. 10-17.

(19) Philip R. Pryde, "Observations on the Mapping of Critical Environmental Zones in the Former Soviet Union," *Post-Soviet Geography* 35:1 (1994), pp. 38-49.

(20) 他に、コラ半島、カスピ海北岸、西シベリア産油・ガス地区、クズネツク炭田、バイカル湖流域、ノリリスク、カルムイキヤ、ノバヤ・ゼムリャ島、チェルノブイリ原発事故被災地区、黒海・アゾフ海沿岸保養地区が挙げられている（*Администрация Президента Российской Федерации, Министерство экологии и природных ресурсов Российской Федерации.* Государственный доклад о состоянии окружающей природной среды Российской Федерации в 1991 году. Москва, 1992. С. 43-44）。

(21) その実態については、Feshbach and Friendly, *Ecocide in the USSR*, pp. 91-130; Boris I. Kochurov, "European Russia," in Pryde, *Environmental Resources and Constraints*, pp. 41-59; Anna Scherbakova and Scott Monroe, "The Urals and Siberia," in Ibid.; Эколого-экономические проблемы России. С. 246-249, 258-260 などを参照。

(22) *Клюев.* Россия и ее регионы. С. 77. Таб. 5.1 を参照。

(23) 片桐俊浩『ロシアの旧秘密都市』東洋書店、二〇一〇年、四〇—四三頁および日高三郎「核開発秘密都市チェリャビンスク四〇・六五」ウラル・カザフ核被害調査団編『大地の告発——戦慄のコバルト爆弾疑惑』リベルタ出版、一九九三年、二二—二五頁。兵器用プルトニウムの生産は一九八七年に中止され、その後は濃縮ウランを抽出する核燃料再処理施設の他に、医療用アイソトープの生産設備が稼働中と伝えられている（『朝日新聞』二〇〇七年一一月七日）。

(24) Zhores A. Medvedev, *Nuclear Disaster in the Urals* (New York: Norton, 1979)［ジョレス・メドベージェフ（梅林宏道訳）『ウラルの核惨事』技術と人間、一九八二年］

(25) 「ウラルの核惨事」の全容については、日高「核開発秘密都市」九—四四頁、Albert Donnay, Martin Cherniack, Arjun Makhijani and Amy Hopkins, "Russia and the Territories of the Former Soviet Union," in Makhijani et al., *Nuclear

Wastelands, pp. 318-339; Peterson, *Troubled Lands*, pp. 144-150などを参照。
(26) *Администрация Президента Российской Федерации, Министерство экологии и природных ресурсов Российской Федерации.* Государственный доклад. С. 46.
(27) 大田幸雄「シベリアの大気汚染」『ロシア研究』第三三号、二〇〇一年、四三—五九頁。
(28) *Росстат.* Охрана окружающей среды. С. 242-250. ロシア国内の固定汚染源から排出された大気汚染物質の約一〇%がノリリスクに降り注いでいる(Эколого-экономические проблемы России. С. 261)。
(29) 柿沢宏昭、山根正伸編著『ロシア　森林大国の内実』日本林業調査会、二〇〇三年、菊間満、林田光祐『ロシア極東の森林と日本』東洋書店、二〇〇四年、佐々木史郎編『北東アジアにおける森林資源の商業的利用と先住民族』国立民族学博物館、二〇〇六年、Jarmo Kortelainen and Juha Kotilainen, eds, *Contested Environments and Investments in Russian Woodland Communities* (Helsinki: Kikimora Publications, 2006)および第三章注(93)を参照。
(30) Wolfson, *The Geography of Survival*, pp. 37-71.
(31) *BP Statistical Review of World Energy*, June 2010, pp. 8-9, 24-25.
(32) 本村真澄「ロシアの二〇三〇年までのエネルギー戦略——その実現可能性と不確実性」『ロシアＮＩＳ調査月報』二〇一〇年四月号、一四—二八頁。
(33) 序章注(15)を参照。
(34) 第1章注(2)および(43)を参照。
(35) Wolfson, *The Geography of Survival*, pp. 15-36.
(36) «Правда» 24 октября 1990 года. 各回の実施目的と規模については、田窪雅文「旧ソ連核実験全データ公開(三)」『技術と人間』第二四巻第二号、一九九五年、六六—七二頁および Thomas B. Cochran et al., *Soviet Nuclear Weapons* (New York: Harper & Row, 1989), pp. 332-382を参照。
(37) 『朝日新聞』一九九五年九月二日
(38) Victor M. Mote, "BAM after the Fanfare: The Unbearable Ecumene," in Stewart, *The Soviet Environment*, pp. 47-49.
(39) 岩城成幸「『サハリン2』問題——資源ナショナリズムと環境問題の狭間で」『レファレンス』二〇〇七年五月号、七—二一頁および本村真澄「ロシア——サハリン—2問題をどう見るか?」『石油・天然ガスレビュー』第四一巻第一号、二〇〇七年、五一—六二頁。
(40) Michael Bradshaw, "A New Energy Age in Pacific Russia: Lessons from the Sakhalin Oil and Gas Projects,"

Eurasian Geography and Economics 51:3 (2010), pp. 330–359.

(41) FoE Japan [http://www.foejapan.org/en/aid/jbic02/sakhalin/091020.html]（二〇一〇年四月二七日閲覧）

(42) 劉旭「ロシア東部地域の石油開発と環境問題――東シベリア～太平洋パイプラインを中心に」『ロシア・東欧研究』第三七号、二〇〇九年、一〇六―一一九頁。

(43) 石油天然ガス・金属鉱物資源機構「石油・天然ガス資源情報」二〇一〇年二月二三日[http://oilgas-info.jogmec.go.jp/]（二〇一〇年四月二七日閲覧）

(44) Feshbach and Friendly, *Ecocide in the USSR*, pp. 136–140.

(45) *Росстат.* Центральная база статистических данных [http://www.gks.ru/dbscripts/Cbsd/DBInet.cgi]（二〇一一年三月一九日閲覧）を参照した。原油流出事故の七割はロシア最大の産油地域であるチュメニ州で発生している（*Moscow News*, 28 August-3 September 2012）。

(46) *OECD Environmental Outlook to 2030* (Paris: OECD, 2008)の日本語版要約を参照した[http://www.oecd.org/dataoecd/3/27/40229407.pdf]（二〇〇八年六月一六日閲覧）。

(47) 購買力平価換算のGDPは当該国の物価水準を考慮して算出される。そのため、一般に先進国と比べて物価水準の低い新興市場諸国の場合、為替レート換算のGDPよりも世界のGDPに占める割合は高くなる。為替レート換算のGDP（二〇〇八年）でBRICs諸国の占める割合を計算すると、中国七・七%、ブラジル二・七%、ロシア二・七%、インド二・一%（四カ国で計一五・二%）となる（IMF, *World Economic Outlook Database. October 2010* [http://www.imf.org/external/data.htm]（二〇一一年二月一八日閲覧）から算出）。

(48) 徳永昌弘「新興市場経済におけるエコロジー近代化――予備的考察」水野一郎編著『上海経済圏と日系企業――その動向と展望』関西大学出版部、二〇〇九年、一七七―一七九頁。

(49) 二酸化炭素排出量では二〇〇七年に中国は米国を抜き、世界最大の排出国となった（OECD/IEA, *CO_2 Emissions from Fuel Combustion. 2010 edition* (Paris: OECD/IEA, 2010), pp. II.4-6)。

(50) 一九九〇年代にロシアの鉱工業生産額はほぼ半減した。部門別では軽工業の下落幅が最も大きいが、鉄鋼業、非鉄金属業、化学工業、機械工業など、ソ連期の基幹産業の生産高も四～六割下落した（中山弘正、上垣彰、栖原学、辻義昌『現代ロシア経済論』岩波書店、二〇〇一年、一二頁）。

(51) この点の詳細な分析は第三章一 4を参照。

(52) 一部の国立公園は運営資金の不足を補うために独自の収入源の確保に努めており、観光客の誘致や土産物の販売等の収益事業に従事している（国立公園関係者に対する一九九六年八月のヒアリング調査）。政府統計によると、二〇〇〇年代後半においても国立公園の運営費の三〜四割は政府予算以外で賄われている(*Росстат.* Охрана окружающей среды. С. 73)。

(53) *Думнов А., Потравный И.* Экологические затраты: проблемы сопоставления и анализа // Вопросы экономики. 1998. № 6. С. 122-132.

(54) Denis J.B. Shaw and Jonathan D. Oldfield, "The Natural Environment of the CIS in the Transition from Communism," *Post-Soviet Geography and Economics* 39:3 (1998), pp. 165-167.

(55) Jonathan D. Oldfield, "Structural Economic Change and the Natural Environment in the Russian Federation," *Post-Communist Economies* 12:1 (2000), pp. 77-80.

(56) 自然保護事業・対策費を鉱工業生産額で除した比率は左記のとおりである。鉱工業生産額のデータは、*Росстат.* Центральная база статистических данных [http://www.gks.ru/dbscripts/Cbsd/DBInet.cgi](二〇一一年四月一一日閲覧)から取得した。

1991年	1992年	1993年	1994年	1995年	1996年	1997年	1998年	1999年
1.45%	1.62%	2.17%	4.14%	3.84%	3.70%	3.47%	3.62%	2.48%

(57) ユーロ導入前の欧州通貨単位(European Currency Unit)の略称。

(58) OECD, *Environmental Performance Reviews*, pp. 200-204.

(59) EBRD, *Transition Report 1999* (London: EBRD, 1999), p. 261に掲載の為替レート(年平均)を用いて算出した。

(60) Stig Kjeldsen, "Financing of Environmental Protection in Russia: The Role of Charges," *Post-Soviet Geography and Economics* 41:1 (2000), pp. 56-60.

(61) *Росстат.* Охрана окружающей среды в России, 2008. Москва, 2008. С. 22に掲載のデータに基づいて算出した。

(62) Raj M. Desai and Itzhak Goldberg, *The Vicious Circles of Control: Regional Governments and Insiders in Privatized Russian Enterprises* (Washington, D.C.: The World Bank, Working Papers, 2287, 2000), pp. 3-13.

(63) Shaw and Oldfield, "The Natural Environment of the CIS," p. 167も、こうした見方を否定している。

(64) *Тагаева Т.О.* Региональные аспекты анализа и моделирования экологических процессов в России // Моделирование и анализ экономических процессов: финансовый и экологический аспекты / Под ред. В.Н. Павлова, Т.О. Тагаевой. Новосибирск, 1997. С. 46-50. 同様の問題を抱えるロシアの水道事業の実態を明らかにしたDavid Parker, "Water and Waste Water Services in the Russian Federation: A Study of Four Vodokanaly," *Post-Communist Economies* 11:2 (1999), pp. 219-235は、厳しい経営環境の下で最も意見対立の少ない選択肢のひとつが、問題の先送りを意

味する設備投資の削減であると述べている。

(65) *Росстат.* Центральная база статистических данных [http://www.gks.ru/dbscripts/Cbsd/DBInet.cgi]（二〇一一年四月一八日閲覧）から取得したデータに基づいて算出した。

(66) *Министерство природных ресурсов и экологии Российской Федерации.* Государственный доклад. О состоянии и об охране окружающей среды Российской Федерации в 2009 году. Москва, 2010. С. 286-288.

(67) 注(65)に同じ

(68) 堀江典生「水道事業からみたロシアの水環境」『ロシアＮＩＳ調査月報』二〇一〇年四月号、五〇—六〇頁。その結果、地域間格差は水道水の水質にまで及んでおり、モスクワやサンクトペテルブルグなどの大都市では安全性が確認されている一方で、ある地方では長期間の飲用によって発癌性リスクを大きく高めるおそれのあるケースが報告されている（*Moscow News*, 14-20 August 2012）。

第三章　環境ガバナンス
――「閉ざされた」エコロジー近代化の道

はじめに

本章の課題は、一九八〇年代半ばに欧州で誕生した「エコロジー近代化」(ecological modernization)という概念を手がかりにして、世界最大のエネルギー輸出国、中国と並ぶ世界のエネルギー浪費国、世界第三位の温室効果ガス排出国(1)であるロシアの環境ガバナンスの長期的展開を検討することにある。

エコロジー近代化に関する議論は多面的で、かつ時代の趨勢とともに変化してきた。それを踏まえてエコロジー近代化論の要点を簡潔に述べれば、これまでの産業社会の発展を否定的に捉えるのではなく、その延長上に環境面で望ましい近代化の経路を見出そうとする試みと言える(第一章五1を参照)。国際連合の「環境と開発に関する世界委員会」(ブルントラント委員会)の報告書(一九八七年)を機に注目された持続的発展と基本的な視角は一致しており、開発と環境の両立を実現するために必要な具体的方策の探求を重視する。エコロジー近代化は単なる掛け声にとどまらず、開発と環境の両立の量的基準を明示した上で、先進国における「成功した環境政策」の実証分析を前面に押し出したことから、環境重視の姿勢を戦略的に推し進めた欧州で産官学を問わず人口に膾炙した(2)。

他方で、エコロジー近代化の概念規定は統一されているわけではなく、新しい社会理論として提起される場合から環境基準・技術一般を指す場合まで、さまざまな使われ方をしている。それゆえ、この概念を実証分析に用いる際には、あらかじめ議論の枠組みと分析手法を明確にしなければならない。本章では、エコロジー近代化の代表的論客であるマルティン・イェニッケ(Martin Jänicke)らの研究グループ(ベルリン自由大学環境政策研究所)の業績に依拠して、次のように把握する。第一に、経済成長と環境負荷のデカップリングもしくは後者の絶対的減少という定量的基準を用いた分析に基づいて、環境負荷の低減を促す産業構造転換をエコロジー近代化と規定する[3]。第二に、公権力が担う環境政策だけでなく、企業、環境NGO、マスメディア、研究・教育機関、一般市民なども関与する広義の環境ガバナンスの実効性に焦点を当て、社会全体の「環境政策能力」(capacity for environmental policy and management)の形成と向上を促す定性的要件をエコロジー近代化と理解する[4]。こうした概念規定は、当時の社会主義諸国の公害・環境問題に関する実証分析を踏まえて提起された「環境収斂論」(environmental convergence theories)、すなわち、経済体制を問わず産業社会は環境破壊・汚染を惹起するという立論が抱えていた方法論上の難点に対し、ひとつの解決策を示している。従来の環境収斂論は、公害・環境問題への取り組みの成否を測る基準や根拠を明らかにしないまま、それを環境破壊・汚染の事例研究で代置し、同程度の環境破壊・汚染ゆえに環境政策能力の水準も同等としていたためである(第一章二―1および五―1を参照)。また、環境政策の制度面だけでなく、その実効性や運用能力に焦点を当てる議論は、ソ連崩壊後のロシアの経済改革の過程でクローズアップされた制度論と問題意識を共有しており、特に市場経済機構に基づく新しい環境政策の柱と期待された諸施策が約一〇年間の運用後に事実上廃止された同国にとって、実効性のある環境ガバナンスの構築は極めて切実な問題である。実際、新しい取り組みが取り止められてから一〇年後の二〇一〇年代を迎えても、環境政策の根本的な見直しを求める声は続いており[5]、実効性のある誘因システムを環境政策に取り入れられない問題はソ連時代から続く宿痾とも言える。

以下では、社会主義諸国の環境ガバナンスに対するエコロジー近代化の議論を確認した上で、ソ連時代を含めてロシアの環境ガバナンスの長期的展開を検証し、その特徴と問題点を明らかにする。第一に、エコロジー近代化論が提起したモデルに準拠して、ロシアにおける経済成長と環境負荷の関係を検証する。最も単純なモデルを用いて両者の動向を確認した後に、同国の近代化路線が大きく旋回した体制転換後に焦点を当て、エコロジー近代化の観点から産業構造の変化の影響を考察する。第二に、環境面において近代化の過程を制御するという意味で、上記の環境政策能力はエコロジー近代化の成否を占うカギである。そこで、その計画経済機構下での特徴を概観した上で、体制転換前後の社会変動がもたらした特異な状況を検討し、エコロジー近代化が国是のように提起されている中国とは対照的に、ソ連崩壊後の経済危機がロシアのエコロジー近代化の道を閉ざしたことを明らかにする。

一　経済成長と環境負荷の長期的趨勢

1　社会主義諸国のエコロジー近代化

往事の社会主義諸国で顕在化した深刻な公害・環境問題は、エコロジー近代化論の形成過程に少なからず影響した。例えば、一九八〇年代末から一九九〇年代初頭にかけてイェニッケらはエコロジー近代化の東西比較を試みており、東欧諸国では政治および経済の両面でエコロジー近代化を阻むメカニズムが強力であったと述べている。(6) エコロジー近代化は「環境至上主義」(radical environmentalism)に対する対抗概念として編み出されたこともあり、その背後にある反市場・反資本主義の思想には批判的である。また、欧州社会を震撼させたチェルノブイリ原発事故(一九八六年)は、再帰的近代化やリスク社会の議論を提起して社会学に大きな足跡を残したウルリッヒ・ベック(Ulrich Beck)の理論形成に貢献した事例として知られるが、その終末論的な論調を批判しつ

つも理論面での補完性を強調したことで、エコロジー近代化論は欧州の環境社会学の分野で一大潮流を形成した。(7)

他方で、「ベルリンの壁」崩壊に象徴される社会主義諸国の体制転換、すなわち政治の民主化と市場原理の普及は、エコロジー近代化を前進させる重要な歩みとして高く評価される。今日ではエコロジー近代化論の第一人者と目されるアーサー・モル(Arthur Mol)は、市場経済機構の制度化が社会主義諸国の環境ガバナンスに与える影響に早くから関心を寄せる一方で、(8)近年は中国の動向の分析に傾注し、欧州とはかなり様相が異なるもののエコロジー近代化が進行中と結論している。(9)同国を含め、計画から市場へ経済運営の舵を大きく切った新興市場経済の環境ガバナンスは、エコロジー近代化の理論面の有効性や妥当性を吟味する格好の研究対象であろう。エコロジー近代化に関する近年の研究潮流である各国・地域のエコロジー近代化の比較分析に依拠しながら、先進国とは大きく異なる新興国の政治・経済・社会的条件下でのエコロジー近代化の可能性、いわゆる後進性の優位を活かした別様の近代化路線を模索する一方で(先進国の後追いではなく、より効率的なエコロジー近代化の実現)、その際に克服すべき新興国に特有の障害などが議論されている。(10)特に中国では、二〇〇七年一月に中国科学院がエコロジー近代化に関する大部の報告書を出版し、内外で注目された。エコロジー近代化の水準で見た世界ランキングは全一一八カ国中の一〇〇位と現状に厳しい評価を下しつつも、先進国とは異なるエコロジー近代化の経路を示し、中国はその入口に立ったところにいると論じている。(11)他方で、管見のかぎり、ロシアでは経済学および社会学の主要な国内学術誌に同国のエコロジー近代化を扱った論考はなく、(12)インターネットのキーワード検索でヒットした件数も中国の一〇分の一程度の約一六〇〇件に過ぎない。(13)そもそもエコロジー近代化論の枠組みでロシアを研究対象とする試み自体が少なく、一部を除けば、事実上ひとつの研究グループに限られる。(14)中国が新興市場経済のエコロジー近代化論のいわば最前線にいるのに対し、その射程にロシアが入らない理由はどこにあるのだろうか。

２　実証分析の困難性——データの問題について

エコロジー近代化に関する実証分析は経済成長と環境負荷のデカップリングを重視しているが、総量ベースの環境負荷の減少と抑制も「成功した環境政策」の重要な指標とみなしている。国レベルの比較研究では、①構造的に高水準の環境負荷（以下、高環境負荷と略す）を伴う工業製品の生産量の動向、②産業部門別の資源利用量の変化、③産業構造を規定する要因（技術水準、産業部門構成、経済成長）別の環境負荷量の変化が注視される。いずれも環境負荷を低減させる産業構造転換の進捗度の検証を目的としているが、入手可能なデータの範囲に応じて選択されるモデルは異なる。上述のイェニッケらによるエコロジー近代化の東西比較では、有意な比較分析に欠かせない入手可能なデータが極めて限られるという当時の事情から、最も単純な①が用いられた。

ロシアにおける経済成長と環境負荷の関係をソ連時代にまでさかのぼって検証する場合、既存の公式統計だけでは、産業部門別のデータが必要な②と③は言うに及ばず、①の検討さえも困難である。第一に、ソ連期の経済統計の信頼性をめぐる問題がある。一九八〇年代末に公式統計を大きく下方修正する代替的な推計値がソ連共産党の機関誌に発表されると、欧米諸国では早くから指摘されていたソ連の経済統計の上方偏向は揺るぎがたい事実となった。エコロジー近代化論は経済成長のテンポを基準として他の諸指標の動向を検証するため、ソ連経済の代表的な経済発展指標である「社会的総生産」(валовой общественный продукт)や「鉱工業総産出高（以下、鉱工業生産とする）」(валовая продукция всей промышленности)をＧＤＰ（国内総生産）の代わりに用いても、ベースラインとなる指標の信頼性が疑問視されるかぎり有意な分析は不可能である。

第二に、ソ連からロシアへの体制転換に伴い、各種統計の算定が根本的に見直されただけでなく、国自体がまったく異なるために、現在のロシアを対象とする時系列分析は統計値の整合性を担保するという点で大きな困難に直面する。例えば、エコロジー近代化の国別分析でよく用いられるＯＥＣＤ（経済協力開発機構）およびＩＥ

A(国際エネルギー機関)のエネルギー関連指標や国際連合のSNA(国民経済計算)統計は、一部の推計値を除けば、ロシアについて一九九二年以降のデータしか掲載していない。これを一九九一年以前のソ連のデータに「接ぎ木」したとしても、実りのある分析は期待できないであろう。

第三に、上記の②と③の検証は産業部門別のデータを必要とするが、ロシアのSNA統計における各産業部門のGDP比率は、そのマクロ経済の実態を十分に反映していない。特に、同国の政治経済の中枢に位置する石油・天然ガス産業が占める比率は、著しく過小評価されている。同一の企業グループ内で石油・ガスの採掘部門から販売部門への移転価格を人為的に低く設定することで、課税対象が広い前者の利潤を圧縮し、販売部門の利潤に付け替えているためである。[15] それゆえ、公式のGDP統計に見られる商業部門の「肥大化」と鉱工業部門の「空洞化」は、ロシア経済の実態を必ずしも適切に反映しているわけではない。[16] エコロジー近代化論は産業構造転換の推進による環境負荷の削減を追求しているだけに、産業構造の正確な把握が実証分析の前提となる。

以上の事情から、既存の公式統計だけでは、経済成長と環境負荷のデカップリングに関するエコロジー近代化のモデルをロシアには適用できないことが分かる。デカップリングの実証分析に最低限必要なデータが揃わないことは、同国がエコロジー近代化論の射程に入らない理由のひとつかもしれない。

3　構造的環境負荷の変化(一九六〇〜一九九一年)

そこで、以下ではエコロジー近代化の検証で一般的に用いられる指標の一部を修正し、推計値も交えながら時系列分析を試みる。まず、高環境負荷を伴う工業製品の生産量の動向を経済成長のテンポと比較する作業から始めたい(上記①の手法)。環境負荷の低減を促す産業構造転換の動態を描くには単純すぎるが、統一的な議論の枠組みでエコロジー近代化の東西比較を試みたイェニッケらの意を汲んで、ソ連時代のロシアの経済成長と環境負荷の関係を検証する。

一九六〇年を起点として公式統計の鉱工業生産と、それと代替的なＧＤＰ推計値の動向を比較すると、曲線の形状(山と谷の位置)は一致するが、後者は前者を大きく下回っている[17]。急速な工業化と経済成長を誇示していたソ連期の鉱工業生産指数の計算は、原価の多重計算の可能性が大きい総額ベースでの生産額の算出、インフレーション・バイアスを十分に除去しない指数計算、企業任せの算定作業など、数多くの問題点を抱えていた(詳細は第四章二４を参照)。そこで、新生ロシアの中央統計局にあたる国家統計委員会(現在のロシア統計局)附属の研究所員が一九六〇〜八八年の鉱工業生産指数の計算式を見直した上で再計算したところ、同期間の実質的な伸び率は二・七倍にとどまるという分析結果を得た(ただし、公式に認められた修正値ではない)[18]。上記の推計ＧＤＰの伸び率(一九六〇〜八八年の間に二・九五倍)[19]と大きな齟齬は見られないことから、この間にロシアの産業はおおむね三倍弱の成長を遂げたと考えられる。

エコロジー近代化の国際比較研究は、自然環境に有害な基幹産業を代表するという意味で高環境負荷の工業製品の生産量を調べ、その伸び率が当該国のＧＤＰ成長率を下回った場合には、経済成長と環境負荷のデカップリングが生じたと判断する。逆の場合は、エコロジー的に有害な成長パターンである[20]。

図３-１および図３-２は、ロシアにおいて高環境負荷を伴うと考えられる鉱工業製品の生産量の動向を公式統計の鉱工業生産および代替的なＧＤＰ推計値の趨勢に重ねて示している。既存の国際比較研究で採用された製品の一部(アルミニウムなど)は、ソ連時代の鉱工業統計が非鉄金属類の生産量を非公開にしていたため、割愛せざるを得なかった。また、同統計に記載されていない品目は、同種の製品に置き換えた(塩素の代わりに硫酸と苛性ソーダ、セメントの代わりに鉄筋コンクリートなど)。さらに、ロシア経済にとって最重要と考えられる製品を追加した(石油、天然ガス、石炭)。貨物輸送については、整合性のある時系列データがなく、欧州や日本のように国土面積の小さい国々とは輸送条件も大きく異なるために分析の対象外とした。

便宜上、経済成長率が正から負に転じる一九九〇年以前に、経済成長と環境負荷のデカップリングが観察され

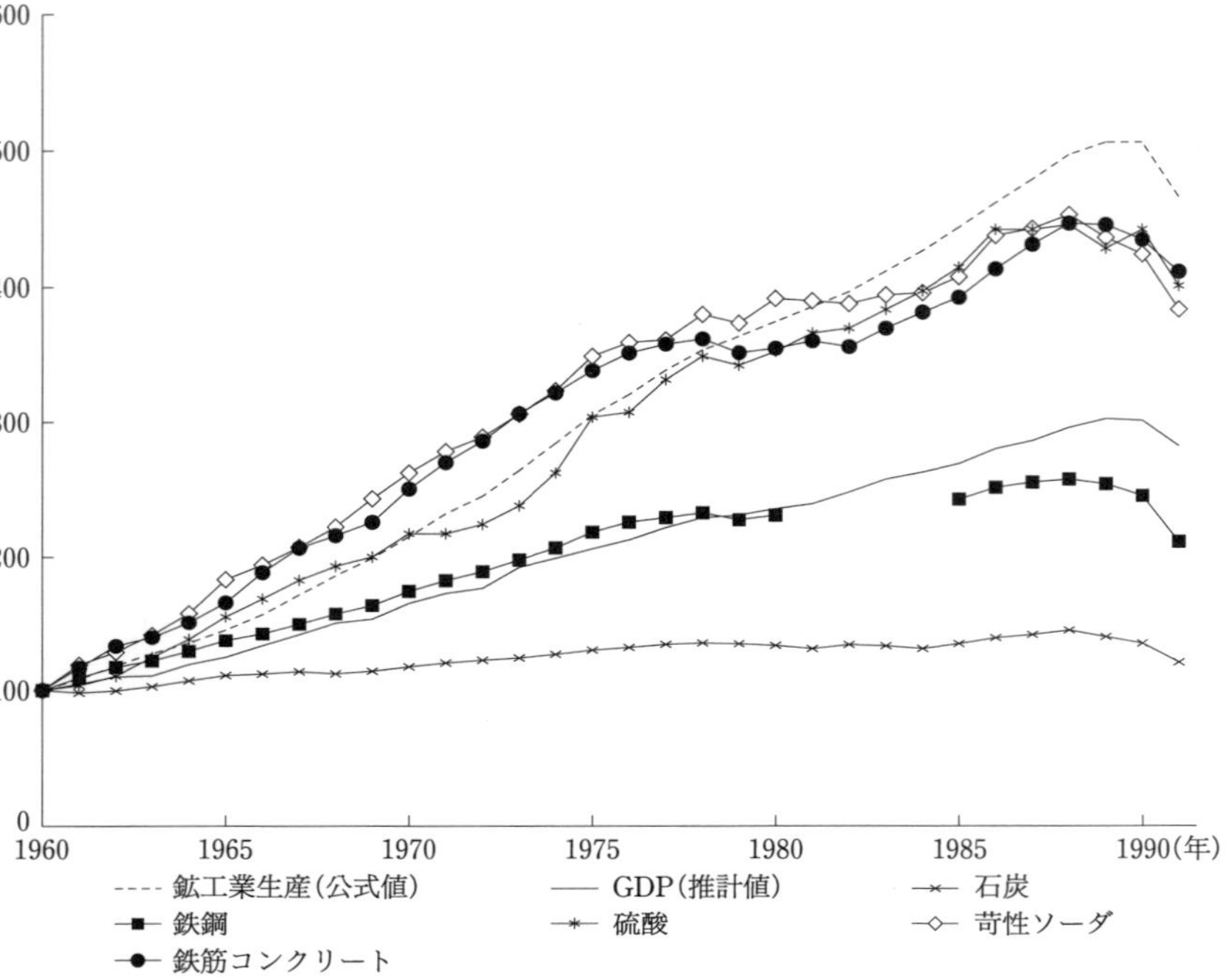

図 3-1　経済成長と環境負荷(1960〜1991 年)：デカップリングのケース

注) 1960 年を 100 とした指数で表示している。空白の箇所(1981〜1984 年の鉄鋼)はデータの欠損による。

出所) Masaaki Kuboniwa, "Economic Growth in Postwar Russia: Estimating GDP," *Hitotsubashi Journal of Economics* 38 (1997), pp. 21-32; *Госкомстат России.* Народное хозяйство Российской Федерации, 1992. Москва, 1992; *ЦСУ РСФСР.* Народное хозяйство РСФСР. Москва, Ежегодное изд. から作成。

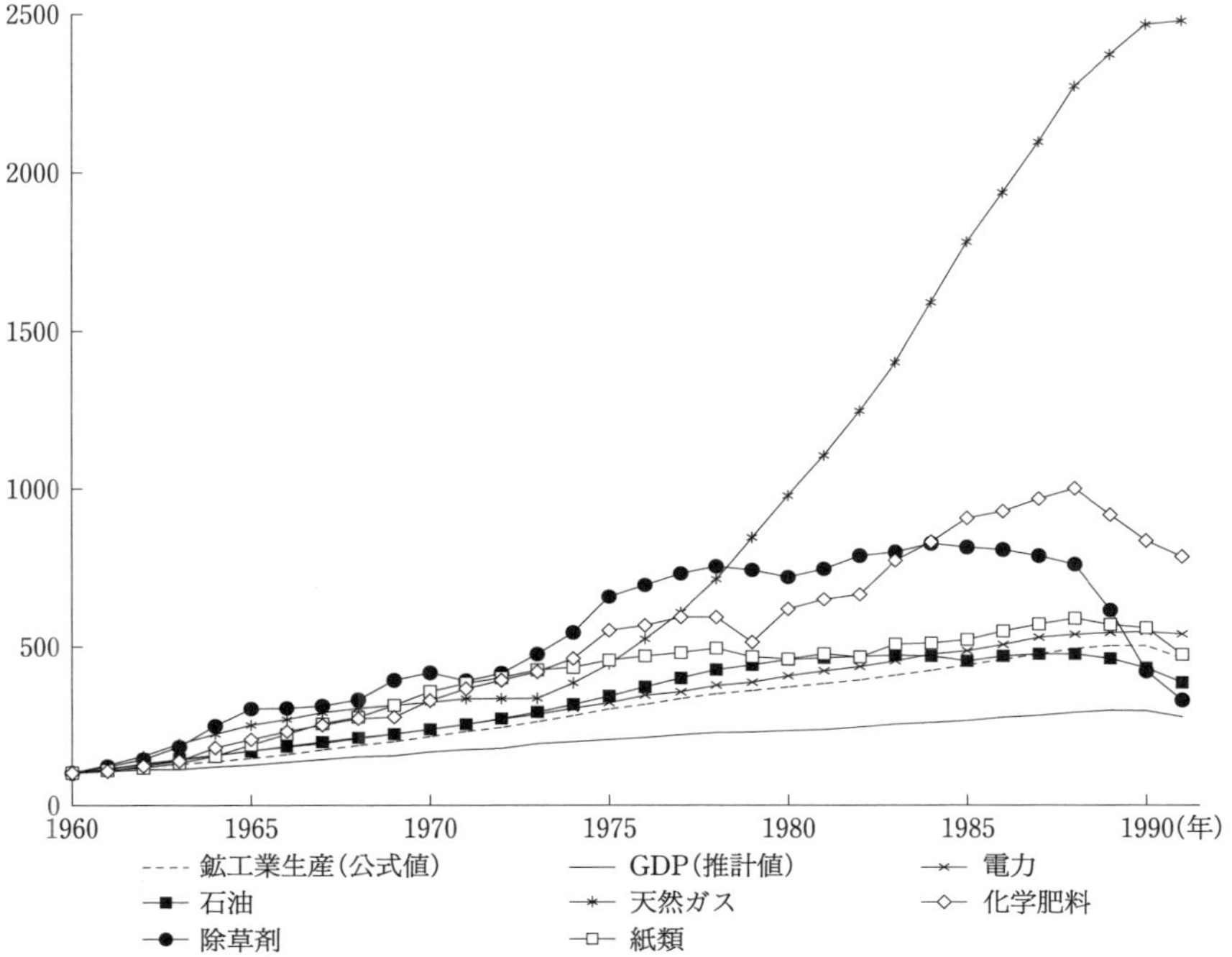

図 3-2　経済成長と環境負荷(1960〜1991 年)：非デカップリングのケース

注）1960 年を 100 とした指数で表示している。
出所）図 3-1 に同じ。

るケース(図3-1)と観察されないケース(図3-2)に分けて表示している。公式統計の鉱工業生産をベースラインとすると、計画経済機構下での経済成長期にデカップリングが見られたケースは五つの製品である。推計GDPを基準とすれば、鉄鋼と石炭だけである。他方で、同期間内にデカップリングが見られず、推計GDPあたりの環境負荷が増大ないし横ばいの傾向にあるのは、資源・エネルギー産業を中心にソ連経済の近代化に不可欠であった品目が並ぶ。イェニッケらによるエコロジー近代化の国際比較研究の結論に従えば、環境負荷の相対的低減に繋がる産業構造の転換に失敗した典型的な事例のひとつである。[21]

それでは、一九八〇年代末から事実上始まる市場原理の導入と普及は、エコロジー近代化の観点から好ましい変化をロシアにもたらしたのだろうか。

4　産業構造と環境負荷――*Effekt* の測定

資本主義経済への転換がロシア経済を大きく揺るがし、産業構造の変化を誘発したことはよく知られている。そこで、経済発展のあり方を規定する要因(技術水準、産業部門構成、経済成長)別に環境負荷量の変化を分析し、エコロジー近代化が追求する産業構造転換の有無を確認したい(上記③の手法)。

ここでは、最終エネルギー総消費量を環境負荷の指標とする。エコロジー近代化の観点で体制転換の動態を捉えようとする際にひとつの指標にだけ頼るのは不十分だが、次の理由から現時点では最良の選択である。第一に、末端処理型の対処療法で排出量の削減が可能な硫黄酸化物や窒素酸化物よりも、産業構造の抜本的な転換が効率性の向上に必要とされるエネルギー関連の環境負荷の方がエコロジー近代化の指標として望ましい。[22] 第二に、産業部門別の環境負荷の動向が検証できる入手可能なデータは、現時点では最終エネルギー総消費量だけである。第三に、本データは長年にわたりOECDおよびIEAによって標準化されたかたちで提供されており、時系列ならびに国・地域別の比較が可能である。

図3-3が示すように、ロシアで市場経済機構の制度化が本格的に始まる一九九二年以降の動向を見ると、GDPあたり最終エネルギー総消費量は減少傾向にある。特に、ソ連崩壊後の経済危機を脱した一九九八年以降は減少幅が大きくなり、経済成長と環境負荷のデカップリングが生じている。計画経済から市場経済への転換と経済成長がエネルギー効率性を高めることは、ロシアを含む多くの国々で観測されている[23]。以下では、イェニッケらが考案した環境負荷量の計算式をベースにして、製造業だけでなく他の産業部門も分析対象に加えることで産業構造の変化の影響を捉えようとしたモデルに基づいて[24]、ロシアにおける産業構造と環境負荷の関係を検討する。具体的には、次式を用いて産業構造に関わる要因別に環境負荷量を分解し、各要因の影響度を測る。

$$E_{ij} = \frac{E_{ij}}{Y_{ij}} \times \frac{Y_{ij}}{Y_i} \times \frac{Y_i}{Y_0} \times Y_0$$

E_{ij}：比較年iの産業部門jの環境負荷量
Y_{ij}：比較年iの産業部門jの付加価値額
Y_i：比較年iの産業部門全体(Σ_j)の付加価値額
Y_0：基準年0の産業部門全体(Σ_j)の付加価値額

右辺は、順に各産業部門の技術水準(第一項)、各産業部門の構成比(第二項)、産業部門全体の経済成長(第三項)を表す。すなわち、環境負荷の小さい先端技術の導入、環境負荷の大きい「汚染産業」から小さい「クリーン産業」への転換、経済成長の抑制は、それぞれ環境負荷の低減に寄与する。まず、各産業部門の環境負荷量の実測値(実負荷量)を求め(図3-4を参照)、次に各要因のひとつを基準年の値で固定して得られた計算値(仮定負荷量)との差を*Effekt*(独語で「効果」の意味)と呼ぶ。例えば、第一項を基準年の値で固定すれば、当該の産業

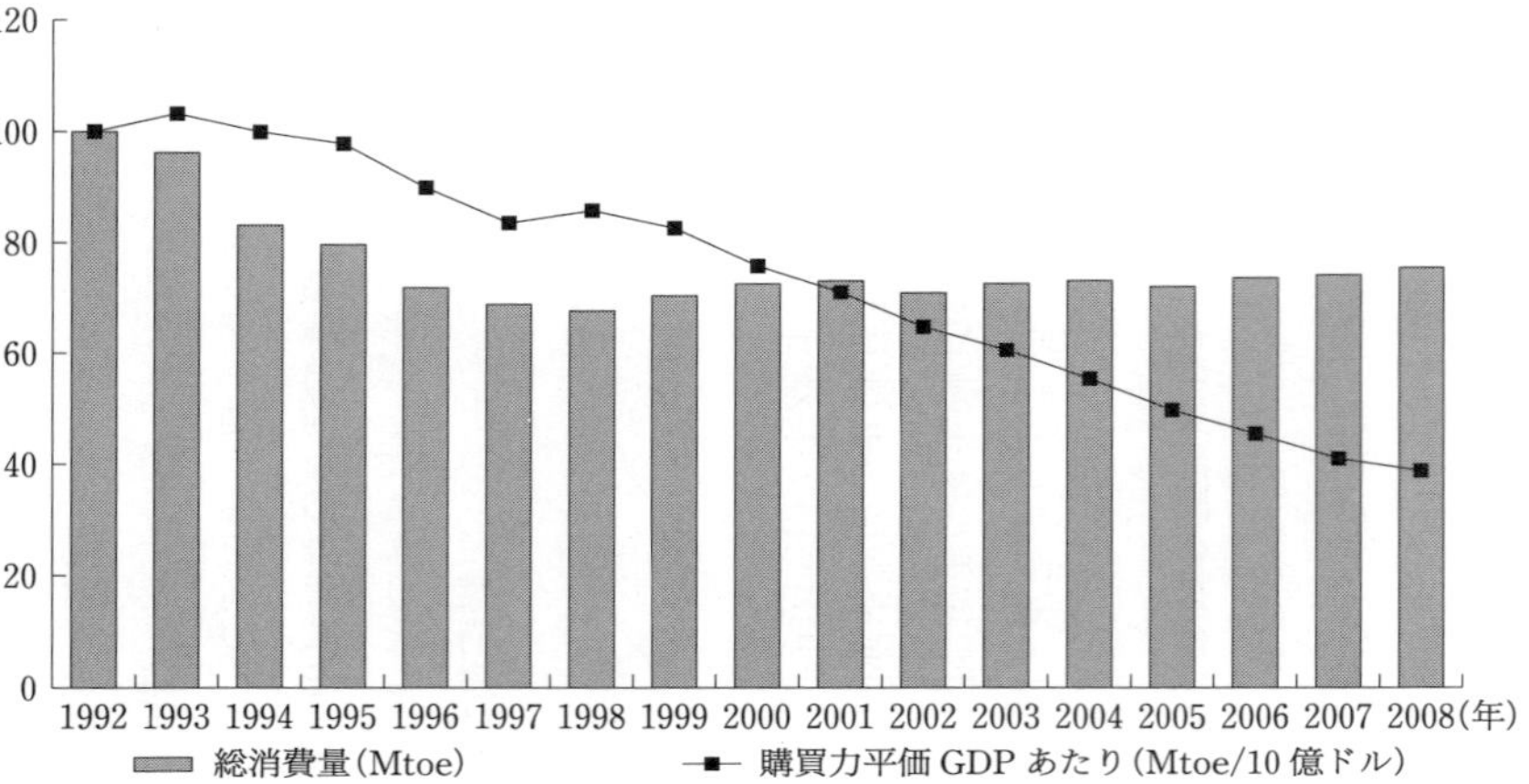

図 3-3　ロシアにおける最終エネルギー総消費量の動向

注）Mtoe は Million tonne of oil equivalent(石油換算 100 万トン)の略称(以下同じ)。
出所）IMF, *World Economic Outlook Database. October 2010* [http://www.imf.org/external/data.htm] (2011 年 2 月 18 日閲覧)； OECD/IEA, *Energy Balances of Non-OECD Countries*, various issues (Paris: OECD)から作成。

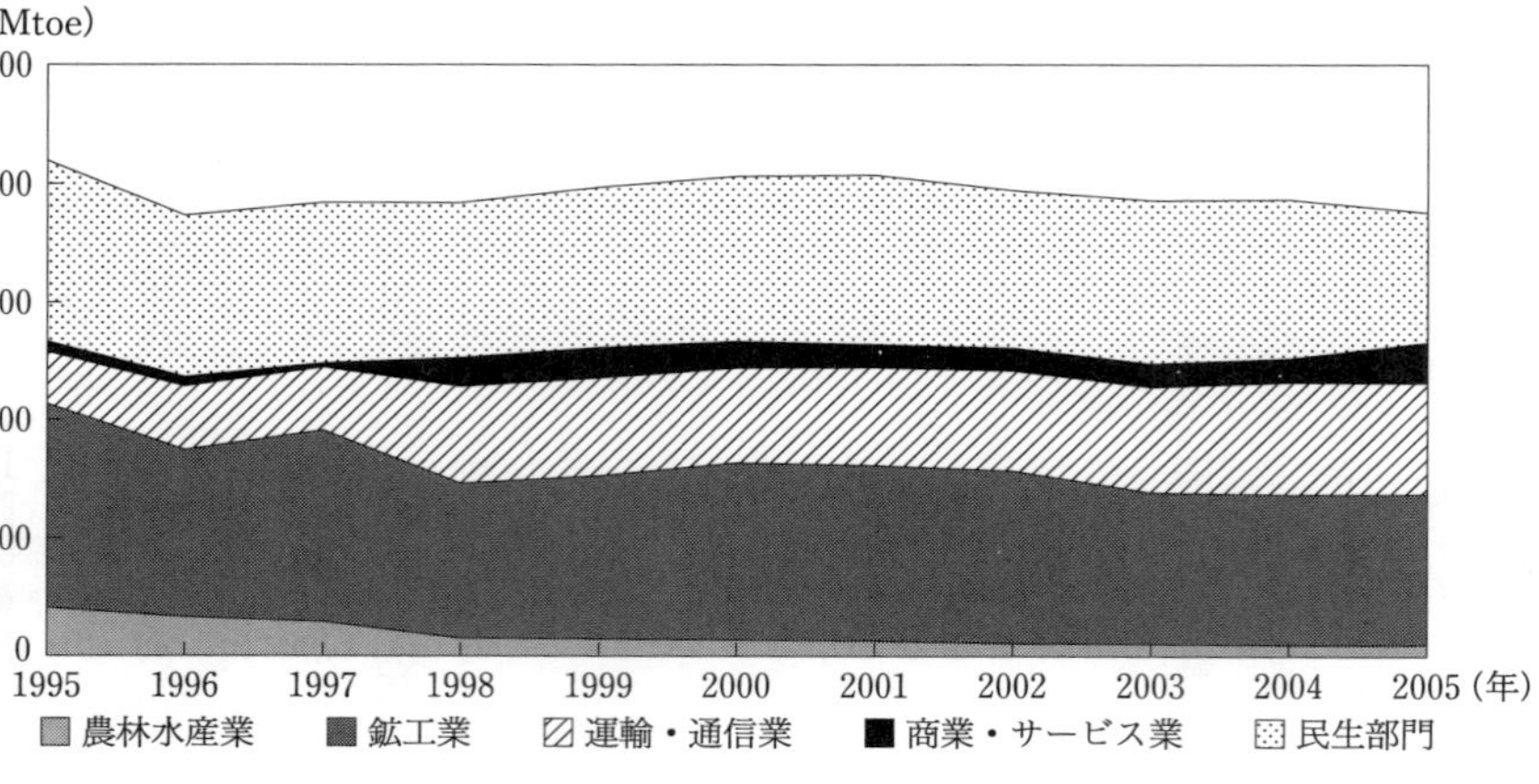

図 3-4　部門別の最終エネルギー総消費量の動向

出所）OECD/IEA, *Energy Balances of Non-OECD Countries*, various issues (Paris: OECD)から作成。

部門で技術水準の変化が起こらないと仮定した場合の計算値が得られる。実際の技術水準の変化が経済に及ぼす影響は実測値に反映されているため、両者を比較すれば、技術水準の変化の影響度が環境負荷量として求められる。すなわち、実負荷量が仮定負荷量を下回れば（負の *Effekt*）、技術水準の変化が環境負荷の低減をもたらしたことになり、逆に上回れば（正の *Effekt*）、環境負荷の増大を意味している。同じく、第二項を基準年の値で固定すれば産業構造転換の影響度が求められ、第三項を同様に固定すれば経済成長の影響度が測られる。

通常は、時系列で比較可能な産業別の環境負荷量の指標とSNA統計が揃えば、上記の計算式で産業構造と環境負荷の関係が検証できる。しかし、前述したように、ロシアの公式SNA統計では同国の産業構造を正確に把握できない。ロシアの基幹産業である石油・ガス産業の採掘部門（鉱工業）から販売部門（商業・サービス業）へ付け替えられた付加価値額は、時にGDP全体の一〇％を超えることもあるため、この点の修正が施されたデータを用いなければならない。現時点で入手可能な修正値は一九九五〜二〇〇五年の一一年間に限られるが[25]、この時期はロシア経済が縮小から拡大へと転じた重要な画期でもあり、経済成長と環境負荷のデカップリングが観察された背景を探るために分析を試みた。

図3-5から図3-7は、最終エネルギー総消費量を環境負荷の指標として、一九九五〜二〇〇五年における各部門（農林水産業、鉱工業、運輸・通信業、商業・サービス業、民生部門）の技術変化、産業構造転換、経済成長の *Effekt*（単位は石油換算百万トン）の推移を図示している[26]。基準年は一九九五年である。実負荷量で見ると、図3-4が示すように鉱工業と民生部門がともに三割を超え、両者に運輸・通信業を加えると九割近くになる。この点を踏まえて各系列の *Effekt* の推移を見ると、第一に技術水準の変化が環境負荷の低減に最も寄与している[27]。言い換えれば、絶対的な負荷量の大きい鉱工業と民生部門において、環境負荷の低減に繋がる技術的変化がエネルギー集約度の低下というかたちで生じ、経済成長と環境負荷のデカップリングを実現している。とりわけ、二〇〇〇年代前半に産業部門のエネルギー集約度は劇的に低下したという[28]。第二に、ロシア経済の転換期（一九九

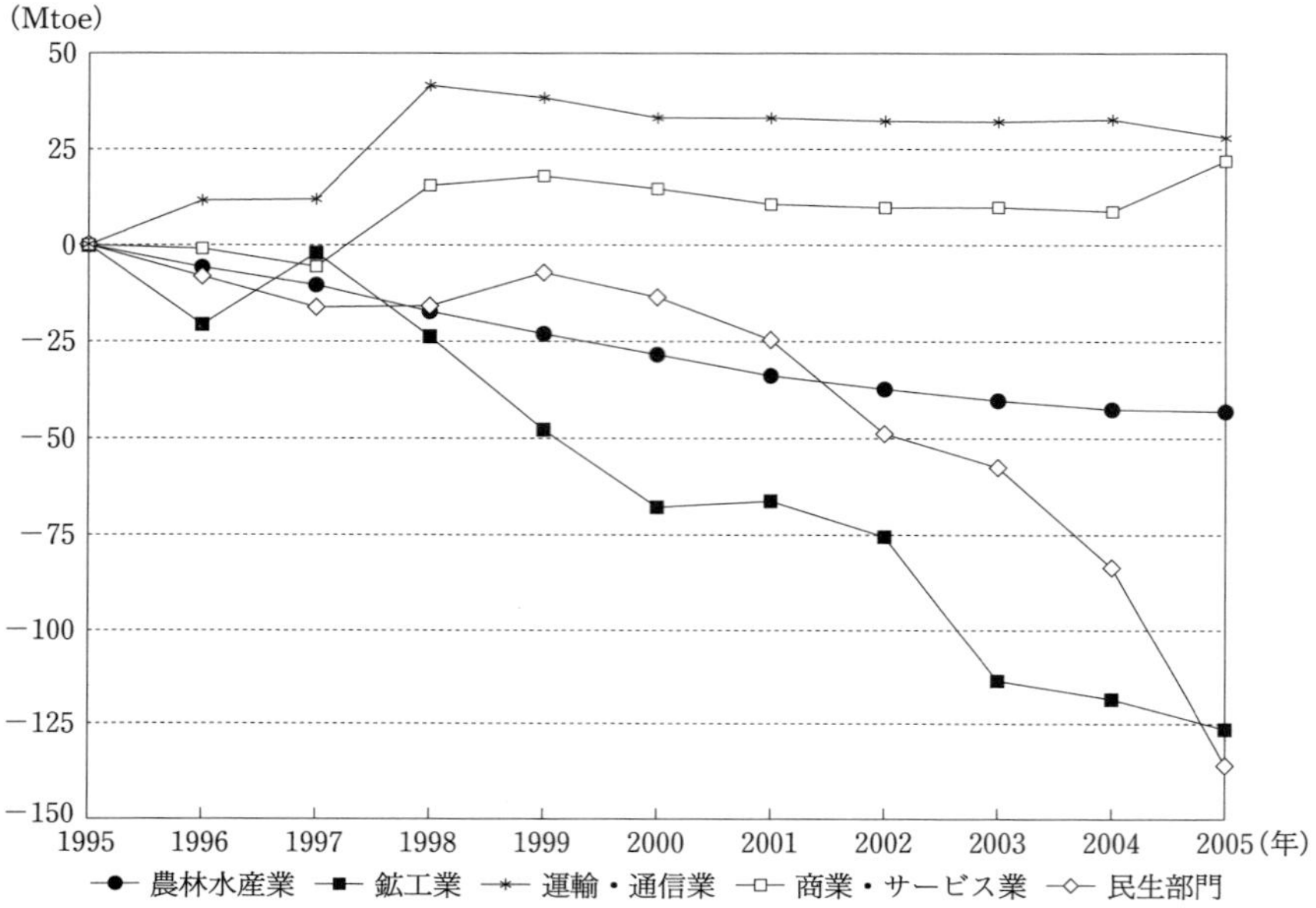

図 3-5　ロシアにおける *Effekt* の変化(技術水準)

出所) 図 3-4 で用いた資料，ならびに久保庭真彰「石油・ガス産業の利潤と資本」田畑伸一郎編著『石油・ガスとロシア経済』北海道大学出版会，2008 年，114-115 頁；Masaaki Kuboniwa, *Growth and Diversification of the Russian Economy in Light of Input-Output Tables* (Tokyo: Russian Research Center, The Institute of Economic Research, Hitotsubashi University, RRC Working Paper, 18, 2009), p. 5; United Nations, *National Accounts Statistics: Main Aggregates and Detailed Tables, 2005, Part III* (New York: United Nations, 2007), pp. 370, 373-374 に基づき算出。

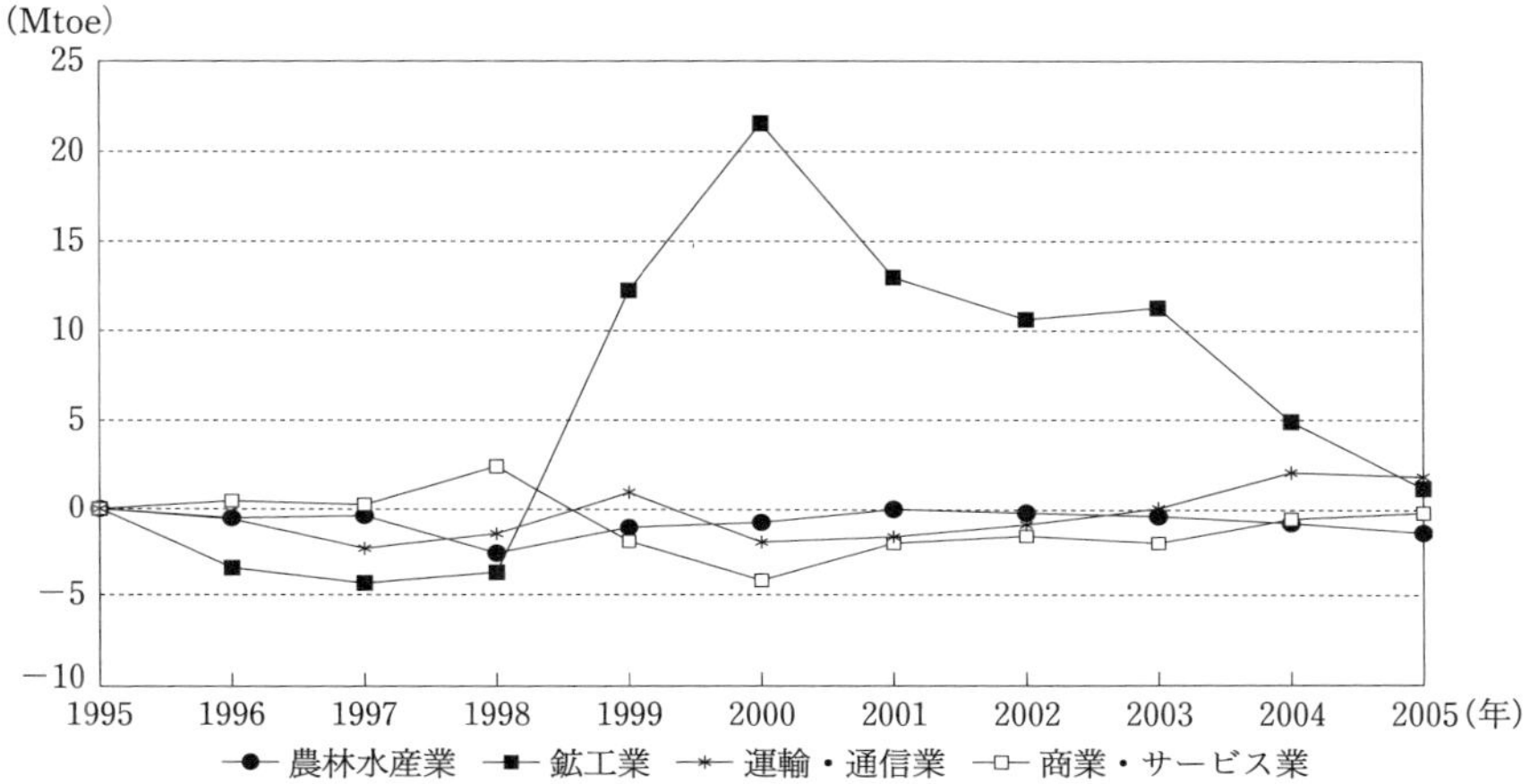

図 3-6　ロシアにおける *Effekt* の変化(産業構造転換)

出所）図 3-5 に同じ。

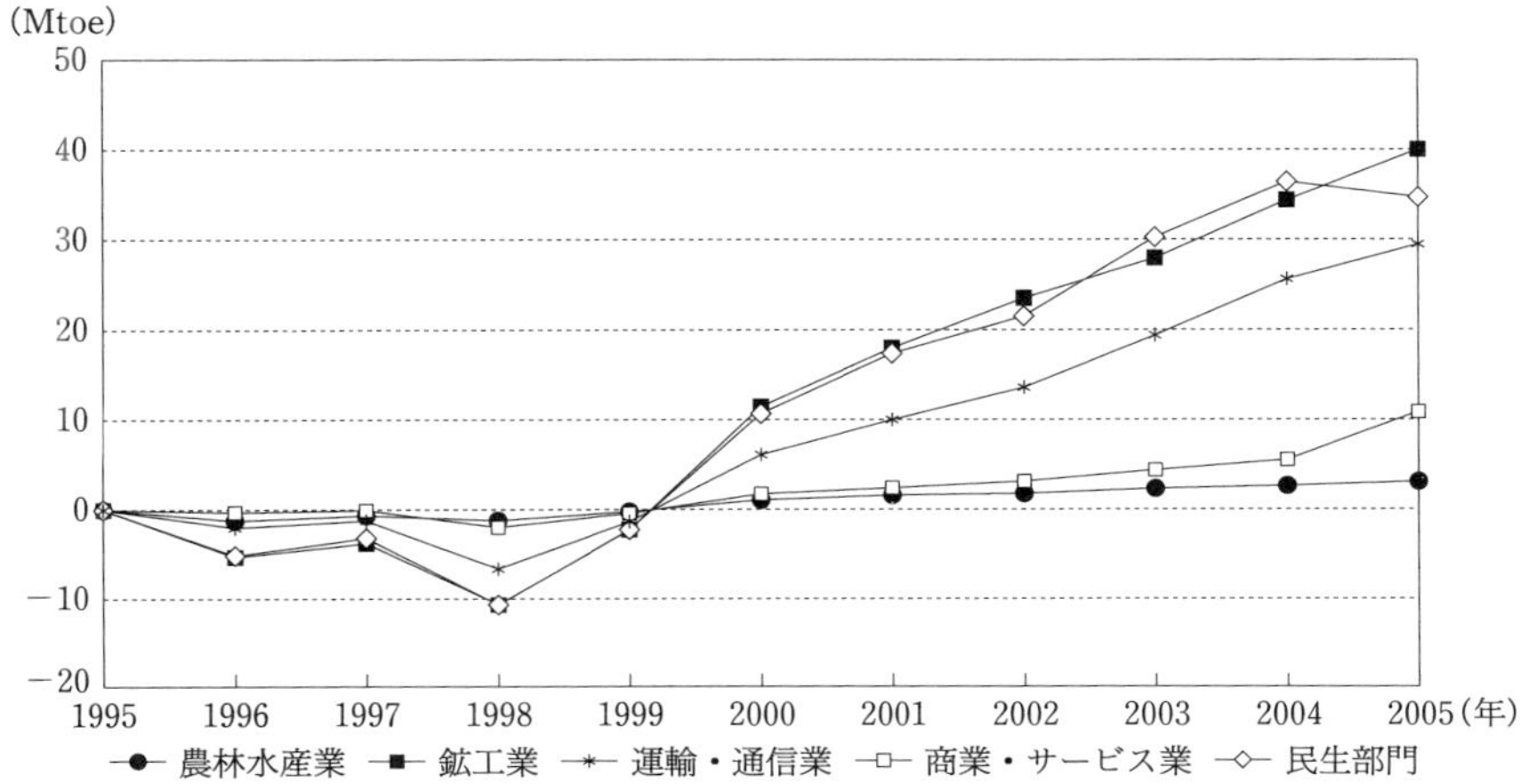

図 3-7　ロシアにおける *Effekt* の変化(経済成長)

出所）図 3-5 に同じ。

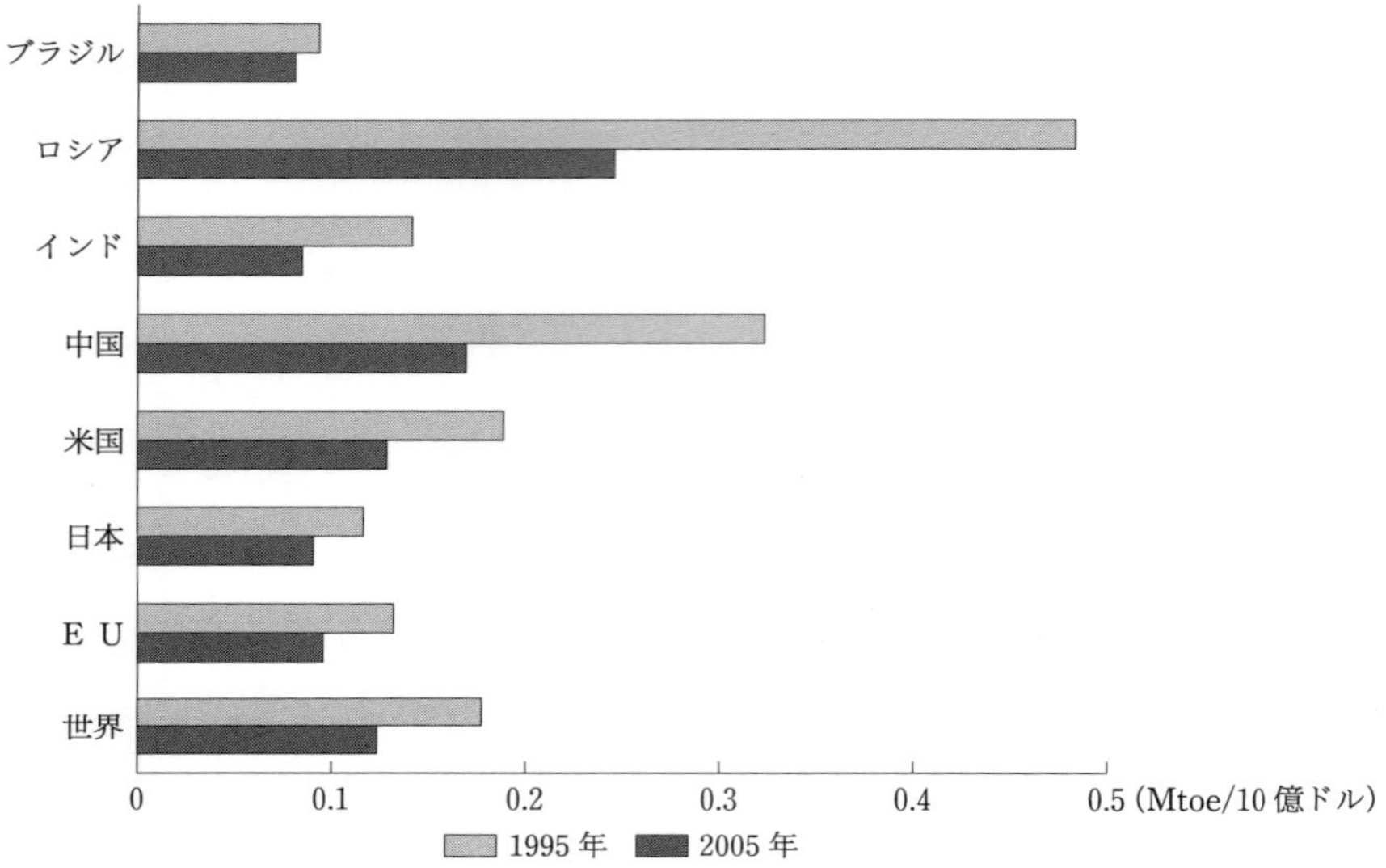

図 3-8　購買力平価 GDP あたり最終エネルギー総消費量の変化

出所）図 3-3 に同じ。

八～九九年）を境に、*Effekt* の動きに変化が見られる。特に、二〇〇〇年以降は経済成長の *Effekt* が年々増大し、技術水準の変化の効果を相殺している。第三に、産業構造転換の *Effekt* を見ると、経済成長期に入ってから鉱工業の *Effekt* が正の値を記録している。この点はＯＥＣＤ諸国の趨勢とは対照的で[29]、ロシア経済の成長の原動力が鉱工業であることを示唆している。他方で、他部門の *Effekt* は横ばいで推移している。それゆえ、ロシア経済の実態をより反映した修正値を分析に用いると、環境負荷の持続的低減に繋がるような産業構造転換が同国で進行しているとは言えないことが分かる。

　以上、信頼性の高いデータが揃う一九九五～二〇〇五年における *Effekt* の動向を分析すると、ロシアではエコロジー近代化論が重視する汚染産業からクリーン産業への転換は見られず、さらに二〇〇〇年代前半の経済成長は環境負荷を一方的に高めているにもかかわらず、経済成長と環境負荷のデカップリングが生じている。こうした相矛盾するような現象を解き明かすカギは、エネルギー効率性の極端な悪さにある。環境負荷の指標として用いられた最終エネルギー総消費量を他の主要国と比較すると、図3-8が示すように、ロシアのGDPあたりの数値の高さと減少率の大きさが一目瞭然である。つまり、計画経済体制の下で形成された非効率的な産業構造を引き継いだことと、その改善の余地が大きかったことが、ロシアにおける経済成長と環境負荷のデカップリングを支えていたのである。しかし、よく知られているように体制転換後は企業の設備投資が滞り、生産設備の老朽化が急速に進行した。OECDの推計によると、一九九九年の固定資本形成の水準は一九九〇年の四分の一以下で、生産設備の約二五%は実用に耐えないほど老朽化していた。[30] ロシアの公式統計でも、一九九〇年代に鉱工業の資本設備の平均使用年数が急伸し、設備更新が停滞していたことは確認できる。[31] それゆえ、上記のデカップリングは設備更新や技術革新の成果ではなく、老朽化した生産設備の休停止がエネルギー効率性の向上に著しく寄与したと考えられる。もっとも、こうした「伸びしろ」は無限ではなく、いずれは消滅する可能性が高い。現に、中国は一九九〇年代に目覚ましいペースで経済成長と環境負荷のデカップリングを実現してきたが、二〇〇二年以降はデカップリングの停滞局面に入ったため、継続的な経済成長が環境負荷の総量を急増させている。[32] 総量ベースで見ると経済成長期のロシアの環境負荷は微増傾向にあり(図3-3を参照)、デカップリングの余地が消滅すれば、経済成長が続くかぎり中国と同じ道を歩むことになろう。[33]

二　環境政策能力の展開

環境負荷を低減する技術改良に努め、汚染産業からクリーン産業への構造転換を促したとしても、急速な経済成長が両者の効果を相殺してしまうことは自明の理である。しかし、先述したように、エコロジー近代化の論者は環境至上主義に批判的で、経済成長の抑制そのものには首肯しない。そのため、環境よりも経済を優先していると批判されてきた。広義の環境ガバナンスを意味する環境政策能力という概念が提起された背景には、社会全体による適切な経済運営の必要性を強調することで、エコロジー近代化論に向けられた批判の矛先をかわそうとする意図があったのかもしれない。あるいは、欧州伝統のコーポラティズムをエコロジー近代化の議論に取り入れようとする試みであったとも言える。

一連の「成功した環境政策」の実証分析を踏まえて、イェニッケは環境政策の成否を決する要因を次の五点にまとめた。すなわち、①政策決定に関わる関係者の構成、②長期的な環境保護戦略の有無、③政策行為の枠組みを形成する構造的条件、④短期的な政治・経済・社会情勢(状況的文脈)、⑤環境破壊・汚染の内容と性格である。政治学の概念に依拠して環境政策の動態分析に求められる議論の枠組みを提供することで、能力開発(capacity building)を通じた政策効果の向上に焦点を当てつつ、環境政策能力の国際比較研究を展望している。[34] 前節で取り組んだ経済成長と環境負荷のデカップリングの検証を量的な比較研究とすれば、各国の環境政策の成否に関する検討は質的な比較研究を課題としている。ただし、実証分析に歩を進めると、選択される指標やモデルによって結果が大きく変わるだけでなく、法制度が存在することと、それが適切に運営されることとは別問題であるため、環境政策能力の国際比較研究に対して懐疑的な態度を示すエコロジー近代化の論者も見られる。[35] 実際のところ、イェニッケが提起した五点の要因をすべて指標化することは不可能で、環境政策能力の検討には定量的な分析だけでなく記述的な考察も求められる。そこで、イェニッケが念頭に置いている環境政策の実効性が発現する諸条件に留意しながら、ロシアにおける環境政策能力の展開を定性的に検討したい。

表3-1および表3-2は、ロシアにおける環境法制の制度化の動向と環境政策能力の展開を示している。前者では環境政策を制度として支える法定面に焦点を当て、その実態を考慮するために後者では上記の五点の要因別に環境政策の機能面を整理している。ソ連時代にまでさかのぼると、ロシアの環境政策をめぐる局面は五つの時期に大別される(表3-1を参照)。以下では、計画経済体制下の環境政策能力を検証した上で、環境面で近代化を制御しようとする試みが一九八〇年代末に大きく転回した後に、体制転換後のロシアを襲った深刻な経済危機

(転換不況)が環境政策能力を侵食したために、同国のエコロジー近代化の道が閉ざされてきた過程を明らかにする。[36]

1　計画経済機構下の環境政策能力——環境規制の強化

第I期は、第二次世界大戦後の工業化の過程で顕在化した産業公害に対応した時期で、環境政策の揺籃期と呼べる。産業公害に対応した環境政策が公衆衛生行政の一環として一九五〇年代に本格化し、環境規制の法制化も同年代末から進められるなど、世界の工業国の中でソ連は比較的早くから公害問題に取り組んでいた。例えば、世界で初めて飲料水の水質基準の規制値を導入した国はソ連である。その当時、環境政策の中心的役割を果たしていた政府機関はソ連保健省であった。同省は傘下の医学アカデミーや教育訓練施設と協力して、汚染物質の排出基準に関する研究に従事し、関係機関と協議しながら規制値に相当する「最高許容濃度」(предельно допустимые концентрации)を決定しただけでなく、全国に張りめぐらされた衛生・防疫機関を通じて、企業の立地先の選定、操業に対する監督と勧告、その一時停止もしくは閉鎖の命令など、企業の「生き死に」に関わる権限も名目上は有していた。公衆衛生の観点でのみ汚染物質の排出規制を定めた国はソ連が最初である。[37]さらに、生活環境の向上を目的とした公衆衛生行政は、ゾーニングの手法を用いた都市整備計画と結びつき、地域レベルの立地規制としても機能していた。その最大の成果がモスクワの大気汚染対策で、環境政策における社会主義体制の優位性に否定的な論陣の急先鋒を務めた米国のソ連研究者マーシャル・ゴールドマン(Marshall Goldman)でさえ、ソ連の環境政策の成功例とみなしていた。[38]公衆衛生の改善はモスクワ市域の当初の開発計画から重視され、モスクワ中央保健所を中心に、大気汚染のモニタリング、汚染因子の研究、規制値の設定と勧告、幅広い疫学調査などが積み重ねられた。このように、公衆衛生行政に立脚した環境政策は都市部の大気汚染の改善に貢献し、有効な直接規制として内外から高く評価された。当時の環境政策は世界的にも直接規制が主流で、厳格な法規制

表 3-1　環境法制の制度化(略年表)

	時　期	内　　容
第Ｉ期(揺籃期)	ロシア革命後〜	自然保護に関する 15 の法令施行，自然保護区の設置開始
	1920 年代中葉	
	1930 年代	公衆衛生行政の実施(直接規制開始)
	1938 年	ソ連人民委員会議に自然保護区委員会設置
	1949 年	大気汚染撲滅および公衆衛生改善に関するソ連閣僚会議決議
		ソ連保健省に国家衛生監督官設置(汚染物質モニタリングに従事)
	1955 年	ソ連科学アカデミーに自然保護委員会設置
	1957 年〜1968 年	各共和国における自然保護法制定と自然保護国家委員会設置
	1968 年〜1981 年	6 大資源基本・保全法(土地・水・鉱物・森林・大気・動物)および保健法制定
第II期(発展期)	1972 年	ソ連共産党中央委員会・閣僚会議決議「自然保護の強化と天然資源の利用の改善について」
	1976 年	国民経済発展年次計画に「自然保護と天然資源の合理的利用」編を追加
		環境分野の国家規格承認
	1970 年代後半	公害防止目的の設備投資伸張
	1977 年	ソ連憲法(改正)に環境権明記
	1978 年	ソ連共産党中央委員会・閣僚会議決議「自然保護の強化と天然資源の利用の改善に関する追加的諸措置について」
		ソ連水文気象・自然環境監視国家委員会の設置(環境モニタリングに従事)
	1981 年	ソ連閣僚会議幹部会に自然環境保護および天然資源の合理的利用委員会設置(環境法制遵守の監督)
	1985 年	ソ連最高ソビエト決定「自然保護と天然資源の合理的利用に関する法律の要求の遵守について」
第III期(転換期・高揚期)	1988 年	ソ連共産党中央委員会・閣僚会議決議「わが国における自然保護活動の抜本的なペレストロイカについて」
		ソ連自然保護国家委員会の設置(連邦レベルで初の環境省庁)
		汚染課徴金の導入(間接規制の本格的運用)
	1989 年	ソ連自然保護国家委員会の報告書作成(初の環境白書)
	1991 年	ソ連自然保護省の設置(国家委員会から昇格)
		ロシア共和国法「自然環境の保護について」
		ロシア共和国エコロジー・天然資源省の設置
		1991 年 12 月　ソ連崩壊とロシア誕生(体制転換)
	1993 年	ロシア憲法に環境権明記
		環境保護・天然資源省の設置(組織再編による改称)
	1993 年以降	環境保護に関する連邦法と天然資源に関する法規の制定と改正
	1994 年	大統領令「環境保護と持続的発展の保証のためのロシア国家戦略について」
	1994 年以降	環境保護と天然資源利用に関する連邦政府行動計画の策定
	1995 年	連邦法「国家環境審査について」
	1996 年	大統領令「持続的発展に向けたロシアの移行構想」(1992 年国連環境開発会議採択「アジェンダ 21」への対応)

	時　期	内　　容
第IV期(後退期)	1996 年	環境保護・天然資源省の分割(自然環境保護国家委員会と天然資源省の併設)
		連邦法「省エネルギーについて」
	1999 年	連邦法「公共団体について」(NGO に対する規制強化)
	2000 年	自然環境保護国家委員会と連邦林野局の廃止(業務の一部は天然資源省に移管)
	2001 年	連邦政府計画「ロシアのエコロジーと天然資源(2002〜2010 年)」(特定連邦プログラム)
		同「2002〜2005 年および 2010 年までを展望した『エネルギー効率的経済』」(同上)
	2002 年	連邦法「環境保護について」(1991 年ロシア共和国法「自然環境の保護について」廃止)
		連邦政府指令「ロシア連邦の環境基本原則(ドクトリン)」
	2003 年	連邦法「省エネルギーについて」改正
	2004 年	天然資源省の再編(自然保護局の廃止と資源の適正利用に関する 4 部局の設置)
		気候変動枠組条約第 3 回締約国会議採択「京都議定書」の批准
	2006 年	連邦法「ロシア連邦法令の一部改正について」(通称「ロシア NGO 法」)
第V期(修正期)	2008 年	エコロジー・技術・原子力監督局および水文気象・自然環境モニタリング局の編入に伴う省名変更(天然資源省から天然資源・エコロジー省へ)
	2009 年	連邦法「省エネルギー，エネルギー効率性の向上，ロシア連邦の各種法令の変更について」
		「ロシア連邦の気候基本原則(ドクトリン)」(連邦政府承認・大統領署名)
	2010 年	非営利団体への支援に関する連邦法案の提出(大統領から下院へ)

出所）各種資料から作成。

表 3-2　環境政策能力の展開

時期	政策決定に関わる関係者の構成	長期的な環境保護戦略の有無	政策行為の枠組みを形成する構造的条件	短期的な政治・経済・社会情勢（状況的文脈）	環境破壊・汚染の内容と性格
1950年代	企業の所管・監督省庁，保健省，研究機関		社会主義，計画経済，一党独裁		産業公害
1960年代	地方ソビエト，自然保護協会，学術団体，マスメディア			ヤースナヤ・ポリャーナ（トルストイ生家）の煤煙問題 「バイカル問題」（バイカル湖流域の環境汚染）	開発と環境の調和
1970年代	産業省庁から独立した国家機関（人民監督委員会，水文気象・自然環境監視国家委員会など）			アラル海域の生態系破壊（灌漑施設と運河建設の影響） 国連人間環境会議（ストックホルム）	自然改造計画の影響
1980年代			ペレストロイカ（市場経済導入）	チェルノブイリ原発事故	放射能汚染
1990年代	環境保護に特化した国家機関の設立，NGO・市民団体の増勢	ロシア大統領令「環境保護と持続的発展の保証のためのロシア国家戦略について」，同「持続的発展に向けたロシアの移行構想」	体制転換（ソ連崩壊） 資本主義，市場経済，多党制	国連環境開発会議（リオデジャネイロ）	持続的発展
2000年代	環境保護に特化した国家機関の分割・廃止，NGO・市民団体への国家介入の強化	ロシア連邦政府計画「ロシアのエコロジーと天然資源（2002～2010年）」		京都議定書の批准	地球環境問題

出所）各種資料から作成。

の存在が環境重視の姿勢を表すと考えられていたことも、ソ連の環境政策の評価を高めた一因である。

他方で、厳格な直接規制の効果は大規模な環境政策に限られ、企業レベルでは逆説的な事態が生じていた。企業に環境対策の強化を促したい当局の意向に反して、環境破壊・汚染を招いても生産計画の遂行を優先しようとする行動様式が直接規制の強化でむしろ助長されたと言われる。当時の技術水準に照らすと余りにも厳格すぎた規制値が、いわば努力目標と受け止められたことに加え、環境対策の執行を企業に促すメカニズムが働いていなかったためである。そこで、環境規制の強化だけでなく、環境破壊・汚染の防止に向かわせる経済的誘因を企業に与える仕組み作りが求められ、実効的な間接規制の構築を模索したが、市場原理に基づく間接規制を計画経済機構の枠内で運用することは社会主義国ソ連に特異な難点を突きつけた。その一例が、一九六七年七月に導入された天然資源使用料をめぐる論争である。本来の目的は、天然資源の採掘部門の原価構成を大きく左右する自然条件の差を平準化し、企業活動の効率性を公正に評価することにあった。しかし、資源の適正利用を目的とした環境対策の機能も併せ持たせるために、資源利用に対する金銭的な補償措置の導入が要求された(39)。実際に設定された天然資源使用料は、「利潤方式への移行」と呼ばれた経済改革と連動して、その柱のひとつである生産基金の有償化において国庫に上納する定額納付金の一種として処理されたため、限界原理に基づく鉱山地代の域を出なかった(40)。それゆえ、天然資源の有償制の道は開いたが、環境政策の見地からは不満が残り、資源の適正利用を促す経済的誘因の弱さが批判された。

第Ⅱ期は環境政策の発展期で、一九七二年にストックホルムで開催された国連人間環境会議を契機に到来した。経済成長と環境保護の両立の必要性を訴えた本会議が、ソ連を含む世界の工業国に環境重視の姿勢を促し、「環境の時代」をもたらしたことはよく知られている。西欧の先進国と同様に、当時のソ連でも産業公害の進行に歯止めがかからず、大きな社会問題として認知されていた。そのため、環境政策の強化が政治的に重要な議題となり、それに対応した国家機構の再編も行われた。例えば、ソ連共産党中央委員会・閣僚会議では二度にわたり自然保護の強化と天然資源利用の改善が決議され、環境モニタリングに従事する連邦政府機関としてソ連水文気象・自然環境監視国家委員会(現在のロシア天然資源・エコロジー省水文気象・自然環境モニタリング局の前身)を設置した。さらに、環境分野の国家規格が登場し、経済発展の年次計画の中に環境政策の編が追加されるなど、産業省庁と傘下企業は所定の環境対策の遂行を厳格に求められるようになった。計画経済体制下での環境ガバナンスの構築をめぐる政策論争を経て、一九七〇年代以降は環境政策・対策の強化がハイレベルの統治機構で繰り返し要求され、産業省庁から独立した政府機関に企業監督の任を与える一方で、公害防止目的の設備投資用の基金を設けて各企業に環境対策の実行を促すなど、西欧の先進国と同様の措置が執られた。実際、公害防止目的の設備投資が一九七〇年代後半に大きく伸長したことを考慮すると、環境破壊・汚染に対して当局は一定の政策的対応を見せていたと理解できる。[41] それゆえ、公害・環境問題はソ連で決して放置されていたわけではなく、環境政策における社会主義の優位性を護持するために前出の環境収斂論に対しては徹底的なイデオロギー闘争を挑む一方で、[42] デタントの流れの中で米国と環境分野の技術・研究協力を積極的に進めたり、北欧諸国に視察団を派遣したりするなど、環境政策・対策の現場では実利的な対応をしていた。そのかぎりで、ブレジネフ政権の「停滞の時代」は、既存の近代化路線が招来した公害・環境問題への対応に本腰を入れて取り組まざるを得なくなった「環境の時代」でもあったと言える。

そして、企業に環境対策強化の経済的誘因を付与する間接規制の必要性は、この時期によりいっそう高まった。提起された有力案のひとつは汚染課徴金制度の導入である。その狙いは、利潤指標に環境保護に関する項目を組み込むことで環境対策の進展に寄与する施策の選択に企業を向かわせるだけでなく、管理機能を担う行政機関が課徴金の料率を管理上のパラメーターとして利用すれば、環境保護計画の最適化問題の設定が可能になり、環境政策の効率性を向上させることにもあった。[43] しかし、上述の天然資源使用料の対象とされた一部の鉱物資源を除けば、天然資源の「無償使用」の原則が貫かれたため、その有償制が前提となる汚染課徴金制度の提案は現実味を欠いていた。実際に採用された間接規制の強化案は、経済改革の進捗状況を踏まえて企業別に最大許容排出量を設定し、経済法的な責任強化を図る手法である。具体的には、許容量を超えて排出された汚染物質を不良の生産物ないし副産物に見立て、その分については生産計画の遂行実績を所定の比率で下方修正した上で、企業内に留保される資金（経済的刺激ファンド）を削減するという内容であった（一九七八年一二月のソ連共産党中央委員会・閣僚会議決議「自然保護の強化と天然資源の利用の改善に関する追加的諸措置について」で承認）。罰金等の懲戒規程と比べれば、生産計画の未達成に敏感な社会主義企業の行動様式に合致していたが、企業レベルでの環境対策の促進に直接結びつく制度設計ではなく、計画経済機構の枠組みの中で初めから射程の限られた間接規制にとどまっていた[44]。計画経済機構の分権化構想に通じる汚染課徴金制度は、一九八〇年代末のペレストロイカの登場によって機が熟すまで、長い間傍流に置かれたのである。

2　ペレストロイカ以降の環境政策——高揚から後退、そして見直しへ

第Ⅲ期は、一九八〇年代後半におけるゴルバチョフ政権のペレストロイカを契機とする環境政策の転換期・高揚期である。それまでは計画経済機構を前提とした厳格な環境規制が敷かれていたが、実際には環境対策の強化を求める政府方針に公然と反旗を翻す企業も少なくなかった[45]。ソ連における国家と企業の利害の不一致は早くから指摘されていた問題で、一九六〇年代半ばに地下出版され、国外に流出した経済学者アベル・アガンベギャン（Абел Аганбегян）の報告によって明るみに出た[46]。実際の法令遵守よりも、理想的目標の設定や啓蒙・教育の役割の方が重視されるという特有の法概念に加え[47]、産業省庁・企業内での環境対策の優先度の低さ（生産計画の遂行を最優先）、その執行をチェックする監督機関による実際上の権限行使の制約（産業省庁からの政治的圧力）、環境政策の執行機関の重複と責任の分散（単一の環境行政機関の欠如）、法令違反に対する罰金中心の罰則体系（刑事罰は一罰百戒としてのみ適用[48]）、統制された環境保護運動の限界（言論や結社の自由の制限）などが、実際の

環境政策の運用能力を低水準にしていた。前述した直接・間接規制の問題は、社会主義企業に環境対策強化の法的・経済的誘因を付与するメカニズムの構築に関わるが、ここでは環境対策の確実な履行を保証する企業管理メカニズムの不備が問われていた。

環境政策の成否を決する要因としてイェニッケが提起した論点に従えば(表3-2を参照)、環境破壊・汚染の進行が開発と環境の調和を要請し、一九七〇年代初頭の国連人間環境会議を契機に「環境の時代」が到来すると、環境規制の強化が政治的に重要な議題となり、それに呼応した国家機構の再編も行われたという点では当時の西欧諸国と変わらない。長期的な環境保護戦略を欠きながら、重大な公害・環境問題として社会的に認知された事例に対して、直接規制を中心とする政策体系で応対した点も同様であろう[49]。他方、公害・環境問題の政治化の経路がハイレベルの統治機構に限定され[50]、環境行政の日常的活動や環境保護運動を通じた経路は封じられていたこと、さらには環境政策・対策の強化が政治的に承認されても、それを法的および経済的に運用する仕組みが企業内で構築できなかったことは、イェニッケの言葉を借りれば「政策行為の枠組みを形成する構造的条件」、すなわちソ連の政治経済システムの構造的要件(社会主義、計画経済、一党独裁)に帰因する。計画経済体制下の環境政策能力への疑念は、チェルノブイリ原発事故やアラル海域の生態系破壊で決定的となり、ソ連社会全体の環境ガバナンスの破綻が完全に露呈した。特に、チェルノブイリ原発事故は制御不能で破局的な放射能汚染を招いたという重大性ゆえに、それまでの環境政策の運用能力をめぐる議論に一石を投じただけでなく、全般的な社会変革の必要性を痛感させたことでペレストロイカへの道を開いたと言われる(表3-2「短期的な政治・経済・社会情勢(状況的文脈)」「環境破壊・汚染の内容と性格」を参照)。そして、環境破壊・汚染の情報開示を求める内外からの圧力は、ペレストロイカのキーワードのひとつであったグラスノスチ(情報公開)を実現し、それを機に一気に昂揚した環境保護運動は、抗議活動の先鋭化と政治化に伴ってソ連を構成していた各共和国の主権や独立を要求する民族運動と結びつき、ソ連崩壊へと至る政治対立の舞台を準備した。このように、ソ連の公害・環境問

題は、その政治経済システムの構造的要件の変更、すなわち体制転換を導く一因になったのである。(51)

一九八八年一月に告示されたソ連共産党中央委員会・閣僚会議決議は、一九七〇年代に発表された二度の決議と比較すると、環境政策の抜本的な見直しに着手したことが分かる(表3-3を参照)。すなわち、イデオロギーの希薄化(社会主義の進取性と結びつけられていた過去の環境政策の否定)、間接規制の全面的導入(天然資源使用料、汚染課徴金、エコロジー基金の導入)、単独の環境行政機関の設立(ソ連自然保護国家委員会の新設と権限の集約)の三点は、計画経済機構下の環境政策に内在する欠陥を踏まえてのことである。共産党の指導的役割や価格統制の余地を残すなど、一党支配と計画経済機構の枠組みを完全に放棄したわけではないが、新しい理念に基づく環境政策体系の構築を目指していた。同時期に見られた環境保護運動の隆盛と併せて、一九八〇年代末から一九九〇年代前半にかけてロシアの環境政策は高揚期を迎えたと言われる。ところが、こうした新制度は同国の政治・経済改革と連動して本格的運用に移されたものの、実際の成果は芳しくなく、次に述べるように事実上一〇年余りで終止符が打たれた。

第Ⅳ期は一九九〇年代中葉に始まる環境政策の後退期で、一九九六年に当時の環境保護・天然資源省が環境行政機構と資源行政機構に分割されたことを発端とする。一九九一年に環境行政機構に組み込まれた資源管理の担当部局のうち、地下資源と水資源の管理機関が一九九六年に離脱し、後述の天然資源省の設立母体となった。同時に、環境保護を担当する行政機構は省から国家委員会へ降格され、その自然環境保護国家委員会の長は閣議での発言権を失うなど、行政上の権限が著しく縮小した。そして、二〇〇〇年五月のプーチン政権誕生後に実施された行政再編で、森林保護を含む営林事業を長らく手がけてきた連邦林野局とともに上記委員会は廃止され、業務の一部は天然資源省(当時)に移管された。さらに、それを引き継いだ同省内の自然環境保護局も、プーチン大統領二期目の大規模な行政改革に伴う機構再編(二〇〇四年五月)で廃止され、全職員が職を解かれた。以上の動きは、従来から対立関係にあった資源開発推進派と自然環境保護派のうち、前者が省内を掌握したことを示唆し

表 3-3　環境政策の改善に関するソ連共産党中央委員会・閣僚会議決議の概要

1972 年決議	1978 年決議	1988 年決議
○環境政策の成果を評価	○環境政策の成果を評価	○過去の環境政策を否定(過誤と誤謬が問題をいっそう悪化)
○環境政策の問題点の指摘 ・関係機関の業務の未遂 ・公害防止技術開発の後れ	○環境政策の問題点の指摘 ・関係機関の業務の未遂 ・公害防止技術開発の後れ ・土壌破壊・浸食の影響の増大 ・環境汚染に関する基礎研究の後れ	○環境政策の問題点の指摘 ・関係機関における業務の重複と責任の分散(無責任の体系) ・経済的手法の過小評価 ・技術進歩の摂取の失敗 ・「残余原則」の蔓延 ・企業活動に対する不十分な監督
○環境政策の改善要求 ・関係機関による業務の徹底化 ・企業活動に対する監督の強化 ・経済計画の改善(環境政策の年次ならびに長期計画を作成) ・公害防止技術の研究開発と実地導入の促進 ・生活環境の改善 ・啓蒙活動の推進	○環境政策の改善要求 ・関係機関による業務の徹底化 ・企業活動に対する監督の強化 ・ソ連水文気象・自然環境監視国家委員会の権限強化(企業立地や操業差し止めに関する政策決定に参加) ・地域計画の改善 ・公害防止技術の研究開発と実地導入の促進 ・バム鉄道開発圏における環境対策の実施 ・啓蒙活動の推進	○環境政策の改善要求 ・ソ連自然保護国家委員会の設立(各省庁から人員，設備，権限を移譲) ・地方の環境政策の強化 ・天然資源使用料と汚染課徴金の全面的導入 ・エコロジー基金の創設 ・価格体系の見直し ・天然資源の保護政策と公害防止技術の研究開発体制の強化 ・環境標準規格の導入 ・国際協力の促進 ・環境法の制定 ・啓蒙活動の推進

出所）Об усилении охраны природы и улучшении использования природных ресурсов // Постановление ЦК КПСС и СМ СССР от 29 декабря 1972 года; О дополнительных мерах по усилению охраны природы и улучшению использования природных ресурсов // Постановление ЦК КПСС и СМ СССР от 1 декабря 1978 года; О коренной перестройке дела охраны природы в стране // Постановление ЦК КПСС и СМ СССР от 7 января 1988 года から作成。

ている。この一派は開発志向の強い地質学の専門家を中心に組織され、ソ連時代には将来世代の資源利用を保証するために必要な時間割引率の設定にさえ抵抗していた。[52] 自然環境保護局の廃止の結果、環境行政の実務の多くが地方政府に委ねられ、サマラ州やサハ共和国などは機敏に対応し、各地域の実情に応じた環境行政を再構築できたが、ボログダ州の一部では環境行政の実務が完全に麻痺するなど、連邦政府の行政改革の影響は甚大であった。[53]

環境政策を遂行する組織だけでなく、間接規制を中心とする政策の内容も大幅に見直された。新しい環境政策の柱になると期待されていた汚染課徴金と、それを原資とした予算外基金(特別会計扱いの政府基金)のエコロジー基金については、二〇〇一年一〇月一一日付ロシア連邦政府決議第七二一号で後者が廃止されたのに伴い、[54] 前者は一般会計に組み込まれた。そのため、汚染企業から徴収した課徴金は環境政策との直接的な関係を失い、その性格が大きく変化した。しかし、こうした一連の措置が環境政策の強化を促したとする見方は少なく、二〇〇〇〜〇五年におけるロシアの環境政策の動向を検証したOECDの報告書は、同時期の経済成長の恩恵が環境政策に配分されず(前章の表2-3を参照)、資金難と政策効果の悪さが政策上の課題として引き続き残されていると記している。[55]

本章の冒頭で述べたように、近年の環境政策の担い手は政府機関に限定されず、企業、業界団体、環境NGO、マスメディア、研究・教育機関、一般市民などの関与も重視されている。ロシアの場合、この点は前記の転換期・高揚期(第Ⅲ期)に一過性の高揚を見せてから、急速に冷え込んだ。その際、ロシア政府が各種NGOの国家登録制を導入・強化する一方で、官製市民団体を組織化したことが特に問題視された。NGOの国家登録制は一九九五年に始まり、一九九九年に再登録が要求され、二〇〇六年以降は毎年の登録更新と収支・活動報告書の提出が義務づけられた。[56] 二〇〇六年の法改正はEU(欧州連合)や米国の政府首脳が懸念を表明する中で進められ、その施行後は人権擁護団体や環境NGOの活動に支障を来したため、国際的な批判を浴びた。[57] 他方で、政府の支援を陰日向で受けながら市民代表を標榜する団体が、国家の施策に反対する個人・団体への対抗手段として組織され、市民フォーラムなどの場で発言力を高めてきた(58)。こうした事態も、とりわけプーチン政権下での環境政策の後退を強く印象づけることになった。そのため、社会科学系の環境研究者の間では、この時期のロシアの環境ガバナンスに対する評価が非常に厳しく、環境の「没落」(subversion)や「脱制度化」(deinstitutionalization)、あるいは「全面的リスク社会」(society of all-encompassing risk)といった辛辣な表現がされている(59)。

第Ⅴ期は、二〇〇八年五月のメドベージェフ政権誕生を契機とした環境政策の修正期である。環境問題に対して冷淡ないし無関心という印象が強かったプーチン前政権と比べて、メドベージェフ政権は「環境に優しい」と表現できる。国際的な気候変動問題への意欲的な取り組みと、国内における積極的な省エネルギー対策の策定や環境行政機構の再編と改称は、確かに前政権からの変化を示唆していた。その意味で、前段の整理に従えば、この時期のロシアの環境政策は修正期に入ったといえる(60)。しかし、プーチン前政権に対する批判の声に応え、積み残された諸問題に取り組むことこそがメドベージェフ政権の課題のひとつであったと考えれば、変化の存在自体がプーチン前政権の政治路線との決別を意味するわけではない(61)。むしろ、問われるべきはどのような内外情勢の中で変化が生じていたかである。

省エネルギーに代表される環境負荷の軽減策を経済成長に結びつける戦略はEUが主導し、他の主要国はむしろ牽制してきたが、最近の数年間に世界標準となりつつある。その理由は各国・地域で異なるが、ロシアの場合は、二〇〇八年夏以降の原油価格の下落と景気後退が国内経済の構造改革の必要性を強く認知させたためと考えられる。ロシアのエネルギー消費量は一九九〇年代の不況期に急減し、その後に経済状況が好転してからも安定的に推移してきたが、GDPあたりでエネルギー効率性の国際比較を試みると、図3-8が示すように同国のエネルギー効率性の悪さは一目瞭然である。こうしたロシア経済の弱点は、その近代化の必要性を声高に唱えたメドベージェフ大統領の年次教書演説(二〇〇九年一一月)の論調にも色濃く反映されていた。したがって、一連の省エネルギー対策は環境政策としてだけでなく、産業政策の機能も併せ持っていると理解すべきで、米国の「グリーン・ニューディール」や日本の「緑の経済と社会の変革」と同様に、環境投資を切り口とした国内産業の競争力強化と産業構造の多様化を目指していた[62]。こうした取り組みはプーチン前政権下でも行われており[63]、その実現可能性が取り沙汰されていたところも変わらない。特に、事業者による省エネルギー対策の推進に対する経済的誘因の付与が十分に練られていないことが問題視された[64]。そのため、メドベージェフ政権の末期になっても産業界の側から省エネ化に呼応する動きが本格化したとは言えず、その成否の見通しは不透明なままである[65]。ロシアにおいて政府調達の受注や政府系企業との取引の実績がある日系企業数社に対して、筆者が二〇一二年二月にモスクワで行ったヒアリング調査では、本来であれば省エネ化を主導すべき政府が関わる事業でも特段の変化は見られないという回答であった。省エネ化がロシア経済に利益をもたらすことは衆目の一致するところである。将来の不確実性や費用対効果のバランスに対する懸念が払拭されていない気候変動対策とは異なり、省エネルギー対策は他の政策に影響を与える独立変数となっても良さそうである。換言すれば、あらゆる政策において環境への配慮を十分に行うとするＥＵの「環境統合」(environmental integration)[66]のロシア版である。しかしながら、本章の冒頭で述べたように、実効性のある誘因システムを内蔵した体系的な環境政策が構築できない問題はソ連時代から続く宿痾であり、一朝一夕には解決できないであろう。

それでは、四年間のメドベージェフ政権下で何が変わったのだろうか。結論を先取りすれば、それは気候変動問題と省エネルギー問題をめぐる言説の国際標準化と、それに基づく政策対応の必要性の政治的認知である。

環境科学の研究成果として得られた知見は、各国の置かれた状況によって解釈が異なり、結果的に別の政策的対応をもたらすことがある。科学的知識の政治的受容の過程に焦点を当てた研究手法は、欧州の酸性雨問題で異なる立場を示したイギリスとオランダの比較研究に従事し、エコロジー近代化の言説分析というアプローチを提唱したマルテン・ハイエ(Maarten Hajer)を嚆矢とする[67]。同様の手法でロシアにおける気候変動問題の政治的受容と政策対応の変化を検証したノルウェー国際問題研究所のエラナ・ロウ(Elana Rowe)によると、地球温暖化懐疑論は依然として根強いが、京都議定書の批准を契機として気候変動問題をめぐる議論の内容が変化し、純粋な科学的論争の枠を超えて国益を考慮した政治的・経済的影響が重視され始めた。それはプーチン前政権の末頃に顕著となり、エネルギー安全保障の問題とも絡み合いながら、メドベージェフ政権が打ち出したロシア経済近代化としてのエネルギー効率性の向上政策に繋がったという[68]。とはいえ、ロシアの気候変動問題の専門家で、気候変動に関する政府間パネル(IPCC)の委員を務めるフィンランド国際問題研究所のアンナ・コルポー(Anna Korppoo)によると、気候変動問題をめぐる多国間交渉の現場では、二〇〇八年秋の時点でもロシア政府の姿勢は終始消極的で、経済成長を優先したい思惑が強かったという[69]。事態が大きく動き始めたのは、二〇〇九年四月に「ロシア連邦の気候基本原則(ドクトリン)」の草案が閣議に提出されてからである。メドベージェフ大統領を筆頭に、政府要人の口から気候変動問題に対する人為的影響の大きさを強調する発言が相次いだ。特に、メドベージェフ大統領は繰り返し気候変動問題の重要性と緊急性を説いており、発言だけを聞けば西欧諸国の首脳と変わりない[70]。こうした言説の変化の直接的契機としては、二〇〇八年秋以降のグローバル金融危機の影響で二〇〇九年のGDP成長率が対前年比マイナス七・八%にまで落ち込み、二酸化炭素排出量が大幅に減退見込みであったことと、二〇一〇年夏にロシアの欧州部で大火の原因となり、一部の地域では非常事態宣言も発令された熱波騒動と気候変動問題を結びつけて論じる風潮が国内で高まったことが挙げられる[71]。

プーチン前政権下での気候変動問題をめぐる言説は、温暖化懐疑論もしくは擁護論、温室効果ガスの排出増に由来しない温暖化説の強弁、経済成長優先の公言などに満ち溢れていた。当時のプーチン大統領のシニカルな温暖化懐疑論に加え、その経済顧問を務めていたアンドレイ・イラリオノフ(Андрей Илларионов)が展開した攻撃的な京都議定書批判は物議を醸した。議定書の批准を通じて気候変動問題をめぐる言説の枠組みの変化を準備したとはいえ、温暖化交渉の現場でのロシアの評価は決して芳しくなく、端的に言えば「ごね得」に終始した[72]。これとは対照的に、メドベージェフ大統領の発言は主要国の首脳として至極まっとうで、気候変動問題にしばしば言及した当時のアルカディ・ドボルコビッチ(Аркадий Дворкович)大統領補佐官(経済担当)の対応は極めて実務的であった。気候変動問題の大統領顧問の職を設け、地球温暖化のリスクを科学者として認めているアレクサンドル・ベドリツキー(Александр Бедрицкий)水文気象・自然環境モニタリング局長(当時)を据えたことも注目される。メドベージェフ政権下での一連の動きは、国際社会における環境面でのロシアのイメージを改善しただけでなく、国際標準に近づいた気候変動問題をめぐる言説は、同国が以前の温暖化交渉のスタイルに後戻りするのを防ぐことになるかもしれない。周知のようにプーチン前首相が大統領に返り咲いたが、新政権がかつてのような「問題児」発言や行動をする可能性は低くなったと考えられる。(73)

さらに、誰もが受け入れられる省エネルギー対策を気候変動対策と結びつけたことで、後者に対する心理的なハードルは少なからず下げられた。ロシア経済近代化の柱のひとつに省エネルギーの推進を据え、国内経済の競争力向上と気候変動対策が明示的に結びつけられたことで、かつてのような経済成長か環境保護かという二者択一的な議論は難しくなった。その法制化がプーチン新政権の下で見送られたことを踏まえると、気候変動対策の優先度は高くないと判断すべきだが、少なくとも真っ向からの反対論を政権内で展開することはもはやできないであろう。政策の実効性の点では、環境面から見たロシア経済近代化はさしたる成果を上げられず、今後の課題として残されたが、他の主要国に定着したか、定着しつつあるという意味で国際的に標準化された言説をロシアが受容し、国際社会に同調する素地を作り出したことはメドベージェフ政権の成果として正当に評価されよう。

3　エコロジー近代化への挑戦と挫折

ここまでの考察から明らかなように、ペレストロイカを契機とした環境政策の転換は、環境政策能力の向上を図るという意味でエコロジー近代化を指向していた。前述したように、その論者も社会主義諸国における政治の民主化と市場原理の普及をエコロジー近代化に向けた動きの布石として歓迎した。しかし、ロシアにおけるエコロジー近代化への挑戦は挫折し、社会全体の環境ガバナンスの向上を目指す世界の潮流に背を向けるように、環境ガバナンスの劣化が進行した。特に、二〇〇〇年代のプーチン政権下の行政再編で連邦政府の環境行政は大幅に縮小され、計画経済から市場経済への転換に対応するために国際機関や西欧諸国の支援を得て制度化された新たな環境政策も事実上放棄された。政策の理念と実態の乖離に加え、一九九〇年代の経済危機に由来する「環境政策なき環境改善」(第二章の末尾を参照)が環境政策体系の見直しに拍車をかけたと考えられるが、環境法規の選択的な適用を疑わせる資源外交を展開し、国際社会からの非難を承知の上で同国で活動するNGOへの統制を強化したプーチン政権の政治路線も上記の政策転換を促したと考えられる。そこで、新体系の環境政策がロシアで根づかなかった背景を振り返ってみたい。

市場原理に基づく間接規制の運用

環境政策において経済的誘因を利用する間接規制の採用は、一九八〇年代末以降の世界的な潮流である。経済的手法は効率性の点で規制的手法より優れており、莫大な対策費が必要な地球環境問題の時代に費用対効果の議論を避けては通れないからである。[74] その際、「環境と経済の統合」の推進母体のひとつであるOECDによると、間接規制の導入は産業界と環境保護団体の双方から批判され、しばしば政治的な受容性という壁にぶつかるという。[75] ロシアの場合、その壁を乗り越えるきっかけとなったのがペレストロイカである。前出のソ連共産党中央委員会・閣僚会議決議(一九八八年)は、企業改革と連動しながら経済的手法に基づく環境政策へ移行しなければならないと述べた上で、汚染課徴金の導入とそれを原資にしたエコロジー基金の創設を命じている(表3-3を参照)。その狙いは、大規模な開発プロジェクトを除いて「汚染者負担の原則」(polluter pays principle)を貫徹することで、効率的な環境対策に向かわせる経済的誘因を企業に与え、「行政環境主義」(国家による集権的・権威的な環境政策[76]の弊害を一掃することにあった。一九八九年に発表されたソ連自然保護国家委員会の報告書でも、国有企業法（一九八七年）および協同組合法（一九八八年）に基づく企業改革の推進と環境政策の刷新との一体性を強調している。[77]新制度の柱であった汚染課徴金とエコロジー基金はパイロット研究を経て一九九一年に実用化され、環境破壊・汚染の被害リスクに応じて賦課率を決定し、徴収された課徴金はもっぱら環境政策に充てられるという目的税に近い仕組みが構築された。[78]一九九一年末に成立したロシア共和国法「自然環境の保護について」（第二〇条および第二一条[79]）で法的な裏づけも得て、ソ連崩壊後に一連の政府決定と省庁通達を通じて制度が整備された汚染課徴金とエコロジー基金は、ロシアにおける「環境保護の経済メカニズム」の要として動き始めた。[80]

市場原理を援用した新しい環境政策体系は、国際機関や西欧諸国の支援を得て構築されたこともあり、制度改革を成し遂げた点は高く評価された。しかし、その実効性には多くの疑問が寄せられ、「新しい環境政策の企図するところと、それを実行し、政策目標を行動に移していくこととの間に存するギャップは、ますます広がりつつある[81]」とまで言われた。つまり、二つの政策手段の運用の仕方に問題があり、課徴金の未払いや現物払いの横行、インフレーションに追いつかない料率改定による実質支払額の低下、特定の産業部門を対象にした支払額の上限設定、公害防止目的の設備投資と引き換えの支払免除制度、エコロジー基金の財政難と他目的への流用などが指摘された。制度設計の面では、当該企業と監督機関の合意に基づいて暫定的な排出基準と賦課率を設定できたため、汚染物質の排出削減に向かわせる経済的誘因を企業に与えるという理念は事実上失われていた（その実例と詳細な説明については、第八章二３を参照[82]）。さらに、こうした方法では各企業の環境対策を促進させるよりも、汚染課徴金を原資とするエコロジー基金の財源確保が優先されがちになるため、制度の目的と手段が逆転しているとも指摘された。[83]以上の諸問題は、理論上は効率的な間接規制に基づく環境政策が現場での能力開発の向上に結びついていないことを意味し、市場経済機構に即した制度の構築と施行の間に存するギャップを克服することがいかに困難であるかを示唆している。新しい制度が期待したように機能しない、もしくは理念と実態の乖離が解消されないという問題は、計画経済機構下での経済改革の過程でしばしば見られた現象である。そのかぎりで、体制転換後のロシアで観察されたソ連時代からの惰性もしくは連続性が、ここでも強く作用していた。

環境行政の分権化

計画経済機構下での環境行政の実務は多数の政府機関に割り振られ、機能面では分散していた。他方、企業経営に関する意思決定の多くは産業省庁によって下されていたため、管轄企業を含む省庁内での環境対策の優先度の低さと、その執行をチェックする監督機関の活動の制約が環境政策能力の向上を阻んでいた。そこで、ゴルバチョフ政権は行政機構の再編で大鉈を振るい、一九八八年に新設したソ連自然保護国家委員会に環境行政の権限を産業省庁から委譲させ(統合化)[84]、地方への業務の浸透を図る一方で、環境対策の執行は各企業の責務であると国有企業法(一九八七年)の中に明記して(分権化)[85]、それまでの「集権・分散システム」を「分権・統合システム」に大きく転換させようと試みた[86]。その理念は行政機構の再編に反映され、前述の間接規制と同様に制度改革はおおむね成し遂げられたものの、企業レベルでの具体的な成果は乏しかった。一九八八年の公害防止目的の設備投資は予定額の九〇%を消化し、前年を上回ったにもかかわらず、新規導入された公害防止設備の処理能力は大きく下回った。一部の地域では新しい仕組みがほとんど機能せず、当時のカザフ共和国とアゼルバイジャン共和国における排水浄化設備の設置計画はわずか一~二%の達成率であった[87]。その後も事態は好転せず、第一二次五カ年計画(一九八六~九〇年)で新規導入された公害防止設備の処理能力は、第一一次五カ年計画(一九八一~八五年)どころか第一〇次五カ年計画(一九七六~八〇年)の実績をも下回る結果に終わった[88]。

ソ連崩壊後は集権的な行財政システムの後退が環境行政の分権化を推し進め、環境行政機構の地方機関が各地に設立された。一九九〇年代の環境行政の基本法であるロシア共和国法「自然環境の保護について」(一九九一年)に基づいて、環境政策に関する連邦政府と地方政府の管轄事項を整理すると、両者の共管事項と解釈できる箇所は多いが、資源利用や廃棄物排出の許認可、環境プログラムの作成と実施、汚染源の操業制限・休止・停止の決定といった重要な施策の権限が地方に下ろされている。しかし、ここでも理念と実態は大きく乖離し、「より身近な者による民主的な問題解決を通じて、より豊かな〔社会的〕土壌に根づいた自然保護活動が実践される」[89]姿からはほど遠かった。環境行政機構の地方機関は連邦政府予算で運営されるはずであったが、政治的混乱や財政危機の影響で予算執行が滞り財政難に陥ったため、出先の地方政府に資金面で大きく依存するようになった[90]。そのため、環境行政の現場では地方政府の意向が強く働くようになり、資源開発の許認可を手中に収めた官僚層の一部は「エコ・テクノクラート」(eco-technocrat)とも呼ばれた[91]。ロシア各地から報告された事例によると、カレリア共和国やサハ共和国などのように環境重視の施策を展開した地方も見られたが[92]、多くの場合は疲弊した地域経済と深刻な財政難を背景に以前にも増して開発への欲求が高まり、客観的な政策運営の余地はむしろ狭まった。特に、豊かな天然資源を擁するシベリア・極東地域では資源開発への圧力がいっそう強まり、当地に進出した外資系企業に対して地方政府が環境規制を緩和したことで環境破壊・汚染が進行したケースや、政府首脳自らが森林の違法伐採を組織化していた疑いのあるスキャンダルなどが明るみに出た[93]。

上記のロシア共和国法「自然環境の保護について」が施行され、環境行政の分権化が進展した一九九〇年代は、新生ロシアの連邦制をめぐる対立と妥協で中央と地方の関係が大きく揺れた時期である。連邦政府との「権限区分条約」[94]の締結を通じて、連邦構成主体(連邦国家を構成する地方)の間で地域主権の相違が明白になり、その中身が個別の交渉で決められていく中で、環境行政の分権化の実態を如実に表していたのが前出のエコロジー基金である。同基金は連邦、連邦構成主体、郡の三層で構成され、連邦構成主体のエコロジー基金が汚染課徴金を徴収し、その三〇%を自らの原資とした後に、連邦と郡のエコロジー基金にそれぞれ一〇%と六〇%を配分すると定められていた。しかし、実際には所定の配分率の半分、すなわち全体の五%程度が連邦のエコロジー基金に納められただけで[95]、一部の連邦構成主体はまったく拠出していなかった。例えば、一九九七年に上納しなかった連邦構成主体は、バシコルトスタン共和国、イングーシ共和国、タタルスタン共和国、チェチェン共和国、チュバシ共和国、アルハンゲリスク州、オレンブルグ州、エベンキ自治管区(二〇〇七年一月にクラスノヤルスク地方と統合)で、一般により多くの地域主権を享受していた共和国が中心を占めている。一部の共和国は納付していたが、その金額は地方・州に比べて明らかに少なかった。[96] したがって、地域主権の一環として資源主権を主張していた地方のエコロジー基金は、[97]「統一予算外国家エコロジー基金システム」と呼ばれた枠組みから事実上離脱するか、連邦のエコロジー基金と個別に交渉して納付額を決定していた。さらに、同基金は特別会計扱いの予算外基金と定められていたにもかかわらず、二一の連邦構成主体(当時は計八九の連邦構成主体が存在した)と三つの閉鎖都市[98]では一般予算に組み込まれ、環境政策以外の用途に供されていた可能性が高かった。[99] このように、権限区分条約の締結をはじめとする政治動向の中で浮かび上がった中央と地方の間の勢力争いが、環境行政の領域でも繰り返されていたことが分かる。ここでも、本来は効率的であるはずの環境行政の分権化が環境政策能力の強化ではなく、その低下をもたらしていた。その推進者のOECDをして、環境政策に関する説明責任の徹底、透明性の確保、市民参加機会の提供という条件が満たされなかったため、「〔ロシアのいくつかの地方では、〕分権化が環境保護を弱体化させたように見える」[100] とまで言わしめる事態が生じていたのである。

4 「閉ざされた」エコロジー近代化の道

計画経済から市場経済への転換が本格化する一九九〇年代以降のロシアと中国を比較すると、急速な経済成長が公害・環境問題を顕在化させ、効果的な環境対策の早急な実施が内外から要求されたことで、エコロジー近代化をいわば「強いられた」中国とは対照的に、ロシアはあらゆる局面でエコロジー近代化が「閉ざされた」状況に置かれた。[101] 市場経済機構の導入後の経済実績の明暗が、エコロジー近代化に向けた歩みの分水嶺となった。急速な経済成長に伴い、資源利用による環境負荷が急増する一方で、環境対策や省エネルギー対策は後手に回るという点では、中国は典型的な新興市場経済の様相を呈している。高度経済成長期の日本の経験も同様であろう。他方、ロシアは転換不況の時期に環境負荷の絶対的減少を示したことが、順調な経済成長を遂げてきた国々とは異なる環境ガバナンスの形成を促した。端的に言えば、環境政策能力を向上させようという政治的意思が見られず、環境ガバナンスのあり方を市場原理に委ねていたのである。

第一に、一九九〇年代の不況期における汚染産業の衰退が図らずも環境負荷の劇的な低下をもたらし、積極的な環境政策ではなく、いわば市場の強制力がロシアの産業公害の解決に一定の道筋をつけた。エコロジー近代化が要請する「エコロジー的産業構造転換」(ecologically motivated industrial structure change)ではなく、「自然発生的な産業構造転換」(spontaneous motivated industrial structure change)の極端な事例であり(102)、前章で提起した「環境政策なき環境改善」と形容される事態の副産物である。最小の政策費用で短期間に環境汚染の改善が達成された反面、次に述べるように、政府の環境行政の強化や市民の環境意識の向上という点では中長期的にマイナスの影響を及ぼした(103)。

第二に、環境行政機関の昇格と人員強化が進められた中国とは対照的に、ロシアの環境行政は一九九〇年代半ばから後退局面に入った。上述したように、省から委員会への降格(一九九六年)を経て、二〇〇〇年の行政機構再編で自然環境保護国家委員会は廃止された。同時に、森林保護を含む営林事業を長らく手がけてきた連邦林野局も解体され、環境行政は天然資源省(当時)の傘下に入った。資源開発の管轄省庁が同時に環境保護の機能をも担う管理体系は、ソ連時代の環境行政に見られた大きな特徴である(104)。エコロジー近代化論は、国家の戦略的な産業構造調整と積極的な環境政策を「エコロジー的産業構造転換」の条件としており、いわゆる市場原理主義とは一線を画している。したがって、一九九〇年代の不況期に「環境政策なき環境改善」を成し得たことが、ロシアのエコロジー近代化の道を閉ざしたと考えられる。また、天然資源省内の天然資源利用監督局は、同国で資源開発事業を行う外国資本に対して環境法規を恣意的に適用することで、国内資本のガスプロムやロスネフチへの権益譲渡を迫ったと批判されてきた。[105] サハリン沖石油・天然ガス開発の事例のように環境法に違反する明白な事実が認められ(第二章一3を参照)、権益譲渡そのものは純然たるビジネスとして行われたと見る向きもあるが、[106] 取引上の交渉カードとして公害・環境問題を「悪用」しているという誇りは免れないであろうし、環境行政に関係する政府機関の職権濫用に近い振る舞いはロシア各地で報告されている。[107]

第三に、一九八〇年代末の環境保護運動の高揚期を経て、体制転換後のロシアでは社会意識の「脱エコロジー化」(de-ecologization)が進行した。環境保護一般に対する支持率や支持層の点で、ロシアを他の先進国から分かつほどの大きな差異があるわけではなく、環境破壊・汚染の悪影響に懸念を表明する声も国内で高まっている。[108] しかし、その一方で、環境主義(environmentalism)への支持は一九九〇年代にあらゆる社会層で減退し、単に不況期に特有の経済事情を優先してというだけではなく、意識構造の面で首尾一貫性を欠き、政治・社会運動との結びつきを失ってきた。[109] さらに、ロシアの一般市民に見られる特徴として、環境保護は専門家(官僚や科学者)の仕事であり、自らが積極的に関与する分野ではないと考える風潮がある。[110] 環境NGOの活動に対する官民双方の否定的な態度も考慮すると、[111] こうした事態はロシアの環境政策能力を損ない、エコロジー近代化に向かう歩みを阻んできた。同国で活動する国際的な環境NGO(グリーンピースやWWFなど)が、環境保護キャンペーンを通じて大きな成果を上げてきたことは事実だが、一般市民の環境保護運動は全般的に脆弱でまとまりに欠け、上述した環境行政の後退を補って余りあるほどの活躍をしているとは言いがたい。[112]

第四に、国際関係に目を向けると、ここでも一九九〇年代の転換不況がロシアのエコロジー近代化を阻む一因となった。気候変動枠組条約第三回締約国会議(COP3)で採択された京都議定書は、第一約束期間(二〇〇八〜一二年)におけるロシアの温室効果ガス排出量の削減率を一九九〇年比で〇%(一九九〇年と同水準の排出量)と定めたが、転換不況の時期におけるエネルギー消費量の大幅減に伴い、二酸化炭素排出量が大幅に減少したために、その削減義務は事実上免除された。換言すれば、温室効果ガスの排出削減を求める国際社会の圧力がロシアには向けられないことを意味し、二〇〇〇年代に高度経済成長の局面に入ってから二酸化炭素排出量が増え始めても（第二章図2-5を参照）、エネルギー効率性の改善に向けた国内経済の構造改革の動きは鈍く、京都議定書への関心の低下に繋がった。[113] 京都議定書終了後の温室効果ガスの排出削減に向けた枠組みが議論された二〇〇九年末の気候変動枠組条約第一五回締約国会議（COP15）の場でも、一九九〇年水準の約四割減という排出実績を根拠に、今後の排出量の増加を前提にした二〇二〇年までの削減シナリオをロシア政府は提示した。[114] こうした動向は、京都議定書で削減義務が課されていないにもかかわらず、絶えず議論の俎上に載せられ、排出削減を国際社会から強く求められている中国やインドとは対照的である。そして、二〇一一年末の気候変動枠組条約第一七回締約国会議（COP17）の場で、ロシアは京都議定書延長体制への参加拒否を正式に表明した。COP15の前後には気候変動対策の中期目標の設定をめぐり足並みを揃えていたロシアとEUの蜜月関係も終わり、欧州に乗り入れる世界の主要航空会社にEUが二〇一二年から義務づけたEU-ETS（EU域内排出量取引制度）への参加と当初負担（長距離路線で乗客一人あたり二ユーロ程度と想定）に対しても、ロシアは中国や米国とともに強硬に反対し、制裁的な対抗措置の可能性をちらつかせた。[115] 先述したように、気候変動問題をめぐるロシア国内の言説はメドベージェフ政権下で世界の標準的な見識を取り入れたが、環境ガバナンスの構築という観点から見ると、国際社会が築き上げた気候変動対策の枠組みを十分に活かせていない。他の主要国と比べて、ロシアの気候変動対策は周回遅れの状況が続いており、現状では追いつく見込みはないと言わざるを得ないだろう。[116]

欧米先進国の理念に沿った資本主義の姿にならなかったために、ロシアのエコロジー近代化は「閉ざされた」のであろうか。欧米諸国におけるロシア経済の専門家の間では、国家介入の水準や手法、経済主体のレント・シーキング行動などの点で、ロシア経済が「正常な」（normal）市場経済からいかに逸脱しているかを問う論調が強い。[117] しかし、中国の「強いられた」エコロジー近代化は、欧米型の資本主義から乖離していても、エコロジー近代化が受容されることを示している。また、ロシア経済研究の泰斗アンダス・オスルンド（Anders Åslund）が強調するように、ロシア流の国家主導の資本主義といえども市場原理の支配から免れるわけではなく、それに対抗するよりはむしろ有利な仕方で受容するようにプーチン政権以降のロシアは動いている[118]。それゆえ、エコロジー近代化の観点から問われるべきロシアの問題は、その資本主義の性格や類型ではなく、資本主義への適応過程にあり、政治・経済・社会の全局面に及んだ破壊的な資本主義化の過程は[119]、ロシアにおける環境ガバナンスの発展にとって予期せぬほど多大な悪影響を残したのである。

おわりに

先進国の事例研究から始まったエコロジー近代化論は、かつての社会主義諸国を含め、各国・地域で異なる政治・経済・社会的条件下で環境ガバナンスの発展を考えるための議論の枠組みを提供している。その際、エコロジー近代化論の発祥地である欧州から世界に目を向け、各国・地域の比較研究を通じて理論的発展にフィードバックさせることは、エコロジー近代化論に与えられた課題のひとつである。

ロシアの場合、計画経済機構下で環境負荷の相対的低減に繋がる産業構造の転換に失敗した典型的な事例であることに加え、市場経済機構の導入後の転換不況が短期的な環境改善と引き替えに、中長期的なエコロジー近代化の歩みを阻むことになった。公的な環境行政の後退だけでなく、経済情勢に左右されて受け身の姿勢が顕著な一般市民の環境意識や国際社会からの関心の低下なども考慮すると、ロシアの環境政策能力の向上は望み薄の状況にある。世界の環境研究の焦点も、一九九〇年代半ばに旧ソ連・中東欧諸国から離れ、中国とインドをはじめとするアジア地域にシフトした[120]。プーチン政権を引き継いだメドベージェフ政権は、大統領を筆頭にエコロジー近代化と親和性の高いレトリックを多用し、環境保護よりも経済優先の姿勢を隠さなかった前政権とは異なる言説を展開してきたが、実際の政策対応はアドホックな印象が強く、本章で用いた意味での環境政策能力が著しく向上したとは言いがたい[121]。

こうした事態を受けて、体制転換後のロシアは「エコロジー近代化」ならぬ「エコロジー没落化」(ecological subversion)もしくは「環境の脱制度化」(environmental deinstitutionalization)とまで称された[122]。換言すれば、順調な経済成長を議論の前提とするエコロジー近代化論にとってロシアの事例は想定外であり、転換不況の副産物と言える「環境政策なき環境改善」が中長期的な環境ガバナンスの発展を閉ざしてきた。一般にエコロジー近代化論は市場経済機構の浸透と深化を歓迎するが、ロシアの場合、その影響は両義的である。市場経済の圧力で産業構造の転換が強制的に促され、環境指標は劇的に改善したが、そのことでエコロジー近代化の道は「閉ざされた」ことになった。それゆえ、単に環境ガバナンスの向上の前提条件として市場経済機構を措定するだけではなく、両者が繋がる経済発展の経路を各国・地域の実情に応じて見出していくことが、今後のエコロジー近代化論の彫琢と精緻化に必要な課題のひとつであろう。市場経済機構の浸透と資本主義経済の深化からは切り離せない経済危機や構造的不況の問題を理論的に追究し、実践的には環境ガバナンスの発展への悪影響を減じる政策的措置について思慮することがいかに重要かをロシアの「閉ざされた」エコロジー近代化の事例は提起している。

（1）二〇〇九～一〇年にインドとロシアの順位が逆転し、ロシアは第四位に後退した模様だが、二〇一二年四月時点では未確定である。ＩＥＡ(国際エネルギー機関)の推計による燃料燃焼由来の二酸化炭素排出量では、二〇〇九年にインドがロシアを上回った(IEA, *CO_2 Emissions from Fuel Combustion: 2011 edition* (Paris: 2011), pp. II.4-6)。

（2）エコロジー近代化に関する包括的な解説は、Joseph Murphy, "Editorial: Ecological Modernisation," *Geoforum* 31:1 (2000), pp. 1-8; Gert Spaargaren, "Ecological Modernization Theory and the Changing Discourse on Environment and Modernity," in Gert Spaargaren, Arthur P.J. Mol and Frederick H. Buttel, eds., *Environment and Global Modernity* (London: SAGE Publications, 2000), pp. 41-71; Stephen C. Young, "Introduction: The Origins and Evolving Nature of Ecological Modernisation," in Stephen C. Young, ed., *The Emergence of Ecological Modernisation: Integrating the Environment and the Economy?* (London, New York: Routledge, 2000), pp. 1-39 などを参照。

（3） Martin Jänicke and Helmut Weidner, eds., *Successful Environmental Policy: A Critical Evaluation of 24 Cases* (Berlin: Edition Sigma, 1995)［マルティン・イェニッケ、ヘルムート・ヴァイトナー編（長尾伸一、長岡延孝監訳）『成功した環境政策——エコロジー的成長の条件』有斐閣、一九九八年］

（4） 詳細は、Martin Jänicke, "The Political System's Capacity for Environmental Policy," in Martin Jänicke and Helmut Weidner, eds., *National Environmental Policies: A Comparative Study of Capacity-building* (Berlin and New York: Springer, 1997), pp. 1-24を参照。Mikael S. Andersen and Ilmo Massa, "Ecological Modernization: Origins, Dilemmas and Future Directions," *Journal of Environmental Policy and Planning* 2:4 (2000), pp. 337-345は、エコロジー近代化を生産効率性の向上と同一視する見方を退け、環境ガバナンスの問題を正面から議論すべきと主張している。

（5） 例えば、«Время новостей» 15 декабря 2010 года を参照。

（6） Martin Jänicke, "Conditions for Environmental Policy Success: An International Comparison," *The Environmentalist* 12:1 (1992), pp. 47-58; Martin Jänicke, Harald Mönch, Thomas Ranneberg and Udo E. Simonis, "Economic Structure and Environmental Impacts: East-West Comparisons," *The Environmentalist* 9:3 (1989), pp. 171-183.

（7） Arthur P.J. Mol, "Ecological Modernisation and Institutional Reflexivity: Environmental Reform in the Late Modern Age," *Environmental Politics* 5:2 (1996), pp. 302-323; Arthur P.J. Mol, "Globalization and Environment: Between Apocalypse-Blindness and Ecological Modernisation," in Spaargaren et al. *Environment and Global Modernity*, pp. 121-149; Arthur P.J. Mol and Gert Spaargaren, "Environment, Modernity and the Risk-society: The Apocalyptic Horizon of Environmental Reform," *International Sociology* 8:4 (1993), pp. 431-459; Gert Spaargaren, "Ecological Modernization Theory and the Changing Discourse on Environment and Modernity," in Spaargaren et al. *Environment and Global Modernity*, pp. 41-71などを参照。再帰的近代化とリスク社会に関する議論の広まりは、エコロジー近代化論の受容と発展にとって重要な画期であった（Ingolfur Blühdorn, "Ecological Modernization and Post-Ecologist Politics," in Spaargaren et al. *Environment and Global Modernity*, p. 211; Frederick H. Buttel, "Ecological Modernization as Social Theory," *Geoforum* 31:1 (2000), p. 62）。両者の関係については、秋山幸子「エコロジー的近代化論における社会構想論的視角——森林認証制度を事例として」『名古屋大学社会学論集』第二七号、二〇〇六年、四三—六一頁、福士正博「リスク社会論——環境近代化論批判」『人文自然科学論集』（東京経済大学）第一一〇号、二〇〇〇年、一一九—一四〇頁、満田久義「持続可能な社会論」『社会学部論集』（佛教大学）第三六号、二〇〇三年、八七—一〇四頁なども参照。

（8） Arthur P.J. Mol and J.B. Opschoor, "Developments in Economic Valuation of Environmental Resources in Centrally

Planned Economies," *Environment and Planning A* 21:9 (1989), pp. 1205-1228.

（9） Neil T. Carter and Arthur P.J. Mol, eds., *Environmental Governance in China* (London: Routledge, 2007); Arthur P.J. Mol, "Environment and Modernity in Transitional China: Frontiers of Ecological Modernization," *Development and Change* 37:1 (2006), pp. 29-56.

（10） *Environmental Politics* 9:1 (2000)および *Environment and Planning A* 33:4 (2001)に所収の各論文を参照。

（11） Lei Zhang, Arthur P.J. Mol and David A. Sonnenfeld, "The Interpretation of Ecological Modernisation in China," *Environmental Politics* 16:4 (2007), pp. 659-668.

（12） 一九九一年から二〇〇七年までに以下の学術誌に発表された論文を参照した。Вестник МГУ: серия экономика; Вестник СПбГУ: серия экономика; Вопросы экономики; Мировая экономика и международные отношения; Общество и экономика; Регион: экономика и социология; Российский экономический журнал; Социологические исследования; Эко; Экономист.

（13） ロシア語版 google の検索エンジンを利用した[http://www.google.ru/](二〇〇八年七月八日閲覧)。中国語版 google を用いた検索では、二〇〇七年二月八日時点で約一万五千件のヒットを記録したという(Zhang et al., "The Interpretation of Ecological Modernisation," p. 666)。

（14） 東フィンランド大学(フィンランド)と独立社会学研究センター(ロシア)の共同研究で、主にロシア北西部の林産業の動向をエコロジー近代化論の枠組みで論じている。その主要な研究業績は、Jarmo Kortelainen and Juha Kotilainen, eds, *Contested Environments and Investments in Russian Woodland Communities* (Helsinki: Kikimora Publications, 2006); Juha Kotilainen, Maria Tysiachniouk, Antonina Kuliasova, Ivan Kuliasov and Svetlana Pchelkina, "The Potential for Ecological Modernisation in Russia: Scenarios from the Forest Industry," *Environmental Politics* 17:1 (2008), pp. 58-77; Ilmo Massa and Veli-Pekka Tynkkynen, *The Struggle for Russian Environmental Policy* (Helsinki: Kikimora Publications, 2001); *Кюлясов И.П.* Экологическая модернизация: теория и практики. Санкт-Петербург, 2004; Роль гражданского общества в стимулировании корпоративной социальной ответственности в лесном секторе России / Под ред. М. Тысячнюк. Москва, 2008 などである。以上は、東フィンランド大学および独立社会学研究センターでのヒアリング調査(二〇〇八年一二月一九日および二〇〇九年六月二日)で確認した。ロシアのエコロジー近代化に関する他の研究としては、徳永昌弘「ロシアの環境ガバナンス――『閉ざされた』エコロジー近代化の道」『国民経済雑誌』第一九九巻第一号、二〇〇九年、四七―六六頁、Hirofumi Katayama, "Ecological Modernization in Northeast Asia," in Shinichiro Tabata, ed., *Energy and Environment in Slavic Eurasia: Towards the Establishment of the Network of Environmental*

Studies in the Pan-Okhotsk Region (Sapporo: Slavic Research Center, Hokkaido University, 2008), pp. 185-201; Masahiro Tokunaga, "Environmental Governance in Russia: The 'Closed' Pathway to Ecological Modernization," *Environment and Planning A* 42:7 (2010), pp. 1686-1704 などが挙げられる。

(15) 移転価格の詳細と実態については、塩原俊彦『現代ロシアの経済構造』慶應義塾大学出版会、二〇〇四年、三六一四七頁および Toshihiko Shiobara, "Oversights in Russia's Corporate Governance: The Case of the Oil and Gas Industry," in Shinichiro Tabata, ed., *Dependent on Oil and Gas: Russia's Integration into the World Economy* (Sapporo: Slavic Research Center, Hokkaido University, 2006), pp. 85-114 を参照。この点を考慮した修正版の産業連関表を用いて、石油・ガス産業部門の付加価値がロシアのＧＤＰ全体に占める比率を再計算すると公式統計の倍以上になる(久保庭真彰「石油・ガス産業の利潤と資本」田畑伸一郎編著『石油・ガスとロシア経済』北海道大学出版会、二〇〇八年、一〇一一一二四頁、田畑伸一郎「経済の石油・ガスへの依存」同上書、七七一一〇〇頁、Masaaki Kuboniwa, Shinichiro Tabata and Nataliya Ustinova, "How Large Is the Oil and Gas Sector of Russia? A Research Report," *Eurasian Geography and Economics* 46:1 (2005), pp. 68-76 などを参照)。なお、世界銀行も同じ問題に取り組み、石油・ガス産業部門の付加価値の修正値を別の手法で算出している(World Bank, *From Transition to Development: A Country Economic Memorandum for the Russian Federation* (Washington D.C.: The World Bank, 2005), p. 63)。

(16) 久保庭真彰「ロシアにおける産業空洞化と商業肥大化」『比較経済体制学会年報』第四〇巻第一号、二〇〇三年、一八一二九頁。

(17) Masaaki Kuboniwa, "Economic Growth in Postwar Russia: Estimating GDP," *Hitotsubashi Journal of Economics* 38 (1997), pp. 21-32.

(18) *Эйдельман М.Р.* Пересмотр динамических рядов основных макроэкономических показателей // Вестник статистики. 1992. № 4. С. 26.

(19) Kuboniwa, "Economic Growth," p. 27.

(20) Martin Jänicke, Manfred Binder and Harald Mönch, "'Dirty Industries': Patterns of Change in Industrial Countries," *Environmental and Resource Economics* 9:4 (1997), pp. 467-491; Martin Jänicke, Harald Mönch and Manfred Binder, "Structural Change and Environmental Policy," in Young, *The Emergence of Ecological Modernisation*, pp. 133-152.

(21) エコロジー近代化と結びついた構造転換の失敗例として、イェニッケらはギリシャとブルガリアを挙げ、両国の環境負荷の推移を図示している(Jänicke et al., "'Dirty Industries'," pp. 477-482)。

(22) Mikael S. Andersen, "Ecological Modernization or Subversion? The Effect of Europeanization on Eastern Europe,"

American Behavioral Scientist 45:9 (2002), pp. 1403-1406.

（23）OECD, *Environment in the Transition to a Market Economy: Progress in Central and Eastern Europe and the New Independent States* (Paris: OECD, 1999), pp. 31-59.

（24）詳しくは、孫穎「産業構造転換と環境負荷の関係——北九州市と大連市の比較研究を中心に」『福祉社会研究』（京都府立大学）第四・五号、二〇〇五年、六九―九六頁および八木信一「産業構造の転換と環境負荷」『調査と研究』（京都大学）第一九号、二〇〇〇年、五〇―六九頁を参照。イェニッケらの原典は独語で書かれているため、以下の記述はもっぱら八木「産業構造の転換と環境負荷」五〇―五二頁による。ただし、用語・記号の一部は変更し、実証分析の手法で異なるところもある。

（25）久保庭「石油・ガス産業の利潤と資本」一一四―一一五頁の表5-9およびMasaaki Kuboniwa, *Growth and Diversification of the Russian Economy in Light of Input-Output Tables* (Tokyo: Russian Research Center, The Institute of Economic Research, Hitotsubashi University, RRC Working Paper, 18, 2009), p. 5, Table 2を参照。両表中の数値に基づき、公式統計では商業部門に計上されている石油・ガス産業の付加価値を鉱工業部門に移動した上で、各産業部門の*Effekt*を算出した。

（26）八木「産業構造の転換と環境負荷」五二―六七頁に従って、民生部門の*Effekt*の計算には家計最終消費支出額を用いた。ただし、産業構造転換の分析に同部門を含める意味はないため、図3-6では削除した。

（27）図3-5、図3-6、図3-7における*Effekt*のスケールの違いに注意されたい。

（28）*Башмаков И.* Российский ресурс энергоэффективности: масштабы, затраты и выгоды // Вопросы экономики. 2009. № 2. С. 74. その他の重要な改善要因として、エネルギー消費量全体が低下する中で、その1次供給源が石油・石炭から天然ガスに移行したことが挙げられる（Anna Korppoo, Linda Jakobson, Johannes Urpelainen, Antto Vihma, Alex Luta, *Towards a New Climate Regime? Views of China, India, Japan, Russia and the United States on the Road to Copenhagen* (Helsinki: The Finnish Institute of International Affairs, FIIA Report, 19, 2009), p. 88）。

（29）八木「産業構造の転換と環境負荷」六〇頁の第14図を参照。

（30）OECD, *The Investment Environment in the Russian Federation: Laws, Policies and Institutions* (Paris: OECD, 2001), p. 11. ただし、生産設備の更新状況は産業部門間で大きく異なる。二〇〇〇年末の時点で、鉱工業全体の固定資本の平均使用年数は一五・七年であるが、石油精製業（同二三・五年）、鉄鋼業（同二三・三年）、医療機器産業を除く機械製作・金属加工業（同二一・七年）は二〇年を超え、業績が好調な石油採掘業（同七・一年）とガス産業（同八・〇年）は一〇年を下回っている（*Глисин Ф.* О конкуренции на рынках промышленной продукций в 1999-2000 гг. // Экономист. 2001. № 4. С.

42)。

(31) *Госкомстат России*. Российский статистический ежегодник. Москва, 2002. С. 355-356.

(32) 徳永昌弘「新興市場経済におけるエコロジー近代化——予備的考察」水野一郎編著『上海経済圏と日系企業——その動向と展望』関西大学出版部、二〇〇九年、一七四—一七九頁。

(33) 二〇〇八年秋以降のグローバル金融危機はロシア経済の成長に急ブレーキをかけたため、経済成長と環境負荷の関係は新たな局面を迎えている。二〇〇九年のＧＤＰが前年比マイナス七・八％と落ち込んだため、ロシアのエネルギー集約度は一時的に上昇すると予想されている(Tatiana Mitrova, *Strategy of the Russian Energy Sector Development with Its Implication for the Technologies*, ロシアＮＩＳ貿易会「日露石油ガス技術交流セミナー」二〇一一年二月二一日、大阪)。

(34) Jänicke, "The Political System's Capacity," pp. 1-24を参照。環境政策能力の国際比較に関する実証研究としては、Mikael S. Andersen, "Ecological Modernisation Capacity: Finding Patterns in the Mosaic of Case Studies," in Young, *The Emergence of Ecological Modernisation*, pp. 107-131; Helmut Weidner, "Capacity Building for Ecological Modernization: Lessons from Cross-national Research," *American Behavioral Scientist* 45:9 (2002), pp. 1340-1368; Helmut Weidner and Martin Jänicke, eds., *Capacity Building in National Environmental Policy: A Comparative Study of 17 Countries* (Berlin: Springer, 2002)などが挙げられる。

(35) エコロジー近代化の分析手法として事例研究を重視するモルらは、国レベルの国際比較研究だけでは環境政策の成否は論じられないと主張している(David A. Sonnenfeld and Arthur P.J. Mol, "Environmental Reform in Asia: Comparisons, Challenges, Next Steps," *The Journal of Environment and Development* 15:2 (2006), pp. 112-137)。

(36) ソ連およびロシアの環境政策をめぐる事実関係については、第一章注(2)、第二章注(2)〜(9)で挙げた文献を参照されたい。

(37) 「生活環境の快適な条件を維持することを大気汚染防止の主目的として、最高許容濃度を国家レベルで設定した世界最初の国はソ連である。…しかも、それは対策技術の現状とは無関係に、あくまでも衛生の立場だけを根拠としてきめている点は注目すべきであろう」(清浦雷作『世界の環境汚染——その実態と各国の対策』日本経済新聞社、一九七四年、二三九頁)。なお、当時の衛生・防疫行政の内容と権限は、ソ連および連邦構成共和国の基本保健法の第三章に記されている(稲子恒夫、片山良一訳「ソ連の基本保健法」『名古屋大学法政論集』第五七号、一九七三年、一〇六—一二七頁)。

(38) Marshall I. Goldman, *The Spoils of Progress: Environmental Pollution in the Soviet Union* (Cambridge: The MIT Press, 1972)[マーシャル・ゴールドマン(都留重人監訳)『ソ連における環境汚染——進歩が何を与えたか』岩波書店、一九七三年、一三七—一四九頁]

(39)　*Кислова Т.* Экономическая оценка естественных факторов производства о плате за природные ресурсы // Экономические науки. 1966. № 6. С. 54-58; *Струмилин С.* О цене «даровых благ» природы // Вопросы экономики. 1968. № 8. С. 60-72; *Шкатов В.* Цены на природные богатства и совершенствование планового ценообразования // Вопросы экономики. 1968. № 9. С. 67-77 などを参照。

(40)　宮鍋幟「ソ連の経済改革とフォンド有償制」『経済研究』(一橋大学)第一九巻第一号、一九六八年、三六—三七頁。

(41)　Ann-Mari Sätre Åhlander, *Environmental Problems in the Shortage Economy: The Legacy of Soviet Environmental Policy* (Aldershot, Brookfield: Edward Elgar, 1994), pp. 62-67; Charles E. Ziegler, *Environmental Policy in the USSR* (Amherst: The University of Massachusetts Press, 1990), pp. 60-61.

(42)　*Лаптев И.Д.* Идеологические аспекты экологических проблем // Коммунист. 1975. № 17. С. 65-73 などを参照。

(43)　久保庭真彰「社会主義における『公害』規制論」『経済評論』第二四巻第一三号、一九七五年、一六〇頁。

(44)　大江泰一郎「ソ連における環境保護法の展開——大気保護法の制定過程を中心に」社会主義法研究会編『社会主義における生活と法』法律文化社、一九八一年、三四—四一頁。

(45)　John M. Kramer, "Environmental Problems in the USSR: The Divergence of Theory and Practice," *The Journal of Politics* 36:4 (1974), pp. 886-899.

(46)　Philip Hanson, *The Rise and Fall of the Soviet Economy: An Economic History of the USSR from 1945* (London: Longman, 2003), pp. 100-101.

(47)　Ziegler, *Environmental Policy in the USSR*, pp. 78-81.

(48)　違反者の逮捕と刑事罰の適用は稀であったが、マスメディアで大きく報道された。例えば、『ソビエトグラフ』一九七二年一〇月号、四五—四九頁は、ロシア共和国刑法第二二三条により環境汚染の刑事犯として逮捕・起訴された企業長の裁判の模様を紹介している。

(49)　長期的な環境保護戦略と考えられる国家環境計画の策定が世界的に始まるのは、一九八〇年代末以降のことである。直接規制と間接規制の政策統合に関しても、ＯＥＣＤ諸国で議論が本格化したのは同時期からであった。

(50)　伊藤美和「旧ソ連におけるエコロジーと政治——河川転流計画争点化の一考察」ソビエト史研究会編『旧ソ連の民族問題』木鐸社、一九九三年、一九一—二一三頁は、シベリアから中央アジアに河川を転流するという自然改造計画が一九八〇年代末に凍結された政治的経緯を検証した上で、環境保護の重要性を訴える要求が実現したケースは、ハイレベルの政治家が関与した場合に限られていたと述べている。

(51)　社会主義諸国における環境保護運動の全般的動向については、Francis W. Carter and David Turnock, eds., *Environ-*

mental Problems of East Central Europe, 2nd ed. (London: Routledge, 2002); Petr Pavlínek and John Pickles, *Environmental Transitions: Transformation and Ecological Defense in Central and Eastern Europe* (London, New York: Routledge, 2000); Oleg N. Yanitsky, *Russian Greens in a Risk Society: A Structural Analysis* (Helsinki: Kikimora Publications, 2001)などを参照。民族運動との関係に焦点を当てたものとしては、マーシャル・ゴールドマン「環境保護主義とナショナリズム——展望なき方向での展望なき旋回」『公害研究』第二〇巻第一号、一九九〇年、一〇—一五頁、藤田整「ソ連における環境問題と民族問題の重層性——その経済的根拠と文学的表現」『経済学雑誌』(大阪市立大学)第九〇巻第五・六号、一九九〇年、一二九—一四二頁、吉川元「社会主義と人権・開発・環境問題」臼井久和、綿貫礼子編『地球環境と安全保障』有信堂、一九九三年、一三八—一五八頁などがある。

(52) Geir Hønneland and Jørgen H. Jørgensen, "Federal Environmental Governance and the Russian North," *Polar Geography* 29:1 (2005), pp. 32-37; Кто есть кто в экономике природопользования: энциклопедия. Москва, 2009. С. 74.

(53) Jo Crotty, "The Reorganization of Russia's Environmental Bureaucracy: Regional Response to Federal Changes," *Eurasian Geography and Economics* 44:6 (2003), pp. 462-475; Hønneland and Jørgensen, "Federal Environmental Governance," pp. 37-40; Kortelainen and Kotilainen, *Contested Environments and Investments*, pp. 63-76.

(54) О ликвидации Федерального экологического фонда Российской Федерации // Постановление Правительства РФ от 11 октября 2001 года № 721.

(55) OECD, *Mobilising Financial Resources for the Environment in Russia* (Paris: OECD, 2007), pp. 1-52.

(56) Jo Crotty, "Making a Difference? NGOs and Civil Society Development in Russia," *Europe-Asia Studies* 61:1 (2009), pp. 88-89.

(57) 例えば、米国の保守系シンクタンクとして知られるヘリテージ財団は、自由と民主主義の担い手であるＮＧＯに対する弾圧として一連の措置を厳しく非難した(Yevgeny Volk, "Russia's NGO Law: An Attack on Freedom and Civil Society," *Web Memo* (published by The Heritage Foundation) 1090 (2006), pp. 1-3)。二〇〇六年の法改正の審議経過を踏まえた上で、それが海外からの批判や干渉によって「過度に政治化された」経緯については、上野俊彦「二〇〇五年一二月のいわゆる「『ＮＧＯ関連法』修正法」の制定過程について」『ロシアの政策決定——諸勢力と過程』日本国際問題研究所、二〇一〇年三月、一〇一—一二三頁を参照。

(58) Crotty, "Making a Difference?," pp. 85-108; Laura A. Henry, "Shaping Social Activism in Post-Soviet Russia: Leadership, Organizational Diversity, and Innovation," *Post-Soviet Affairs* 22:2 (2006), pp. 99-124; *Яницкий О.Н.* Акторы и ресурсы социально-экологической модернизации // Социологические исследования. 2007. № 8. С. 3-12.

(59) Andersen, "Ecological Modernization or Subversion?," pp. 1394-1416; Arthur P.J. Mol, "Environmental Deinstitutionalization in Russia," *Journal of Environmental Policy and Planning* 11:3 (2009), pp. 223-241; Yanitsky, *Russian Greens in a Risk Society*, pp. 83-99.

(60) 徳永昌弘「メドヴェージェフ政権の環境政策」『ロシアＮＩＳ調査月報』二〇一〇年四月号、三〇―四九頁。

(61) 中村逸郎『ロシアはどこに行くのか――タンデム型デモクラシーの限界』講談社、二〇〇八年、一八五―一八八、二一五―二一七頁。

(62) 日本、米国、英国、ドイツの概況については、諸富徹、浅岡美恵『低炭素経済への道』岩波書店、二〇一〇年、一七七―二三六頁を参照。

(63) 片山博文「国際炭素市場とロシア移行経済」池本修一、岩﨑一郎、杉浦史和編著『グローバリゼーションと体制移行の経済学』文眞堂、二〇〇八年、一三〇―一三三頁。

(64) «Время новостей» 23 сентября 2010 года.

(65) 服部倫卓「省エネに向けたロシアの具体的取り組み」北海道大学スラブ研究センター研究会「ロシアのエネルギーと環境問題の現状」二〇一一年二月二六日。

(66) 詳細は、和達容子「ＥＵの持続可能な発展と環境統合――環境統合の概念、実践、欧州統合との関係から」『日本ＥＵ学会年報』第二七号、二〇〇七年、二九七―三一九頁を参照。

(67) Maarten A. Hajer, *The Politics of Environmental Discourse: Ecological Modernization and the Policy Process* (Oxford: Clarendon Press, 1995)

(68) Elana W. Rowe, "Who is to Blame? Agency, Causality, Responsibility and the Role of Experts in Russian Framings of Global Climate Change," *Europe-Asia Studies* 61:4 (2009), pp. 593-619; Elana W. Rowe, "Encountering Climate Change," in Julie Wilhelmsen and Elana W. Rowe, eds., *Russia's Encounter with Globalization: Actors, Processes and Critical Moments* (Basingstoke: Palgrave Macmillan, 2011), pp. 40-70.

(69) Anna Korppoo, *Russia and the Post-2012 Climate Change: Foreign Rather than Environmental Policy* (Helsinki: The Finnish Institute of International Affairs, Briefing Paper, 23, 2008), pp. 1-8.

(70) Samuel Charap and George V. Safonov, "Climate Change and Role of Energy Efficiency," in Anders Åslund, Sergei Guriev and Andrew C. Kuchins, eds., *Russia after the Global Economic Crisis* (Washington, D.C.: Peterson Institute for International Economics, 2010), pp. 125.

(71) 温暖化懐疑論の支持者と見られる当時のプーチン首相（現大統領）でさえ、今回の熱波の猛威によってロシアは気候変動の悪影響を理解したと述べている(*Sydney Morning Herald*, 24 August 2010; *Time*, 2 August 2010)。

(72) 片山博文「ロシアの気候ドクトリンと気候変動戦略」『ロシアNIS調査月報』二〇一〇年四月号、二頁。

(73) この点の重要性を指摘するロシア国内の言説については、Laura A. Henry and Lisa M. Sundstrom, "Russia and the Kyoto Protocol: Seeking an Alignment of Interests and Image," *Global Environmental Politics* 7:4 (2007), pp. 47-69; Nina Tynkkynen, "A Great Ecological Power in Global Climate Policy? Framing Climate Change as a Policy Problem in Russian Public Discussion," *Environmental Politics* 19:2 (2010), pp. 179-195を参照。

(74) 橋本道夫、不破敬一郎、佐藤大七郎、岩田規久男編（大来佐武郎監修）『地球環境と経済——地球環境保全型経済システムをめざして（講座[地球環境]第三巻）』中央法規出版、一九九〇年、八五—八六頁。

(75) OECD, *Sustainable Development: OECD Policy Approaches for the 21st Century* (Paris: OECD, 1997)［OECD編（井上昭正、松嶋美由紀訳）『グローバル時代の環境戦略——持続可能な世界の発展をめざして』三修社、一九九九年、四五—四九頁。］

(76) 片山博文「ソ連の環境保護理念と行政システム」『スラヴ研究』第四二巻、一九九五年、一一七—一一九頁。

(77) *Государственный комитет СССР по охране природы.* Доклад. Состояние природной среды в СССР в 1988 году. Москва, 1989. С. 146-153.

(78) Stig Kjeldsen, "Financing of Environmental Protection in Russia: The Role of Charges," *Post-Soviet Geography and Economics* 41:1 (2000), pp. 56-60. 当初は一九九一年内の導入を予定していたが、翌九二年からに延期された(Кто есть кто. С. 67)。

(79) Об охране окружающей природной среды // Закон РСФСР от 19 декабря 1991 года № 2060-1.

(80) 片山博文「ロシアにおける環境汚染料・エコロジー基金制度」『一橋論叢』第一一六巻第六号、一九九六年、九五(一一二一)—一一四(一一四〇)頁。

(81) Vladimir Kotov and Elena Nikitina, *Russia's Environmental Policy during 1990s* (Moscow: Russian Academy of Sciences, Working Paper, 1998), p. 3.

(82) 一九九〇年代の汚染課徴金とエコロジー基金の問題点については、エレーナ・アントノワ「ロシア連邦における環境保護活動の経済的手段——形成過程・制約・展望」京都大学経済研究所ディスカッションペーパー、第〇七〇七号、二〇〇八年三月、一—二三頁、伊藤美和「ロシアのエコロジー行政と極東」『ロシア研究』第二四号、一九九七年、六〇—七七頁、伊藤美和「移行期ロシアの環境——エコロジー状況・環境行政の近年の傾向」『サハリン北東部大陸棚の石油・ガス開発と環境I』スラブ研究センター研究報告シリーズ第六九号、一九九九年、四九—六五頁、片山「ロシアにおける環境汚染料」九五(一一三一)―一一四(一一四〇)頁、Kjeldsen, "Financing of Environmental Protection," pp. 48-62; Michael Kozeltsev and Anli Markandya, "Pollution Charges in Russia: The Experience of 1990-1995," in Randall Bluffstone and Bruce A. Larson, eds., *Controlling Pollution in Transition Economies: Theories and Methods* (Cheltenham, Lyme: Edward Elgar, 1997), pp. 128-143; OECD, *Environmental Financing in the Russian Federation* (Paris: OECD, 1998); OECD, *Environmental Performance Reviews: Russian Federation* (Paris: OECD, 1999), pp. 125-155; OECD, *Environment in the Transition*, pp. 103-126; Patrik Söderholm, "Environmental Policy in Transition Economies: Will Pollution Charges Work?," *The Journal of Environment and Development* 10:4 (2001), pp. 365-390 などを参照。

(83) Kjeldsen, "Financing of Environmental Protection," p. 60. ただし、環境破壊・汚染の発生源から徴収した課徴金を環境政策の財源とする点に環境税の意義を積極的に見出そうとする考え方もあり、効率的な経済的手法としてのモデル(ピグー税やボーモル＝オーツ税など)からの乖離のみを指摘して、現存する制度の非効率性を強調する議論は視野が狭いとも言える(植田和弘、岡敏弘、新澤秀則編著『環境政策の経済学――理論と現実』岩波書店、一九九七年、一一三―一一七頁)。

(84) 同委員会の設立は、環境保護関連の業務の引き渡しを望まない産業省庁側から激しい抵抗を受けたが、最終的にゴルバチョフ政権の上層部が強権を発動して、機構再編を成し遂げたという(D.J. Peterson, *Troubled Lands: The Legacy of Soviet Environmental Destruction* (Boulder: Westview Press, 1993), pp. 159-168)。

(85) ソ連共産党中央委員会・閣僚会議決議「わが国における自然保護活動の抜本的なペレストロイカについて」(一九八八年)は、企業などに課せられた環境対策をソ連自然保護国家委員会とその地方機関が代行することを禁じている(О коренной перестройке дела охраны природы в стране // Постановление ЦК КПСС и СМ СССР от 7 января 1988 года № 32)。

(86) 片山「ソ連の環境保護理念」一二五―一二八頁および OECD, *Environmental Performance Reviews*, pp. 50-51 を参照。

(87) *Государственный комитет СССР по охране природы.* Доклад. С. 137-146. また、*Госкомстат СССР.* Народное хозяйство в 1988 году. Москва, 1989. С. 252 は、公害防止設備の設置計画の進捗状況を示す表にわざわざ注を設けて経過説明していることから、こうした事態は政府首脳の間でも深刻に受け止められていたと考えられる。

(88) *Госкомстат СССР.* Народное хозяйство в 1990 году. Москва, 1990. С. 277.

(89) Denis J.B. Shaw, *Russia in the Modern World: A New Geography* (Oxford: Blackwell, 1999), p. 141.

(90) D.J. Peterson, "Building Bureaucratic Capacity in Russia: Federal and Regional Responses to the Post-Soviet Environmental Challenge," in Joan DeBardeleben and John Hannigan, eds., *Environmental Security and Quality after Communism: Eastern Europe and the Soviet Successor States* (Boulder: Westview Press, 1995), pp. 109-111 によると、

環境行政機構の地方機関が設立されてからまもない一九九二年に連邦政府予算からのファイナンスがすべて打ち切られたために、財政上の支援要請を余儀なくされたことがきっかけとなって、地方政府に随従するようになったという。

(91) Kotov and Nikitina, *Russia's Environmental Policy*, pp. 7-9.

(92) Kortelainen and Kotilainen, *Contested Environments and Investments*, pp. 45-62; Natalia P. Yakovleva and Tony Alabaster, "Ecological Modernisation: The Case of the SAPI Foundation in the Republic of Sakha (Yakutia)," in Massa and Tynkkynen, *The Struggle for Russian Environmental Policy*, pp. 107-122; Роль гражданского общества. C. 40-61, 104-125.

(93) Valentin Katasonov (translated by W. Edward Nute), "Joint Ventures Could Mean Environmental Devastation: Capitalizing on Perestroika," *Earth Island Journal*, spring 1990, pp. 40-41; Josh Newell and Emma Wilson, "The Russian Far East: Foreign Direct Investment and Environmental Destruction," *The Ecologist* 26 (1996), pp. 68-72; Armin Rosencranz and Antony Scott, "Siberia, Environmentalism, and Problems of Environmental Protection," *The Hastings International and Comparative Law Review* 14:4 (1991), pp. 929-947 などを参照。

(94) 正式名称は「ロシア連邦と連邦構成主体の国家権力機関の間における管轄事項および権限の区分に関する条約」で、一九九四年二月から一九九八年六月までに計四六の連邦構成主体が同条約を締結した(兵頭慎治「連邦システムから見た将来のロシアの国家像」『防衛研究所紀要』第三巻第一号、二〇〇〇年、六八—七〇頁)。

(95) Kjeldsen, "Financing of Environmental Protection," p. 56.

(96) «Зеленый мир» 1998. № 10. C. 11.

(97) 資源の地域主権を目指す地方の動向とエコロジー基金の運用を結びつける視点は、中村泰三「資源主権をめぐる連邦と地方」『ユーラシア研究』第二〇号、一九九九年、三三—三八頁から得た。

(98) 軍需産業もしくは原子力産業の中枢を担う機関が立地する市町を指し、正式名称は「閉鎖行政領域体」(通称ЗАТО)である。その指定と解除は連邦法で決定される。行政上は連邦構成主体に所属する自治体であるが、国家安全保障の観点から連邦政府が予算面を含めて管理する。ソ連時代は慣用的に秘密都市と称された「閉鎖行政領域体」の概況については、片桐俊浩『ロシアの旧秘密都市』東洋書店、二〇一〇年、二—一三頁や Gregory Brock, "The ZATO Archipelago Revisited: Is the Federal Government Loosening Its Grip?," *Europe-Asia Studies* 52:7 (2000), pp. 1349-1360 などを参照。

(99) 一九九八年度のロシア財務省決算報告書 (*Министерство финансов РФ*. Сводный месячный отчет об исполнений местных бюджетов. 1998) で、歳入の中に「〔当該〕領域のエコロジー基金」という項目が計上されている地方予算を数え上げた。なお、こうした事態の背景には、本来は予算外基金であるはずのエコロジー基金が、毎年の予算法ではそのように定められていなかったことがある(Kjeldsen, "Financing of Environmental Protection," pp. 54-55; OECD, *Environmental Performance Reviews*, pp. 147-148)。

(100) OECD, *Environment in the Transition*, p. 68.

(101) 徳永「新興市場経済におけるエコロジー近代化」一八六頁。

(102) 両者の違いについては、Jänicke et al., "Structural Change and Environmental Policy," pp. 144-149を参照。

(103) Jonathan D. Oldfield, *Russian Nature: Exploring the Environmental Consequences of Societal Change* (Aldershot: Ashgate, 2005), p. 107は、一九九〇年代の大気汚染の改善が余りにも劇的であったため、経済成長の局面に入ってから悪化傾向を示し始めても、内外の関心を呼ぶことはなかったと指摘している。

(104) 徳永昌弘「地方からみたロシアの環境マネージメント——バイカル湖の環境汚染にみられる公害・環境問題の『共有』」『ロシア研究』第三三号、二〇〇一年、七二頁。ロシアの環境行政機構の変遷については、伊藤「移行期ロシアの環境」四九—六五頁、片山博文「ロシアの環境行政について」『サハリン大陸棚石油・天然ガスの「開発と環境」に関する学際的研究』スラブ研究センター研究報告シリーズ第六二号、一九九八年、二一—二八頁、Hønneland and Jørgensen, "Federal Environmental Governance," pp. 32-37; Kortelainen and Kotilainen, *Contested Environments and Investments*, pp. 63-76; Oldfield, *Russian Nature*, pp. 81-86; D.J. Peterson and Eric K. Bielke, "The Reorganization of Russia's Environmental Bureaucracy: Implications and Prospects," *Post-Soviet Geography and Economics* 42:1 (2001), pp. 65-76などを参照。

(105) サハリンⅡプロジェクトのオペレーターを務めるサハリン・エナジー社にガスプロムが出資するために、ロイヤル・ダッチ・シェル、三井物産、三菱商事から同社の株式五〇%＋一株を二〇〇六年一二月に七四・五億ドルで取得した。それに先立つ二〇〇六年九月に、当時の天然資源省傘下の天然資源利用監督局が環境法違反を理由に一部事業の凍結を命じていたことから、権益譲渡交渉との関連を疑う報道が各所で見られた(経緯の詳細は、小田博「サハリンⅡとロシア環境法」『e-NEXI』(日本貿易保険Web Magazine)二〇〇七年一月号[http://nexi.go.jp/service/sv_syuppan/magazine/index_frame.html](二〇〇九年五月一一日閲覧)を参照)。また、イルクーツク州北部のコビクタ天然ガス田の権益を保有していたTNK-BP(BPの子会社)も、同省傘下の部局からたびたび警告を受けていたが、これもガスプロムやロスネフチへの権益譲渡を求める政治的圧力と理解されてきた(その一例として、*Newsweek*, 24 February 2010を参照)。TNK-BPが保有していた権益は二〇〇七年六月にガスプロムに売却されたが、一連の経過をBPに対する威嚇や嫌がらせとのみ解するのは無理がある(石油天然ガス・金属鉱物資源機構「石油・天然ガス資源情報」二〇〇七年八月二二日[http://oilgas-info.jogmec.go.jp/](二〇一二年七月二五日閲覧)。

(106) 本村真澄「ロシア——サハリン—2問題をどう見るか?」『石油・天然ガスレビュー』第四一巻第一号、二〇〇七年、五一—六二頁。三井物産はガスプロムの参画を歓迎し、ロシア側の提案を支持したと伝えられている(『週刊ダイヤモンド』二〇一〇年一一月二〇日号、一五頁)。

(107) エレーナ・アントノワ「環境から見たロシアのエネルギー戦略」『比較経済体制研究』第一四号、二〇〇八年、一〇〇—一〇二頁や徳永「メドヴェージェフ政権の環境政策」四三—四五頁などを参照。ただし、現在の天然資源・エコロジー省(旧天然資源省)は、しばしば誤解されるように資源ナショナリズムの先兵ではなく、外資参入規制を含む地下資源開発のルール策定の過程では、より透明性が高く対外規制の厳格化を抑制する方向での法案作成に腐心し、資源の国家管理を強化したい当時の産業・エネルギー省や連邦保安局と対立することがしばしば見られた(Yuko Adachi, “Subsoil Law Reform in Russia under the Putin Administration,” *Europe-Asia Studies* 61:8 (2009), pp. 1393-1414; Stephen Fortescue, “The Russian Law on Subsurface Resources: A Policy Marathon,” *Post-Soviet Affairs* 25:2 (2009), pp. 160-184)。上記のサハリンIIプロジェクトをめぐるトラブルでも、同省大臣は事業凍結に否定的な見解を述べており(«Время новостей» 23 октября 2006 года)、問題の本質は本省が傘下の部局を統制できていない点に求められる。

(108) *Сосунова И.А.* Социально-экологическая напряженность: методология и методика оценки // Социологические исследования. 2005. №7. С. 94-104; *Тихомирова Н.А.* Экологическая обстановка глазами Россиян // Мониторинг общественного мнения. 2005. №4. С. 102-107.

(109) Stephen Whitefield, “Russian Mass Attitudes towards the Environment, 1993-2001,” *Post-Soviet Affairs* 19:2 (2003), pp. 95-113.

(110) *Авдонин А.Н., Камаев Р.В., Рыжевская Д.С.* Экологическое сознание: состояние и причины пассивности // Социологические исследования. 1997. №8. С. 88-92; *Тихомирова.* Экологическая обстановка глазами Россиян. С. 102-107.

(111) Yanitsky, *Russian Greens in a Risk Society*, pp. 101-113.

(112) Mol, “Environmental Deinstitutionalization in Russia,” p. 236.

(113) 片山博文「ポスト京都議定書——ロシアの環境への取り組みとわが国への影響」『高圧ガス』第四三巻第三号、二〇〇六年、一四(一九八)—一八(二〇二)頁。

(114) 徳永「メドヴェージェフ政権の環境政策」三八頁、図2を参照。

(115) *Financial Times*, 18-19 February 2012; 23 February 2012.

(116) 徳永昌弘、諸富徹「低炭素社会ロシアへの展望——環境面から見たロシア経済近代化の成果と課題」溝端佐登史編著『ロシア近代化の政治経済学』文理閣、二〇一三年(近刊)は、先進国の状況を鑑みながら、ロシアの低炭素社会への移行の必要性と可能性を論じている。

(117) Richard E. Ericson, "The Russian Economy: Market in Form but "Feudal" in Content?," in Michael Cuddy and Ruvin Gekker, eds, *Institutional Change in Transition Economies* (Aldershot: Ashgate), pp. 3-34; Steven Rosefielde, "Russia: An Abnormal Country," *The European Journal of Comparative Economics* 2:1 (2005), pp. 3-16 などを参照。

(118) Anders Åslund, "Russia's Energy Policy: A Framing Comment" *Eurasian Geography and Economics* 47:3 (2006), pp. 1-8.

(119) 一九九〇年代のロシアは「失敗した国家」の条件を満たしていた(徳永昌弘「ロシア経済のマクロ動向」上原一慶編著『躍動する中国と回復するロシア——体制転換の実像と理論を探る』高菅出版、二〇〇五年、一〇二頁、注4)。資本主義の受容に伴うロシア社会の破壊的な変貌ぶりについては、*Рывкина Р.В.* Драма перемен: экономическая социология переходной России. Москва, 2001 を参照。

(120) 森田恒幸、松岡譲「アジアの環境問題の現状と展望」『環境情報科学』第二六巻第三号、一九九七年、二頁。

(121) それゆえ、上垣彰「ロシア——国内の政治経済と気候変動政策」亀山康子、高村ゆかり編著『気候変動と国際協調——京都議定書と多国間協調の行方』慈学社、二〇一一年、三一三頁が指摘するように、気候変動対策をめぐるメドベージェフ政権の積極性とプーチン前政権の消極性を過度に対比して捉える見方は危険であり、事の成り行きを見誤るおそれがある。

(122) Andersen, "Ecological Modernization or Subversion?," pp. 1394-1416; Mol, "Environmental Deinstitutionalization in Russia," pp. 223-241.

第四章　社会主義工業化
――ロシア後背地の変貌と実像

はじめに

ソ連経済の成果と歪みの双方を象徴する史実のひとつとして、社会主義工業化の名の下で推進されたシベリア開発が挙げられる。帝政ロシアの植民政策で一六～一九世紀に領土編入されたウラル山脈以東の「無主地」(terra nullius)は、一九二〇年代末から始動した計画経済体制の下で世界有数の資源産出地域へと大きく変貌した。今や世界最大の資源国家とも呼べるロシア経済の屋台骨を支えているのは、当地で採掘される鉱物資源である。他方で、長らく後背地であったシベリアの地域開発には、産業基盤整備、労働力確保、その定住化に必要な住宅建設や住環境整備などで膨大なコストがかかる。そのため、大規模開発の経済的合理性を疑問視する向きは早くから見られた。とりわけロシア北部の鉱山・港湾地域で、ソ連崩壊後に大幅な人口減と産業の崩壊が表面化したことから、計画経済体制下の産業立地政策の中で大規模化したシベリア開発は、コスト観念の欠落した過剰な資源開発を各地で招いたと批判され、一部では「シベリアの呪い」(Siberian curse)とも形容されている(1)。天然資源に恵まれた国々の経済成長は不安定で、資源開発は長期的な経済発展に結びつかないと主張する「資源の呪い」(resource curse)の議論に従えば(2)、一国のエネルギー・センターにまで上りつめたシベリアにソ連経済は足をすくわれた格好になる。

本章の課題は、ソ連経済史に事跡を残すと同時に、現代ロシアの経済成長の軌道を決定づけたシベリアにおける社会主義工業化の史的展開の解明にある。ソ連崩壊前後から公式統計の拡充、地域統計の入手機会の拡大、公文書館での情報公開が進み、断片的ではあるが、シベリアにおける社会主義工業化の過程と帰結を検証する態勢が整いつつある。第一節では、シベリア経済に関する先行研究の内容と成果を踏まえて、社会主義国ソ連で生まれた独自の近代化概念である社会主義工業化とシベリアの関係について検討する。第二節では、主に統計資料に依拠して、鉱工業を中心にシベリア経済の長期的な発展過程を史実とともに確認する。政府の公式統計に加え、ロシア国立経済文書館(Российский государственный архив экономики)が所蔵するソ連閣僚会議附属中央統計局(ЦСУ при СМ СССР)の公文書・統計類を使用する。第三節では、シベリアの社会主義工業化の成否をめぐる論争を紹介し、その意義と問題点を検証した上で、シベリアにおける社会主義工業化の実像を表現する用語として「面状の工業化」と「点状の工業化」という概念を提起する。戦後のシベリア開発がソ連の経済地理の歪みを増幅し、非効率な産業集積・連関をもたらしたという議論は古くから見られる。それを踏まえて、本章では鉱工業企業の事業所の立地先を定量的に分析することで、社会主義工業化を通してシベリアに現れた生産力の空間配置の概念的把握を試みる。

一　社会主義工業化とシベリア

シベリアはロシアの一地域に過ぎないが、その鉱工業生産額は一九八〇年代にソ連全体の約一割を占め、ソ連を構成していた中央アジアおよびコーカサスの計八共和国の合算分と同等の水準にまで達していた(表4-1を参照)。ソ連構成共和国の中で、同時期にシベリアを上回る鉱工業生産額を記録していたのは、シベリアが属するロシア共和国を除けばウクライナ共和国だけである。(3) シベリアでは、社会・経済発展の総合的指標として社会主義諸国で広く用いられた「社会的総生産」(валовой общественный продукт)と「生産国民所得」(произведенный национальный доход)の一人あたりの水準が非常に高く、図4-1が示すように現在のCIS(独立国家共同体)諸国を大きく上回っていた。ソ連の国民所得統計の計算式は煩雑で、鉱工業統計との不整合性が問題視されていた[4]が、この時点でシベリアがもはやロシアの後背地と言えないのは確かであろう。シベリア経済の専門家は、他に類を見ない天然資源の潜在力を熱狂的に数え上げることから書き始めると言われたように[5]、当地の経済発展に大きく寄与したのはソ連時代に行われた資源開発である。

表4-1　ソ連構成共和国の鉱工業生産額のシェア

(単位：%)

	1980年	1985年	1990年
ロシア	60.8	60.1	59.6
西シベリア	6.1	6.3	6.3
東シベリア	3.5	3.5	3.4
東西シベリア合計	9.6	9.8	9.7
ウクライナ	19.2	19.1	19.2
ベラルーシ	4.1	4.5	5.0
モルドバ	1.2	1.3	1.4
ウズベキスタン	3.0	3.1	3.2
カザフスタン	3.4	3.4	3.4
キルギスタン(キルギス)	0.8	0.8	0.9
タジキスタン	0.7	0.7	0.8
トルクメニスタン	0.5	0.5	0.5
中央アジア諸国合計	8.5	8.6	8.8
グルジア	1.4	1.4	1.3
アゼルバイジャン	1.5	1.6	1.4
アルメニア	0.9	1.0	0.8
コーカサス諸国合計	2.5	2.6	2.2
リトアニア	1.6	1.7	1.7
ラトビア	1.4	1.3	1.3
エストニア	0.8	0.8	0.8
バルト諸国合計	3.8	3.8	3.8
ソ連総計	100.0	100.0	100.0

注）シベリアのシェアは，筆者による鉱工業生産額の推計値を外挿して算出した(後掲図4-2の注を参照)。

出所）Richard F. Kaufman and John P. Hardt, eds., for the Joint Economic Committee, Congress of the United States, *The Former Soviet Union in Transition* (Armonk: M.E. Sharpe, 1993), p. 95に記載のデータから作成。

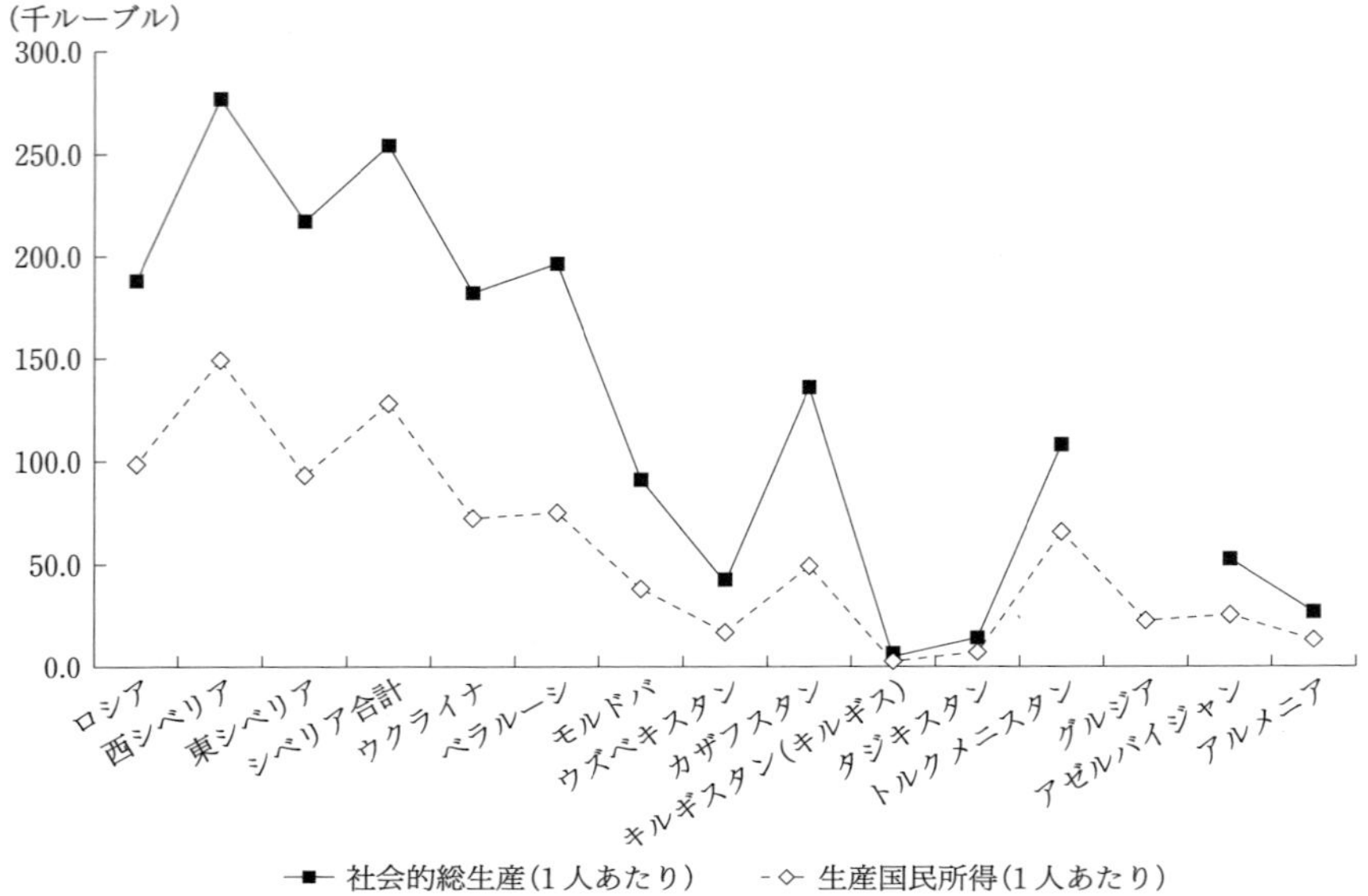

図4-1　CIS諸国・地域の社会・経済発展水準(1992年)

注）空白の箇所(グルジアの1人あたり社会的総生産)はデータの欠損による。人口数は1993年初めの定住人口を使用した。ロシアと東西シベリアの人口数は，2002年人口センサスに基づく修正値である。

出所）Interstate Statistical Committee of the Commonwealth of Independent States, *Official Statistics of the Countries of the Commonwealth of Independent States* (CD-ROM), 1998; *Госкомстат России.* Основные показатели социально-экономического положения и хода экономической реформы в регионах Западно-Сибирского и Восточно-Сибирского экономических районов Российской Федерации. Москва, 1994. С. 3, 35, 69, 103, 137, 171, 205, 239, 273, 305, 339, 373, 407; *Росстат.* Демографический ежегодник России. Москва, 2006. С. 24-29から作成。

ネップへの移行を論じた小冊子『食糧税について』(一九二一年五月発行)の中で、レーニンは「ボログダから北、ロストフ・ナ・ドヌーとサラトフから南東、オレンブルグとオムスクから南、トムスクから北」には広漠たる土地が広がり、野蛮が支配していると述べた[6]。地図帳を開くと一目瞭然だが、順にロシア北部、コーカサス、中央アジア、シベリアを指しており、要はこれらが経済発展の遅れた後背地であることを強調している。同時に、こうした後背地の資源開発が大工業の物質的基礎を確保する手段として必要であると、ソビエト政権の初期にレーニンは認識していた[7]。なかでも、日本をはじめとする諸外国も触手を伸ばしていたシベリアは、重要な開発対象地域のひとつとみなされたため、ソ連時代の学術的および実務的なシベリア開発研究は夥しい数に上る。その全体像を大づかみに描写すると、地誌的、歴史的、経済的、地政学的アプローチに大別されよう。

記述的な伝統的地理学の流れを汲む地誌的アプローチでは、シベリアの自然と地勢の解説から始まり、経済開発の進捗状況を述べた後に、シベリア開発の潜在力を強調して終わるスタイルが典型的である[8]。それはソ連の研究者だけでなく、第二次世界大戦後のシベリア開発に政財界が関与した日本でも[9]、その紹介や現状分析を主眼とした研究の多くで地誌的アプローチが採用された[10]。歴史的アプローチは、「無主地」であったシベリアに対してロシアが「領域権原」(territorial title)を獲得する過程から始めて、シベリアの変貌ぶりを通史で描くスタイルを取り、国家の発展段階を画する重要な契機としてシベリア開発を把握する[11]。その際、ソ連経済の停滞と歩調を合わせるようにバラ色の将来展望は徐々に影を潜め、一九八〇年代以降は巨額の開発費に見合う経済効果はあるのか、自然改造という用語に象徴される大規模開発が招いた環境破壊への対処はどうするのかという批判的な論調が強まった[12]。地域経済学や経済地理学の枠組みでシベリアを研究対象とする経済的アプローチは、実証分析の結果に基づいて政策提言を行えることもあり、一定の政治的影響力を有していた。その代表例は、社会主義体制下の地域総合開発のモデルとして提起された「地域・生産複合体」(территориально-производственные комплексы)である[13]。地政学的アプローチはシベリアの資源開発の歴史と現状を論じながら、それが周辺国の国際関係に及ぼすであろう影響を検証する。[14] 例えば、第二次世界大戦前の日本では、ソ連の経済力を検証する試みの一環として、国策会社の南満州鉄道株式会社を中心にシベリアの資源研究が精力的に行われたことはよく知られている。

ソ連では後背地シベリアにおける社会主義工業化の成果を誇示するために、個別の大規模開発の経過は内外で喧伝された。社会主義工業化とは、ソ連共産党および政府の公式見解を示すと考えられる『ソビエト大百科事典』によると、機械制大工業なかんずく重工業の発展を指し、社会主義経済の物質的・技術的基礎の創設を目的としていた。計三版を重ねた同事典の項目として掲げられた社会主義工業化に関する記述の冒頭部分は、以下のとおりである(傍点は筆者による)[15]。

「重工業の急速な発展に基づくプロレタリアート独裁国の社会的および技術・経済的改造の過程」(初版、一九四七年)

「より高度な技術に基づく国民経済全体の根本的再建と成長、ならびに社会主義経済形態を可能にする機械制大工業、とりわけ重工業の創設と発展の過程」(第二版、一九五七年)

「社会主義的生産関係の下で現代技術に基づく経済の根本的再建を可能にする機械制大工業、とりわけ国民経済全域における重工業の創設と発展の必要性が端緒」(第三版、一九七二年)

時代背景を反映して内容や構成に変化は見られるが、政治体制と生産関係の矛盾の解消、社会主義の物質的・技術的基礎の創設(特に農業における資本主義的要素の除去)、重工業の急速な発展の必要性、経済的自立性の確保に必要な国防力の強化、後背地の経済的・文化的水準の向上など、社会主義工業化の目的に関する記述は一貫している。一九二〇年代の工業化論争を経て、一国社会主義建設や農業集団化とも分かちがたく結びついた社会主義工業化は、重工業の低位という当時の産業構造を再編する手段として第一四回共産党大会（一九二五年）で提起され、一九二〇年代末から始まる第一次五カ年計画に反映された。[16] このように、社会主義工業化は間違いなくソ連の経済発展のあり方を規定した要因のひとつである。

一般に社会主義工業化は第二次世界大戦前のソ連の工業化を指し、同国の歴史的条件に規定された特殊性だけでなく、いわゆる過渡期経済論との関わりで、その一般性や必然性も議論された。[17] しかし、ソ連の工業化は戦後も続き、むしろ資本主義諸国との「競争的共存」の下で一九五〇年代から一九六〇年代初めにかけて高度経済成長を実現したことで、[18] 計画経済機構に基づく工業化路線が他国でも導入されたことは歴史的事実である。戦後ソ連の工業化計画の成否を左右すると考えられていた生産性向上策の一環として、工業化の外延的拡張（シベリアを含むソ連東部開発の重点化など）と内包的深化（外国製機械の輸入再開や化学工業の振興策など）がフルシチョフ政権下で取り組まれたことも重要な史実である。[19] そこで、以下では、重工業化が本格的に進行し、ソ連経済が統一的な国民経済として再建された戦後の経済発展を射程に入れながら、[20]「現存したソ連社会主義」の下で進められた近代化推進の一形態として社会主義工業化を捉える。[21] その際、公式見解によると社会主義工業化が後背地の経済的・文化的水準の向上を可能にするとしていた以上、一九二〇年代初めにレーニンが「広漠たる土地が広がり、野蛮が支配している」と述べたシベリアの経済開発の動向は、その実像を見定める格好の材料である。

二　後背地シベリアの工業化――鉱工業生産額の長期動態分析

建国以来、ソ連の行政区分は数次にわたり変更され、シベリアも当初は現在の中央アジアの一部と極東全体を含んでいた。現行の地域区分単位(州・地方・共和国)の原型は一九二〇年代後半から見られるが、ソ連崩壊まで行政区域の変更は頻繁に行われた。その中で比較的変化が小さかった時期は一九六五年から二〇〇〇年までである。行政機構と名称の変更を別にすれば、二〇〇〇年五月の連邦管区制の導入まで、東西シベリアという二分法とその内部の地域区分は安定していた。そこで、本節では可能なかぎり同時期の地域区分に基づいて、シベリアにおける社会主義工業化の長期動態分析を進めたい。

前節で述べたように、社会主義工業化の成功例と目されるシベリア開発は個別に紹介され、当地における生産拠点の確立と急速な工業化は、後背地の経済発展を示す証左と考えられていた。しかし、シベリア全体の工業化の趨勢を定量的に把握することは、現在でも非常に困難な作業である。その理由を挙げると、以下のとおりである。第一に、一九四〇年から一九五五年までソ連の公式統計は出版されず、戦時期から復興期にかけての情報は断片的にしか入手できない。第二に、当時のロシアはソ連を構成する一共和国との位置づけで、その内部の地域統計は貧弱であった。例えば、各地域の鉱工業生産額は一九八〇年代末まで公開されず、一九八五年以前のデータは特定年を基準とした指数のみが記載されていた。第三に、一九七〇年代後半から一九八〇年代前半にかけての公式統計はいっそう簡素化され、地域統計については文字どおりブラックボックスの状態が続いた。第四に、先述のロシア国立経済文書館が所蔵するソ連閣僚会議附属中央統計局の公文書・統計類は現在でも一部非公開で、広く機密解除されたのは一九五〇年代までの史料である[22][23]。以上の事情を考慮しながら、ソ連時代の公式統計に加え、ソ連崩壊前後に公開された各種統計や上記の文書館所蔵の史料と、現在のロシア統計局が運用中の中央統計データベース(Центральная база статистических данных)を組み合わせて用いることで、シベリアの社会主義工業化の長期的動向を検証したい。

1　揺籃期のシベリア経済——第二次世界大戦前のシベリア

革命前ロシアにおけるシベリアの主要産業は農産物の加工業と鉱業で、一九一三年時点でシベリアの鉱工業生産に占める上位三業種は、順に製粉業(四五%)、鉱業(三五%)、醸造業(一二%)であった[24]。シベリアは東西で気候・地勢が大きく異なる。西シベリアは農産物の生育に適し、二〇世紀初頭から穀物栽培が急速に拡大したため、オビ川、イルトゥシ川、シベリア鉄道沿いに製粉業が発展した。他方で、東シベリアは農耕の適地が少ないことに加え、帝政ロシアの工業地帯の東端であったウラル地域から遠く離れていたために工業製品の移入コストが高く、その生産拠点の確立が求められていた。そのため、製粉業よりも金属鉱の開発と加工業が発達した。例えば、

表 4-2　東西シベリアの経済力(1933 年)(単位：%)

部　門	西シベリア	東シベリア
電力業		
発電力	4.0	0.9
発電量	3.1	0.8
燃料業		
石炭・褐炭の産出量	33.5	8.8
泥炭の産出量	0.0	—
鉄鋼業		
銑鉄の生産量	15.8	0.2
鋼鉄の生産量	8.0	0.1
鉄鉱石の産出量	3.8	—
マンガン鉱石の産出量	20.5	—
非鉄金属業		
鉛・亜鉛鉱石の産出量	7.3	—
圧延鉛の生産量	—	2.8
圧延亜鉛の生産量	48.6	—
機械製作・金属加工業		
企業数	6.7	2.6
年間平均労働者数	3.1	1.9
総生産額	1.4	0.9
化学工業		
企業数	6.0	2.4
年間平均労働者数	1.4	0.7
総生産額	1.0	0.2
林産業		
製材量	5.4	4.0
木工品の生産量	0.5	0.0
木箱の生産量	0.2	0.0
樽材の生産量	6.6	1.7
樽の生産量	2.9	1.0
木材の伐採量	4.5	2.9
建材業		
焼成煉瓦の生産量	11.4	2.3
その他の煉瓦の生産量	5.1	1.5
各種セメントの生産量	4.5	—
石灰の産出量	7.7	2.2
各種石膏の生産量	2.1	3.3
タイルの生産量	6.0	0.2
アスファルト・ルーフィングの生産量	3.5	2.7
建設用石材の産出量	3.3	1.6
砂の産出量	2.8	1.4
砕石の産出量	0.4	0.8
砂利の産出量	38.4	7.6
軽工業		
亜麻糸の生産量	18.4	—
亜麻布の生産量	3.1	—
羊毛の生産量	0.5	—
毛織物の生産量	0.6	0.1
靴下類の生産量	1.0	0.1
下着類の生産量	1.1	0.0
上着類の生産量	0.7	0.2
手袋類の生産量	2.0	0.0
靴の生産量	0.6	1.3
食品加工業		
製粉量	9.9	2.3

注）1933 年時点で東西シベリアで生産・産出されていた品目を選択し，ロシア共和国に占める各々のシェアを示した。当時のロシア共和国に含まれていた領域(現在のクリミア半島，カザフスタン，ウズベキスタン北部，キルギス)は除外して計算した。トゥバ共和国は 1944 年にソ連に編入されたため，上表に含まれていない。

出所）*ЦУНКУ Госплана СССР.* Социалистическое строительство СССР. Москва, 1935. С. 94-95, 100-107, 134, 167, 176-178, 191, 204, 213-216, 225, 228, 230, 249, 255-256, 258, 266, 278-279 から作成。

表 4-3 シベリア鉱工業（大規模事業所）の部門別構成比と特化係数・特殊化係数（1934 年）

	西シベリア		東シベリア	
	構成比（%）	特化係数	構成比（%）	特化係数
電力業	2.6	1.31	1.2	0.62
燃料業	8.3	2.79	4.4	1.49
鉄鋼業	9.7	3.24	—	—
非鉄金属業	0.7	0.72	0.0	0.05
機械製作・金属加工業	13.2	0.45	19.7	0.67
化学工業	1.2	0.30	0.6	0.15
林産業	6.6	1.61	15.2	3.72
建材業	2.0	1.05	2.6	1.39
軽工業	4.1	0.26	3.4	0.21
食品加工業	33.6	2.06	22.3	1.37
その他	17.9	0.93	30.4	1.58
合計　（特殊化係数）	100.0	(0.12)	100.0	(0.10)

注）当時のロシア共和国に含まれていた領域（現在のクリミア半島，カザフスタン，ウズベキスタン北部，キルギス）は除外して計算した。トゥバ共和国は 1944 年にソ連に編入されたため，上表に含まれていない。特化係数と特殊化係数の定義は以下のとおりである。

i 地域・j 部門の特化係数＝（i 地域・j 部門の鉱工業生産額／i 地域全体の鉱工業生産額）／（当該国 j 部門の鉱工業生産額／当該国全体の鉱工業生産額）

i 地域の特殊化係数＝Σ（i 地域・j 部門の特化係数｜＞1）／100

出所）*ЦУНКУ Госплана СССР*. Социалистическое строительство СССР. Москва, 1936. С. 60- 67 から作成。

一九世紀にシベリア総督府（後に東シベリア総督府）が置かれたイルクーツク州では、全国有数の埋蔵量を誇るニジネウジンスクの鉄鉱床や、ロシア革命史に残る鉱山労働者のストライキ運動と弾圧（レナ事件）の舞台となったレナ金鉱山の開発が進み、最盛期には千余名の労働者を擁したニコラエフスク製鉄所が操業していた[25]。それゆえ、シベリアの資源開発はソ連の計画経済体制の下で発案されたわけではなく、ロシア革命前から強力に進められ、当地の産業立地に大きく影響していた。とはいえ、帝政ロシア全体の鉱工業生産と労働力に占める比率は小さく、東西シベリアを合わせても、一九一二年時点でそれぞれ二・二%と四・三%に過ぎなかった[26]。

一九二〇年代末から始まるソ連の五カ年計画とともに、シベリア開発は本格化したと一般には考えられている。しかし、シベリアを含むソ連東部開発の当初の重点は、ウラル、西シベリア、カザフスタンの一部に限られ、中央アジアと東シベリアの経済開発は低調であった[27]。戦前の公式統計『ソ連邦の社会主義建設[28]』で第一次五カ年計画終了時の生産力水準を確認すると、表4-2が示すように東西シベリアの間の格差は明らかで、一部の天然資源の採掘を除けば東シベリアの鉱工業は未発達であった。なお、大規模事業所(動力機を使用し、一六名以上の労働者が勤務するか、動力機を使用しないが三〇名以上の労働者が勤務する事業所)に限定して、[29]当時の鉱工業生産額の部門別構成比を見ると、東西シベリアとも食品加工業が最大の産業部門である(表4-3を参照)。地下資源を活用した素材型産業の発展は、戦前の五カ年計画の代表的な大事業に数えられるウラル・クズネツク鉄鋼コンビナートの一部が立地する西シベリアの燃料業と鉄鋼業に限られていた。現在のシベリア経済を象徴する石油と天然ガスの発見と開発は、第二次世界大戦後のことである。

2　成長期のシベリア経済——「戦争」と「石油」

シベリア経済が大きく姿を変えるのは、第二次および第三次五カ年計画を経て、独ソ戦の勃発で戦時経済に突入してからである。ロシア国立経済文書館所蔵の史料に収録された地域別鉱工業生産額のデータに基づいて、一九三七〜五〇年におけるシベリアのシェアの趨勢を確認すると、一九四〇年代前半にシベリア経済は大きく躍進したことが分かる(図4-2(a)を参照)。独ソ戦の西部戦線からソ連東部へ大規模な工場疎開が行われ、機械工業と金属加工業を筆頭に重工業の生産基盤が短期間に形成されたためである。[30]疎開した工場数はデータ元により大きく異なるが、[31]疎開先の中心はウラルと西シベリアであった。[32]西シベリアと比べると東シベリアへの工場疎開の影響は限定的で、戦時期における両者の鉱工業生産のシェアの伸びの差に明瞭に映し出されている。東シベリアの大規模開発は、戦後復興期を経てソ連東部開発が再び本格化する一九五〇年代まで待たれることになる。[33]

シベリア開発は戦後ソ連の高度経済成長期に最盛期を迎えたと言われる。先述のように日本の政財界も関与していた大型の資源開発プロジェクトが始動し、鉱工業生産額の年平均成長率は八〜一二%に達した(図4-3を参照)。しかし、ロシア全体の鉱工業生産額も大きく伸長したため、図4-2(b)を見るかぎり、一九五〇〜六〇年

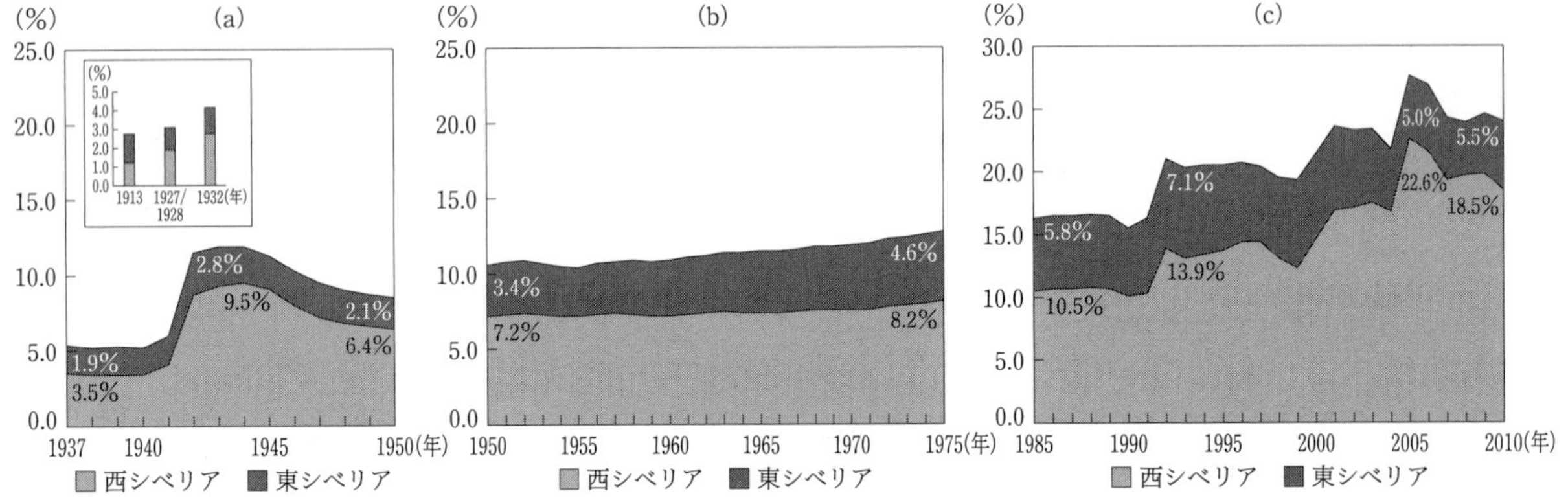

図4-2　鉱工業生産額に占める東西シベリアのシェア

注）(a)は1926～1927年価格に基づく実質額(実績値)でのシェアを示す。別枠の棒グラフは大規模事業所に限定したシェアである。(b)は1952年1月1日付け卸売価格に基づく実質額でのシェアで，1950～1955年は実績値だが，1956～1975年は鉱工業生産額の伸び率から算出した推計値である。(c)は各年の鉱工業生産額の名目値に基づくシェアで，1995年以降は非公式経済活動の推計分を含む。1991年から純額ベースの計算式に変更され(1990年までは総額ベースの計算式を採用)，2004年までは旧産業分類(ОКОНХ)，2005年以降は新産業分類(ОКВЭД)に基づく。

出所）Российский государственный архив экономики, ф. 1562, оп. 33, ед. хр. 2333, л. 36, 39-40, 42, 85, 87; ф. 1562, оп. 329, ед. хр. 1593, л. 80, 82; ф. 1562, оп. 329, ед. хр. 4145, л. 60-62; *ЦСУ РСФСР*. Народное хозяйство РСФСР в 1960 году. Москва, 1961. С. 85-86; Народное хозяйство РСФСР в 1965 году. Москва, 1966. С. 52-53; Народное хозяйство РСФСР в 1970 году. Москва, 1971. С. 47-49; Народное хозяйство РСФСР в 1975 году. Москва, 1976. С. 47-48; *ЦСУ РСФСР*. Промышленность РСФСР. Москва, 1961. С. 18-19; *Росстат*. Центральная база статистических данных [http://www.gks.ru/dbscripts/Cbsd/DBInet.cgi] (2011年4月12日閲覧)から作成。

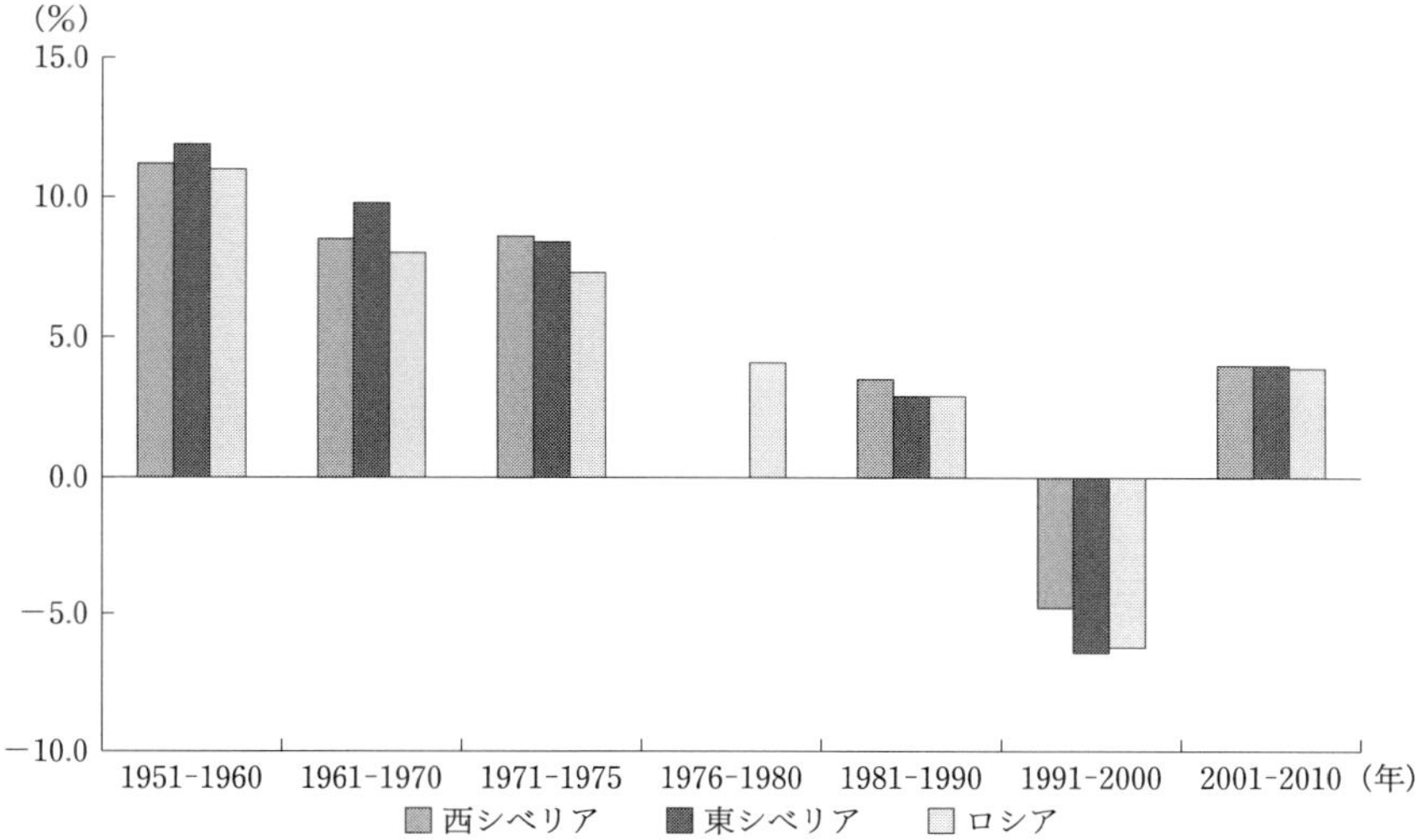

図 4-3　鉱工業生産額の年平均成長率

注）空白の箇所（1976〜1980 年の東西シベリア）はデータの欠損による。そのため，1970 年代のみ前半と後半に分けた。

出所）*ЦСУ РСФСР*. Народное хозяйство РСФСР в 1960 году. Москва, 1961. С. 85-86; Народное хозяйство РСФСР в 1965 году. Москва, 1966, С. 50-51; Народное хозяйство РСФСР в 1970 году. Москва, 1971, С. 47-49; Народное хозяйство РСФСР в 1975 году. Москва, 1976. С. 49-50; Народное хозяйство РСФСР в 1980 году. Москва, 1981. С. 49; *ЦСУ РСФСР*. Промышленность РСФСР. Москва, 1961. С. 18-19; *Росстат*. Центральная база статистических данных. [http://www.gks.ru/dbscripts/Cbsd/DBInet.cgi]（2011 年 4 月 12 日閲覧）から作成。

表 4-4　シベリア鉱工業の部門別構成比と特化係数・特殊化係数(1991 年)

	西シベリア		東シベリア	
	構成比(%)	特化係数	構成比(%)	特化係数
電力業	3.3	1.10	5.9	1.97
燃料業	29.1	4.22	7.3	1.06
鉄鋼業	4.5	0.96	0.9	0.19
非鉄金属業	2.7	0.46	21.5	3.64
機械製作・金属加工業	17.6	0.74	10.7	0.45
化学工業	8.5	1.25	5.2	0.76
林産業	3.9	0.70	14.6	2.61
建材業	3.8	1.06	3.8	1.06
軽工業	8.5	0.51	14.2	0.86
食品加工業	14.4	0.81	12.8	0.72
その他	3.7	0.71	3.1	0.60
合計　(特殊化係数)	100.0	(0.24)	100.0	(0.28)

注）特化係数と特殊化係数の定義は表 4-3 の注を参照。
出所）*Госкомстат России.* Показатели экономического развития республик, краев, областей Российской Федерации. Москва, 1992. С. 91-94 から作成。

代にシベリア経済の存在感を劇的に高めたとは言えないであろう。データの不備や制約という問題は残るが[34]、図 4-2(c)と見比べると、一九七〇年代以降にシベリアのシェアは再び大きく伸長した。最大の理由は、西シベリアのチュメニ州で石油・天然ガスの大規模開発が始まり、一九七〇年代に生産量を大きく伸ばしたことにある[35]。一九七〇年代を通じて西シベリアの石油生産量の伸びは一〇倍以上に達し、一九八〇年代には世界の石油・天然ガス生産の一〇%以上を占めるまでになった。一九七六年にソ連が米国を抜いて世界最大の産油国となり、その地位をソ連崩壊まで維持できたのも、「第三のバクー」と呼ばれた西シベリアの油田開発の成功があってこその話である。

後背地シベリアの工業化の推進は、工業の均等配置の原則を掲げたソ連共産党および政府の政策目標であった。しかし、ここまでの考察と先行研究で明らかにされた史実から判断すると、シベリア経済を大きく押し上げた契機は、入念に計画された大規模地域開発というよりは、独ソ戦勃発後におけるソ連欧州部からの大規模な工場疎開(一九四〇年代前半)と西シベリア低地北部で発見された巨大油田・ガス田開発の本格化(一九七〇年代以降)である。「戦争」と「石油」はどちらも偶発的な要因に大きく左右され、厳格な計画化とは本来なじまないものであろう。

さらにソ連末期の地域別産業構造を検証すると、表4-4が示すようにシベリア経済は資源産業に傾斜しており、発展の必要性が絶えず強調されていた加工業(特に機械製作・金属加工業)の展開は最後まで低調であった。ロシアの後背地の場合、機械製作・金属加工業は発展水準の低さだけでなく、域内の経済波及効果が小さいという構造的問題も抱えていた。[36] ソ連の産業立地政策で繰り返し強調された工業の均等配置の原則はシベリアでは最後まで実現せず、[37] 開発の効率性を優先して、投資の早期償還が期待される資源開発に傾倒することになった。その影響力はソ連崩壊後まで引き継がれ、ロシアが資本主義国として再編される過程で同国の資源経済化が急速に進行し、シベリアの経済的意義はいっそう高まった。「工業国」ソ連が後に「資源国」ロシアに変貌する素地を作り出したという点で、戦後シベリアの資源開発は社会主義工業化の射程を超えた生産力をロシアにもたらしたと言えよう。

3 変転期のシベリア経済——「市場」が選別するシベリア

ソ連崩壊後のシベリア開発は、投資基準・原則、投資主体、資金調達方法など、多くの点で以前とは異なる。それゆえ、ソ連崩壊前の状況と単純には比較できないため、資本主義化の過程でクローズアップされたシベリアの経済的役割に話を絞りたい。

前掲の図4-2(c)に示されたとおり、一九九〇年代初頭にシベリアの鉱工業生産のシェアは大きく伸長し、[38] ロシア全体の二〇%以上を占めるまでになった。「戦争」と「石油」に続き、「市場」が当地の経済を押し上げたことが分かる。その地域別の内訳を見ると、図4-4から明らかなように西シベリアのチュメニ州が圧倒的なシェアを握るようになり、旧来の鉱工業生産統計の最終年にあたる二〇〇四年には、実にシベリアの鉱工業生産の過半を同州だけで占めていた。[39] チュメニ州はロシア随一の産油・ガス地域で、そのシェアは石油で約七割、天

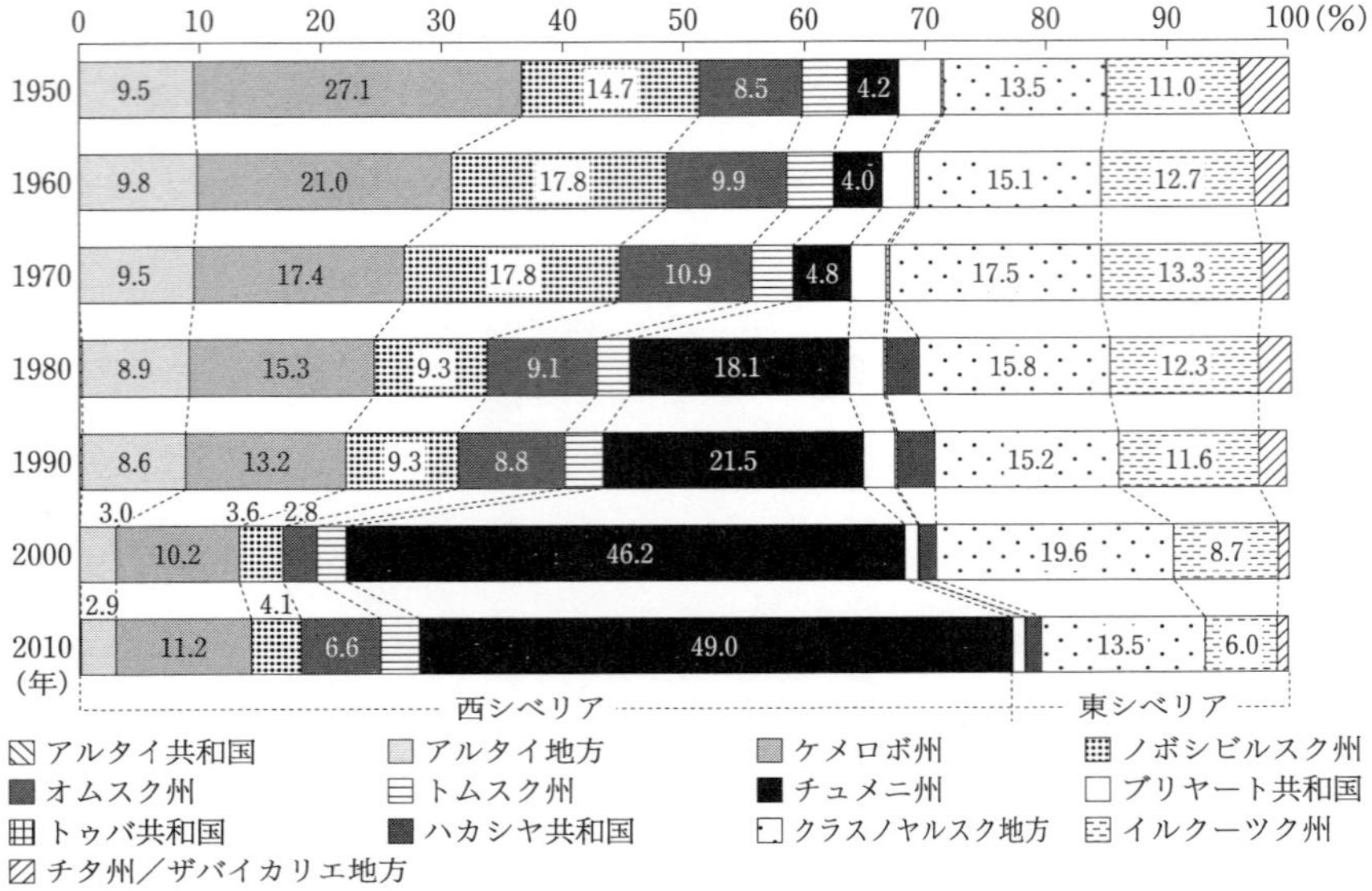

図4-4　シベリアの鉱工業生産に占める各地域のシェア

注）データ公表時の地域区分との関係で，1950年，1960年，1970年のアルタイ共和国とハカシヤ共和国は，それぞれアルタイ地方とクラスノヤルスク地方に含まれる。シェアの小さいアルタイ共和国，トムスク州，ブリヤート共和国，トゥバ共和国，ハカシヤ共和国，チタ州（2010年はザバイカリエ地方）の数値の記載は省略した。
出所）図4-2に同じ。

然ガスで約九割に上る。石油・天然ガス産業はロシアの政治経済を理解するカギであり、公式統計に現れない商業への移転価格（商業マージンの肥大化）を考慮すると、その生産性は飛び抜けて高い[40]。

ソ連崩壊後に始まる機械製作・金属加工業や軽工業などの加工部門の零落が、結果的に燃料業に代表される採取部門の比重を多分に高めたので、一九九〇年代以降におけるシベリアの経済的役割の拡大は、戦後ソ連の成長期に見られた現象とは意味が異なる。実際、図4-2（a）（b）と（c）を比較すると一目瞭然なように、計画経済体制下のなだらかな上昇曲線とは対照的に、一九九〇年代の歩みは「でこぼこ道」で、市場経済に不可避の景気変動の波に呑み込まれたことを示唆している。その際、ロシア経済の上昇局面よりも下降局面の方で、シベリア経済は一国全体の経済動向に強く反応する[41]。

換言すれば、好況の果実の多くは外に摘み取られ、停滞のリスクは域内に残るという構図である。しかし、だからこそロシア経済の資本蓄積の過程において、シベリアの経済的意義が高まったことは否定できないであろう。一九五〇年代以降の投資動向を示した図4-5から明らかなように、市場経済は西シベリアの石油・天然ガス開発を選好し、東シベリアは再び後景に追いやられようとしている。中央集権的な計画経済体制下で形成された「歪んだ」経済地理の一例として、資源開発に対する過剰投資で肥大化したシベリア経済の姿がしばしば持ち出されるが(42)、逆説的なことに、その肥大化の問題をいっそう際立たせているのは、市場経済に基づく利潤追求メカニズムである。

4　補　足——統計の信頼性と分析への影響について

本節では、ソ連およびロシアの公式統計とロシア国立経済文書館所蔵の統計類を用いて、シベリアの社会主義工業化の長期的動向を検証した。いずれもソ連閣僚会議附属中央統計局か、その後継機関が原データの管理と統計的処理を行っているため、統計の信頼性と分析への影響を考慮しなければならない。

欧米諸国においてソ連の経済統計の信頼性に対する疑問は一九三〇年代から見られ、一九四〇年代末にはソ連経済の急速な経済成長の要因を検証する試みの一環として、生産指数の妥当性や国民所得の推計をめぐる議論が交わされた(43)。その中で、「後進性の優位」仮説の提唱で知られるアレクサンダー・ガーシェンクロン(Alexander Gerschenkron)は、帝政ロシアおよびソ連経済の専門家として一九二六〜二七年価格基準に基づく一九四〇年代までの鉱工業生産指数の上方偏向を体系的に説明し、多くの反響を呼んだ(44)。その後は、ソ連の公式統計をOECD(経済協力開発機構)加盟諸国の統計指標に読み替えて、双方の経済発展のあり方を比較する研究が組織的に営まれ、ソ連経済の実像に迫ろうとした。

こうした批判的検証に対して、社会主義工業化の優位性を唱えるソ連の研究者は入念な文献解題に基づく反論

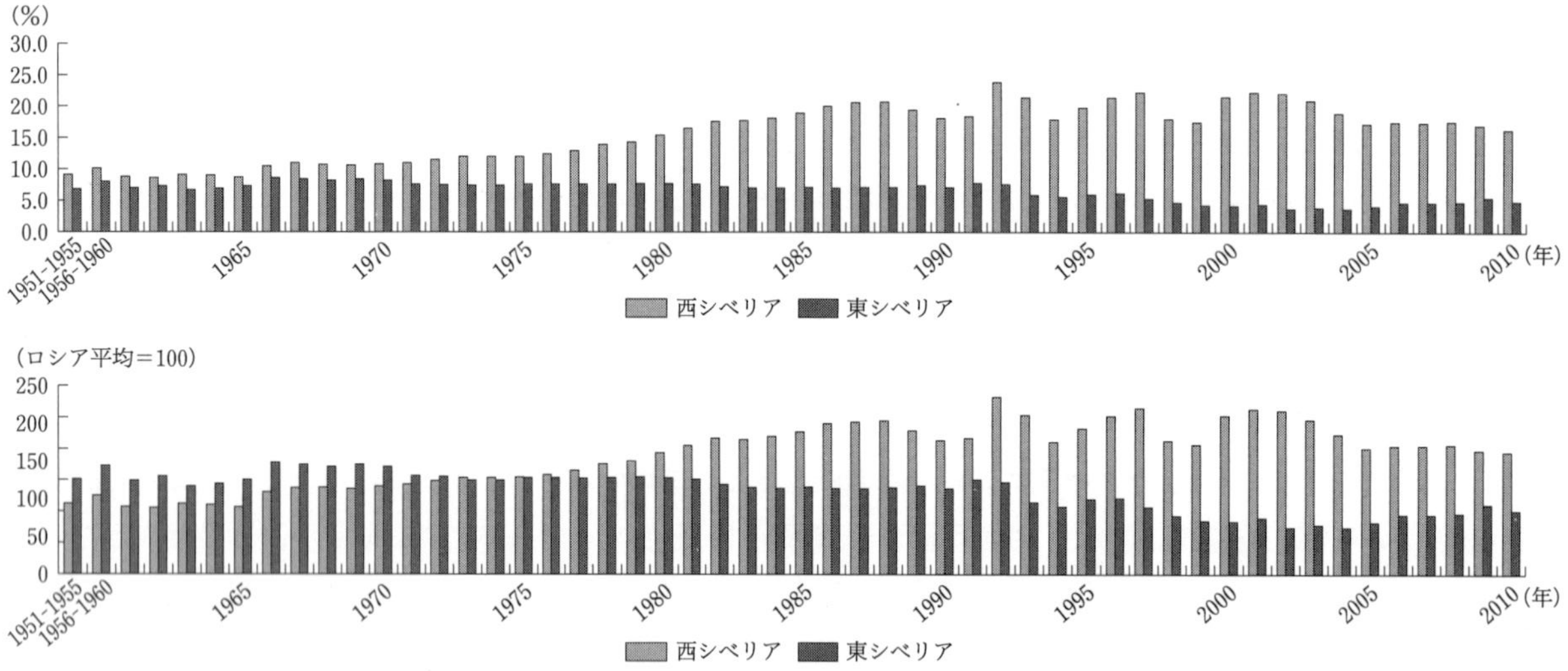

図 4-5　ロシアの固定資本投資に占める東西シベリアのシェア(上段)とその 1 人あたりの水準(下段)

注) 1951～1970 年はコルホーズと個人による投資を除く(現行価格の 1961～1965 年を除き，1969 年価格に基づく実質額で算出した)。1971～1990 年はすべての投資を含む(1971～1974 年は 1969 年価格，1975～1990 年は現行価格に基づく)。1991 年以降は小企業を除く企業・団体による投資で，2000 年以降は修繕費を除く(すべて現行価格表示)。1 人あたりの水準はロシア平均を 100 として算出した。その際，ソ連時代に行われた人口センサスの実施年(1959 年，1970 年，1979 年，1989 年)を除き，1989 年までは翌年初めの人口数(現住人口)を用いたが，データの制約により 1951～1955 年は 1956 年 4 月(現住人口)，1956～1960 年は 1959 年 1 月(人口センサスに基づく常住人口)，1966 年は 1967 年末(現住人口)，1968～1969 年は 1970 年 1 月(人口センサスに基づく常住人口)，1977 年は同年初め(現住人口)，1978 年は 1979 年 1 月(人口センサスに基づく常住人口)，1986 年は同年初め(現住人口)，1987～1988 年は 1989 年 1 月(人口センサスに基づく常住人口)の人口数で計算した。1990 年以降は年平均の現住人口を用いた。

出所) *ЦСУ РСФСР*. Народное хозяйство РСФСР в 1967 году. Москва, 1968. С. 360; Народное хозяйство РСФСР в 1970 году. Москва, 1971. С. 320; Народное хозяйство РСФСР в 1975 году. Москва, 1976. С. 328-329; *Росстат*. Центральная база статистических данных [http://www.gks.ru/dbscripts/Cbsd/DBInet.cgi] (2011 年 4 月 12 日閲覧)から作成。人口数については，各種資料を参照した。

を展開したこともあったが[45]、シベリア南部の辺境地(現在のトゥバ共和国)で学究生活を送っていた経済学者が、一九八〇年代末に公式統計を大きく下方修正する代替的な推計値をソ連共産党の機関誌に発表すると[46]、ソ連の経済統計の上方偏向は揺るぎがたい事実となった。特に、鉱工業生産額とその指数の計算には多くの問題点が見られた。原価の多重計上の可能性が大きい総額ベースでの生産額の算出(一九九一年のみ純額ベースで行われた)とインフレーション・バイアスを十分に除去しない指数計算に加え、生産額の算出を統計局で行わずに集計対象の企業に任せ、軍需産業の場合には具体的な算定式すら統計局に明かされなかったという[47]。

以上の事情は、シベリアの社会主義工業化の長期動態分析にどのような影響を与えるのだろうか。新生ロシアの中央統計局にあたるロシア国家統計委員会(現在のロシア統計局)附属の研究所員が一九六〇年から一九八八年までの鉱工業生産指数の計算式を見直し、再計算したところ、同期間の実質的な伸び率は公式統計の五・五倍に対し、二・七倍にとどまったという。両者の開きが最大であった産業部門は機械製作業で、公式統計の一四・三倍に対し、再計算では四・四倍に過ぎなかった。他方で、シベリアの基幹産業である電力業と燃料業の場合、公式統計の四・三倍に対し、再計算でも三・三倍と両者の開きは小さかった[48]。つまり、再計算された生産指数を用いて鉱工業生産額の地域別シェアを算出すれば、機械製作業を中心とするロシア欧州部のシェアは従前より小さくなり、資源産業を主力とするシベリアのシェアは逆に大きくなるはずである。さらに、当時の内外価格差を考慮すると、事実上の補助金として低価格に据え置かれていた石油・天然ガスの国内価格はシベリアのシェアを低めていたことになり、国際市場価格を用いて鉱工業生産額を再計算すれば、シベリアのシェアを大きく押し上げる可能性が高い。

したがって、図4-2に示された第二次世界大戦後の緩やかな上昇曲線は、公式統計に代わる代替的な推計値を当てはめれば、シベリアで石油・天然ガスの本格的開発が始まる一九七〇年代以降に上方への急カーブを描くと考えられる。換言すれば、その差こそがシベリアから吸い上げられていた超過利潤もしくはレントの大きさを示しており、シベリアは資源開発で「原材料のための附属物」に貶められたとする批判の根拠になるわけである。[49]

三　シベリア開発の実像――鉱工業企業の立地分析

ソ連の威信をかけて進められた国家的事業のシベリア開発には、多大な資金が投入された。一九五〇年代以降の投資動向を確認すると、ロシアにおける固定資本投資の二割弱～三割強がシベリアに向けられ、一人あたりの水準ではソ連時代の東西シベリアはともにロシア平均を上回っていた(図4-5を参照)。第一節で述べたように、シベリア開発の目標は、資源開発を通じて工業化の物質的基礎を確保しながら、その生産性の向上に貢献し、かつ後背地を脱するべく経済的・文化的水準を引き上げることにあった。シベリアは世界のエネルギー・センターの一角を占めるにまで成長し、図4-1が示すように、社会・経済発展の面でも一定の成果を上げたことから、そのかぎりで資源開発の推進に基づく近代化という政策目標は達せられたと言えよう。

そこで、次に問われるべき問題は、こうした政策目標を達成するために別様の開発路線はあり得たかという点と、開発コストに見合う経済的な成果を上げられたかという点である。特に後者は国内外で論争となり、シベリア開発に対する姿勢を分かつ重要な論点であった。シベリア開発のバランスシートを定量的に検証する試みは以前から見られたが、[50]最も体系的なデータ分析と独自のアプローチで、この問題に正面から取り組んだのが、本章の冒頭で紹介した「シベリアの呪い」の議論である。

1　「シベリアの呪い」

歴史家フィオナ・ヒル(Fiona Hill)と経済学者クリフォード・ガディ(Clifford Gaddy)の共著『シベリアの呪い』によると、シベリア経済(同書では極東もシベリアに含まれている)は計画経済体制下の非効率な産業立地で肥大化し、「歪んだ」経済地理を体現している。ソ連時代の大規模開発は、市場経済を導入してもすぐには払拭できないほどの負の遺産をシベリアに残し、ロシア経済の正常な発展を妨げてきた[51]。書名から連想されるように、本書は「資源の呪い」に関する議論の延長上にあり、その地域版と言える。また、ソ連経済の停滞を説明する仮説のひとつである過剰投資論にも通じていると見ることができよう。

広大な領土が経済発展の桎梏になるとヒルとガディは主張しているわけでない。この点は、同書の第四章の論題「地理は宿命にあらず」(geography is not destiny)からも明らかで、単なる土地の広さを問題にしているわけでも、ましてや北方領土をはじめとする領土問題と結びつけているわけでもない[52]。気候や地形に代表される自然環境と経済発展の間に因果関係を求めているのは、学術的な移行経済研究と実際の市場経済化政策の両面で大きな足跡を残したジェフリー・サックス(Jeffrey Sachs)らによる一連の研究で、世界貿易へのアクセスが困難な地域(通年運航可能な海路から百キロメートル圏外の地域)の存在は経済発展にマイナスの影響を及ぼすと主張する[53]。その代表格がアフリカ大陸とユーラシア大陸で、シベリアは後者の中心を占める。

ヒルとガディの議論は、「地理は過去には宿命であったかもしれないが、将来もそうである必然性はない[54]」と考えるポール・クルーグマン(Paul Krugman)らの新経済地理学(new economic geography)と親和性があり、シベリア開発がもたらしたロシアの経済地理の「歪み」を問題視する。すなわち、彼らによると、シベリアは「未開発」(underdeveloped)ではなく「誤開発」(misdeveloped)の状態にあり、領土ではなく経済が大きすぎるという[55]。その非効率性がどれほどであったかは、極北シベリアの辺境地では学童の送迎用に小型飛行機を運行していたことからも窺える[56]。適正規模を超えたシベリア経済という立論は特に目新しくないが、注目すべきはシベリア開発の過大さを示した実証分析の手法にある。

経済発展の実現には適正な空間編成が必要であり、何がどこに集まり、どのように結びついているかを考えなければならない。経済活動の集中する都市こそが、その舞台であり、ロシアの諸都市の規模が妥当かどうかを検証するために、ヒルとガディは「都市の順位・規模法則」(書中ではZipf's lawと紹介されている)と「一人あたり気温」(temperature per capita)という二つの概念を導入している。前者は都市経済学の分野で用いられる概念で、人口数で測られた都市の規模と順位の積は一定であることを意味する。[57] ヒルとガディは二〇〇二年の人口センサスの速報値を用いて、ロシアが法則から大きく逸脱していることを確認した上で、その原因を市場経済の下ではあり得ない場所に多くの都市が過大に建設されたことに求めた。[58] 極寒の地シベリアこそが、その場所である。

次に、シベリア開発が招いた非効率な経済地理の歪みを定量的に把握するために、前述の「一人あたり気温」という新しい概念を彼らは提起した。地域人口のシェアで加重した冬季(毎年一月)の平均気温を算出し、その国際比較と時系列変化からロシアの特徴を見出すと、カナダの「一人あたり気温」は二〇世紀に一度以上上昇したのに対し、シベリア開発で寒冷地の人口数が大幅に増えたロシアの「一人あたり気温」は逆に一度以上低下した。外気温の低下とともに労働と設備の生産性も低下することを考慮すると、ロシアは「寒さのコスト」(生産性低下に起因する機会費用と寒冷地対策用に支弁した費用)を必要以上に負担したことになる。[59] 自然環境が人間の生存条件を規定する「居住可能性」(ecumene)という観点から、シベリア開発の合理性に疑問を投げかけた研究は以前にも見られたが、[60]『シベリアの呪い』は数量化されたモデルの構築とデータの体系的吟味を通して、シベリア開発の債務の巨大さを改めて提示しようとした試みと言える。

ヒルとガディはシベリア開発のバランスシートの債務にだけ注目し、資産については言及していない。また、寒さという一点だけで債務の大きさを測ろうとする発想は、当然ながら厳しい批判に直面する。[61] とはいえ、現実のシベリア開発が理想像から大きくかけ離れていたことは紛れもない事実であり、開発効果を金銭的に測る指標がほとんど入手できない中で、比較的容易に入手できる人口数と外気温のデータを頼りにシベリア開発の実像に迫ろうとした独創性は高く評価できるであろう。

2 「無窮」の経済開発

時代を問わず「ロシア的なるもの」を言い当てた表現として、広大さと自由さを意味する「無窮」(простор)という用語が挙げられる。(62) 通常はロシア人の精神性や意識、それらと結びついたロシアの地政学の展開を説明する際に引用されるが、経済開発の観点から論じられることもある。例えば、ロシアの経済地理研究の第一人者であるレスリー・ディーンズ(Leslie Dienes)は、物理的空間によって「無窮」を具象化しているウラル山脈以東の後背地を念頭に置いて、「群島ロシア」(archipelago Russia)という概念を提起した。(63) 政治・経済活動の集積地である大都市が広大な空地に点在し、国民経済の統合的発展が妨げられてきたことを強調している。この議論を定量的に精緻化しながら、さらに発展させたのが前項で考察したヒルとガディの議論である。以上の問題は過去の出来事にとどまらず、ソ連崩壊後の資本主義化の過程でロシア経済の重荷となった。世界銀行は市場経済移行一〇年を総括した報告書の中で、この間の経済実績から判断して明らかに「負け組」に分類される旧ソ連諸国(ロシアを含むＣＩＳ諸国)に対し、「これらの諸国は、その物理的な大きさ、外部市場との距離、孤立した諸地域において企業都市の中核をなす非効率な巨大企業というような、より大きな障害にも直面し、〔資源の効率的な〕再配置の達成を妨げている(64)」と述べ、領域は広大だが孤立・閉鎖的な経済空間が経済発展の足かせになっていることを暗に認めた。ロシア経済研究の泰斗フィリップ・ハンソン(Philip Hanson)も、広大な領土を擁する大国ゆえの地域的な多様性が同国における経済改革の進展を妨げてきたと論じている。(65)

こうした問題点を企業・都市構造の視点で捉え直した概念が、ロシア版企業都市ないし企業城下町と呼べるケースであろう。ロシアでは、企業側から問題を捉える場合は「都市建造企業」(градообразующая предприятия)、都市側から見る場合は「単系都市」(монопрофильный город)と呼ぶ。(66) 近年は「単一都市」(моногород)と総称されることが多く、直近のグローバル金融危機の影響がロシア国内では企業都市で最も尖鋭化したことから、一九九〇年代の不況期に続いて再度クローズアップされている。[67]

これまでロシアの企業都市は二つの文脈で議論されてきた。[68] 第一は「現存した社会主義」との関係で、ソ連時代の社会主義企業の特性が色濃く反映されている点である。社会主義企業は経済活動を通じて生産・販売機能に従事するだけでなく、従業員とその家族を中心に福利厚生施設(住宅、商店、食堂、診療所、保養所など)、教育施設(幼稚園・保育園、図書館、体育館など)、公益サービス(上下水道、電気・温熱供給など)を提供することで、地域社会の統治機能と生活機能も担っていた。都市論でたびたび登場する「建造環境」(built environment)という概念を援用すれば、[69] 数多くの公共施設が物理的にも財務的にも一般企業に組み込まれていた点に「現存した社会主義」の建造環境の特異性がある。第二は資本主義経済への転換と関係する。ソ連時代に成立した企業・都市構造と現代の市場経済原理に基づく企業経営の間に大きな矛盾が生まれ、それが企業民営化をはじめとする一連の企業改革の中で広く認知されてきた。ここでは、計画経済から引き継がれた産業立地を市場経済の効率性基準に照らして否定的に評価し、企業都市の発展的解消を求めている。

以上の二点は、「無窮」を空間的に体現するシベリアで最も鮮明に表出した。換言すれば、企業都市こそがシベリアの経済地理を端的に表現したキーワードである。現在でも、シベリアの都市住民の四割以上は企業都市に居住している。[70] また、世界有数の非鉄金属企業ノリリスク・ニッケルを擁する極北シベリアの工業都市ノリリスクは、ロシア最大級の企業都市といわれる。それでは、シベリアの特異な経済地理は、かの地の社会主義工業化とどのように結びつくのであろうか。

3 「点状の工業化」と「面状の工業化」

本章一で述べたように、社会主義工業化は重工業部門の創設と発展を非常に重視した。特に、スターリン以降の一国社会主義論では、革命国家の生産力水準は外的な与件ではなく、その全力を挙げて高めるべき対象となり、他の何よりも優先されるべき最高規範と位置づけられたため、重化学工業化の成功は社会主義の経済的優位性を示す証であった[71]。そして、著名なソ連史家のエドワード・カー（Edward Carr）が強調するように、国家としてのソ連の威信と権勢は、その工業化の過程に多くを負っていた[72]。

ソ連の工業化路線が生命力を維持していた時期には、資本主義工業化に対する社会主義工業化の優位性として、以下のような議論が展開された。すなわち、重工業を起点とした工業化こそが、資本主義世界に依存することなく短期間にソ連を経済大国に変貌させ、持続的な技術進歩と設備近代化を可能にすることで、一般大衆の福利厚生の向上をもたらすという主張である[73]。今日から振り返ると論拠に乏しいことは明らかで、ソ連崩壊とともに社会主義工業化には失敗の烙印が押されたも同然である。しかしながら、第一章五２で述べたように、ソ連経済が第二次世界大戦後に一定の近代化を達成し、ソ連が工業国の地歩を固めたことと、一時的ではあれ資本主義工業化に対抗する代替的な工業化戦略を社会主義工業化が提起し、二〇世紀中葉における近代化論の形成に多大な影響を及ぼしたことは否定できない。それゆえ、社会主義工業化に関する史的研究においては、その結果を頭から否定的に捉えるのではなく、実証された事実に対して是々非々の評価で臨む姿勢が求められる。

一九九〇年代初頭のシベリアでは、重工業比率（重工業部門[74]の鉱工業生産額が全体に占める比率）が高い地域ほど、本章一で用いた社会的総生産と生産国民所得の一人あたりの水準も高い傾向が見られた。一九九一年当時のシベリアの重工業比率を確認すると、東シベリアは五一・五％でロシア全土平均の五一・二％とほぼ一致するが、西シベリアは六五・七％でウラルの六八・九％に次ぐ高さとなる。そのため、前述の『シベリアの呪い』を含め、シベリアは大規模な開発計画を通じて重工業化したという見方が一般的である。しかし、地域別にシベリアの重工業比率を見ると、アルタイ共和国の一二・八％からチュメニ州の八〇・五％までと大きな幅があり[75]、シベリア全体の平均値は各地域の差異を覆い隠してしまうおそれがある。社会的総生産と生産国民所得の一人あたりの水準を見ても、最低のトゥバ共和国と最高のチュメニ州の間には一〇倍以上の格差が見られる。

以上の事情は、広大なシベリアの工業化を面的に把握することの限界を示唆している。すなわち、分析単位をシベリア全域とするかぎり、大都市を中心とする経済活動の集積地とシベリアの代名詞でもある「奥地」(глубинка)や先述の「無窮」との差異は消え去り、「群島ロシア」に特有の空間編成は必然的に分析の対象外となる。[76] 州・地方・共和国という地域を分析単位としても、今度は域内の差異が顕在化するため、問題の根本的な解決にはならない。データの入手可能性も考慮すると、工業化の原動力である企業の立地先を市町村レベルで捉える点的な(ピンポイントの)分析がシベリアの実状に合致し、かつ現実的である。

そこで、一九九〇年代初頭に出版された地域別の企業総覧に基づき、シベリアに立地する鉱工業企業の属性をミクロレベルで検証してみたい。本総覧は操業中の鉱工業企業の事業所ごとに、名称、所在地、経営者氏名、連絡先、就業者数、生産額、生産品目、固定資本残存額、同損耗率のデータが記載され、部門別・経営形態別に整理されている。[77] 内外の機関投資家への情報提供を目的としており、軍需産業に属する企業の事業所も一部含まれている。以下では、一九九一年時点の事業所データが掲載された一九九二年版の企業総覧を用いて、当時の鉱工業生産額の上位順にチュメニ州、クラスノヤルスク地方、ケメロボ州、イルクーツク州における鉱工業企業の立地状況を確認する。これら四地域でシベリア全体(計一三地域)の鉱工業生産額のほぼ六割を占め、イルクーツク州を除くと重工業比率はロシア全土平均の五一・二%を大きく上回る。[78]

図4-6は上記四地域の鉱工業企業の事業所(計二〇五〇カ所)の立地先を市域、町域、村域に三分し、産業部門別に集計したものである。林産業と食品加工業で全事業所のほぼ半数を占め、他部門に比べて町村域に立地するケースが多い。この点は、両者が町村域の工業化の主役で、いわば「面状の工業化」の原動力であったことを示唆している。他方で、重工業に属する産業部門の多くは市域に立地している。化学工業の七割強、機械製作・金属加工業の六割弱、電力業の五割強の事業所が、人口数で見た各地域の三大都市(計一二都市)[79]に集中している。人口数を産業集積の代理指標とみなせば、原料産地への近接性が重視されない重工業部門は、一部の都市に集中

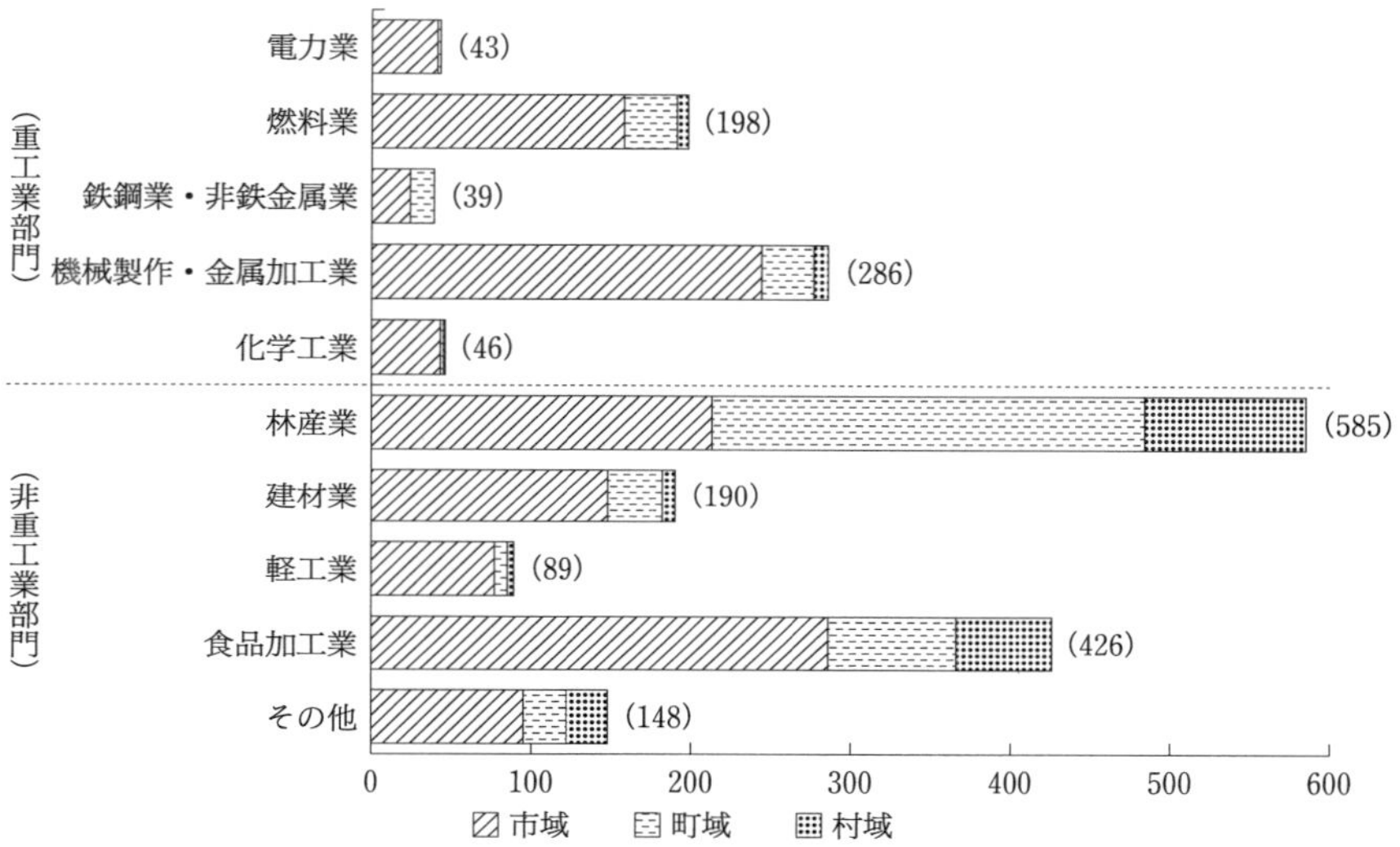

図4-6　シベリアにおける鉱工業企業の立地先（1991年）

注）括弧の中の数値は各産業部門の事業所数を示す。
出所）Бизнес-Карта 92. Россия. Восточная Сибирь. Промышленность. Кн. 2. Москва, 1992. С. 87-286; Западная Сибирь. 4. Промышленность. Кн. 4. Москва, 1992. С. 45-122, 189-258から作成。

立地するという意味で「点状の工業化」の様相を帯びていた。ここで注目されるのは、各産業部門の基本的属性を記した表4-5が示すように、事業所単位で見るとシベリアの林産業は機械製作・金属加工業と同等の生産力を有していたことである。両者の間で決定的に異なる点は立地先のみである。それゆえ、シベリアで社会主義工業化が進展したと言える地域に限定しても、林産業は基幹産業としての地位をソ連末期まで維持し、「面状の工業化」を通じて工業化の面的拡大に大きく寄与していたと言えよう。

シベリアにおける社会主義工業化は重工業中心の「点状の工業化」を推進し、その過程で社会主義色の強い企業都市を生み出した。こうした経済地理のあり方こそが、先に紹介した欧米の研究者らによる批判の的であった。他方で、「点状の工業化」と表裏一体の関係にある「面状の工業化」の動態については、その経済規模の小ささや特色のない産業構成ゆえに、これまで顧みられることは少なかった。しかし、ソ連

表 4-5　シベリアにおける鉱工業企業の属性(1991 年)

	立地先(%)			資本装備率	労働生産性	就業者数	就業者数
	市域	町域	村域	(千ルーブル)	(千ルーブル)	(平均値：人)	(中央値：人)
電力業	3.1	0.4	0.0	154.3	80.3	1,821	576
燃料業	11.9	6.5	3.2	116.2	85.2	3,153	1,549
鉄鋼業・非鉄金属業	1.8	3.0	0.0	73.1	64.5	4,512	1,177
機械製作・金属加工業	18.4	6.5	4.2	17.3	30.4	929	331
化学工業	3.2	0.4	0.5	28.4	331.6	2,245	800
林産業	16.0	53.7	46.8	20.7	40.9	834	300
建材業	11.1	6.7	3.7	17.1	28.4	971	385
軽工業	5.8	1.6	1.9	7.7	86.6	861	417
食品加工業	21.5	15.8	27.8	12.3	83.4	372	140
その他	7.1	5.3	12.0	4.7	15.2	548	51
合計	100.0	100.0	100.0	−	−	−	−

注）資本装備率は就業者１人あたり固定資本額，労働生産性は就業者１人あたり鉱工業生産額を意味する。
出所）図 4-6 に同じ。

崩壊直後の時点で三八六町（都市型集落）と四〇二七村（村ソビエト）[80]を数えるシベリアの奥地にも目を向けなければ、社会主義工業化の実像を正確に捉えたことにはならないであろう[81]。このような問題が鮮明に現れていたシベリア開発の事例こそが、次章で取り上げるアンガラ川流域開発である。

おわりに

「無主地」シベリアの社会主義工業化のバランスシートの作成は、非常に困難な作業である。定量的検証に必要なデータが不足しているだけでなく、その両義性が成否の評価を難しくしている。計画経済体制下で実施されたシベリア開発は当地の近代化を推進し、少なくとも数字上は後背地の汚名を返上したと言えるが、それが果たして「計画」どおりだったかと問われれば、シベリア経済が「戦争」「石油」「市場」を契機に躍進したという史実を踏まえると、疑問符を付けざるを得ないだろう。資源開発に伴うレントの取得と分配、開発効果ないし機会費用の評価、深刻な環境破壊・汚染の発生などの面でも、社会主義工業化の意義は一般に否定されている。さらに、「面状の工業化」と「点状の工業化」を区別することで見えてくるシベリア開発の実像は、社会主義工業化の最大の目標であった重工業化が局所的にしか実現されなかったことを示唆している。

一国単位で考えると、シベリアの資源開発はロシアにとって諸刃の剣であり、その両義性が明瞭に映し出されている。「資源の呪い」はソ連経済を破綻させた一因かもしれないが、ソ連崩壊後のロシア経済を支えてきたのは、社会主義工業化が実現したシベリアの資源産出力である。他方で、「第三のバクー」(西シベリア)の産油能力の限界説を踏まえれば、その終焉後に最大級の「シベリアの呪い」が訪れる可能性も捨てきれない。シベリア開発をめぐる両義性の評価は、分析期間をどこに置くかで大きく変わると考えられるが、さらなる大規模な資源開発(東シベリア・太平洋パイプライン建設、サハリン沖開発、北極圏開発など)がロシアの辺境地で進行中の今、今後のシベリア開発の展望を描く上でも、過去の史実を正確に把握する試みは無意味ではないだろう。

(1) Fiona Hill and Clifford G. Gaddy, *The Siberian Curse: How Communist Planners Left Russia out in the Cold* (Washington, D.C.: Brookings Institution Press, 2003)

(2) 「資源の呪い」に関する諸研究の包括的な紹介として、Michael L. Ross, "The Political Economy of the Resource Curse," *World Politics* 51:2 (1999), pp. 297-322を参照。ロシアに的を絞った「資源の呪い」の事例研究としては、久保庭真彰『ロシア経済の成長と構造――資源依存経済の新局面』岩波書店、二〇一一年、栖原学「ロシア経済と天然資源」『経済研究』(一橋大学)第五五巻第二号、二〇〇四年、九七―一一〇頁、田畑伸一郎「二〇〇〇年代のロシアの経済発展メカニズムについての再考」『経済研究』(一橋大学)第六三巻第二号、二〇一二年、一四三―一五四頁、Rudiger Ahrend, "Can Russia Break the "Resource Curse"?," *Eurasian Geography and Economics* 46:8 (2005), pp. 584-609; Michael Ellman, ed., *Russia's Oil and Natural Gas: Bonanza or Curse?* (London: Anthem Press, 2006); Clifford G. Gaddy and Barry W. Ickes, "Resource Rents and the Russian Economy," *Eurasian Geography and Economics* 46:8 (2005), pp. 559-583; Younkyoo Kim, *The Resource Curse in a Post-communist Regime: Russia in Comparative Perspective* (Aldershot: Ashgate, 2003)などが挙げられる。

(3) *Гранберг* А.Г. Экономика Сибири: задачи структурной политики // Коммунист. 1988. № 2. С. 31.

(4) *Илларионов А.* Экономический потенциал и уровни экономического развития союзных республик // Вопросы экономики. 1990. № 4. С. 47-48.

(5) 山中文夫『シベリア五〇〇年史――セーブルロード(毛皮の道)は語る』近代文藝社、一九九五年、二二九頁。

(6) *Ленин В.И.* Полное собрание сочинений. 5-е изд. Т. 43. Москва, 1963［『レーニン全集』第三三巻、大月書店、一九五九年、三七七頁。］

(7) *Ленин В.И.* Полное собрание сочинений. 5-е изд. Т. 36. Москва, 1962［『レーニン全集』第二七巻、大月書店、一九五八年、二六〇頁。］

(8) *Кистанов В.В.* Будущее Сибири: развитие хозяйства в семилетке. Москва, 1960; *Некрасов Н.Н.* Проблемы Сибирского комплекса. Москва, 1973［ニコライ・ネクラーソフ(鈴木啓介訳)『シベリア開発構想――ソ連の方針と現状と展望』サイマル出版会、一九七五年］; Сибирь: проблемы комплексного развития / Под ред. В.В. Воробьева, А.И. Чистобаева. Санкт-Петербург, 1993; *Тарасов Г.Л.* Восточная Сибирь. Москва, 1964 などを参照。

(9) コンペンセーション・ベースで成約したシベリア・極東開発の日ソ合同プロジェクトの一覧については、嶋倉民生編『東北アジア経済圏の胎動――東西接近の新フロンティア』アジア経済研究所、一九九二年、一七三頁を参照。経済団体連合会・日本ロシア経済委員会編『日ソ経済委員会史――日ソ経済協力四半世紀の歩み(一九六五―一九九二)』経済団体連合会、一九九九年にまとめられた史実が示すのは、一九六〇年代半ばに始まった日ソ経済協力の大半はシベリア・極東の資源開発を対象としていたことである。

(10) 池田博行『シベリア開発の実態』アジア経済研究所、一九六四年、石井浩『シベリア開発――その現状と展望』ダイヤモンド社、一九六三年、小川和男『シベリア開発と日本』時事通信社、一九八三年、森本良男『シベリア――その自然と開発計画』築地書館、一九六二年、山本敏『シベリア開発』講談社、一九七三年などが挙げられる。欧米諸国での代表的業績としては、Alan Wood, ed., *Siberia: Problems and Prospects for Regional Development* (London, New York: Croom Helm, 1987)がある。

(11) 池田博行『シベリア経済史』アジア経済研究所、一九六八年、加藤九祚『シベリアの歴史』紀伊國屋書店、一九九四年(復刻版)、山中『シベリア五〇〇年史』、Victor L. Mote, *Siberia: Worlds Apart* (Boulder: Westview Press, 1998); Igor V. Naumov (edited by David N. Collins), *The History of Siberia* (Abingdon: Routledge, 2006); Alan Wood and R.A. French, eds., *The Development of Siberia: People and Resources* (London: Macmillan, 1989); *Попов В.Э.* Проблемы экономики Сибири. Москва, 1968 などを参照。シベリア経済に対するロシア革命の歴史的評価も、ソ連崩壊で大きく様変わりした(例えば、*Московский А.С.* Промышленное освоение Сибири в период строительства социализма, 1917-1937 гг.:

историко-экономический очерк. Новосибирск, 1975 と *Винокуров М.А, Суходолов А.П.* Экономика Сибири, 1900–1928. Новосибирск, 1996 を比較せよ)。

(12) その先駆的な業績は、ソ連の地下出版物として当時の西ドイツで公表された *Комаров Б.* Уничтожение природы: обострение экологического кризиса в СССР. Frankfurt/Main, 1978［ボリス・カマロフ(西野建三訳)『シベリアが死ぬ時』アンヴィエル、一九七九年］である。

(13) 「地域・生産複合体」に関する内外の研究は膨大な数に上る。紙幅の都合上、以下の論文とそこで紹介されている文献を参照されたい。小俣利男「ソビエトにおける地域生産複合体概念の形成過程——一九四〇年までを対象に」『経済地理学年報』第三二巻第三号、一九八六年、四八—五九頁、小俣利男「戦後のソ連における地域生産コンプレクス概念の展開と地域開発」『経済地理学年報』第三八巻第二号、一九九二年、一—二二頁、水田明男「ソ連邦における地域・生産コンプレクス研究」『社会主義経済研究』創刊号、一九八三年、八〇—八四頁、望月喜市「シベリア開発モデルの理論と実際」『スラヴ研究』第二三巻、一九七九年、一六九—二〇五頁。「地域・生産複合体」以外のシベリアに対する経済的アプローチの研究業績としては、細川隆雄『シベリア開発とバム鉄道』地球社、一九八三年や Leslie Dienes, *Soviet Asia: Economic Development and National Policy Choices* (Boulder: Westview Press, 1987)などが挙げられる。

(14) 平竹傳三『シベリア經濟地理』大阪屋號書店、一九三九年、Rodger Swearingen, ed., *Siberia and the Soviet Far East: Strategic Dimensions in Multinational Perspective* (Stanford: Hoover Institution Press, 1987); Allen S. Whiting, *Siberian Development and East Asia: Threat or Promise?* (Stanford: Stanford University Press, 1981)［アレン・ホワイティング(池井優訳)『シベリア開発の構図——錯綜する日米中ソの利害』日本経済新聞社、一九八三年］などを参照。

(15) 項目の全文は、Большая Советская энциклопедия. 1-е изд. Т. 52. Москва, 1947. С. 221-238; 2-е изд. Т. 40. Москва, 1957. С. 168-173; 3-е изд. Т. 10. Москва, 1972. С. 266-268 を参照。

(16) 松原昭「社会主義の経済成長とその理論問題」早稲田大学社会科学研究所編『社会主義工業経済論』早稲田大学社会科学研究所、一九六八年、四—五頁や溝端佐登史『ロシア経済・経営システム研究——ソ連邦・ロシア企業・産業分析』法律文化社、一九九六年、一〇五頁などを参照。

(17) 岡本正「社会主義工業化」岡本正編著『ソ連経済論・歴史編』日本評論社、一九六八年、七九—一二九頁。

(18) 橋本寿朗「アメリカのインパクトとシステムの攪乱」東京大学社会科学研究所編『経済成長II　受容と対抗(二〇世紀システム3)』東京大学出版会、一九九八年、一八頁。戦後ソ連の高度経済成長をめぐる議論については、同書に収録された大津定美「ソ連の第二次高度成長」二五二—二九七頁を参照。

(19) 岡稔「社会主義工業」池田顕昭、岡稔編『社会主義の経済構造(I)(現代社会主義講座第三巻)』東洋経済新報社、一九五六年、四三―六六頁、Philip Hanson, *The Rise and Fall of the Soviet Economy: An Economic History of the USSR from 1945* (London: Longman, 2003), pp. 48-69.

(20) 二瓶剛男「指令的計画経済の蓄積メカニズム——戦後ソ連経済の成長と停滞」東京大学社会科学研究所編『経済成長II 受容と対抗(二〇世紀システム3)』東京大学出版会、一九九八年、一八五―二五一頁。

(21) この点は、塩川伸明『現存した社会主義——リヴァイアサンの素顔』勁草書房、一九九九年、二九三―三四一頁および塩川伸明『《二〇世紀史》を考える』勁草書房、二〇〇四年、九五―一一八頁から着想を得た。

(22) 中央統計局を中心とするソ連の統計組織と業務内容については、V・P・ダニーロフ、A・I・ミニューク(源河朝典訳)「ソ連経済統計(一九一八～一九九一年)に関する歴史的分析」『NIRA政策研究』第一二巻第七号、一九九九年、八―一三頁および山口秋義『ロシア国家統計制度の成立』梓出版社、二〇〇三年を参照。

(23) ロシア国立経済文書館長による史料解説として、E・A・チューリナ「ロシア国立経済文書館とソ連およびロシアの経済統計」一橋大学経済研究所中核的拠点形成プロジェクト・ディスカッションペーパー、DP九九―二、一九九九年五月を参照。同史料を利用したソ連経済の地域研究としては、西村可明、岩﨑一郎「ソ連中央統計局内部資料が示す中央アジア工業発展史」一橋大学経済研究所中核的拠点形成プロジェクト・ディスカッションペーパー、DP九九―三五、二〇〇〇年一〇月、西村可明、岩﨑一郎「ソ連中央アジア地域長期農業統計」一橋大学経済研究所中核的拠点形成プロジェクト・ディスカッションペーパー、DP九九―三六、二〇〇〇年一〇月、西村可明、杉浦史和「旧ソ連におけるザカフカス諸国の経済発展」『経済研究』(一橋大学)第五六巻第一号、二〇〇五年、五三―六八頁、Kazuhiro Kumo, "Soviet Industrial Location: A Re-examination," *Europe-Asia Studies* 56:4 (2004), pp. 595-613 などが挙げられる。

(24) *Винокуров, Суходолов*. Экономика Сибири. С. 152-154.

(25) Там же. С. 170-199.

(26) *Фейгин Я.Г.* Размещение производства при капитализме и социализме. Москва, 1954. С. 155.

(27) 中村泰三『ソ連邦の地域開発』古今書院、一九八五年、一六頁。

(28) 一九三〇年代半ばに計三回刊行され、経済関係のデータが戦前の公式統計の中では最も充実している。

(29) 一九三六年の鉱工業センサスによると、鉱工業生産全体に占める大規模事業所の割合は西シベリアで八五・一%、東シベリアで八四・四%である(Российский государственный архив экономики, ф. 1562, оп. 51, ед. хр. 4, л. 18-19, 24-25, 44-45, 106-107 に記載のデータから算出)。本来であれば、ここでは小規模事業所を含む全事業所を対象とした鉱工業センサスを利用すべきだが、一部のデータが欠けており、東西シベリアの正確なシェアが算出できないため、公式統計『ソ連邦の社会主義建設』(一九三六年版)を使用した(表4-3の出所を参照)。

(30) 中村『ソ連邦の地域開発』九九―一〇二頁。

(31) 例えば、История социалистической экономики СССР. Т. 5. Москва, 1978. С. 340-341 では、戦時期に約一五〇〇の工場がソ連東部に疎開したとされるが、История России: Советское общество, 1917-1991. Москва, 1997. С. 291 は、一九四一～四二年だけで疎開工場数は約三〇〇〇に上るとしている。一九九〇年に公開された戦時期の公式統計によると、一九四一年七～一二月に二五九三の企業が疎開し、そのうち大企業は一五二三を占めたと記されている(*Госкомстат СССР*. Народное хозяйство СССР в Великой Отечественной войне, 1941-1945. Москва, 1990. С. 15)。大規模な工場疎開の結果、一九四二～四四年にソ連東部で二二五〇の大企業が操業を始めたとされる(Экономическая история СССР / Под ред. И.С. Голубничего, А.П. Погребинского, И.Н. Шемякина. Москва, 1963. С. 422)。

(32) 小俣利男『ソ連・ロシアにおける工業の地域的展開――体制転換と移行期社会の経済地理』原書房、二〇〇六年、五〇―五二頁によると、一九四一～四二年の主要な疎開先は各地域の主要都市に集中したため、工場疎開はソ連東部地域の工業化と全国的に見た産業立地の分散化を推し進めた一方で、疎開先での工業の集中化、とりわけ都市部への工業集積をもたらした。

(33) ただし、ソ連崩壊後に公開された一九三九年人口センサスと、その前回の一九二六年人口センサスを比較すると、東シベリアの各地域で都市部を中心に人口数の急増が見られる(Всесоюзная перепись населения 1939 года: основные итоги. Россия. Санкт-Петербург, 1999. С. 24-26)。この点は、本格的な工業化の展開に先立つ労働力の集積という事態を示唆している。

(34) 先述したように、一九七〇年代後半から一九八〇年代前半にかけての公式統計の簡素化のために、同時期の地域別鉱工業生産額は算出できない。また、その実質化の際に、基準年の取り方によって部門別・地域別シェアが変動するという問題も残る(島村史郎『ソ連経済と統計――ゴルバチョフ経済政策の評価』東洋経済新報社、一九八九年、七四―七五頁)。例えば、図4-2(a)と(b)で一九五〇年の東西シベリアのシェアが大きく異なるのは、デフレーターとしての信頼性に欠けた一九二六～二七年価格基準を一九四八年に廃止し、一九五〇年以降は卸売価格に基づく対比価格での実質化を採用したためである(岡稔『ソヴェト工業生産の分析』岩波書店、一九五六年、五二―七〇頁)。

(35) ソ連共産党が西シベリアの石油・天然ガス開発をいかに重視していたかは、各回の共産党大会での言及内容や頻度から窺える。この点については、小俣「戦後のソ連における地域生産コンプレクス概念」四頁の第二図を参照。

(36) 久保庭真彰「ロシア極東産業連関表(一九八七)の構造と地域特性」『ERINA REPORT』第九号、一九九五年、一三―一七頁は、ソ連末期の極東経済の産業連関表の分析結果に基づいて、当地における機械製作業の生産誘発係数の低さを指摘している。

(37) ソ連共産党独裁の計画経済体制下であったにもかかわらず産業立地の方針が遵守されなかった理由として、ソ連国家計画委員会(ゴスプラン)附属生産力研究会議の関係者は、各企業を所管する産業省庁の権限の強さを強調していた(*Адамеску А.А., Кистанов В.В.* Размещение производительных сил и развитие народного хозяйства // Плановое хозяйство. 1990. № 6. С. 109-114)。

(38) 一九九〇年から一九九一年にかけての変化は、鉱工業生産額の計算式が総額ベースから純額ベースに変更されたことも影響している。

(39) *Росстат.* Промышленность России. Москва, 2005. С. 49-51.

(40) 詳細は、第三章1 4を参照。

(41) *Гранберг А.Г.* Сибирь и Дальний Восток: общие проблемы и свойства экономического роста // Регион: экономика и социология. 2003. № 1. С. 18-22.

(42) Hill and Gaddy, *The Siberian Curse* を参照。

(43) 例えば、*The Review of Economic Statistics* 29:4 (1947)で、ソ連の経済統計に関する特集が組まれている。日本でも、特集「ソヴェート経済統計の検討」として『経済研究』(一橋大学)創刊号、一九五〇年、三二―五六頁で取り上げられている。

(44) Alexander Gerschenkron, "The Soviet Indices of Industrial Production," *The Review of Economic Statistics* 29:4 (1947), pp. 217-226を参照。他方で、ガーシェンクロンと同時代の経済理論・経済史家であるモーリス・ドッブ(Maurice Dobb)は、ソ連の価格設定に関する史実に基づいて、生産指数の上方偏向説を批判している(Maurice Dobb and Harry Scwartz, "Further Appraisals of Russian Economic Statistics: A Comment on Soviet Statistics," *The Review of Economic Statistics* 30:1 (1948), pp. 34-41)。後述するように、今日では否定しがたい事実と認識されているソ連の経済統計の上方偏向を生んだ直接的要因や経済的背景については、栖原学「ソ連工業生産指数における上方バイアス」『経済集志』(日本大学)第八〇巻第四号、二〇一一年、二九(三六九)―五六(三九六)頁が詳しい。

(45) ソ連邦ゴスプラン経済研究所(竹浪祥一郎訳)『米ソの経済競争――理論・分析・展望』合同出版社、一九六〇年、五三―九九頁。

(46) *Ханин Г.И.* Экономический рост: альтернативная оценка // Коммунист. 1988. № 17. С. 83-90.

(47) *Кудров В.* Надежны ли расчеты темпов роста экономики СССР и России? // Вопросы экономики. 1993. № 10. С. 123-124.

(48) *Эйдельман М.Р.* Пересмотр динамических рядов основных макроэкономических показателей // Вестник статистики. 1992. № 4. С. 26.

(49) Gaddy and Ickes, "Resource Rents," pp. 560-567 の議論に従えば、資源開発に伴うレントは過剰な生産費(機会費用)、価格補助金、公式税、非公式税、企業利潤として社会に分配されるが、そのうち生産地に再投資されると考えられるのは後二者だけである。

(50) 有木宗一郎「シベリア・極東開発のコストとソ連の開放政策」『ソ連・東欧学会年報』第一九号、一九九一年、八八―九七頁を参照。

(51) Hill and Gaddy, *The Siberian Curse*, pp. 1-6.

(52) 『大国の興亡』(鈴木主税訳、草思社、一九九三年)の著者ポール・ケネディ(Paul Kennedy)が指摘するように、領土の広さを国力の源泉とする従来の議論に『シベリアの呪い』は一石を投じたと言える(『読売新聞』二〇〇四年三月八日)。しかし、国力と経済力(経済の競争力)は別々の概念で、『シベリアの呪い』の重点は明らかに後者にある。

(53) Andrew D. Mellinger, Jeffrey D. Sachs and John L. Gallup, "Climate, Coastal Proximity, and Development," in Gordon L. Clark, Maryann P. Feldman and Meric S. Gertler, eds., *The Oxford Handbook of Economic Geography* (Oxford, New York: Oxford University Press, 2000), pp. 89-107.

(54) Paul Krugman, "The Role of Geography in Development," in Boris Pleskovic and Joseph E. Stiglitz, eds., *Annual World Bank Conference on Development Economics, 1998* (Washington D.C.: The World Bank, 1999), p. 89.

(55) Hill and Gaddy, *The Siberian Curse*, p. 186.

(56) 西シベリアのヤマロ・ネネツ自治管区の事例である(R.E.G. Davies, *Aeroflot: An Airline and Its Aircraft* (Rockville: Paladwr Press, 1992), p. 72)。

(57) 都市人口の規模と順位をそれぞれ Size および Rank とすると、$Rank=\alpha Size^{-\beta}$($\alpha$：定数、$\beta$：順位の規模弾力性)が成立する。実証分析の際には、両辺を対数変換した線形式 $\log(Rank)=-\beta\log(Size)+\log\alpha$ を用いて、βの値を計算する。

(58) Hill and Gaddy, *The Siberian Curse*, pp. 7-25 を参照。この議論は、World Bank, *From Transition to Development: A Country Economic Memorandum for the Russian Federation* (Washington D.C.: The World Bank, 2005), Part C. I で取り上げられ、より詳細に展開されている。しかし、計画経済体制の負の遺産を強調する『シベリアの呪い』の趣旨からすれば、現在のロシアではなく、ソ連の「都市の順位・規模法則」を検証すべきである。さらに、同法則の分析結果は、その対象となる都市の定義と数に大きく依存することが知られており(吉村弘「都市の順位・規模の法則について」『地域経済研究』(広島大学)第五号、一九九五年、三七―四二頁)、大都市の場合には、昼間人口と夜間人口の差に現れる勤務地と居住地の違いも考慮しなければならない(経済活動を重視するならば、通勤者を含む昼間人口を採用すべきである)。これらの点を考慮しなかったとしても、ソ連末期の一九八九年に実施された人口センサス(後出の注(79)を参照)を用いて、『シベリアの呪い』ならびに世界銀行の上記報告書と同条件で検証したところ、順位・規模の分布図の形状はより直線的になり、上記の法則からの逸脱の程度は小さくなることが確認された。したがって、ヒルとガディの分析は、この点で重大な問題点を抱えており、その結果を引用して産業立地の非効率性や社会主義の遺産を説く論者の感性も推して知るべしであろう。

(59) Hill and Gaddy, *The Siberian Curse*, pp. 26-56.

(60) Victor M. Mote, "BAM after the Fanfare: The Unbearable Ecumene," in John M. Stewart, ed., *The Soviet Environment: Problems, Policies and Politics* (Cambridge, New York: Cambridge University Press, 1992), pp. 40-56.

(61) ジェームス・ミーク(James Meek)は『シベリアの呪い』を批評して、寒さの問題に対するアプローチが誤っていると批判する。すなわち、問題の所在はどれだけ寒いかではなく、寒さへの対処に必要な費用を支弁するに値する経済活動が行えるかどうかにある(*London Review of Books*, 8 July 2004, pp. 3-5)。この問題を解決しないかぎり、シベリアから寄せられた反論の中で指摘された「地震リスクのコスト」「暑さのコスト」「環境汚染のコスト」など、経済活動に不利な気候・環境上の要因はいくらでも挙げられる(ЭКО. 2004. № 6. С. 96-98)。

(62) 川端香男里『ロシア――その民族とこころ』講談社、一九九八年、一三―一六頁。

(63) Leslie Dienes, "Reflections on a Geographic Dichotomy: Archipelago Russia," *Eurasian Geography and Economics* 43:6 (2002), pp. 443-458.

(64) World Bank, *Transition—The First Ten Years: Analysis and Lessons for Eastern Europe and the Former Soviet Union* (Washington, D.C.: The World Bank, 2002), p. 15.

(65) フィリップ・ハンソン(溝端佐登史訳)「ロシア経済はどの程度特殊なのか?――規模と地域的多様性から」『比較経済体制研究』第八号、二〇〇一年、一三三―一四七頁。

(66) ロシアにおける企業都市の定義と分類については、Masahiro Tokunaga, "Enterprise Restructuring in the Context of Urban Transition: Analysis of Company Towns in Russia," *The Journal of Comparative Economic Studies* 1 (2005), pp. 79-102を参照。

(67) 服部倫卓「ロシアのモノゴーラド(企業城下町)問題」『ロシアNIS調査月報』二〇一〇年二月号、五―二二頁、*Зубаревич Н.В.* Регионы России: неравенство, кризис, модернизация. Москва, 2010. С. 82-96.

(68) 以下の叙述は、Tokunaga, "Enterprise Restructuring in the Context of Urban Transition"に基づく。

(69) 建造環境の概念規定については、David Harvey, *The Urbanization of Capital: Studies in the History and Theory of Capital Urbanization* (Baltimore: Johns Hopkins University Press, 1986 [デイヴィド・ハーヴェイ(水岡不二雄監訳)『都市の資本論――都市空間形成の歴史と理論』青木書店、一九九一年、一五―五〇頁]および水岡不二雄編『経済・社会の地

理学――グローバルに、ローカルに、考えそして行動しよう』有斐閣、二〇〇二年、一八九―二〇九頁を参照。

（70） *Зубаревич Н.В.* Социальное развитие регионов России: проблемы и тенденции переходного периода. 2-е изд. Москва, 2005. С. 120.

（71） 森岡真史「社会主義の過去と未来――科学・闘争・規範」『経済理論』第四八巻第1号、二〇一一年、三四頁。

（72） Edward H. Carr, “Some Random Reflexions on Soviet Industrialization,” in Charles H. Feinstein, ed., *Socialism, Capitalism and Economic Growth: Essays Presented to Maurice Dobb* (Cambridge: Cambridge University Press, 1967)〔エドワード・カー「ソヴェト工業化にかんする随想」チャールズ・フェインステーン編(水田洋ほか訳)『社会主義・資本主義と経済成長――モーリス・ドッブ退官記念論文集』筑摩書房、一九六九年、三二八頁〕。

（73） Экономика социалистической промышленности / Под ред. Л.И. Итина, Б.С. Геращенко. 2-е изд. Москва, 1961. С. 28-29.

（74） 以下では、電力業、燃料業、鉄鋼業・非鉄金属業、機械製作・金属加工業、化学工業を重工業部門として、それ以外の産業は非重工業部門に分類する(後掲の図4-6を参照)。ソ連の公式統計では、林産業と建材業も重工業部門に加えられていたが、以下の三点を理由に両産業は非重工業部門とした。第一に、通常は第一次産業(農林水産業)に分類される林業が林産業に含まれるだけでなく、日本標準産業分類(二〇〇七年一一月改定)の中分類で木材・木製品製造業、家具・装備品製造業、パルプ・紙・紙加工品製造業に該当する工業製品を重工業に分類することは一般的でない。同じく上記の中分類で窯業・土石製品製造業に属する製品(セメント、ガラス、レンガなど)を主力とする建材業をすべて重工業とすることも通例に反する。日本の自治体などが行う事業所調査で通常用いられる分類法では、木材・木製品製造業、パルプ・紙・紙加工品製造業、窯業・土石製品製造業は軽工業加工型、家具・装備品製造業は軽工業素材型に分けられる(一例として、岡田知弘、徳永昌弘「事業所アンケートからみた四日市市内企業の特質(一)――製造業企業アンケート結果」『四日市市史研究』第九号、一九九六年、一七―三二頁を参照)。第二に、重工業とは製品の容積に対する重量の比率が大きく、多額の投資を要する装置産業であるという一般的な定義は見られるが、具体的にどの産業部門や工業製品が重工業に属するかについて定式化された分類法は存在しない。例えば、セメントなど一部の建材を重工業素材型に分類するケースもあれば、精密機械やハイテク製品を重工業に位置づけるかどうかは見解が分かれる。管見のかぎりでは、入手可能な産業統計や研究目的に応じてアドホックに分類しているのが実情である。この点はソ連で出版された専門書も同じで、Экономика социалистической промышленности. С. 28 は、機械製作、冶金、燃料・エネルギー、化学の四部門のみを重工業としている。第三に、しばしば資本財生産部門(Aグループ)と消費財生産部門(Бグループ)の区分と混同されたソ連流の重工業と軽工業の分類は、マルクス経済学の再生産表式に照らしても理論的に不適当であるだけでなく、実務面で多くの問題を惹き起こした(Peter J.D. Wiles,

The Political Economy of Communism (Oxford: Basic Blackwell, 1962) [ピーター・ワイルズ(堀江忠男監訳)『社会主義の政治経済学』学文社、一九七一年(改訂増補版)、三九二―四一三頁]。それゆえ、実証分析に際して、ソ連の公式統計に基づく重工業の分類法に従わねばならぬ特段の理由はない。なお、重工業部門の対概念を非重工業部門として、軽工業部門と呼ばなかったのは、ソ連の公式統計で一般的に使われた軽工業との混同を避けるためである。

(75) 後出の注(78)を参照。

(76) ロシアのプーチン大統領は、中央政界でまだ無名の存在であったサンクトペテルブルグ市勤務時代に来日したことがあり、移動中の新幹線の車窓から外を眺めて、「日本には市町村の境界がないのか」と呟いたという(中津孝司『ガスプロムが東電を買収する日』ビジネス社、二〇〇七年、一八頁)。ロシア人一般に身についた「群島ロシア」の感覚で日本の風景を描写すると、このような発言に繋がるのであろう。

(77) 地域は異なるが、この企業総覧を用いてソ連末期の産業立地をミクロレベルで分析した研究として、岩﨑一郎『中央アジア体制移行経済の制度分析――政府―企業間関係の進化と経済成果』東京大学出版会、二〇〇四年、五三―八一頁および小俣『ソ連・ロシアにおける工業の地域的展開』一一―三〇頁が挙げられる。

(78) 各地域の鉱工業生産額のシェア(シベリア全体に占める割合)と重工業比率は、それぞれ以下のとおりである。チュメニ州―二〇・九%/八〇・五%、クラスノヤルスク地方―一四・七%/六四・〇%、ケメロボ州―一二・六%/六七・一%、イルクーツク州―一二・四%/五〇・四%。いずれも一九九一年の数字で、*Госкомстат России.* Показатели экономического развития республик, краев, областей Российской Федерации. Москва, 1992. С. 11-12, 91-94 に記載のデータから算出した。

(79) 一九八九年人口センサスに基づき(*Госкомстат РСФСР.* Численность населения РСФСР по данным всесоюзной переписи населения 1989 года. Москва, 1990. С. 303-306, 318-338)、以下の四地域一二都市を選択した。チュメニ州―チュメニ/スルグト/ニジネバルトフスク、クラスノヤルスク地方―クラスノヤルスク/ノリリスク/アバカン、ケメロボ州―ケメロボ/ノボクズネツク/プロコピエフスク、イルクーツク州―イルクーツク/アンガルスク/ブラーツク。

(80) 一九九二年初めのデータである(*Госкомстат России.* Народное хозяйство Российской Федерации, 1992. Москва, 1992. С. 8-9)。通常、村ソビエトは複数の集落で構成されるため、実際の居住地の数はその数倍に上る。

(81) Oleg Golubchikov, "Re-scaling the Debate on Russian Economic Growth: Regional Restructuring and Development Asynchronies," *Europe-Asia Studies* 59:2 (2007), pp. 191-215 は、ディーンズが提唱した「群島ロシア」を批判して、抽象的な概念であるにせよ、他所から隔絶された虚無の空間という歪曲されたイメージをロシアの後背地に与えたと述べている(Ibid., p. 195)。「群島ロシア」の含意を一面的に捉えたきらいはあるが、この指摘自体は正当かつ重要であろう。

第II部

第五章　戦後シベリアの地域経済開発
――「バイカル問題」の背景

はじめに

後背地シベリアの中でも工業化が立ち後れていた東シベリアの経済発展に大きく寄与した近代化プロジェクトは、イルクーツク州を中心に展開したアンガラ川流域開発である。次章以下で考察するバイカリスクセルロース・製紙コンビナートは、その一環として建設された。戦後ソ連のシベリア開発計画の中でアンガラ川流域開発は最大級の規模を誇ると同時に、今後のロシア経済の展望を占う上で重要な東シベリア・太平洋パイプライン建設プロジェクトの基点となった地域経済開発である。(1) 戦後シベリアの大規模な開発事業はいくつか挙げられるが、(2) アンガラ川流域開発の検証は、以下の点で社会主義近代化プロジェクトの事例研究として重要な意味を持つ。

第一に、戦前から入念に準備され、戦後の高度経済成長期に実施された開発計画によってアンガラ川流域はソ連有数のエネルギー・センターとなり、その中・上流域に一大産業地帯が誕生したと評価されてきた。アンガラ川上流域が中央を縦断するイルクーツク州が好例で、州内の産業都市の多くはアンガラ川流域開発の過程で誕生した。このように、後背地シベリアに工業拠点を次々に形成したことで、社会主義工業化の実例として国内外の注目を浴び、当時はソ連版のＴＶＡ（テネシー川流域開発公社）事業とも言われた。第二に、同流域開発の計画案の作成には、ソ連初の長期経済計画として知られるゴエルロ計画（ロシア・ソビエト連邦社会主義共和国電化計画）に従事していた一線級の人材が投入された。特に、ソ連独自の地域開発モデルとされる「地域・生産複合体」（территориально-производственные комплексы）概念の理論形成に寄与した経済地理学者ニコライ・コロソフスキー（Николай Колосовский）が、実務面でアンガラ川流域開発の指導的役割を務めたことは注目に値する。第三に、同流域開発は、前章で考察した社会主義工業化の射程を超えた生産力を実現した。本章の冒頭で触れた東シベリア・太平洋パイプライン建設プロジェクトの拠点は、アンガラ川流域開発で建設された複数の産業都市である。換言すれば、それらはソ連からロシアに引き継がれた資産と負債であり、過剰投資や産業公害などの負の側面を含めて、社会主義工業化のバランスシートを検討するにふさわしい事例と言える。

アンガラ川流域開発に関する先行研究は、計画案の作成に携わった当事者を含め、その内容を紹介しながら学術的な意義を論じるか、開発規模の巨大さを強調しつつ計画の進捗状況を報告するかに大別される。前者は、前出のコロソフスキーによる一連の研究に加え[3]、ソ連の地域開発モデルの先駆的事例としてアンガラ川流域開発に言及している[4]。本論で後述するように、計画案の概要と策定の経緯が明らかにされ、その狙いも率直に述べられている。後者はシベリア開発研究の一環として、各品目の生産量の動向や企業・都市建設の進行を伝えることで、後背地の経済発展の姿を描こうとしている[5]。しかし、双方のアプローチとも個々の断片的な情報を並べ立てているだけで、アンガラ川流域開発による地域経済の変容の大局を描写するまでには至っていない。また、アンガラ川流域開発が対象とした広大な領域については、それに起因する開発の困難性を強調する一方で、この問題を克服しつつあるイメージを持たせることで社会主義工業化の優位性をアピールしていたが、シベリアという空間が社会主義工業化のあり方そのものに及ぼす影響までは意識されていなかった。そこで、本章では、戦後のアンガラ川流域開発によってシベリアを代表する産業地域へ変貌したとされるイルクーツク州経済を中心に、後背地の社会主義工業化の動向を定量的に分析することでアンガラ川流域開発の実像に迫りたい。

第一節では、先行研究に依拠して、戦後シベリアの大規模開発の嚆矢となったアンガラ川流域開発の構想と意義を確認する。続いて同流域開発による生産力の展開過程の実証分析に進み、第二節では、統計資料に基づいて戦後のイルクーツク州鉱工業生産額の動向を推計し、開発計画が地域経済に与えたインパクトを検証する。既存の公式統計に加え、一九八〇年代末に存在が確認された地域経済統計とロシア国立経済文書館(Российский государственный архив экономики)が所蔵するソ連閣僚会議附属中央統計局(ЦСУ при СМ СССР)の統計類を使用する。さらに事業所単位で社会主義工業化の実像に迫るために、第三節では、ソ連末期に投資家向けの情報提供として出版された地域別の企業総覧に記載された情報をデータベース化して、イルクーツク州内の鉱工業企業の属性を分析することで、前章で提起した「面状の工業化」と「点状の工業化」という概念を通して、アンガラ川流域開発が地域経済に及ぼしたインパクトをミクロレベルで明らかにする。

一　戦後シベリアの大規模開発――アンガラ川流域開発の構想と意義

1　ゴエルロ計画からアンガラ川流域開発へ

東シベリアの天然資源の開発は一九二〇年代から議題に上り、一九三〇年代半ばには経済発展の基本方針が確定していた(6)。その過程で、工業化の起爆剤として包蔵水力に秀でたアンガラ川沿いに複数の大容量水力発電所を建設し、流域内のチェレムホボ炭田の石炭を利用した火力発電所も併設して、電力を多量に消費する企業群の立地を計画した案が作成され、「アンガラストロイ」(Ангарострой)と名づけられた(図5-1を参照)。それを意訳して、本書ではアンガラ川流域開発と呼ぶ。

国土の電化を軸にして工業化の基盤を形成する発展戦略は、ロシア革命後の内戦で疲弊した国内経済の再建を託されたゴエルロ計画にさかのぼる。本計画は一九二〇年から始まる一〇～一五年間の長期経済計画で、電化の

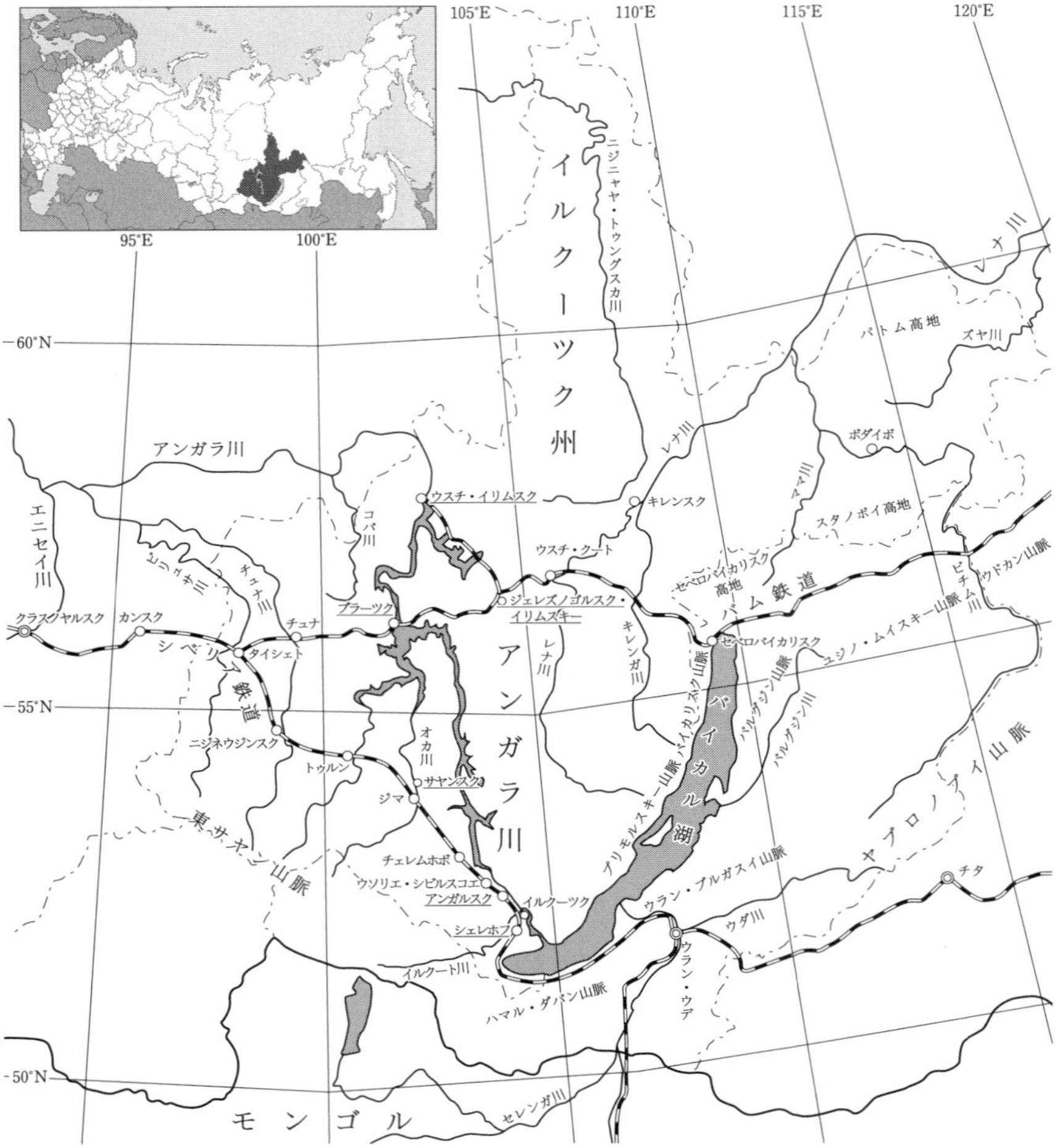

図 5-1　イルクーツク州略図

注）上図はロシア連邦発足時(1991 年末)の状況に基づく。イルクーツク州の面積は約 76 万 8 千 km²，人口数は約 287 万人(1992 年初)である。下線を付した都市はアンガラ川流域開発の過程で築かれた。

出所）石川県ロシア協会編『イルクーツクとバイカル湖』石川県ロシア協会編「イルクーツク・バイカル総覧」第 1 分冊，1996 年，3 頁に掲載の地図に加筆・修正した(左上のロシア全図は，白地図を http://dvor.jp/から入手して作製)。注に掲げたデータは，*Госкомстат России.* Народное хозяйство Российской Федерации, 1992. Москва, 1992. С. 8-9, 84-85 に基づく.

意義に早くから注目していたレーニンの意向を強く反映していたと言われる。「共産主義とは、ソビエト権力と全国の電化である」という有名なスローガンが示すとおり、電化は革命後の社会主義工業化を象徴するキーワードであった。ゴエルロ計画の意義と問題点に関する議論は多岐にわたるが、ここで注目したいのは、地域別の電化計画から成るゴエルロ計画の第二部が、産業の地域特化の方向性を具体的に示すことで地域経済開発のあり方を問題提起していた一方で[7]、シベリアと極東については西シベリアの一部を概観するにとどまっていたことである。東シベリアのアンガラ川およびエニセイ川水系の潜在力と工業化の可能性は高く評価されたものの、具体的な計画化は「来るべき次の一〇年」の課題と位置づけられていた[8]。

その文言どおりに、アンガラ川流域開発に関する調査研究活動が第一次五カ年計画(一九二八～三二年)に盛り込まれ、ソ連国家計画委員会(以下、ゴスプランと略記する)の指令で一九三〇年に設立されたアンガラ調査局(Ангарское бюро)は、他機関の協力を得ながら翌年から開発計画の作成に着手した[9]。東シベリアの大規模な電源開発と工業化を謳ったアンガラ川流域開発は、当時の社会・経済情勢では壮大な国家事業の響きがあり、「戦前の地域開発計画の総決算[10]」と呼べる規模を誇っていたため、その動向を諸外国も注視していた[11]。独ソ戦の勃発(一九四一年六月)で計画は順延を余儀なくされ、その実施は一九五〇年代まで待たれたが、「東シベリアの将来の産業発展に相対的に安価なエネルギー生産を結びつけ、数十年後に再び提起されるテーマを扱っていた[12]」。それゆえ、後背地のひとつであった東シベリアの社会主義工業化の起点は、戦前のアンガラ川流域開発計画に求められる。

2　アンガラ川流域開発の概要

アンガラ川およびエニセイ川水系の実地調査は一七世紀の地図作製から始まり、その後は地形・地質調査を加えて、ロシア革命前から探検隊の現地派遣と調査研究活動は精力的に行われていた[13]。革命後に調査機構が再編さ

表 5-1　アンガラ川流域開発小史

年	事　　　項
1888	シベリア鉄道建設の調査活動の一環としてアンガラ川流域図作製隊を創設
1917	トムスク交通路管区，オビ・エニセイ河川路調査隊，レナ川流域調査隊がアンガラ川流域の調査活動に従事
1919	レナ・バイカル交通路管区研究局がアンガラ川流域の測量作業を開始
1920	イルクーツク・ルプボド調査局アンガラ川流域図作製隊が同上を継続
1925	ゴスプラン小幹部会でアンガラ川流域開発計画が提起
1925	第 1 回東シベリア郷土史研究大会(イルクーツク)で討議
1928	第 1 次 5 カ年計画でアンガラ川流域開発に関する調査研究を指示
1930	ゴスプランの指令でアンガラ管理部(翌年に調査局と改称)を創設，ゴスプランにアンガラ川流域開発の計画案を提出
1931	第 1 回東シベリア学術・研究大会(イルクーツク)で討議
1932	第 1 回ソ連の生産力配置に関する全連邦会議(モスクワ)で討議
1935	アンガラ調査局によるアンガラ川流域開発計画が完成
1936	ゴスプラン審査委員会が上記計画を承認，アンガラ調査局は解散
1939	戦時経済体制への切り替えによりアンガラ川流域開発の順延が決定
1940	ソ連発電人民委員部水力エネルギー開発研究所が代替案を作成
1947	イルクーツク州の生産力研究に関する会議(イルクーツク)で討議，アンガラ調査局の計画案を承認(上記の代替案を却下)
1950	イルクーツク水力発電所の建設開始
1952	第 19 回ソ連共産党大会でアンガラ川流域開発の開始を宣言
1954	ブラーツク水力発電所の建設開始
1958	東シベリアの生産力発展に関する会議(イルクーツク)で討議
1958	イルクーツク水力発電所の完成
1962	ウスチ・イリムスク水力発電所の建設開始
1964	ブラーツク水力発電所の完成
1977	ウスチ・イリムスク水力発電所の完成

出所）*Кротов В.А.* Программа освоения энергетических ресурсов р. Ангары и формирование территориально-производственных комплексов Прибайкалья // Вопросы экономической географии Восточной Сибири. Иркутск, 1975. С. 32-47; *Кудзи Е.М.* Перспективы развития Иркутской области. Иркутск, 1956, С. 22-32; *Суходолов А. П.* Электроэнергетика Иркутской области: история, современное состояние, перспективы // Наука в Сибири. 1998. № 3-4, № 5-6, № 7-8, № 14 [http://www.nsc.ru/HBC/] (2009 年 11 月 15 日閲覧)他から作成。

れ、アンガラ川流域開発の史実を並べた表５-１が示すように、水利施設の建設を見越した測量作業は一九一〇年代に始まる。一九二五年頃にアンガラ川流域開発がゴスプランの議題に上ると、[14]すでにゴエルロ計画に従事していた人材を投入し、開発計画の体制づくりに努めた。そのため、先述のアンガラ調査局の設立前にかなりの研究蓄積が見られた。一例を挙げると、レニングラード・エネルギー建設局(Ленинградское бюро энергостроя)の試算に基づく計画概要は、開発区域の設定、水力発電所の建設予定地、電力を多量に消費する素材型産業(特に金属業と化学工業)の立地などの点で、後のアンガラ調査局の計画案と酷似していた。[15]また、アンガラ調査局は設立早々に、過去の研究成果に依拠した計画案の構想をゴスプランに提出し、一般向けにも公表していた。[16]それゆえ、アンガラ川流域開発の青写真は一九三〇年代初頭には準備され、その基本線は同時期に形成されたと言える。

その後、東シベリア学術・研究大会やソ連の生産力配置に関する全連邦会議など、アンガラ川流域開発に関する幅広い討議の場が設けられ、一九三五年一一月にアンガラ調査局の計画案は完成した。同案はゴスプランに送付され、化学工業の生産計画の増強を求める修正意見を取り入れて、一九三六年五月に承認された(表５-１を参照)。[17]主な内容は、アンガラ川流域の電源開発(水力発電所の建設)、チェレムホボ炭田の採掘と火力発電燃料としての利用、イルクーツクからチェレムホボに至るアンガラ川流域への産業立地の三点に集約される。多様な天然資源の賦存を背景に、安価な電力生産と電力を多量に消費する素材型産業の立地を目指した東シベリアの工業化の全国的意義が強調されていた。[18]

このように、アンガラ川流域開発は資源・電源開発を基盤にした工業化で、ソ連経済のエネルギー・センターを建設すると同時に、東シベリアの迅速な経済発展を促す起爆剤として後背地の近代化の起点になることが期待された。後に素材型産業に傾斜する産業立地の端緒が見出されるわけだが、シベリア開発の推進を大きく制約した労働力不足という事情も影響していた。アンガラ川流域開発の対象地域は広大で、かつ人口が希薄であったため、当初から労働力の確保を目的とした移住政策の必要性が叫ばれ、労働集約的な加工型産業の発展は望めない状況にあった。当時の見通しでは、アンガラ川流域開発の遂行には約五〇〇万人の熟練労働者が必要とされ、労働力需給のギャップを埋めるために、以後一五〜二〇年間に一五〇〜二〇〇万人の労働者の移住を想定していた[19]。ソ連の地域経済開発の歴史を振り返ると、熟練労働者の安定的確保は計画当局を最後まで悩ませた問題で、特に東シベリアの産業立地では、生活水準の低さに起因する人口流出と労働力需給の逼迫が慢性化し、常に善後策が議論されていた[20]。

3　アンガラ川流域開発の意義

ソ連国内でのアンガラ川流域開発に対する評価は、その理念や構想の独自性を強調していた。レーニンが注目した電化の革新的意義を踏まえて、アンガラ川流域開発は電力の供給面と需要面で、すなわち電源開発と産業立地の面で、河川流域開発を単なる水利事業から地域経済開発の一大事業へと引き上げ、経済活動の技術的結合に基づく生産要素の合理的利用と効率性の向上を強く意識していたためである[21]。生産工程で緊密に連関した企業群の大規模な配置計画を具体化したことで、ソ連の地域経済開発に独自の産業組織形態として、主にシベリアや極東で導入された前述の「地域・生産複合体」の萌芽的事例とみなされた。戦後の「地域・生産複合体」研究を主導したソ連科学アカデミー・シベリア支部経済・産業生産組織研究所(Институт экономики и организации промышленного производства СО АН СССР)は、その事例研究としてアンガラ川流域開発に関する多くの業績を残したが、興味深いのは工業化の過程を面的に広げようとする姿勢を強調していた点である。例えば、ある研究書では、一九五五年、一九七五年、二〇〇〇年におけるアンガラ川流域の「地域・生産複合体」の概要を比較し、その領域が企業間の生産連関の高まりとともに順次拡大していく見通しを図示している[22]。したがって、少なくともアンガラ川流域開発に携わった当事者の間では、戦前から戦後まで一貫して重工業主体の「面状の工業化」が指向されていたと言える。

アンガラ調査局で活躍した中心的人物は、先述のコロソフスキー、経済地理学者イワン・アレクサンドロフ(Иван Александров)、エネルギー工学者ワジム・マルイシェフ(Вадим Мальшев)の三名で、それぞれアンガラ川流域開発に関する著作がある。(23) ゴスプランが戦前の計画案を承認し、一九三六年に調査局が解散した時点で後二者は死去していたため、その後はコロソフスキーがアンガラ川流域開発の指導的役割を務め、戦後に開発計画が開始されるまで存命した。(24)

コロソフスキーの実務的な経歴は、運輸・交通問題の専門家として関与した自動車道路の敷設事業から始まる。その経験を活かし、戦前の社会主義工業化の象徴であったウラル・クズネツク鉄鋼コンビナートの建設計画で、ウラル(鉄鉱石の産地)と西シベリア(石炭の産地)の間の遠距離輸送問題に対して、双方に製鉄所を建設し、鉄鉱石と石炭の「振り子」輸送で原料を相互供給するという妙案で解決の道筋をつけたことから一躍脚光を浴びた。(25) その後は、アンガラ川流域開発をはじめとする多くの開発計画に技術者として名を連ね、学術的な業績も残している。しかし、コロソフスキーの名は技術者よりも経済地理学者として知られており、モスクワ大学地理学部の発展に寄与した人物のひとりである。広大な国土を擁するソ連にとって、効率的な地域間分業の確立は必須の課題であり、すでにゴエルロ計画の時点から経済地域の区分論が提起され、経済地理学者の間で論争が繰り広げられていた。コロソフスキーは、生産工程の技術的結合が経済地域の統一性ないし一体性の基礎になると考え、コンビナート概念のアナロジーを用いて、技術面の論理的限界にまで引き伸ばした生産活動の連関が経済地域であると規定した。経済地域の統一性や一体性をもっぱら技術的要因に帰し、資本主義と社会主義の間の質的な体制的差異を見失うおそれがあると批判されたものの、社会的生産の空間編成を担うソ連独自のアプローチとして提唱された「地域・生産複合体」の概念的な端緒はモスクワ大学の経済地理学派の経済地域概念に見出される。それゆえ、実務的な経験から生産と地域の一体性を重視していたコロソフスキーが「地域・生産複合体」の理論形成に大きく寄与したと言われる。[26]

コロソフスキーの伝記を著したタチアナ・カラシニコバ(Татьяна Калашникова)によると、ウラル・クズネツク鉄鋼コンビナートの建設事業の教訓として技術的結合に基づく企業配置の合理性に着目したコロソフスキーは、アンガラ川流域開発の諸原則を以下の六点に求めた。[27]

①原材料とエネルギーの共同利用が技術的に可能な企業の集団化

②生産要素の流れに配慮した企業配置

③生産工程の技術的結合の重視

④相互補完関係に基づく生産の経済的結合

⑤生産分野のインフラストラクチャの合理的配置

⑥消費分野のインフラストラクチャの合理的配置

コロソフスキー自身の言葉で語れば、アンガラ川流域開発の企業配置のポイントは、原材料・中間財・最終製品の物流の効率化、廃棄物の再利用を含む資源の節約もしくは合理的利用、技術的連関の緊密な生産品目の編成にある。[28] 換言すれば、「規模の経済」と「範囲の経済」を同時に追求する大規模な産業組織の最適化で、計画経済機構の下で初めて実行可能となる社会的生産の空間編成の創出を意図していた。

以上の議論に関しては、次の三点が注目される。第一に、戦前のコロソフスキーはもっぱら生産分野に関心を寄せており、消費分野もしくは両分野の関係に対する言及はほとんど見られない。生産と消費のインフラストラクチャの配置に関する問題は、例えば、職住地域が重なることで被害が深刻化する産業公害の一因としてしばしば指摘される。実際、アンガラ調査局の計画案を検証したゴスプランは、過密な企業配置が大気汚染を惹き起こしかねないとして立地計画の変更を進言したが、コロソフスキーは生産と地域の一体性が損なわれかねないと述べ、不満を隠していない。[29] 環境汚染の問題を意識した企業配置や用途別地域区分の発想は戦後の著作に見られるが、[30]上記⑥の原則は少なくとも戦前の時点では希薄であった。第二に、資本集約的な産業立地を強調していたためか、総じて労働力の分析に不足の感が否めない。ところが、労働力の安定供給と組織化は、戦後から始まるアンガラ川流域開発の実施過程で計画遂行の最大のボトルネックとなる。労働者の確保に努めても応募者の少なさと有資格者の不足は慢性化し、労働者の離職率の高さ、労働力の不適切な配分に起因する突貫工事の頻発、未完成建築物の増大などが発生した。[31]特に、総じて住環境が劣悪であった新興開発区のブラーツクやウスチ・イリムスクでは、移入者一〇〇人に対する移出者の割合が八二・三人（一九七〇年）から九八・〇人（一九八八年）に及び、ブラーツクのアルミ精錬工場の従業員数は一九七七年時点で定員の六割しか充たしていなかった。[32]第三に、素材型産業に傾斜した東シベリアの経済発展の端緒は戦前のアンガラ川流域開発の計画案にあり、ソ連のエネルギー・センターを創設すると謳ったコロソフスキーの意想に、[33]その開発理念の原点が見出される。次節から検討するように、こうした壮大な開発計画はイルクーツク州の経済地理を大きく変容させた一方で、重工業の創設と発展を通じて後背地の近代化を目指すとされた社会主義工業化の理念に照らすと、疑問の残る結果に終わった。

二　アンガラ川流域開発の展開とイルクーツク州経済の変容

１　アンガラ川流域開発の順延と再開

アンガラ川流域開発の実施は第三次五カ年計画（一九三八年開始）の中で予定されていたが、独ソ戦の勃発と戦時経済体制への切り替えに伴い、順延を余儀なくされた。ただし、研究活動は戦時中も続けられ、ソ連発電人民委員部傘下の水力エネルギー開発研究所（Институт гидроэнергопроект）がアンガラ調査局の計画案を大幅に修正し、小規模な水力発電所の建設を中心とする代替案を作成した。しかし、戦後復興を目指し、一九四七年八月に開催された「イルクーツク州の生産力研究に関する会議」(イルクーツク)で代替案は退けられ、コロソフスキーの率いたアンガラ調査局の計画案が、生産品目と規模に修正を加えて大筋で了承された[34]。会議の責任者を務めたソ連科学アカデミー副総裁によって「東シベリアコンビナート」と名づけられた壮大な構想が打ち出され、シベリア全体の資源開発と生産活動を包摂する一大拠点の創設が提起された点を踏まえると[35]、ソ連経済に特有のギガントマニア(巨大主義)の発想が強く働いていたと考えられる。同時に、この呼称は工業化が創出する経済空間を点から面へと拡大させようとする意思を端的に表現している。最終的には会議の総会で、アンガラ川流域の水力資源と地下資源を相互活用しながら、予想される労働力不足の問題をできるだけ緩和するために、化学工業や非鉄金属業をはじめとするエネルギー集約・労働節約型の産業に特化する方向で合意がなされた[36]。その際、コロソフスキーによると、戦後のアンガラ川流域開発の意義は国内における後背地の工業化の起点となるだけでなく、植民地体制から脱却し、政治的独立を求めていた東アジア諸国に対して社会主義工業化の優位性を実演する役割も担っていた[37]。

アンガラ川流域開発の要である水力発電所の建設は一九五〇年代初頭に始まり、一九五二年一〇月開催の第一九回ソ連共産党大会で、ゴスプラン議長が「安い電力と地方の原料産地を基にして、アルミニウム工業、化学工業、鉱業およびその他の工業部門を発展させるために、アンガラ川の動力資源の総合的利用の事業を始めなければならない[38]」と述べ、アンガラ川流域開発の遂行が内外に誇示された(表5-1を参照[39])。以後、具体的な作業計画の策定はソ連科学アカデミーと関係省庁に委ねられ、一九五〇年代から一九六〇年代にかけてアンガラ川流域の工業化は急ピッチで進行していく。

2　イルクーツク州鉱工業生産額の推計

戦後のアンガラ川流域開発で産業ベルト地帯に変貌したと言われる地域は、イルクーツク州中央部を縦断するアンガラ川の上・中流域である。世界最大級と謳われた大容量のブラーツクならびにウスチ・イリムスクの水力発電所の建設で、全長一七七九キロメートルのアンガラ川のほぼ半分(約八五〇キロメートル)は人工貯水池となり、上流域は自然河川の形状をほとんど留めないほど人の手が加えられた(図5-1で塗りつぶされたアンガラ川の箇所が該当する)。以下では、アンガラ川流域開発の遂行がイルクーツク州経済に与えたインパクトを検証するために、一九五〇年代以降における同州の鉱工業生産額の動向を明らかにする。

しばしば指摘されるようにソ連時代の公式統計には未公表の事項が多く、企業配置の特定に繋がる地域別の鉱工業生産額は公表されず、特定年を基点とした伸び率のみが指数で掲載されていた。ソ連経済の成長率の低下が顕著になった一九七〇年代半ばには指数の公表も中止され、一九七〇年代後半から一九八〇年代前半にかけての地域統計は文字どおりブラックボックスの状態にある。一九八〇年代末の情報公開で初めて地域別の鉱工業生産額が発表されたが、一九八五年以降のデータに限られるために長期の時系列分析はできない[40]。そこで、一九五〇年代前半の鉱工業生産額が地域別に記載されたソ連閣僚会議附属中央統計局の史料と既存の公式統計を組み合わせて、一九五〇年を基点としたイルクーツク州鉱工業生産額の動向を推計する。また、当時流布していた統計資料はソ連全体と構成共和国の統計集だが、各地域の統計局が作成していた地域経済統計の存在が後に確認され、多くは五年ごとに発表されていた[41]。全国や共和国を対象にした統計集と同様に各地域の鉱工業生産額は記載されていないが、上記のブラックボックスの時期についても、その伸び率は確認できる[42]。

まず五カ年計画ごとにイルクーツク州の鉱工業生産額の年平均成長率を算出すると、図5-2が示すように一九五〇年代半ばが飛び抜けて高く、一九七〇年代半ばまでロシア共和国平均を上回る高い成長率で推移している。次に、一九五〇年を基準年として鉱工業生産額を実質ベースで推計したのが図5-3である。各年の成長率を見ると、変動は大きいが一九七〇年代半ばまでおおむね一〇%前後の実績を維持している。したがって、一九五〇年代初頭に始動したアンガラ川流域開発がイルクーツク州の鉱工業生産の伸長に大きく寄与し、二〇年間に及ぶ

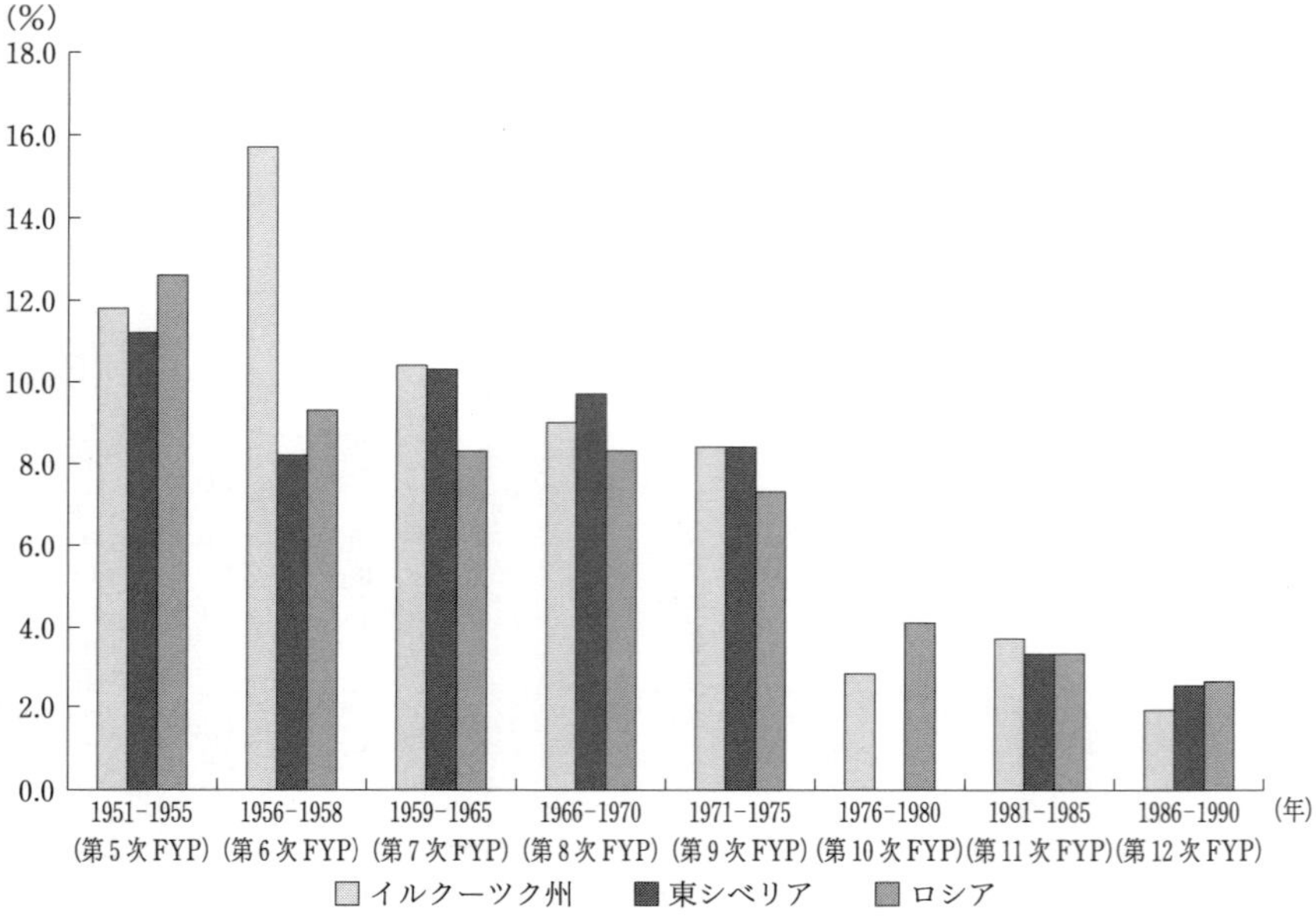

図 5-2　鉱工業生産額の年平均成長率

注）統計の公表時における地域区分との関係で，1951～1958 年の東シベリアにはヤクート自治共和国(現サハ共和国)が含まれる。図中の FYP は 5 カ年計画を意味する。第 6 次 5 カ年計画は途中で中止され，当時は 7 カ年計画と呼ばれた第 7 次 5 カ年計画が新たに策定された。なお，空白の箇所(1976～1980 年の東シベリア)はデータの欠損による。

出所）*Госкомстат России.* Промышленность России. Москва, 1995. С. 232-234; *ЦСУ РСФСР.* Народное хозяйство РСФСР в 1960 году. Москва, 1961. С. 85-86; Народное хозяйство РСФСР в 1965 году. Москва, 1966. С. 50-51; Народное хозяйство РСФСР в 1970 году. Москва, 1971. С. 47-49; Народное хозяйство РСФСР в 1975 году. Москва, 1976. С. 49-50; *ЦСУ РСФСР.* Промышленность РСФСР. Москва, 1961. С. 18-19; *ЦСУ РСФСР, Статистическое управление Иркутской области.* Народное хозяйство Иркутской области. Иркутск, 1967. С. 14; 1972. С. 32; 1976. С. 19; 1981. С. 20; 1987. С. 23 から作成。

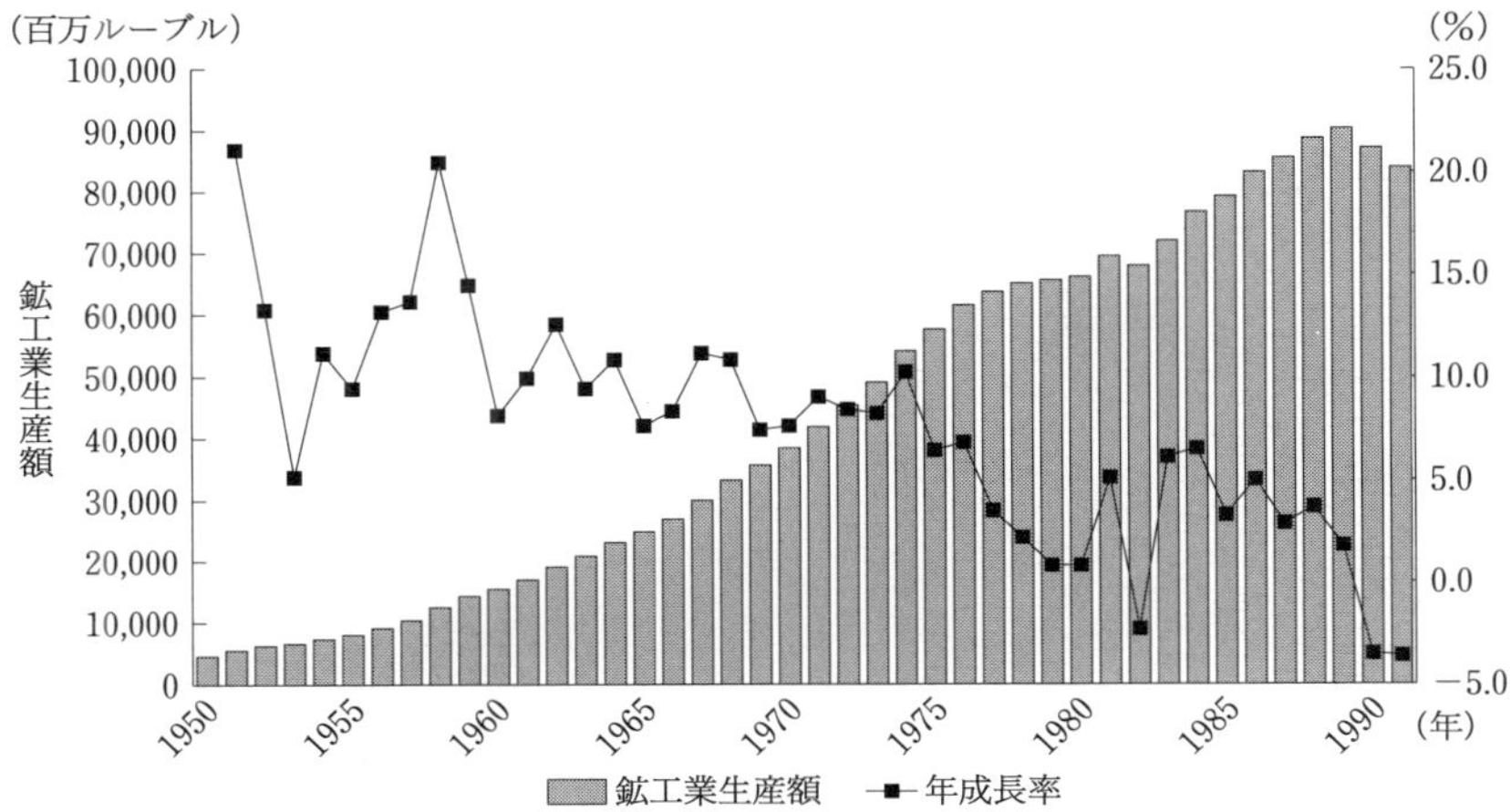

図5-3　イルクーツク州鉱工業生産額の推移(1950年価格表示)

出所) Российский государственный архив экономики, ф. 1562, оп. 33, д. 2333, л. 42; *ЦСУ РСФСР, Статистическое управление Иркутской области.* Народное хозяйство Иркутской области. Иркутск, 1967. С. 14; 1972. С. 32; 1976. С. 19; 1981. С. 20; 1987. С. 23から作成。

高度経済成長を実現したことが分かる。一九七〇年代後半の大幅な鈍化は、ソ連経済全体の低成長への移行とともに、大規模な地域経済開発としてのアンガラ川流域開発の終了を示唆している。その政治・経済的背景については、さらなる検討を要するが、戦後のアンガラ川流域開発がイルクーツク州の工業化に大きく寄与したことは間違いないであろう。開発計画の実施前後を比較すると、同州の鉱工業生産額がロシア共和国に占めるシェアは一・一七%(一九五〇年)から二・一四%(一九九一年)に上昇した。[43] そして、コロソフスキーが所望したように、アンガラ川に三つの水力発電所が建設されたイルクーツク州は電力生産でソ連のエネルギー・センターとなり、非鉄金属業と林産業の生産額ではロシア最大の地域シェアを誇る産業地域へと変貌した。[44]

三　アンガラ川流域開発の実像

1　アンガラ川流域開発とイルクーツク州の経済地理

アンガラ川流域開発はイルクーツク州内の既存の産業集積地を拡張するよりも、原料地・消費地への近接立地原則に沿って新設の産業都市を次々に誕生させた。ソ連崩壊後のイルクーツク州統計集に記載された鉱工業生産額の都市・地区別シェアを見ると、[45]アンガラ川流域開発の申し子とも言えるアンガルスクとブラーツクを筆頭に、上位一〇都市・地区(州直轄市九および直轄地区一)のうち六都市・地区(州直轄市五および直轄地区一)が戦後に誕生した新興都市である(図5-1を参照)。同流域開発が実施される前のイルクーツク州の主要都市は、ロシア革命に繋がる大規模な労働運動の勃発で知られるレナ金鉱山の開発で築かれたボダイボを除けば、イルクーツク、トゥルン、タイシェト、ウスチ・クートなどのように、交易上の拠点として発展した。[46]こうした既存の都市でも企業立地は進められたが、戦後のイルクーツク州経済を牽引したのは、新設の産業都市に展開した大規模な鉱工業企業である。

イルクーツク州内の都市・地区別の経済発展を定量的に把握することは、データの入手面の制約から非常に難しい。そこで、地理・地名および都市に関する事典類をはじめとした二次資料に基づき、[47]上記一〇都市・地区の産業発展の過程を検証すると(表5-2を参照)、州都イルクーツクを除く各都市の基幹産業は素材型で、戦後に築かれたアンガルスク、ブラーツク、ウスチ・イリムスク、サヤンスクには現代ロシアの資源産業を代表する大企業の主力工場が立地している(ロスネフチのアンガルスク石油化学工場、イリムのブラーツク製紙パルプ工場、同ウスチ・イリムスク製紙パルプ工場、ルサル・イルカズのシェレホフアルミニウム工場、サヤンスク化学プラスチック工場など)。人口センサスに基づく人口数(常住人口)の動向を確認すると、表5-3が示すように、こうした新興都市が戦後のイルクーツク州の人口増を支えていたことは明らかである。

2　イルクーツク州の工業化再論

アンガラ川流域開発の遂行がイルクーツク州の工業化に寄与し、その経済地理を大きく塗り変えたことは、既存の先行研究が強調してきた点である。ここまでの考察も、後背地シベリアの社会主義工業化の実例として喧伝された開発計画の成果を定量的に裏づけただけに過ぎない。

ところが、先に紹介した地域経済統計を用いて戦後におけるイルクーツク州の工業化の内容を吟味すると、ロシア共和国平均を大きく上回る急速な鉱工業生産額の伸びにもかかわらず(図5-2を参照)、鉱工業の部門構成を見ると重工業化は進展していないことが分かる。部門構成比を五年ごとに記した表5-4が示すように、生産面と雇用面の双方で最大の主力産業は林産業である。表中の産業部門分類は一九七六年に制定の全ソ国民経済部門分類規格に準拠しているが、ソ連の産業分類の基準は製品の最終用途を最も重視していたため、国際連合が勧告する国際標準産業分類に依拠した産業分類(日本標準産業分類など)とは合致しない[48]。特に農林水産業と鉱業の扱いが大きく異なり、農業を除く産業はすべて鉱工業と一括して取り扱われていた。そのため、日本標準産業分類による鉱業は燃料業と表現され、漁業は食品加工業に含まれる。さらに、林業は林産業の一部門として、木材・木製品製造業やパルプ・紙・紙加工品製造業と並置されていたことに留意しなければならない[49]。その上でイルクーツク州の産業構造の変化を見ると、鉱工業生産額に基づく部門構成比は変動が大きく、時系列比較に計算上の難点もあるため[50]、早急な判断は禁物であるが、集計上の問題が比較的少ないと考えられる就業者数に基づく部門構成比によると、三割前後のシェアを維持してきた林産業に建材業、軽工業、食品加工業を加えると、同州の鉱工業労働者の半数は非重工業部門で働いていたことになる。

一見矛盾する現象を解くカギは、企業の立地先にある。この点を確認するために前章三3で利用した企業総覧

表 5-2　イルクーツク州鉱工業生産額の上位 10 都市・地区の経済概況

アンガルスク(Ангарск) 行政：州直轄市 人口：24.7 万人 設立：1948 年(1951 年)	1948 年にキトイ村の近くに築かれ，1951 年に市となる。砂質地の低地が広がり，建造物に危険な多年性凍土が存在しないため，新しい産業都市の候補地に選ばれた。ソ連時代のアンガラ川流域開発の一環として，1954 年に石油化学コンビナートの建設が始まり(現在のバシコルトスタン共和国とタタルスタン共和国からパイプラインで石油が運ばれる)，その他にプラスチック，各種建材，電気機械，家具，繊維，精肉などの工場が建設された。イルクーツク工科大学分校(現アンガルスク工科大学)，工業高校・専門学校が設立され，イルクーツク州経済の中核を担う産業都市となった。2000～2001 年にロシアの石油企業ユコスがアンガルスク石油化学会社を買収し，大きな話題を呼んだ(ユコス解体後はロスネフチ傘下に入る)。2000 年代前半に東シベリア・太平洋パイプライン建設プロジェクトの起点地として注目された。当初は，アンガルスク－大慶の中国向けルートとアンガルスク－ナホトカの日本向けルートが競合し，日中間の争いになると見られていた。しかし，後にルートが大きく変更され，イルクーツク州北西部のタイシェトが起点地となり，2012 年末に完成(全線開通)した。
ブラーツク(Братск) 行政：州直轄市 人口：25.9 万人 設立：1955 年	アンガラ川水系で 2 番目のブラーツク水力発電所の建設と併せて，1955 年に築かれた。当時は世界最大の貯水量を誇った同発電所の完成(1964 年)で東シベリアにおける電力生産の一大拠点となり，林産業(木材加工・紙パルプなど)，非鉄金属業(アルミニウムなど)，機械製作業，建材業，食品加工業などが発展した。発電所の稼働当初は周辺の企業立地が遅れていたため，計画の不備を知ったフルシチョフ首相が「発電所はできたのに電気を使う工場がないではないか」と怒り心頭で発言したとの逸話がある。現在は，近隣の衛星工業区(オシノフカ，エネルゲチク，チェカノフスキー，ポロジスキー)とともに，ロシア有数の産業都市(ブラーツク工業拠点)として知られ，工業製品は日本を含む世界各国に輸出されている。1990 年代以降の企業民営化に伴う業界再編の荒波にもまれ，特に林産業と非鉄金属業は大株主間の所有権争い，企業乗っ取りをめぐる攻防の舞台となった。近年はイルクーツク州ガス化プロジェクトの一環として，ブラーツク天然ガス田の開発が進められている。
イルクーツク(Иркутск) 行政：州都 人口：59.4 万人 設立：1652 年(1686 年)	1652 年にコサックが建設したイルクーツク冬営所を起源とする。1660 年代に砦と城塞が築かれ，武器庫，穀物・交易品の保管庫なども設けられた。農耕，遊牧，狩猟が可能であったことに加え，中国とモンゴルへの通商路に位置する地理的条件と周辺の豊かな天然資源が発展を促した。東西交易の拠点として，欧州産の鉄製品や工芸品がイルクーツク経由でシベリアに持ち込まれ，シベリア産の毛皮や雲母，中国産の茶，薬剤，絹などが欧州に運ばれた。19 世紀の文豪プーシキンが「東方や太平洋，アメリカ，やがてアムールやサハリンへの窓を開いた町」と称したように，シベリア最大の定期市や市内 3 カ所のバザールが開かれ，探検家ベーリング(ベーリング海峡の由来)をはじめ，シベリア・極東，北氷洋，北太平洋の調査は当地を拠点に行われた。1920 年代末から始まる計画経済が軌道に乗ると，大規模な都市開発計画が俎上に載せられたが，独ソ戦の勃発と戦時経済への切り替えにより頓挫し，ソ連欧州部からの疎開先と前線への兵士・物資の送出地になった。第 2 次世界大戦の終了後，アンガラ川水系で最初のイルクーツク水力発電所の建設(1958 年完成)を契機として，シベリア有数の産業都市に発展した。現在の主要産業は，機械製作業(各種工作・掘削機械の製造，電化製品向けの雲母加工など)，建材業(鉄筋コンクリートの製造など)，各種軽工業(食品，家具，皮革，繊維など)。近年は，バイカル湖観光を中心に，シベリアの大自然を利用した観光産業の育成に官民挙げて取り組んでいる。
ウスチ・イリムスク(Усть-Илимск) 行政：州直轄市	アンガラ川水系で 3 番目のウスチ・イリムスク水力発電所の建設と併せて，1966 年に築かれた。その時に水没した旧イリムスク村は，イルクーツク州における最初のロシア人入植地として1630年に築かれ，一時期はシベリア・極東地域の重要な農

人口：10.1万人 設立：1966年(1973年)	産物供給地(イリム農場)であった。しかし，主要な輸送路から離れていたためにやがて衰退し，流刑地の小村となった。現在の主要産業は林産業と建材業。特に木材加工・紙パルプ生産ではロシアの主要な生産拠点で，パルプ生産量は全国一を誇る。1990年代以降の企業民営化に伴う林産業分野の業界再編の荒波にもまれ，同じく林産業の拠点であるブラーツクの企業とともに，大株主間の所有権争いや企業乗っ取りをめぐるトラブルに巻き込まれた。
シェレホフ(Шелехов) 行政：州直轄市 人口：4.8万人 設立：1953[1956]年(1962年)	アルミニウム工場の建設と併せて築かれ，1962年に市となる。市名は18世紀に活躍したロシア人実業家シェリホフに由来する。ソ連時代に各種産業が発達し，現在の主要産業は非鉄金属業，建材業，建設業，林産業など。ロシア最大のアルミニウム生産企業ルサル傘下の主力工場が展開する。
ウソリエ・シビルスコエ(Усолье-Сибирское) 行政：州直轄市 人口：9.0万人 設立：1669年(1925年)	1669年に築かれたウソリエ村を起源とする。当時から，現在の主要産業である製塩業を営んでいた。1925年に市となり，1940年に現在の市名に改称した。ロシア有数の岩塩鉱床(推定埋蔵量2000億トン以上)があり，ソ連時代に製塩業と化学工業が発展した。現在はロシア最大の食塩製造工場(真空抽出プラント)があり，「エクストラ」という商標の製品を国内外で販売している。その他，化学工業，機械製作業，林産業，繊維産業，食品加工業などの工場がある。
チェレムホボ(Черемхово) 行政：州直轄市 人口：6.0万人 設立：1772年(1917年)	1772年にシベリア街道の駅逓として築かれたチェレムホボ村を起源とする。19世紀末から石炭の採掘が始まり(1896年に最初の鉱区が開かれた)，当初はアンガラ川を航行する荷船でニコラエフスク製鉄所に運ばれた。シベリア鉄道の開通後に鉱区の開発と居住区の建設が進み，ロシア有数のチェレムホボ炭田の主要産地として発展した。露天掘りが可能で，良質の石炭が採掘される。1917年に市となる。ソ連時代に各種産業が発達し，イルクーツク州経済の中核を担う産業都市となった。経済の中心は石炭の採掘と選鉱であるが，近年は鉱工業向け機械設備の製作技術を活かした製造業への転換を進めている。機械製作業，建材業(屋根葺き材の製造など)，各種軽工業(食品，家具，繊維など)の工場がある。市域は個々の炭鉱集落から構成され，イルクーツク工科大学分校，鉱業専門学校などがある。
ジェレズノゴルスク・イリムスキー(Железногорск-Илимский) 行政：市(地区中心地) 人口：2.9万人 設立：1948年(1965年)	コルシュニハ川沿岸の鉄鉱石の採掘と併せて，1948年に築かれた。1965年に市となる。1967年から採掘・選鉱コンビナートが操業している。ソ連時代に工業専門学校が設立された。
トゥルン(Тулун) 行政：州直轄市 人口：5.2万人 設立：1735年(1927年)	20世紀初頭のシベリア鉄道開通により通商拠点となり，交通の要衝として発展した。河川交通・運輸との積み換えが行われ，アンガラ川流域およびレナ川流域に物資・人員が送られた。1927年に市となる。現在の主要産業は林産業，建材業，機械製作業，食品加工業など。石炭の産地としても知られる。
サヤンスク(Саянск) 行政：州直轄市 人口：4.3万人 設立：1975年(1985年)	郊外の化学工場の建設と併せて，1975年に築かれた。1985年に市となる。イルクーツク州内で最も新しい都市。工場群は市域外に建設され，市内の住環境の保全が図られた。現在の主要産業は，化学工業，燃料エネルギー産業，食品加工業，建材業など。化学工場はロシア有数の規模を誇り，ポリ塩化ビニルの生産量では全国一である。

注）鉱工業生産額(1994年)の上位順に並べた。上位10都市・地区のうち，ニジネ・イリムスク地区については，同地区の行政中心地であるジェレズノゴルスク・イリムスキーで代用した。人口数は2002年人口センサス(常住人口)に基づく。括弧内は市への昇格年である。シェレホフの設立年は2つの説があるため，両年を併記した。ロシアの連邦構成主体(連邦国家を構成する地方)は，基礎自治体としての市(もしくは市行政区)と地区で構成され，前者を直轄市と呼ぶことで後者に属する市と区別している。各市の位置は図5-1を参照。

出所）Большая Советская энциклопедия. 3-е изд. Т. 1-31. Москва, 1970-1981; Географический энциклопедический словарь. Москва, 2003; Город России. Энциклопедия. Москва, 1994 他を参照した。

表5-3　イルクーツク州の都市別人口数の推移　(単位：人)

	1939年	1959年	1970年	1979年	1989年
新興都市					
アンガルスク	—	134,390	203,310	238,802	265,835
ブラーツク	—	51,455	155,362	213,725	255,705
ウスチ・イリムスク	—	—	21,258	68,641	109,280
シェレホフ	—	13,044	29,889	40,561	47,702
サヤンスク	—	—	—	8,500	38,169
ジェレズノゴルスク・イリムスキー	—	1,983	22,179	29,087	32,326
小計		200,872	431,998	599,316	749,017
州人口全体に占める割合(%)		***10.2***	***18.7***	***23.4***	***26.5***
その他の10大産業都市					
イルクーツク	250,181	365,893	450,941	549,787	626,135
ウソリエ・シビルスコエ	19,909	48,494	86,747	103,036	106,496
チェレムホボ	55,692	122,833	98,667	76,696	73,636
トゥルン	28,198	41,783	49,440	51,770	52,903
小計	353,980	579,003	685,795	781,289	859,170
州人口全体に占める割合(%)	***27.2***	***29.3***	***29.6***	***30.5***	***30.4***
イルクーツク州全体	1,303,000	1,977,000	2,313,000	2,559,000	2,824,920

注）鉱工業生産額の上位10都市・地区のうち，ニジネ・イリムスク地区については，同地区の行政中心地であるジェレズノゴルスク・イリムスキーの人口数を用いた。1979年のサヤンスクの人口数は四捨五入された値である。

出所）*ЦСУ СССР*. Итоги всесоюзной переписи населения 1959 года. РСФСР. Москва, 1963. С. 37; *ЦСУ СССР*. Итоги всесоюзной переписи населения 1970 года. Т. 1. Москва, 1972. С. 40; *Госкомстат СССР*. Итоги всесоюзной переписи населения 1979 года. Т. 1. Москва, 1989. С. 83; *Госкомстат РСФСР*. Численность населения РСФСР по данным всесоюзной переписи населения 1989 года. Москва, 1990. С. 334-337から作成。ただし，1979年のサヤンスクの人口数は上記の人口センサスに記載されていないため，Город России. Энциклопедия. Москва, 1994. С. 413から引用した。

表 5-4　イルクーツク州鉱工業の部門構成の推移

（単位：％）

	1950年	1955年	1965年	1970年	1975年	1980年	1985年	1991年
鉱工業生産額								
電力業	—	—	14.5	12.4	11.3	12.4	14.6	8.3
燃料業	9.8	8.8	9.2	16.9	16.7	16.4	17.4	12.9
鉄鋼業	—	—	0.4	1.4	1.4	1.4	0.9	1.0
非鉄金属業	2.0	0.7	—	9.0	11.5	11.4	10.7	10.3
機械製作・金属加工業	14.5	18.4	11.2	12.9	15.3	16.6	13.1	11.3
化学工業	2.3	2.4	10.7	2.2	2.5	2.6	2.6	6.6
林産業	***22.0***	***20.5***	***19.6***	***19.2***	***18.4***	***16.3***	***20.9***	***25.3***
建材業	7.6	6.6	8.2	6.6	5.7	5.5	4.8	4.9
軽工業	9.3	9.6	5.1	4.9	3.7	4.2	3.6	3.4
食品加工業	23.7	22.3	15.1	12.7	10.8	9.8	7.3	13.0
その他	8.9	10.6	6.0	1.8	2.7	3.4	4.1	3.0
合計	100.0	100.0	100.0	100.0	100.0	100.0	100.0	100.0
就業者数								
電力業	—	—	3.5	3.4	3.3	3.4	4.3	4.7
燃料業	9.0	8.7	3.9	8.9	7.4	7.0	6.6	6.2
鉄鋼業	—	—	0.7	1.3	1.7	1.9	1.8	1.9
非鉄金属業	—	—	—	4.0	4.6	4.5	4.3	4.7
機械製作・金属加工業	23.7	22.6	25.0	21.8	23.9	24.5	24.3	25.0
化学工業	1.3	0.9	8.5	3.1	2.8	3.3	3.8	3.8
林産業	***35.7***	***34.8***	***29.3***	***30.8***	***30.5***	***30.5***	***30.7***	***29.9***
建材業	12.0	9.6	12.0	9.8	8.8	8.5	8.3	7.9
軽工業	6.5	7.4	8.4	8.1	8.0	7.6	7.1	6.8
食品加工業	7.5	7.1	6.4	6.0	5.3	4.9	4.9	5.3
その他	4.3	9.0	2.3	2.8	3.7	3.9	3.9	3.9
合計	100.0	100.0	100.0	100.0	100.0	100.0	100.0	100.0

注）1950年・1955年と1965年以降とでは部門分類の方法が異なるため，前者を後者に合わせるかたちで再構成した。データの欠損のために1960年は省略し，1990年は1991年で代用した。

出所）*Госкомстат России.* Показатели экономического развития республик, краев, областей Российской Федерации. Москва, 1992. С. 92, 94; *Госкомстат России, Иркутское областное управление статистики.* Промышленность Иркутской области в 1994 году. Иркутск, 1995. С. 66; Российский государственный архив экономики, ф. 1562, оп. 33, д. 2731, л. 3; *ЦСУ РСФСР, Статистическое управление Иркутской области.* Народное хозяйство Иркутской области. Иркутск, 1957. С. 34-36; 1972. С. 30; 1976. С. 18; 1981. С. 18; 1987. С. 21-22 から作成。

のデータを再度用いて、イルクーツク州の鉱工業企業の立地展開を検証する。同州の企業総覧は、先に使用した一九九二年版(一九九一年データ)よりも一九九一年版(一九九〇年データ)の方がサンプリングの偏りが少なく、[51]データとしての信頼性が高いため、以下では後者を分析対象とする。

まず本データを公式統計と比較すると、表5-5が示すように、重工業部門でサンプリングの偏りが見られる。それでも重工業部門と非重工業部門の関係は安定しており、両者の比較は可能であろう。ここで注目されるのは鉱工業生産額の中央値で、非重工業部門に属する林産業、建材業、食品加工業は、重工業部門の電力業および機械製作・金属加工業と同程度の数値を示している。前者の三部門と後者の二部門の中央値に差がないことは中央値の検定で確認された。[52]すなわち、生産面で地域経済に与える影響力は両者の間で変わらないことになる。先述の地域経済統計の分析から導かれた非重工業部門の重要性が再確認されたと言えよう。

次に各事業所の所在地を頼りとして立地先を市域・町域・村域に三分したところ、林産業は州内の都市部から農村部まで広く立地し、工業化の面的拡大に大きく寄与していたことが判明した(表5-6を参照)。前章で明らかにしたように、林産業はシベリアの基幹産業で、食品加工業と並ぶ「面状の工業化」の原動力であった。さらに、林産業の事業所の就業者数を立地先ごとに集計し、当該市町村の人口数と比較すると、表5-7に示されるように、都市部から農村部に向かうほど就業者数が人口数に占める比率は高まっている。当時のイルクーツク州における農村部の平均世帯人数が三・一九人であった点を考慮すると、[53]林産業が極めて重要な地場産業であることが分かる。

したがって、企業の立地先を考慮すると、アンガラ川流域開発はイルクーツク州内に新しい産業都市を創成し、そこに新設企業を集中立地させたという点で、いわば「点状の(重)工業化」であった。これに対し、その裏側で「面状の工業化」を通じて州全体の経済を支えてきたのは、旧来からの基幹産業の林産業である。実際、一九五〇年から一九七〇年までイルクーツク州鉱工業に対する投資額の二割以上が林産業に向けられ、部門別では最大の投資先であった。[54] 投資の配分先は計画当局の下で公に決定されていたことを踏まえると，こうした「面状の工業化」もアンガラ川流域開発の産物のひとつである。しかし，「面状の工業化」は州全体の工業化に寄与したとはいえ，森林伐採や丸太加工(樹皮剝離など)，あるいは農産物の調達と加工を主な内容とする地場産業は農村工業化の域を出るものではなく，「点状の(重)工業化」とはまったく性格を異にしていた。アンガラ川流域開発の産業特化の方向性は，工業地区(промышленные районы)としてではなく工業拠点(промышленные узлы)として把握しなければならないとの先見的な叙述は[55]，シベリアにおける工業化の態様を概念的に峻別することの重要性

表 5-5　イルクーツク州鉱工業企業の属性(1990～1991 年)

	鉱工業生産額(%)		就業者数(%)		鉱工業生産額(千ルーブル)					就業者数(人)				
	企業総覧	公式統計	企業総覧	公式統計	平均値	中央値	最小値	最大値	標準偏差	平均値	中央値	最小値	最大値	標準偏差
電力業	13.6	8.3	8.2	4.7	53,946	5,503	171	812,107	158,322	2,011	532	52	20,429	4,222
燃料業	8.5	12.9	6.5	6.2	100,696	14,600	750	756,105	246,340	4,493	4,171	70	14,072	4,913
鉄鋼業・非鉄金属業	0.8	11.3	6.6	6.6	–	–	–	–	–	4,937	4,919	145	9,383	3,439
機械製作・金属加工業	10.7	11.3	14.8	25.0	30,943	5,702	640	308,655	58,636	1,220	520	30	17,039	2,927
化学工業	16.8	6.6	7.3	3.8	149,578	18,052	7,215	1,396,511	395,236	4,157	3,340	210	14,000	4,740
林産業	29.0	25.3	33.0	29.9	14,776	4,311	148	570,000	51,866	443	275	13	5,007	603
建材業	3.9	4.9	6.5	7.9	9,983	5,897	900	108,360	16,985	738	377	55	9,000	1,362
軽工業	4.2	3.4	6.1	6.8	20,546	9,379	580	201,789	42,764	572	410	42	2,578	571
食品加工業	9.9	13.0	5.9	5.3	10,098	4,761	215	102,423	17,959	172	124	20	1,048	176
その他	2.4	3.0	5.1	3.9	3,221	1,600	23	27,400	4,754	221	120	6	1,641	307
重工業部門	50.4	50.4	43.4	46.3										
非重工業部門	49.6	49.6	56.6	53.7										

注）企業総覧は 1990 年，公式統計は 1990 年(就業者数)と 1991 年(鉱工業生産額)の数値である。右表の数値は企業総覧に基づく。鉄鋼業・非鉄金属業の鉱工業生産額の記載は 1 件しかなかったために割愛した。
出所）表 5-4 の出典および Бизнес-Карта СССР. Восточная Сибирь. Промышленность. Москва, 1991. С. 43-111 から作成。

表 5-6　イルクーツク州鉱工業企業の立地先(1990年)　(単位：%)

	市域	町域	村域
電力業	96.6	3.4	—
燃料業	66.7	11.1	22.2
鉄鋼業・非鉄金属業	66.7	16.7	16.7
機械製作・金属加工業	89.7	10.3	—
化学工業	100.0	—	—
林産業	***38.4***	***28.0***	***33.6***
建材業	75.0	14.6	10.4
軽工業	95.7	4.3	—
食品加工業	69.5	20.0	10.5
その他	76.5	14.1	9.4

出所) Бизнес-Карта СССР. Восточная Сибирь. Промышленность. Москва, 1991. С. 43-111 から作成。

表 5-7　イルクーツク州林産業の就業者数と立地先の市町村人口数　(単位：人)

		就業者数(A)	人口数(B)	比率(A/B)
市域	州直轄市	65,520	1,747,760	3.7%
	地区所属市	3,025	64,869	4.7%
	市内市	2,403	40,309	6.0%
町域	町(市内町を含む)	19,768	214,092	9.2%
村域	村落全般	26,104	116,814	22.3%

注) 市域および町域の人口数は1989年人口センサスに基づく常住人口である。村域の人口数は同センサスでは得られないため，イルクーツク州人口統計に記載された1994年初めの定住人口を用いた。なお，表中の市内市・市内町とは，行政上は上位自治体の市に属する市・町を指す。

出所) 表5-6の出典および *Госкомстат России, Иркутское областное управление статистики.* Численность населения городов, поселков, районов и сельских населенных пунктов. Иркутск, 1995. С. 13-87; *Госкомстат РСФСР.* Численность населения РСФСР по данным всесоюзной переписи населения 1989 года. Москва, 1990. С. 334-337 から作成。

を指摘していると同時に、重工業化の面的な拡大がシベリアの現実にはそぐわなかったことを示唆している。それゆえ、壮大な社会主義工業化の成功例、すなわち重工業化の邁進によって後背地の産業構造を払拭したと喧伝されたアンガラ川流域開発は、その作られたイメージとは異なり、前出の表5-4が端的に示すように、従来の産業構造を根底から覆すというよりは、むしろ再生産していたのである。少なくとも、関係者の間で強調されていた重工業主体の「面状の工業化」は画餅に帰した。そのかぎりで、ソ連独自の空間的な産業組織形態として重工業化の面的な拡大を強調してきた「地域・生産複合体」の嚆矢であるとの評価も、早晩見直しが求められるであろう。

おわりに

アンガラ川流域開発はイルクーツク州内に最大で二五万人規模の産業都市を創出し、同州の経済地理を大きく変容させながら、その工業化と高度経済成長に寄与した。後背地シベリアの社会主義工業化の実例とされたアンガラ川流域開発の影響力の大きさは、先行研究が口を揃えて強調してきた点で、本章で試みた各種統計資料の分析でも裏づけられた。しかし、その社会主義工業化としてのイメージと実像には大きな落差があり、イルクーツク州全体が重工業化したわけでも、その産業構造が劇的に高度化したわけでもなかった。アンガラ川流域開発の表舞台であった「点状の(重)工業化」の背後では、旧来からの基幹産業である林産業が「面状の工業化」を通じて地域経済を支えていたのである。この点は、「群島ロシア」の空隙に目を向けてこそ得られる知見であろう。

アンガラ川流域開発を含めて、一般にシベリア開発は当地に広大な産業地帯を造り上げたというイメージが強い。しかし、それは後背地の経済発展の短期達成という義務を負わされた社会主義工業化が創り出した虚像か偶像に近く、実像は新興の産業都市を中心とする産業地点であった。それが、シベリアのみならず国全体で経済の資源依存を強め、資源レントの取得と分配に大きく影響される政治・経済構造を生み出すと同時に、[56] 点在する産業都市間の経済的距離は著しく増大し、そのネットワークの維持には膨大な費用を要した。[57] 事実、シベリアの奥地にある中小の産業都市はソ連崩壊後に壊滅的な状況に追い込まれ、「点状の(重)工業化」の経済的負担(埋没費用)の大きさが初めて顕在化したと言える。ソ連崩壊を挟んで行われた一九八九年と二〇〇二年の人口センサスの結果を比較すると、シベリア・極東の人口減は二〇〇万人を超え、一五人に一人が姿を消したことも、かの地における重工業化を追い求めた社会主義工業化の空しさを物語っている。[58]

その一方で、こうした「群島ロシア」の島嶼部、すなわち大都市を中心とする政治・経済活動の集積地にだけ目を奪われていると、その域外で行われる数多の営みが持つ意義をつかみ損ねてしまう。アンガラ川流域開発の場合は、その実施過程で創成された新興の産業都市だけでなく、奥地の集落にまで目を向けることで、初めて実像が明らかにされた。戦後シベリアの社会主義工業化は鉱工業生産の成長率や重化学工業化の比率だけで捉えるべきではなく、生産力の空間配置のあり方を考慮した「点状の工業化」と「面状の工業化」に分けることで、その意義と問題点が多面的に論じられよう。

（1） 序章注(15)を参照。

（2） ソ連を世界最大の産油国に押し上げた西シベリアの石油・天然ガス開発、第二シベリア鉄道とも呼ばれたバイカル・アムール(バム)鉄道建設、中央アジアのアラル海域における大規模灌漑と連動したシベリア河川転流計画(一九八〇年代末に中止)など。

（3） *Колосовский Н.Н.* К итогам исследовательских работ по Ангарострою // Плановое хозяйство. 1935. № 4. С. 143-153; *Колосовский Н.Н.* Прибайкальский гидроэнергопромышленный комплекс Ангарострой // Плановое хозяйство. 1936. № 9-10. С. 157-173; *Колосовский Н.Н.* Прибайкальский энергопромышленный комплекс Ангаростроя // Плановое хозяйство. 1938. № 3. С. 97-110; *Колосовский Н.Н.* Проблемы территориальной организации производительных сил Сибири. Новосибирск, 1971.

（4）　小俣利男「ソビエトにおける地域生産コンプレクス概念の形成過程――一九四〇年までを対象に」『経済地理学年報』第三二巻第三号、一九八六年、四八―五九頁、*Бандман М.К.*, *Воробьева В.В.*, *Ионова В.Д.* Пространственная структура системы ТПК Ангаро-Енисейского региона // Методы анализа и модели структуры территориально-производственных комплексов / Под ред. М.К. Бандмана, А.А. Макарова. Новосибирск, 1979. С. 152-173; *Кротов В.А.* Программа освоения энергетических ресурсов р. Ангары и формирование территориально-производственных комплексов Прибайкалья // Вопросы экономической географии Восточной Сибири. Иркутск, 1975. С. 32-47; *Кротов В.А.*, *Фильшин Г.И.* Проблемы экономического развития территориально-производственных комплексов Иркутской области // Проблемы экономики Восточной Сибири / Под ред. В.П. Гукова. Новосибирск, 1981. С. 55-68; *Кудзи Е.М.* Перспективы развития Иркутской области. Иркутск, 1956. С. 22-91; *Муравьева Л.И.* История формирования и развития Иркутско-Черемховского промышленного комплекса: Автреф. дис. ...канд. ист. наук. Москва, 1968 など。

（5）　石井浩『シベリア開発――その現状と展望』ダイヤモンド社、一九六三年、六四―一三二頁、国立国会図書館調査立法考査局『ソ連経済力の東漸――シベリア開発計画が目指すもの』一九五七年、二〇―三〇頁、ソ連東欧貿易会『シベリア開発の諸問題』一九八〇年、三〇―三七頁、Б・ホーレフ、В・ヴァルラーモフ（清島清十訳）「中部アンガラ河流域にて」『地理』第四巻第五号、一九五九年、六六―七七頁、丸山直光「アンガラストロイ」『ソ連研究』第三巻第七号、一九五四年、四六―四九、六五頁、森本良男『シベリア――その自然と開発計画』築地書館、一九六二年、一〇一―一五一頁、*Кистанов В.В.* Будущее Сибири: развитие хозяйства в семилетке. Москва, 1960. С. 75-109; *Кудрявцев Ф.А*, *Вендрих Г.А.* Иркутск. Очерки по истории города. Иркутск, 1958. С. 406-436; *Некрасов Н.Н.* Проблемы Сибирского комплекса. Москва, 1973［ニコライ・ネクラーソフ（鈴木啓介訳）『シベリア開発構想――ソ連の方針と現状と展望』サイマル出版会、一九七五年、一五三―一八八頁］; *Медведкова Э.А.* Социально-экономическое районирование Приангарья. Новосибирск, 1985. С. 107-136; Развитие народного хозяйства Сибири. Новосибирск, 1978. С. 326-349; Среднее Приангарье: географическое исследование хозяйственного освоения таежной территории. Иркутск, 1975. С. 5-96; *Тарасов Г.Л.* Восточная Сибирь. Москва, 1964. С. 131-155 など。

（6）　*Самаруха В.И.*, *Суходолов А.П.* Экология и экономика водосборного бассейна Байкала. Иркутск, 1992. С. 5-9.

（7）　小西善次「社会主義計画理論の諸問題――地域開発理論について㈠」『明大商学論叢』第五〇巻第1号、一九六七年、六九―七一頁は、ゴエルロ計画の責任者であったグレブ・クルジィジャノフスキー（Глеб Кржижановский）が社会主義経済の地域開発理論の原型を準備したと述べている。

（8） План электрификации РСФСР. Доклад VIII съезду советов государственной комиссии по электрификации России. 2-е изд. Москва, 1955. С. 595, 611-613.

（9） 発足時はアンガラ管理部（Ангарское управление）と呼ばれ、一九三一年に同調査局と改称した。約六〇名の人員で始まり、モスクワとイルクーツクに調査研究機関を構え、業務の終了とともに一九三六年に解散した。アンガラ調査局の活動内容については、*Колосовский.* Проблемы территориальной организации. С. 154-176を参照。

（10） 小俣「ソビエトにおける地域生産コンプレクス」五八頁。

（11） 例えば、当時の日本では、巽良知、渡邊一郎共編『ソヴェト聯邦に於ける電化の發展』（社）電氣協會、一九四一年、一四〇—一四一頁、東亞問題研究會編『シベリヤ産業要覧』三省堂、一九三九年、一三〇—一三三頁、滿洲電業（株）企畫室資料課『東部ソ聯電氣事業概説』一九四四年、四一—四二頁、滿鐵・調査部『ソ聯ニ於ケル動力用燃料工業ノ配置——アンガラストロイ沿バイカル地方工業綜合建設ノ全貌』一九三八年など、シベリア地誌やソ連経済の研究書の中でアンガラ川流域開発の概要が紹介されていた。

（12） Peter de Souza, "The Russian Far East: Russia's Gateway to the Pacific," in Michael J. Bradshaw, ed., *Geography and Transition in the Post-Soviet Republics* (New York: John Wiley & Sons, 1997), p. 194.

（13） *Молодых И.Ф.* Исследования рек Восточной Сибири // Первый Восточно-Сибирский краеведческий съезд. 11-18 января 1925 года. Иркутск, 1925. С. 91-93.

（14） *Кудзи.* Перспективы развития. С. 22-26.

（15） *Горавский А.И.* Ангарострой к проблеме индустриализации Сибири. Иркутск, 1930. С. 20-28, 40-50.

（16） *Александров И.Г.* Проблема Ангары. Москва-Ленинград, 1931. С. 87-114を参照。なお、当時の共産党機関紙プラウダにもアンガラ川流域開発の記事が掲載されている（«Правда» 29 марта 1931 года）。

（17） *Колосовский.* Прибайкальский гидроэнергопромышленный комплекс. С. 157.

（18） *Колосовский.* К итогам исследовательских работ. С. 143-153.

（19） *Горавский.* Ангарострой к проблеме. С. 54-56; *Чернова Ю.В.* Динамика численности населения новых городов Иркутской области（1950-1980-е гг.）// Иркутский историко-экономический ежегодник. Иркутск, 2002. С. 111.

（20） *Тарасов Г.Л.* Территориально-экономические проблемы развития и размещения производительных сил Восточной Сибири. Москва, 1970. С. 35-39を参照。ソ連の地域経済開発における労働力移動の問題は、Oksana Dmietrieva, *Regional Development: The USSR and after* (London: UCL Press, 1996)が参考になる。

（21） *Муравьева.* История формирования. С. 8.

（22） Территориально-производственные комплексы: планирование и управление. Новосибирск, 1984. С. 9. Рис. 1.1を参照。アンガラ川流域に焦点を当てた「地域・生産複合体」研究としては、Формирование территориально-производственных комплексов Ангаро-Енисейского региона. Новосибирск, 1975などがある。

（23） *Александров.* Проблема Ангары; *Колосовский.* Проблемы территориальной организации; *Малышев В.М.* Гипотеза решения Ангарской проблемы. Москва-Иркутск, 1935.

（24） コロソフスキー（一八九一〜一九五四年）の略歴と業績は、『経済地理学の諸問題』第四号、一九六七年、三八―四三頁を参照。

（25） 中村泰三『ソ連邦の地域開発』古今書院、一九八五年、一九―二三頁。

（26） 小俣「ソビエトにおける地域生産コンプレクス」五六―五九頁、古賀正則「ソ連の地域経済論について」『経済学雑誌』（大阪市立大学）第五三巻第一号、一九六五年、七四―八一頁、中村泰三『ソ連邦の地域開発』四七―四九頁。

（27） *Калашникова Т.М.* Пророчество без чудес (к 90-летию Н.Н. Колосовского). Москва, 1983. С. 50-51を参照。*Калашникова Т.М., Орлов Б.П., Саушкин Ю.Г.* О деятельности Н.Н. Колосовского // *Колосовский.* Проблемы территориальной организации. С. 3-8も参考にした。

（28） *Колосовский.* Прибайкальский энергопромышленный комплекс. С. 104.

（29） *Колосовский.* Прибайкальский гидроэнергопромышленный комплекс. С. 162.

（30） *Колосовский.* Проблемы территориальной организации. С. 75-77.

（31） *Муравьева.* История формирования. С. 15-20を参照。この点は、民主主義研究会編（内閣官房内閣調査室監修）『ソビエト年報（一九六九年版）』一九六九年、一九九―二〇〇頁でも指摘されている。

（32） *Цыкунов Г.А.* Особенности формирования населения в районах нового освоения // Иркутский историко-экономический ежегодник. Иркутск, 2002. С. 104; *Чернова.* Динамика численности населения. С. 114.

（33） *Колосовский.* Прибайкальский энергопромышленный комплекс. С. 99.

（34） *Колосовский.* Проблемы территориальной организации. С. 60-62.

（35） *Ступин П.П.* Конференции по изучению производительных сил Восточной Сибири // Иркутский историко-экономический ежегодник. Иркутск, 2002. С. 100.

（36） *Кудзи.* Перспективы развития. С. 26-28.

（37） *Колосовский.* Проблемы территориальной организации. С. 68-69.

（38） ソヴェト研究会協会編訳『ソヴェト同盟共産党第十九回大会議事録』五月書房、一九五三年、二七〇頁。この一文は、そのまま第五次五カ年計画(一九五一～五五年)に関する党大会指令に盛り込まれた(同書、四三一頁)。

(39) 戦後のアンガラ川流域開発の概要は、黒田乙吉「進むソ連の発電計画」『エコノミスト』一九五四年六月五日号、一五―一八頁、黒田乙吉「ソ連の水力発電計画」『エコノミスト』一九五六年五月一二日号、一六―二〇頁、国立国会図書館調査立法考査局『ソ連経済力の東漸』二〇―三〇頁、ソ連東欧貿易会『シベリア開発の諸問題』三〇―三七頁、野々村一雄「新シベリア物語〈2〉ウスチ・イリムスク　アンガラ川の岸辺で」『朝日ジャーナル』一九七三年九月二一日号、三一―三六頁、丸山「アンガラストロイ」四六―四九、六五頁などで紹介されている。

(40) ロシア統計局が現在運用中の中央統計データベース(Центральная база статистических данных)では、全地域を網羅していないが、一九八〇年以降の地域別の鉱工業生産額が公表されている。

(41) 詳細は、Timothy Heleniak, *Bibliography of Soviet Statistical Handbooks* (Washington D.C.: Center for International Research, U.S. Bureau of the Census, 1988)を参照。イルクーツク州の場合、各期の五カ年計画の成果を示すかたちで、一九五七年、一九五八年、一九六二年、一九六七年、一九七二年、一九七六年、一九八一年、一九八七年に出版された。

(42) 以下に示す鉱工業生産額の伸び率は公式統計に基づくため、その算出方法に起因する上方偏向の問題を抱えている(第四章二4を参照)。公式に認められたインフレーションの影響を除去する実質化はされているが、いわゆる「隠れたインフレーション」(恒常的な物不足による物価上昇圧力や闇市場での取引価格など)は考慮されず、加えて鉱工業生産額そのものが原価の多重計上を認める総額ベースで算出されていた(一九九一年のみ純額ベースで行われた)。したがって、国際比較に耐えうるデータではなく、全国や他地域との国内比較でのみ有意な分析が行えるに過ぎないが、ソ連の公式統計が内包していた問題を僅かながらも取り除く手法のひとつが地域比較であろう。こうしたデータの歪みの程度は産業部門間で異なり、品質や価格の面で資本主義諸国の市場評価から最もかけ離れた最終製品を生産していた機械製作業や燃料業ではいっそう大きな問題が残るため、産業構造の違いに起因する不整合は避けられないが、地域の比較分析を通じて得られた相対的評価は多くの知見の(再)発見に結びつくはずである。

(43) *Госкомстат России.* Показатели экономического развития республик, краев, областей Российской Федерации. Москва, 1992. С. 87-90; Российский государственный архив экономики, ф. 1562, оп. 33, д. 2333, л. 42.

(44) ロシア全体に占めるイルクーツク州の非鉄金属業と林産業のシェアは、一九九一年の鉱工業生産額で見ると、それぞれ五・九%と九・七%である(*Госкомстат России.* Показатели экономического развития. С. 87-90)。

(45) *Госкомстат России, Иркутское областное управление статистики.* Промышленность Иркутской области в 1994 году. Иркутск, 1995. С. 19-20.

(46) *Винокуров М.А., Суходолов А.П.* Экономика Иркутской области. Т. 2. Иркутск, 1999. С. 20-22.

(47) Большая Советская энциклопедия. 3-е изд. Т. 1-31. Москва, 1970-1981; Географический энциклопедический словарь. Москва, 2003; Город России. Энциклопедия. Москва, 1994 などを参照した。

(48) 詳細は、Статистика промышленности / Под ред. В.Е. Адамова. Москва, 1987. С. 32-38 を参照。

(49) こうした独自の産業分類はソ連崩壊後のロシアでも長らく使用され、国際標準産業分類に基づく新産業分類への移行が完了したのは二〇〇四年である。

(50) 島村史郎『ソ連経済と統計――ゴルバチョフ経済政策の評価』東洋経済新報社、一九八九年、七四―七五頁。

(51) 一九九一年版(一九九〇年データ)の企業総覧は全地域を網羅せず、前章三3の考察対象である西シベリアのチュメニ州とケメロボ州を含まないため、先では一九九二年版(一九九一年データ)を用いた。

(52) 有意確率は$p=0.4037$(イェーツの連続性の修正を施した場合は$p=0.4843$)で、両者の中央値に差はないとする帰無仮説が支持される。なお、就業者数の中央値については有意確率が$p=0.0011$(同$p=0.0018$)となり、この帰無仮説は有意水準一％で棄却される。

(53) *Госкомстат России, Иркутское областное управление статистики.* Численность населения городов, поселков, районов и сельских населенных пунктов. Иркутск, 1995. С. 12.

(54) *Кротов, Фильшин.* Проблемы экономического развития. С. 57-58.

(55) *Богорад Д.Р.* Вопросы специализации и комплексного развития народного хозяйства Сибири. Москва, 1966. С. 183.

(56) Clifford G. Gaddy and Barry W. Ickes, "Resource Rents and the Russian Economy," *Eurasian Geography and Economics* 46:8 (2005), pp. 559-583; Clifford G. Gaddy and Barry W. Ickes, "Russia after the Global Financial Crisis," *Eurasian Geography and Economics* 51:3 (2010), pp. 281-311.

(57) Fiona Hill and Clifford G. Gaddy, *The Siberian Curse: How Communist Planners Left Russia out in the Cold* (Washington, D.C.: Brookings Institution Press, 2003), pp. 7-56.

(58) *Госкомстат РСФСР.* Численность населения РСФСР по данным всесоюзной переписи населения 1989 года. Москва, 1990. С. 295-375 および *Росстат.* Численность и размещение населения: итоги всероссийской переписи населения 2002 года. Т. 1. Москва, 2004. С. 210-283 に記載のデータから算出した。その後も人口減の過程は続いており、二〇一〇年人口センサスの結果によると(*Росстат.* Всероссийская перепись населения 2010 [http://www.perepis-2010.ru/]二〇一二年三月二一日閲覧)、二〇〇二年から二〇一〇年までにシベリアおよび極東の両連邦管区の人口減は一二〇万人以上(減少率四・五％)に達した。

第六章　社会主義国ソ連の公害・環境問題
――「バイカル問題」の登場

はじめに

バイカル湖流域の環境汚染は、社会主義国ソ連の代表的な公害・環境問題として一九七〇年代から多くの実証研究が積み重ねられてきた。資本主義諸国の公害・環境問題をめぐる論争に一石を投じた衝撃度の大きな事例であったため(第一章一2を参照)、環境汚染の実態究明が競われるように行われた。とりわけ、本章以下で詳述するバイカリスクセルロース・製紙コンビナート(以下、バイカリスク工場と略す)は、バイカル湖の環境汚染が顕在化する以前の建設計画の段階からソ連国内で異議が表明されたことで、その一挙一動が注視された。一九六六年冬の開業後に大量の工場廃水がバイカル湖の汚染を惹き起こすと、社会主義企業による環境汚染を検証する格好の対象となり、ソ連の公害・環境問題に関する研究では欠かせない事例となった。

前章で考察したアンガラ川流域開発の全体像を踏まえて、本章では最初に同流域開発の一環としてバイカリスク工場の建設計画が登場した歴史的背景を検討する。次に、その建設計画に対する異議申し立てが公に表明され、バイカル湖の環境汚染に関する一連の議論を総称した「バイカル問題」が登場するまでの経緯を述べる。同問題を政治経済学的な視点から論じた先行研究は、この点に焦点を置いた論考が多いため、その内容を併せて考察する。最後に、バイカリスク工場の建設計画をめぐる政府内の意見対立を経て、最終的にソ連国家計画委員会主催の合同会議(一九六六年七月)で「バイカル問題」が政治決着する過程を究明し、バイカル湖流域の公害・環境問題が生起した経緯を検討する。

一般に政策決定過程の実態に関する情報が極度に乏しかったソ連時代の実証史学は、表面化した傍証を丹念に追うことで、いわばブラックボックスの状態にあった政治的意思決定の過程に間接的にアプローチしていた[(1)]。この点で「バイカル問題」に関する従来の諸研究も例外ではなく、新聞や雑誌に発表された事実の経過と論者の見解を踏まえつつ、バイカル湖の環境汚染が政治的な争点となり、それが決着する政策決定過程を外側から推し量っていた。しかし、ソ連崩壊後は公文書館での情報公開が進み、公権力の上層部における政治的意思決定を示す史料に直接アクセスする機会が開かれている。

そこで、以下では従来の諸研究が依拠した文献資料に加え、ロシア国立経済文書館(Российский государственный архив экономики)が所蔵するソ連国家計画委員会(以下、ゴスプランと略す)の公文書「バイカル湖の汚染防止問題に関するソ連国家計画委員会国家審査委員会の提案に関するソ連国家計画委員会、ソ連閣僚会議国家科学技術委員会、ソ連科学アカデミー本部の合同会議資料」(фонд 4372, опись 66, дело 550-552)、ならびに「バイカル湖の汚染防止問題に関する審査資料」(фонд 4372, опись 66, дело 1245-1248)を利用する[(2)]。本文書(以下、ゴスプラン文書と表記する)は上記の合同会議の議事録および諸決定と、そこに至るまでの関係省庁・機関の諸決定・公式書簡・報告書、団体・個人名の請願書、各種会議の議事録・抜粋、非公式のメモ類などで構成され、バイカリスク工場の建設計画をめぐる論争の経緯を克明に記録している[(3)]。「バイカル問題」に関する史実の解明だけでなく、公害・環境問題に関するソ連の計画当局内部の意思決定過程を追跡できる貴重な史料である。これに加えて、バイカリスク工場が毎年作成し、所属先の官庁に提出していた業務報告書[(4)]も参照しながら、開業前後に議論された争点の事実確認を行いたい。

一　バイカリスクセルロース・製紙コンビナートの建設計画——歴史的背景の検証

1　セルロース・製紙産業の登場——「イルクーツク州の生産力研究に関する会議」(一九四七年八月)

バイカリスク工場の建設計画は単独で提起されたわけではなく、同工場の立地先であるイルクーツク州の工業化を牽引したアンガラ川流域開発の一環として登場した。前章で考察したように、同流域開発は州内に新しい産業都市を創成し、そこに重工業企業を集中立地させた一方で(「点状の(重)工業化」)、旧来からの基幹産業であった非重工業の林産業が州全体の工業化を下支えしていた(「面状の工業化」)。「セルロース・製紙」の名称が示すようにバイカリスク工場は林産業に属するため、後背地シベリアの重工業化を目指したアンガラ川流域開発の下で工場の建設計画が推進されたことは矛盾しているように見える。この点を理解するためには、当時の産業界の技術的背景に目を向ける必要がある。

今日の化学工業の主流である石油化学工業は、原料転換と生産過程の変革を経て第二次世界大戦後に登場する。原料を石油・天然ガスに転換し、有機合成化学と高分子化学の産業利用がソ連で本格化するのは一九五〇年代末からで、[5] それまでは石炭や木材を原料とする化学工業の発展に期待が寄せられていた。この観点から注目された地域が、ソ連有数の森林資源を抱えるイルクーツク州である。戦後のアンガラ川流域開発の計画案を審議した「イルクーツク州の生産力研究に関する会議」(一九四七年八月)では、開発計画の中核を占める主力産業として林産業の部会を設け、その課題と展望を討議している。

この会議の報告集によると、当時のイルクーツク州における林産業の課題は森林伐採量の増大と木材の用途拡大であった。[6] 前者は、ソ連の森林資源をめぐる地域的な需給バランスの問題と関係しており、資源の枯渇が懸念された欧州部において伐採量の増大が続く一方で、未開発の森林資源を擁するシベリア・極東地域では林産業の発展が相対的に後れていた状況の是正を目的としていた。その性格上、輸送負荷が大きいため、運輸網の整備と並行しながら処女林開発を進め、域内の需要を超える木材は主に中央アジアに移出することが求められた。しかし、社会主義工業化の進展に伴う建築用木材の域外供給は、すでに第二次世界大戦前から始められており、森林伐採量の増大という課題は、その延長上に置かれたに過ぎない。他方で、木材の用途拡大は、その化学的加工を含めて林産業における新規事業の創出を意味していた。そこで、上記の会議では木材化学工業の生産品目が議論され、有力案として木材パルプを原料とするセルロース・製紙産業が登場する。(7) 森林資源と水資源に恵まれたイルクーツク州は本産業の立地に好ましい自然条件を備えていたため、複数の工場建設計画が林産業部会の決議の中で提案された。(8)

ここでアンガラ川流域開発の電力配分計画に注目すると、戦前の段階と比べて、林産業に対する割当量が年間二〇億キロワット時から一〇〇億キロワット時に引き上げられ、総発電量に占める割合も四・九～五・四％から二四・六％へと大きく上昇している。(9) このようにイルクーツク州の林産業は戦後のアンガラ川流域開発の主力と位置づけられ、なかでもセルロース・製紙産業は木材化学工業の発展を通じて、当地の重化学工業化に寄与すると考えられていた。本産業が従来の林産業の生産体系にはなく、社会主義工業化の要であった重化学工業の発展という理念に合致していた点が、後に多方面からの異議申し立てにもかかわらず、バイカリスク工場の建設計画が強力に進められたことの伏線にあった。

2　バイカリスクセルロース・製紙コンビナートの登場

――「東シベリアの生産力発展に関する会議」(一九五八年八月)

セルロース・製紙産業の発展を求める声の中で、バイカリスク工場の建設計画の全容が初めて披瀝されたのが、一九五八年八月にイルクーツクで開催された「東シベリアの生産力発展に関する会議」である。この会議では、東シベリアを構成する地域と産業部門ごとに、経済発展の経過、産業立地の方針、今後の課題などが議論され、報告と討論の内容は産業部門別の報告集に編纂された。その中から林産業の部会を中心に取り上げ、バイカリスク工場の建設計画が提起された経済的な背景を探ってみたい。

東シベリアの森林資源は経済的価値の高い針葉樹が主流で、かつ成熟林の割合も大きいため、従来から林産業は地域の基幹産業であると考えられていた。[10] 森林伐採部門の発展は著しく、一九二八～五八年の間に伐採量は全国平均の三・七倍を大きく上回る一七・〇倍の伸び率を記録し、全国に占めるシェアも三・〇%から一三・四%へと急上昇した。[11] 他方で木材加工部門は全般的に伸び悩み、バイカリスク工場の立地先となるイルクーツク州の場合、林産業の生産額に占める製材業の割合が一九四〇年の二九・二%から一九五七年の二一・二%に低下したため、木材加工部門の立ち後れが懸念されていた。[12] そこで、上記の「東シベリアの生産力発展に関する会議」の林産業部会では、こうした状況を打破し、東シベリア林産業の部門構成の高度化を推進する点で意見が一致した。[13] 各部会の議論を総括した全体会議の総会で採択された林産業の発展方針を見ると、全一五項目の先頭に木材加工部門の強化、特にセルロース・製紙産業の発展を掲げていたことから、[14] 本産業の工場立地は最重要の課題と認識されていたことが分かる。

この時期にソ連政府は第六次五カ年計画を中途で解消し、新たに七カ年計画(一九五九～六五年)を策定するが、その際にシベリアを含むソ連東部開発の重点化の一環として、東シベリアにおける木材加工部門の生産量の大幅な増大を命じていた。[15] その一翼を担うセルロース・製紙産業は、表6-1が示すように、七カ年計画の間に主力製品の生産量を一・七～五・七倍に引き上げるものとされた。さらに、生産量の増大ペースを上回る生産能力の増強が図られ、五つのセルロース・製紙工場の建設計画が「東シベリアの生産力発展に関する会議」で発表された。[16] その中のひとつがバイカリスク工場である。当初はバイカリスクセルロース工場(Байкальский целлюлозный завод)と呼ばれ、後にバイカリスクセルロース・製紙コンビナート(Байкальский целлюлозно-бумажный

表6-1 東シベリアにおけるセルロース・製紙産業の発展計画(1959〜1965年)

品　　目	生産量	生産能力
セルロース(целлюлоза)	2.4倍	2.7倍
木材パルプ(древесная масса)	2.0倍	2.0倍
薄紙(бумага)	1.7倍	1.9倍
厚紙(картон)	5.7倍	6.8倍

出所) *Гипробум.* Перспективы развития целлюлозно-бумажной промышленности Восточной Сибири // Развитие производительных сил Восточной Сибири. Лесное хозяйство и лесная промышленность. Москва, 1960. С. 135.

комбинат)に改称した。

ところが、公表されたバイカル湖流域内のセルロース・製紙工場の建設計画に対して、会議の質疑応答の場で環境汚染の可能性を指摘し、反対姿勢を鮮明にした発言が飛び出した[17]。会議の報告集には記録されていないが、バイカリスク工場を含むセルロース・製紙工場の建設計画に関する提案は承認されず、最終的に林産業部会の決議からも外されたという[18]。東シベリアにおけるセルロース・製紙産業の大々的展開そのものは支持され、前述のように全体会議の総会で承認されたわけだが、その立地先にバイカル湖流域を指定したことで、開発と環境の調和をめぐる問題がにわかに表面化したのである(第三章の表3-2を参照)。この会議では、ソ連発電省(Министерство электростанций СССР)傘下の水力エネルギー開発研究所(Институт гидроэнергопроект)が、バイカル湖からアンガラ川へ流入する水量を増やし、水力発電の効率性を高めるために湖岸を広範囲に爆破・掘削する計画を提案していたが、バイカル湖の生態系への悪影響を理由に否決されている[19]。こうした動きが示唆するように、自然環境に多大な影響を与える開発計画の妥当性は一九五〇年代末から問われ始めていた。

その後、セルロース・製紙工場の建設計画に対する環境面の懸念は学識者の間で急速に広まり、レニングラード大学の生物学者有志がソ連共産党中央委員会などに宛てた書簡(一九六六年四月)や、ソ連科学アカデミー・シベリア支部所属の研究者が作成した報告書(一九六五年二月)には、環境汚染のおそれを理由にした建設計画への反対意見は一九五八〜五九年頃から学界で絶えず表明されてきたと記されている[20]。バイカル湖の環境保護運動で長きにわたり指導的役割を果たしてきた生物学者グリゴリー・ガラジー(Григорий Галазий)は、一九六〇年代初頭には環境保護派の論客として頭角を現していた(21)。建設計画への疑問や懸念が新聞紙上で表明され、「バイカル問題」をめぐる論争が本格化するのは、バイカリスク工場の操業が視野に入り始めた一九六〇年代半ばのことである。しかし、ソ連の環境保護運動で大きな役割を果たしてきた学識者の間では、一九五八年に「東シベリアの生産力発展に関する会議」で建設計画が発表された当初から、バイカル湖流域の環境保護を目的とした異議申し立ては始まっていた。ただし、それは多様な社会層を巻き込んだ組織的な反対運動ではなく、公のマスメディアを利用して世論に訴えつつ政府内の意思決定過程に直接働きかけることで、建設計画の撤回ないし変更を勝ち取ることを主眼としていた。後述するように、そうした試みは一九六〇年代前半を通じて行われ、反対派の学識者がソ連閣僚会議を構成する大臣の名を借りて異議申し立ての公式書簡を作成し、それを受領した同会議議長コスイギン首相をして「バイカル問題」の政治決着をゴスプランに促す事態となる。

3　バイカリスクセルロース・製紙コンビナートの建設計画の概要

世界の航空業界は第二次世界大戦後にプロペラ機からジェット機への転換が進み、耐熱性と耐久性に優れたタイヤ用撚糸の原料として、ビスコース・セルロースという高品質な繊維素材に対する需要が高まっていた(図6-1はビスコース繊維製品の一例である)。その開発と量産に成功した米国が軍事上の戦略物資と位置づけ、共産圏への禁輸措置を敷いたため、ソ連にとってビスコース・セルロースの国内生産体制の確立は急務であった(22)。しかし、当時の技術水準では硬度が低く塩基類の少ない清浄な天然水の使用が必要とされ、広大なソ連でも立地先の候補地は限られていた。まず、当時のソ連林業・製紙工業省(Министерство лесной и бумажной промышленности СССР)傘下のセルロース・製紙工場設計研究所(Институт гипробум)は、森林と水源に恵まれたロシア北西部もしくはシベリアに位置するバイカル湖、ラドガ湖、オネガ湖、テレツ湖、ネバ川、ビヤ川の六カ所を選

図 6-1　ソ連製のビスコース・レーヨン

出所）モスクワの工業技術博物館（本章注（7）を参照）にて筆者撮影（2009 年 7 月 30 日）

定した。このうちラドガ湖、オネガ湖、ネバ川は資材の供給面で難があり、テレツ湖とビヤ川は原木の品質面が不安視されたため、消去法でバイカル湖が残った[23]。その後、同湖周辺の候補地の中で最有力視されていた新興の産業都市アンガルスクを退け、最終的に現在のバイカリスク（当時のソルザン）が選ばれた[24]。

以上の経緯については、すでに多くの先行研究が述べており、清浄な天然水の確保に加え、資材（特に木材）供給の確実性、製品の品質保証、低廉な事業費などの点で、バイカル湖流域が最先端のセルロース・製紙産業の立地先として最適であると判断された。

ここで、バイカリスク工場の建設計画に関するソ連共産党ならびに同閣僚会議の諸決定を確認すると、バイカル湖畔への工場立地を承認したソ連閣僚会議指令一九五四年四月三日付第三四九九―р号を皮切りに、ソ連共産党中央委員会・閣僚会議決議一九五六年一月九日付第三四―二四号、同一九五八年七月二三日付第七九五号、同一九六〇年四月七日付第四七八号、同一九六〇年一〇月七日付第一〇七一号、同一九六一年一二月六日付第一〇八八―四七一号と政治的意思決定が重ねられ、一九五〇年代半ばから建設計画は着実に進行していたことが分かる。[25] 一九五四年七月にセルロース・製紙工場設計研究所が作成に着手した計画案は、一九五八年開催の「東シベリアの生産力発展に関する会議」で初公開されたが、前項で述べたように反対意見が強く、提案は承認されなかった。その後も学界からの異論表明は続いたが建設計画は進められ、当初はイルクーツク国民経済会議(Иркутский совнархоз)が工事を請け負い、一九六〇年四月に設立されたバイカリスク建設・組立管理部(Байкальское строительно-монтажное управление)が現場を指揮した。

さらに、生産能力の拡張を命じた計画案の承認に伴い施工者が変更され、バイカリスク建設・組立管理部はソ連中規模機械製作省(Министерство среднего машиностроения СССР)傘下のアンガルスク事業部九一(Ангарское предприятие 91)に譲渡された。[26] 同省はソ連における核開発の中枢を占め、軍需産業の一翼を担っていた機構である。一九八九年にソ連原子力省として登場するまで、その存在は公にされていなかったが、「国家の中の国家」と称されるほど強大な影響力を誇っていた。[27] 一九五〇年代以降、同省は産業都市の建設作業に労働力を動員する役割を果たしており、[28] バイカリスク工場のケースでも施工者として建設工事の遂行に必要な物資の供給を要求していた。[29] したがって、一九六〇年代初頭まで建設計画への異議申し立てが正面から取り上げられなかったのは、表6-2が示すように高品質のビスコース・セルロースの生産を予定していたバイカリスク工場には、化学工業の発展と軍事物資の生産という優先度の極めて高い課題が与えられていたからであろう。当時のフルシチョフ政権が化学工業の後進性の解消を最重点課題に挙げていたことを踏まえると、[30] バイカリスク工場の建設計画には二重丸の優先度が付されていたと言える。

こうした開発優先の流れに一石を投じ、開発と環境の調和という問題を政治の表舞台に引き出したのは、ソ連科学アカデミー・シベリア支部所属の研究者やソ連作家協会員の文筆家といった有識者である。マスメディアを

表6-2　バイカリスク工場の建設計画の概要(1966年4月)

建設費	21,542万ルーブル
生産施設	15,658万ルーブル
住宅施設	4,554万ルーブル
基盤整備	1,330万ルーブル
従業員	2,200人
セルロース製造	354人
その他	1,846人
生産品目(年間)	
セルロース	22.8万トン
各種セルロース製品(ビスコース・セルロース，漂白セルロース，ビスコース繊維など)	20.0万トン
包装紙	1.2万トン
生産額(年間)	6,705.7万ルーブル
生産費(〃)	3,909.2万ルーブル
賃金総額(〃)	242.9万ルーブル
収益率	70.8%
投資償還期間	7.8年

出所）РГАЭ, ф. 4372, оп. 66, д. 1245, л. 186-189.

利用したキャンペーンを展開する一方で、ゴスプランやソ連閣僚会議といったハイレベルの意思決定機関に直接働きかけることで、バイカル湖流域の自然環境の保護と建設計画の見直しを最上位の政治議題にまで引き上げたのである。

二　建設計画への異議申し立て

バイカル湖流域の開発と環境をめぐる論争が、社会主義国ソ連の公害・環境問題の転換点であったことは衆目の一致するところである。第一章五3で述べた公害・環境問題の概念規定に従えば、①計画経済体制下での環境汚染の代表的事例として国内外で認知され、②公権力が認めた情報媒体を用いて、学識者有志もしくは学術団体の強力なイニシアチブで開発計画に対峙するスタイルの環境保護運動が登場し、③後にソ連共産党中央委員会・閣僚会議という最上位の政治的意思決定機関で環境政策の推進と強化が公式に宣言され（第七章三を参照）、④自然環境の保護の観点から、当時は社会主義工業化と呼ばれた近代化路線を制御する環境ガバナンスの必要性が提起された。マスメディアを利用した環境保護派による「バイカル問題」キャンペーンは先例のない規模で論争を喚起し、内外の関心を呼び起こした[31]。その背景には、すでに深刻な産業公害がソ連各地で発生し、環境破壊・汚染は厳然たる事実として存在していたことがある。実際、バイカリスク工場の建設計画への異議申し立ての声は、既存のセルロース・製紙工場による環境汚染の発生を強調し、それを解決できない管轄省庁に対する不信感を強めていた。[32] 逆説的に聞こえるが、「普通」の産業公害が頻発する中でバイカル湖に象徴される静謐な自然環境を保持してきたからこそ、[33] 最終的にゴスプランが政治決着の場を設けるまでに「バイカル問題」は先鋭化したのである。

1 「バイカル問題」キャンペーン――環境保護派の表舞台

前述したように、バイカリスク工場の建設計画は「東シベリアの生産力発展に関する会議」(一九五八年)で公にされた時点で、学識者を中心とする反対派の意義申し立てに直面した。環境保護派の「バイカル問題」キャンペーンの動向を丹念に追跡したダグラス・ウイナー(Douglas Weiner)によると、[34] 官学共同研究機関の生産力研究会議(Совет по изучению производительных сил)議長のニコライ・ネクラーソフ(Николай Некрасов)から建設計画の全容を知らされた作家兼記者のフランツ・タウリン(Франц Таурин)が、[35] 関係機関での潜入取材を経て、一九五九年二月に「バイカルは自然保護区になるべき」[36] という署名記事を全国紙で発表したのが、建設計画への異議申し立てを最初に明文化した印刷物である。工場建設が始まった一九六〇年にブリヤート共和国で出版された小冊子『バイカルの国民経済問題』は、書物として初めて「バイカル問題」を正面から取り上げたものである。[37] 著者のバリジャン・ブヤントゥエフ(Бальжан Буянтуев)は、経済的観点からバイカル湖流域の開発問題を取り上げた数少ない試みと同書を位置づけた上で、バイカリスク工場の建設計画、アンガラ川の水利開発(ダム建設)、バイカル湖流域の森林開発は自然環境にとって大いなる脅威で、経済的にも妥当性を欠くという結論を下した。[38] バイカル湖流域開発の問題点が簡潔にまとめられており、この時点で環境保護派の立論の骨格はほぼ固まっていたと言える。そして、このブヤントゥエフと連名で論文を執筆していたガラジー[39]は、ソ連青年組織コムソモールの機関紙コムソモリスカヤ・プラウダの編集部に建設計画を批判する書簡を送り、一九六一年末に公開された。

このときに初めてバイカリスク工場の廃液に関するデータが明らかにされ、ガラジーは科学的な根拠を示しながらバイカル湖の生態系に及ぼす悪影響を指摘した上で、それを防ぐためには、現行の建設計画を撤回してブラーツクに建設中のセルロース・製紙工場の生産能力を増強するか、バイカル湖畔に建設する場合には、工場廃水の蒸気消毒と固形廃棄物の再利用もしくはバイカル湖流域外への排出を求めた[40]。その後、ガラジーが率いる陸水学研究所を中心にバイカル湖の環境調査が重ねられ、そこで得られたデータを根拠にバイカリスク工場の廃液によるバイカル湖の汚染は不可避であると述べている[41]。ガラジーの主張は、本章の冒頭で紹介したロシア国立経済文書館所蔵のゴスプラン文書にもたびたび登場するが、開発計画の推進派は頑として受け入れず、後述の政治決着の場では完全に退けられた。

「バイカル問題」キャンペーンが本格化するのは、バイカリスク工場の建設作業が進み、その操業が視野に入り始めた一九六〇年代半ばからである。環境保護派の論陣は科学者と文筆家の「共同戦線」で、前者はバイカル湖流域開発の環境面の悪影響を強調し、後者は経済性の欠如を問題視していた。ソ連科学アカデミー幹部会や傘下機関は一九六〇年代初頭から建設計画への疑念を繰り返し表明しており、一九六二年四月にはソ連科学アカデミー総裁ムスティスラフ・ケルドイシュ(Мстислав Келдыш)の名でソ連閣僚会議に請願書を送付し、「バイカル問題」の要点を整理した上で、その善処を要求した[42]。さらに、多数の科学者が名を連ねた公開書簡が一九六六年春にコムソモリスカヤ・プラウダで発表され、バイカリスク工場およびセレンギンスク工場の建設作業の即時停止と現存施設の解体を求めるなど、既存の開発計画を白紙に戻した上で、バイカル湖流域の天然資源の保全を保障する開発体制の構築を要求した[43]。こうした議論をコムソモリスカヤ・プラウダの編集部は支持する立場を表明しながら、開発計画の推進派を手厳しく批判していた[44]。ソ連共産党の機関紙プラウダにも、やや手の込んだインタビュー形式でガラジーが登場し、バイカル湖の環境汚染への警告を発する一方で、書き手の特派員は開発側の当事者を暗に非難する論調で記事をまとめていた[45]。

環境保護派に論壇の場を提供した他の有力紙は、ソ連作家協会の機関紙リテラトゥルナヤ・ガゼータである。一九六五年二月に掲載された作家オレグ・ボルコフ(Олег Волков)の手による長文の手記は大きな反響を呼び起こし、ガラジーと並ぶ環境保護派の前衛として、その名を一躍知らしめた。[46] 先のゴスプラン文書にも全文が繰返し収録され、多くの関係者が言及している。ボルコフをはじめとする文筆家の「バイカル問題」キャンペーンの特徴は、バイカリスク工場の建設計画の経済性に焦点を当て、その薄弱な根拠を突く点にあった。[47]「バイカルにかかる霧」という見出しから始まるボルコフの手記では、工場廃水による環境汚染の問題に加え、地震多発地帯での工場立地の危険性、ウラルまでの長距離製品輸送を前提にした物流体制の非効率性、欧米先進国では化学繊維への転換が進められている中で天然繊維のビスコース・セルロースの大量生産を始めることの不経済性などがやり玉に挙げられている。[48] 批判の矢面に立たされたゴスプラン附属林業・セルロース製紙・木材加工業・営林国家委員会(Госкомитет по лесной, целлюлозно-бумажной, деревообрабатывающей промышленности и лесному хозяйству при Госплане СССР)は、同じリテラトゥルナヤ・ガゼータの紙上で詳細な反論を展開したが、その数日後にボルコフは「霧は晴れない」という再反論の手記を同紙に発表し、開発計画の不備を指摘した過去の公文書を引用して推進派の議論の根拠を掘り崩すことで、自説の妥当性を改めて強調した。[49] 一九六六年春の第二三回ソ連共産党大会において、バイカル湖を含む自然環境の保護を力強く訴えて内外の耳目を引いたノーベル文学賞受賞作家ミハイル・ショーロホフ(Михаил Шолохов)の演説も、ボルガ川、ドン川、アゾフ海などでの水資源開発が招いた具体的な損失額に言及しながら、皮肉混じりの口調で工場建設のでたらめぶりを糾弾している。[50]

以上のように、全国紙を舞台にした公開論争のかたちで始められた異議申し立ての背後では、どのような政治的意思決定がなされていたのであろうか。

2 「バイカル問題」の構図——先行研究の検討

ソ連の公害・環境問題を扱った先行研究の中で「バイカル問題」に言及しないケースは皆無だが、その概要の紹介の域を超えて、政治的な利害対立が起きた背景や異議申し立ての構図を分析した論考は限られる。

早くから「バイカル問題」に注目していたマーシャル・ゴールドマン(Marshall Goldman)は、紙上で繰り広げられた論戦を丹念に追跡し、抗議活動の端緒は分からないと前置きした上で、「バイカル問題」が勃発した原因を政権内の利害対立に求めた。ソ連国内の新聞報道に基づき、バイカリスク工場とセレンギンスク工場の建設計画を是認・否認した機関名を列挙している(51)。その際、「バイカル問題」の争点は明らかにされたが、政治的意思決定の過程や政権内の利害対立の構図など、その全容を描くまでには至っていない。

ゴールドマンの実証研究に依拠しながら、「バイカル問題」が政治化する過程をソ連社会の変化の断面とみなし、その意義を捉えようとしたのが比較政治学を専門とするドナルド・ケリー(Donald Kelley)である。バイカル湖の環境保護運動を率いた人々が専門的知識と社会的地位を兼ね備えた社会層であることに着目し、彼らを「環境主義者連合」(environmentalists coalition)と呼び、政治的な対抗勢力と位置づけた。つまり、政府内部の主導権争いと考えたゴールドマンとは異なり、開発側の産業省庁に「環境主義者連合」を対置し、両者の対立関係に「バイカル問題」の構図を求めた。ソ連土地改良・水利省(Министерство мелиорации и водного хозяйства СССР)やソ連閣僚会議附属水文気象局本部(Главное управление гидрометеорологической службы при СМ СССР)など、バイカリスク工場とセレンギンスク工場の建設計画に反対した政府機関は「環境主義者連合」の後方支援もしくは応援部隊とされ、政治的序列と影響力の低さゆえに副次的な役割に留まっていたとする。ケリーによると、公害・環境問題は新しい政治的争点であるからこそ既存の意思決定機構に囚われない議論が可能になり、「バイカル問題」も従来の社会問題とは異なる仕方で政治化したという。その後、一九六〇年代後半から一九七〇年代半ばにかけてバイカル湖流域の環境政策が本格化し、産業活動の制約を明文化したことから(次章を参照)、「環境主義者連合」の主張は不十分ながらも政権の首脳部に受け入れられたと結論づけた。当時の政府首脳は上層部の意向が末端まで行き届かない官僚機構に風穴が空くことを期待する一方で、「環境主義者連合」は政権の中枢部に直接働きかけることで官僚機構の抵抗を封じられると考え、官僚制の弊害への対処という点で両者の利害が一致したという。(52)

「バイカル問題」が露わにしたソ連社会の利害対立に注目し、その背景を考察したソ連研究の専門家には、他にセイン・グスタフソン(Thane Gustafson)、チャールズ・ジーグラー(Charles Ziegler)、クレイグ・ザンブランネン(Craig ZumBrunnen)などが挙げられる。三者ともゴールドマンと同様に当時の公開資料を吟味した上で、政府首脳が公害・環境問題の激化に危機感を覚え、開発と環境の調和に本腰を入れて取り組み始めた姿勢の表れと見ている。(53)ソ連を「環境の時代」に導いた役回りを「バイカル問題」は演じたわけだが、ケリーと同様に林産業の関連省庁に環境主義者の集団を対置し、後者の台頭に意思表明の場の多様化と多チャンネル化を見出した。ただし、それは政治的な意思決定過程への正式参加を意味するのではなく、既得権益の再編が困難な官僚機構の問題や環境保護運動の限界が異口同音に指摘されている。環境主義者の主張がどの程度「バイカル問題」で受け入れられたかについては見解の相違が見られ、ケリーやザンブランネンは政府の政策対応を受容の表れとしたが、ゴールドマン、グスタフソン、ジーグラーなどは環境政策の実効性を疑問視し、環境主義者は事実上の敗北を喫したと見ている。また、中央集権化された一枚岩の統治機構を念頭に置いていたゴールドマンに対して、ケリーやジーグラーは分権的な意思決定過程と多様な利害調整の場を想定しており、ザンブランネンはゴールドマンによるバイカル湖の汚染問題の記述は大げさで、「バイカル問題」の本質は環境汚染の発生ではなく、環境論議の展開にあると批判した。

「バイカル問題」に深く関わった各人の動向に焦点を当て、事実関係を掘り起こしながら個人の背後にある利害関係を見極めようとした研究も見られる。一九七〇年代末にソ連の自然環境の荒廃ぶりを内部告発した地下出版物は(第二章一3を参照)、「バイカル問題」の舞台裏の一端を露わにしている。国の既定路線であったバイカリスク工場の建設計画を守り通すために、ガラジーをはじめとする環境保護派の取り組みを封じ込めようとした人物を実名で告発した。特に、ソ連科学アカデミー無機化学研究所長を務め、ゴスプラン内に設けられた国家審査委員会で建設計画を最終承認にまで持ち込んだ科学アカデミー正会員ニコライ・ジャボロンコフ(Николай Жаворонков)がやり玉に挙げられた。(54)

公文書館で閲覧が許された史料や当時の関係者が保管していた私文書に基づいて、主要な当事者の動向をつぶさに観察することで「バイカル問題」の深層に迫ろうとしたのは、前掲のウイナーとポール・ジョセフソン(Paul Josephson)である。環境保護派の「バイカル問題」キャンペーンをリードした先述のタウリン、ガラジー、ボルコフの他に、(55)ソ連国家勲章(十月革命勲章)受章作家ウラジーミル・チビリヒン(Владимир Чивилихин)、(56)ソ連科学アカデミー・シベリア支部重鎮の地質学者アンドレイ・トロフィムク(Андрей Трофимук)、(57)バイカル湖の生態系研究で多大な業績を残した生物学者ミハイル・コジョフ(Михаил Кожов)などのプロフィールを明らかにした上で、生い立ちも経歴も異なる人々がバイカル湖の環境保護運動に結集した社会的背景を論じている。(58)

一連の研究において明らかにされた事実の中で注目されるのは、以下の三点である。第一に、環境保護の主張を声高に訴えることが反体制的な色合いを帯びていたわけではなく、むしろ当時の共産主義の言説とは合致していた点である。例えば、トロフィムクは共産党員としてのキャリアが豊富で、チビリヒンもコムソモール出身者である。先に述べた共産党大会でのショーロホフ演説も、その前半は共産主義社会を礼賛する言葉で溢れている。第二に、開発推進の立場にある産業省庁は、バイカル湖の産業利用という総論では合意しても、具体的な計画作成の段階に入り利害関係の衝突が見られると、環境保護派の議論に与してライバルの計画案を潰しにかかったことである。例えば、バイカリスク工場の建設計画を作成したセルロース・製紙工場設計研究所は、前述の水力エネルギー開発研究所によるバイカル湖岸の爆破・掘削計画に強硬に反対した。工場立地と生産工程への影響が避けられないためである。また、ソ連漁業省(Министерство рыбного хозяйства СССР)がバイカリスク工場とセレンギンスク工場の建設計画に批判的であったのは、工場廃水がバイカル湖の漁場に悪影響を及ぼし、漁獲高の減少が危惧されたためである。同省はバイカル湖の汚染問題を批判する一方で、同湖での漁獲の増進を目的とした漁業規則の緩和を認めたことで乱獲を助長したとされる。[59] 第三に、シベリアの科学アカデミーを中心とする研究者らが自らを科学者(scientist)と位置づけ、開発計画の作成を手がける省庁傘下の技術者(engineer)に対して科学的見地に基づく計画策定を執拗に求めていたことも、当時の有識者集団内の断層を垣間見せている。

3　「バイカル問題」の裏舞台——ソ連国家計画委員会主催の合同会議開催まで[60]

バイカリスク工場の建設計画への異議申し立てが中央政界で初めて実を結んだのは、一九六二年のことである。先に指摘したように、同年四月にソ連科学アカデミー総裁が計画案の見直しをソ連閣僚会議に要請し(本章二１を参照)、それを受けてソ連閣僚会議と東シベリア国民経済会議(Восточно-Сибирский совет народного хозяйства)は、シベリアセルロース・製紙工場設計研究所(Сибгипробум)に修正案の作成を委託した。ロシア共和国国家建設委員会(Госстрой РСФСР)が要求した廃水浄化設備の改善、建築物の耐震性の向上、木材の運搬方法の変更などに配慮して、一九六三〜六四年に計画案の修正が進められた。その間にさまざまな政府機関で審議され、ソ連科学アカデミー・シベリア支部東シベリア支局幹部会、イルクーツク州衛生・疫病局、連邦水道管敷設プロジェクト技術会議、ソ連漁業省魚類養殖総局、ロシア共和国国家土地・水利局などが条件付きで建設計画を承認した。

このとき、バイカル湖の汚染を抜本的に防ぐためにバイカリスク工場から北西に延びる排水パイプラインを敷設し、数十キロ離れたイルクート川に工場廃水を放流するプロジェクトが正式に提案された。イルクート川はアンガラ川の支流だがバイカル湖の流域外にあり、仮に水汚染が生じたとしてもバイカル湖までは類が及ばない。そのため、環境保護派の面々も、湖全体の汚染を防ぐ次善策として早くから排水パイプラインの建設を訴えていた。建設費の高さを理由にソ連国家建設委員会(Госстрой СССР)が一度は退けたものの(一九六三年四月)、建設計画の修正案で示された廃水浄化設備の内容をソ連科学アカデミー・シベリア支部が問題視して、パイプライン敷設の必要性を強く主張したため、東シベリア国民経済会議で検討された。その結果、同会議決議一九六五年七月二七日付第五〇号「バイカリスクセルロース工場の廃水によるバイカル湖の汚染防止に関する東シベリア国民経済会議の諸策について」を公布し、排水パイプライン計画の作成を連邦水道管敷設プロジェクト技術会議に命じた。

一連の動きの背後には、廃水浄化設備の不備に起因する建設計画の実行の遅れがある。当初、ソ連共産党中央委員会・閣僚会議決議一九六一年一二月六日付第一〇八八―四七一号に従い、バイカリスク工場の第一工期分の操業は一九六四年内を予定していたが、ソ連閣僚会議決議一九六三年一二月七日付第一二一〇号で一九六五年第二・四半期に延期された。上記の東シベリア国民経済会議決議第五〇号は、廃水浄化設備の完全稼働を条件に一九六六年第二・四半期中の操業を許可したものの、その後も思わしいデータが得られず、設備の設置工事は遅れていた。ソ連国家建設委員会は一九六六年四月にバイカリスク工場の現地視察を行い、廃水浄化設備の不備が解消されていないため、開業は許可できないことをソ連閣僚会議宛に報告している。さらに、セレンギンスク工場の建設作業の遅延も判明し、七年間に割当投資額の一七%しか消化されていなかったため、ソ連農業省(Министерство сельского хозяйства СССР)がソ連共産党中央委員会ならびに同閣僚会議に、建設計画の大幅な見直しと厳格な環境対策の実施を求める公式書簡を提出した(一九六五年一一月)。その一週間後にソ連閣僚会議幹部会はゴスプランに対して、書簡本体と添付の報告書の中で指摘された問題点を検討し、計画の是非に結論を出すことを命じた。本書簡はゴスプラン文書の中で頻繁に言及されており、そのインパクトの大きさが窺える。[61] 次節で述べるように、ソ連農業省は最も強硬に建設計画に反対した中央官庁であるが、「バイカル問題」をめぐる一連の議論の中で、その意向が社会に向けて公表されたことは一度もなかった。

当時のゴスプラン議長ニコライ・バイバコフ(Николай Байбаков)は、「バイカル問題」の社会的影響の大きさと表明された意見の多様性に配慮して、一九六六年三月二日付でゴスプラン内に国家審査委員会(Государственная экспертная комиссия)を立ち上げ、さまざまな機関や個人の提案とバイカル湖の環境指標に関する資料を持ち寄り、国内外のセルロース・製紙工場の操業実態も考慮しながら、建設計画の是非を各方面から検討した。ゴールドマンが「どのような決定をしたか分からぬものとしては、ソ連邦ゴスプランの専門家委員会(審査委員会——筆者注)がある」[62]と指摘した機関である。その事実上の責任者として、委員会の最終報告書を作成した人物こそが建設推進派の最右翼ジャボロンコフであった。国家審査委員会の長は、その職を一九六二年から一九八一年まで務めたゲオルギー・クラスニコフスキー(Георгий Красниковский)[63]であったが、クラスニコフスキーは石炭産業の専門家であったため、ジャボロンコフが小委員会の長として議論を取り仕切った。他の委員も推進派で占められ、ソ連農業省やソ連土地改良・水利省が推薦した建設反対派の人物の採用は見送られたことから、委員の人選段階で事実上の決着はついていたと言える。当初は一カ月の審議期間を予定していたが、合意形成に三カ月以上を要し、ジャボロンコフを中心に作成された最終報告書は六月一八日に承認された。そして、ゴスプランに提出された最終報告書の内容を吟味し、それを承認した国家審査委員会の決定の是非を審議するために、七月二一～二二日にゴスプラン、ソ連閣僚会議国家科学技術委員会、ソ連科学アカデミー本部の合同会議が開催されたのである。

三 「バイカル問題」の政治決着

1 ソ連農業省の位置づけ

ここまでの考察から、中央政界での「バイカル問題」の扱いについては、ソ連科学アカデミー傘下の各種機関が自然環境に配慮した開発計画への変更を繰り返し要求する中で、ソ連共産党中央委員会ならびに同閣僚会議に送られたソ連農業省の公式書簡が一石を投じるかたちで、合同会議の開催、すなわち最終的な政治決着の場が設けられるに至ったことが分かる。軍需品の生産を予定していたが、その存在が初めから公にされ、しかもソ連の企業規模では中規模程度の工場の建設計画をめぐり、時の政府首脳がここまで深く関与したケースは異例であろう。「バイカル問題」の政治決着をゴスプラン議長バイバコフに命じたのはコスイギン首相である。例えば、一九六六年七月一日付ソ連閣僚会議幹部会決定には、「バイカリスクセルロース工場およびセレンギンスクセルロース・厚紙コンビナートの建設とバイカル湖の汚染防止に関する諸問題の検討の結論を早急に下し、ソ連閣僚会議に報告書と提案書を送付することをソ連ゴスプラン(バイバコフ同志)に命じる」とのくだりがあり、その十日後にコスイギン首相はバイバコフ議長に書簡を送り、「バイカル問題」の早期解決を促している。(64)

ソ連農業省の見解は一連の公開論争の中で明らかにされなかったため、これまでの先行研究で取り上げられたことはない。ただし、モスクワ自然主義者協会(Московское общество испытателей природы)に関する文書の中に、同省と環境保護派を結びつける糸口をウイナーは発見している。ウイナーによると、協会の幹部がソ連農業省大臣ウラジーミル・マツケビッチ(Владимир Мацкевич)に書簡を送り(一九六六年一月)、「バイカル問題」の処遇に際しては科学者の知見を尊重し、バイカル湖に迫る環境汚染の脅威を憂慮するように求めていた。(65)当時、ソ連農業省の傘下に自然保護区の管理機構があったことから、書簡の宛先としてマツケビッチが選ばれたようである。こうした要望をマツケビッチが聞き入れていたことは、その署名が入った上述の農業省書簡で確認できる。そこでは、バイカリスク工場とセレンギンスク工場の現状の建設計画ではバイカル湖流域の環境汚染は避けられず、環境政策も不十分であるとして、以下の五点を要求していた(66)。

①セレンギンスク工場を他地区へ移転すること

②イルクート川への排水パイプラインの完成までバイカリスク工場を操業しないこと

③バイカル湖上の木材輸送を筏浮送から船舶輸送に切り替えること

④バイカル湖流域を水域保護地帯に指定すること

⑤バイカル湖流域の天然資源総合利用計画の策定と承認まで企業の新設を禁止すること

興味深いのは、こうした主張がケリーの呼ぶ「環境主義者連合」の見解と寸分違わない点である。ゴスプラン内に設けられた国家審査委員会の活動中に、コムソモリスカヤ・プラウダに掲載された「環境主義者連合」の声明は、両工場の建設計画の大幅な修正や天然資源の総合的利用を定めた特別区の設置を求めており(67)、農業省書簡の内容と一致している。しかも、この書簡の冒頭には「バイカル湖は世界屈指の淡水湖で、先日ワルシャワで行われた国際陸水学会議において、特別な保護・利用体制の下に置かれる世界の希少性淡水源にバイカル湖を含めることが提議された」と書かれていることから、「環境主義者連合」の有力な一員であったガラジーの関与は明白である。工場廃水の完全停止の要求やバイカル湖水の経済的価値の強調など、ガラジーの主張と一致する箇所は他にも見られる(68)。さらに、ソ連農業省がゴスプランに提出した答申書(一九六六年一月)には、ガラジーを含む環境保護派の学識者の署名が残されている(69)。したがって、「環境主義者連合」はソ連農業省を通して中央政界の意思決定過程に参画しており、従来と著しく異なる仕方で「バイカル問題」が政治化したとは言えないだろう。「バイカル問題」の端緒に限れば、社会的地位や知名度を利用した個々人の役割は小さくなく、開発側の産業省庁と「環境主義者連合」を論争の両陣営に据えたケリーの指摘は妥当と言えそうだが、合同会議の開催にまで至る一連の経緯を踏まえると、中央政界での「バイカル問題」の処遇は、ゴールドマンが慎重に観察したように省庁間の利害関係と力関係の中で決定され、「環境主義者連合」は新しい政治勢力として影響力を行使していたわけではない。

バイカリスク工場とセレンギンスク工場を管轄するソ連林業・セルロース製紙・木材加工業省は言うまでもなく推進派の筆頭で、一連の農業省の主張に激しく反発するが、[70] 農業省を支持する機関も少なからず見られた。ソ連土地改良・水利省とソ連最高会議民族院経済委員会(Экономическая комиссия Совета Национальности Верховного Совета СССР)は農業省の見解を支持し、ネクラーソフ率いる生産力研究会議は、先述したようにセレンギンスク工場の設立に抵抗し、建設費の試算ミスと不備を詳述して、計画中止を最後まで訴えていた。[71] 両工場の建設計画に反対した諸機関の利害関係はゴスプラン文書の中で明示的に述べられているわけではないが、少なくとも「バイカル問題」をめぐる政治的対立の基本的な構図は、ソ連林業・セルロース製紙・木材加工省とソ連農業省の対決に集約され、次節で考察するように、その最終決着の場をゴスプランが提供したと言えるだろう。

2 ソ連国家計画委員会主催の合同会議

一九六六年三月にゴスプランは国家審査委員会の設置を命ずる指令を公布した。先述したように、委員の構成はジャボロンコフを筆頭に建設推進派で占められ、その過半は工学者と技術者であった。[72] 建設反対派は委員選考の段階で周到に締め出され、政治的意思決定の現場から遠ざけられた。例えば、ソ連農業省が委員に推薦した一八名全員の登用が見送られたという記録が残されている。[73] ジャボロンコフが長を務めた小委員会の報告書を国家審査委員会は同年六月に承認し(委員会決議第一〇号)、ゴスプランに提出した。その結論を要約すると、バイカリスク工場の操業開始とセレンギンスク工場の建設継続を承認すると同時に、バイカル湖流域の汚染対策は現行の建設計画で十分に対応可能という判断を下し、農業省書簡に記された前掲の要求を完全に退けた[74]。この結果をゴスプランとして了承するかどうかをめぐり、ソ連閣僚会議国家科学技術委員会とソ連科学アカデミーの関係者を招いて、二日間の合同会議が七月下旬に行われた。ゴスプラン議長バイバコフの意向で建設反対派の学識者も招かれ[75]、その急先鋒であるガラジーやトロフィムクなどが参加し、意見表明の機会が与えられたことから、激しい議論の応酬となった。一八〇頁を超える議事録が残され、誰がどのような発言をしたかが仔細に記されている[76]。

合同会議は国家審査委員会が承認した報告書の説明から始まり（クラスニコフスキーとジャボロンコフが担当）、質疑応答を経て、次に建設反対派の論者（ガラジーやトロフィムクなど）が報告書の内容を批判する演説を行った。その後は推進派と反対派の参加者が次々に自説を展開したが、妥協に向けて歩み寄る気配は両派とも見せなかった。最後に本会議の議長を務めていたバイバコフが議論を引き取り、国家審査委員会の結論を支持する立場で発言し、工場廃液の浄化と木材の伐採・運搬に対する監督の強化を図るという条件で、バイカリスク工場の操業開始とセレンギンスク工場の建設継続を承認した。バイバコフが推進派寄りであったことは関係者の間で知られており、プラウダの科学部記者は同紙編集長に宛てた私信の中で、全国で起きている環境汚染の事実を正視せず科学者の意見に耳を貸さないバイバコフの姿勢を厳しく批判していた[77]。国家審査委員会の設置から合同会議の閉会までに至る一連の経緯を見ると、ゴスプランは「バイカル問題」の調整役を演じながら、ある種の「パトロン」として建設推進派を後方支援し、建設計画の実現に向けた道筋をつけたことが分かる。「バイカル問題」の政治決着の構図を示した図6-2が示すように、ゴスプランは当事者として議論に加わるのではなく、政治的意思決定の調停者として振る舞うことで、その意思決定の「客観性」を増し、より効果的に自らの意思を貫徹できたと言える。「バイカル問題」に関しては、意図的に利害調整の場（ゴスプラン主催の合同会議）を設けたことによって、集権的な政治的意思決定の権威づけがよりいっそう高められたと考えられる。それゆえ、利害調整の場の存在と分権的な意思決定過程は同一視されるべきではないだろう。

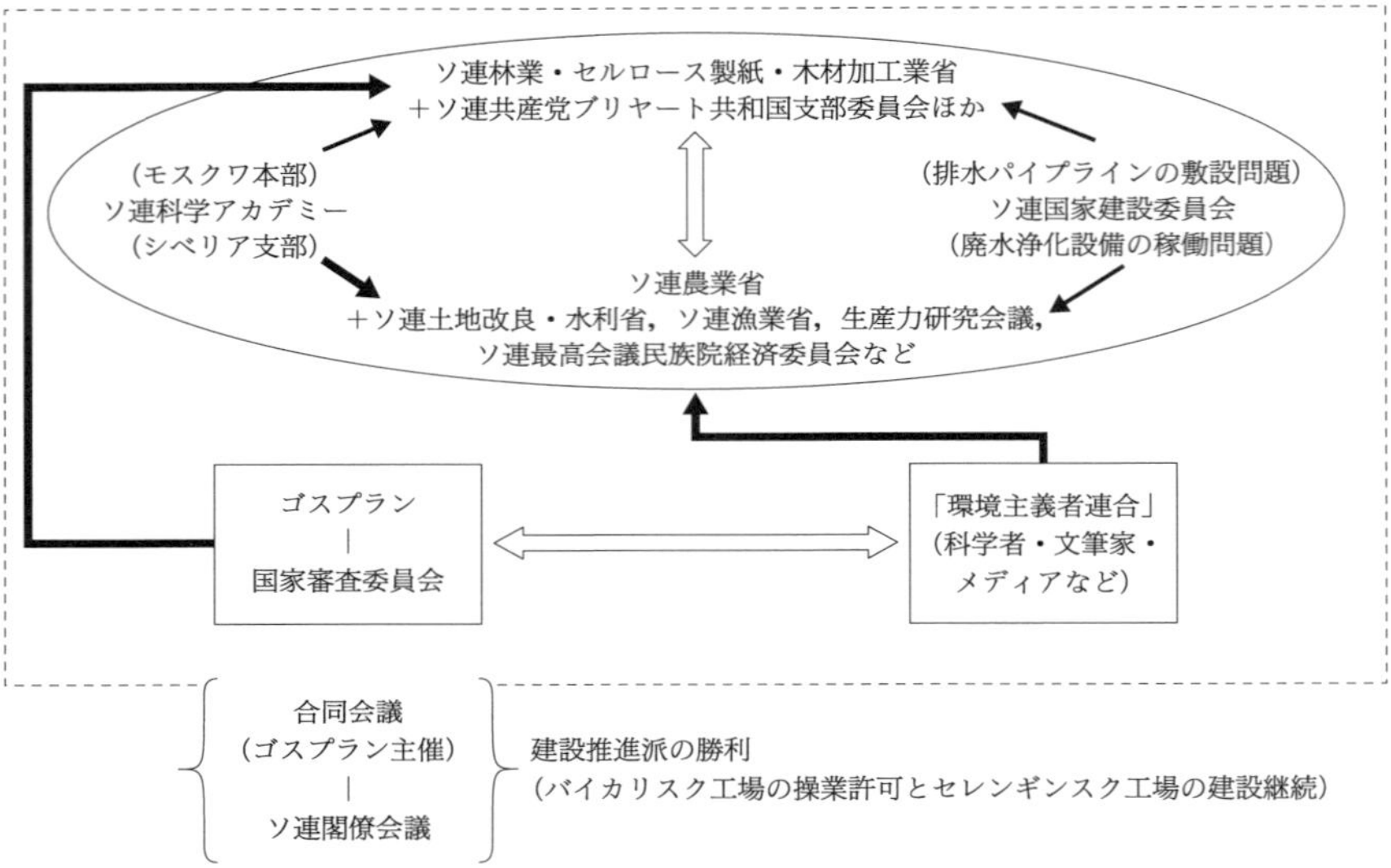

図 6-2 「バイカル問題」の政治決着の構図

注）黒塗りの片矢印は支持，白抜きの両矢印は対立を意味し，その強弱を線の太さで表している。
出所）各種資料から筆者作成。

他方で、議事録に記された一連の発言からは、バイカリスク工場の操業開始の遅延に対する建設推進派の焦りが感じられる。廃水浄化設備の中間段階で使用される微生物の活性化には数カ月を要し、気温の高い夏場を逃せば開業機会は翌年に持ち越されるため、すでに順延されていた工場の操業をさらに延ばすことは、どうしても避けたいという思惑が見え隠れしていた。国家審査委員会の結論から合同会議の開催に至る六〜七月は一九六六年内の操業開始に向けたタイムリミットの時期で、同年四月に廃水浄化設備の不備を指摘したソ連国家建設委員会の報告書が存在するにもかかわらず(本章二3を参照)、国家審査委員会の結論を報告したジャボロンコフは懸念の打ち消しに躍起になっていた。建設推進派が繰り返し言及したもうひとつの点は、バイカル湖流域における森林資源活用の意義である。本章一で指摘した林産業の部門構成の高度化の必要性をジャボロンコフは強調しながら、全国のセルロース計画生産量の増分の一割はバ

表6-3　バイカリスク工場の廃水データ(1968～1969年)

項目	1968年		1969年(5カ月間)	
	計画	実績	計画	実績
参考：セルロース生産量(トン)	228,000	83,200	95,000	35,600
工場廃水の排出量(千立米)	86,400	40,126/46,072	36,000	17,899/17,874
酸化能(トン)	18,144	1,223.9/1,401	7,560	597.8/549.3
生物化学的酸素要求量(トン)	604.8	453.5/495	252	221.8/159.4
ニクロム酸塩酸化能(トン)	24,192	1,926.5/1,809.4	10,080	790.3/783
浮遊物質(トン)	864	363.2/554	360	210.2/275
ミネラル含量(トン)	29,808	12,480/14,456	12,420	4,818.9/5,543.7
溶存酸素量(グラム/立米)	4-6	9.2/9.1	4-6	9.14/9.3

注）実績の前半は工場自身，後半は監視機関による計測値である。
出所）РГАЭ, ф. 4372, оп. 66, д. 1248, л. 276.

イカリスク工場とセレンギンスク工場で賄われることに特段の配慮をしなければならないと述べ、環境よりも開発を優先する姿勢を事実上認めていた。

3　開業後のバイカリスクセルロース・製紙コンビナート

本章二1で述べたように、「バイカル問題」キャンペーンを展開した環境主義者が強調した点は、バイカリスク工場の操業による環境面での悪影響と経済性の欠如である。当時の新聞報道に基づき、ゴールドマンは環境面でも経済面でも「過誤の数々」が開業後のバイカリスク工場で起きたと記しているが[78]、この点について現存する史料は何を語るのだろうか。

ゴスプラン文書に残された一九六八～六九年の工場廃水データを確認すると、表6-3が示すように、一部の物質を除いて排出量は計画値の範囲に収まり、重大な逸脱は見られない。しかし、それは当該期間の全体を対象としているからで、その時々の工場廃水の成分を分析すると、しばしば想定外の事態が生じていたようである。例えば、上記の国家審査委員会が一九六七年七月に実施した現地調査の報告書には、不慮の事態による基準値からの逸脱が一九六七年前半だけで一六五回発生したと記されている[79]。当時の廃水浄化設備が完全に機能していなかったことは、バイカリスク工場の業務報告書(一九六七年版)でも問題視されていた。

表 6-4　バイカリスク工場の経営実績(1966〜1973年)

		1966年			1967年			1968年					1969年				
		(A)	(B)	(C)	(A)	(B)	(C)	(A)	(B)	(C)	(D)	(E)	(A)	(B)	(C)	(D)	(E)
中間財	セルロース	30,000	4,238	14.1	n/a	n/a	n/a	n/a	83,178	n/a	—	—	133,000	83,416	62.7	—	—
最終製品	セルロース繊維												47,000	29,872	63.6	13,285	n/a
	紙製品用セルロース繊維	50,000	—	未執行	36,950	1,885	5.1	n/a	45,664	n/a	15,334	−23.5	31,000	28,020	90.4	8,368	n/a
	高品質漂白セルロース												16,280	—	未執行	—	—
	ビスコース・セルロース																
	紙製品用ビスコース・セルロース																
	無漂白セルロース	18,300	3,703	20.2	9,085	54,650	601.5	n/a	21,913	n/a	4,880	−35.8	13,300	4,267	32.1	803	n/a
	飼料酵母	1,370	—	未執行	1,360	—	未執行	n/a	—	n/a	—	—	1,030	—	未執行	—	—
	ロール紙	1,000	—	未執行	4,250	4,334	102.0	n/a	8,018	n/a	1,521	−34.3	8,830	9,250	104.8	1,746	n/a
	テレビン油原料				250	—	未執行	n/a	654	n/a	84	−9.5	1,500	526	35.1	53	n/a
	トール油				206	1,226	595.1	n/a	3,539	n/a	637	13.3	5,000	2,679	53.6	482	n/a
	包装紙(千個)												—	344	計画外	3	n/a
	石鹼(個)																
売上高(千ループル)			32,472			42,301				24,238					27,415		
従業員数(人)			3,391			3,548				2,816					3,182		
営業利益(千ループル)			−6,590			−3,324				−7,866					−5,574		

		1970年					1971年					1972年					1973年				
		(A)	(B)	(C)	(D)	(E)	(A)	(B)	(C)	(D)	(E)	(A)	(B)	(C)	(D)	(E)	(A)	(B)	(C)	(D)	(E)
中間財	セルロース	115,500	116,916	101.2	−	−	137,500	138,193	100.5	−	−	157,000	164,958	105.1	−	−	190,000	190,142	100.1	−	−
最終製品	セルロース繊維	45,710	29,946	65.5	12,518	−26.4	46,500	39,339	84.6	20,580	−20.4	77,500	53,173	68.6	25,080	−2.3	84,000	57,605	68.6	27,012	5.0
	紙製品用セルロース繊維	12,840	25,151	195.9	7,887	−31.0	15,580	10,871	69.8			15,630	5,734	36.7	1,440	0.2	8,000	9,355	116.9	2,153	5.7
	高品質漂白セルロース	16,980	−	未執行	−	−	41,140	47,801	116.2	14,036	−15.1	25,970	57,054	219.7	17,195	−2.9	45,900	78,876	171.8	23,080	−1.5
	ビスコース・セルロース																8,000	277	3.5	128	−27.3
	紙製品用ビスコース・セルロース																−	115	計画外	38	−26.3
	無漂白セルロース	12,490	32,937	263.7	6,444	−39.5	5,100	7,438	145.8	1,421	−47.6	−	13,331	計画外	2,508	−20.2	−	2,064	計画外	388	−16.8
	飼料酵母	3,093	423	13.7	190	−346.8	3,290	2,460	74.8	1,107	−62.1	5,890	3,873	65.8	1,743	−25.8	8,100	5,248	64.8	2,362	−23.9
	ロール紙	14,000	12,954	92.5	2,466	−21.9	11,454	12,815	111.9	2,404	−33.8	10,900	12,040	110.5	2,311	−14.5	14,210	14,212	100.0	2,795	0.4
	テレビン油原料	1,000	348	34.8	35	5.7	950	717	75.5	72	−129.2	890	772	86.7	67	−180.6	880	1,114	126.6	89	−168.5
	トール油	6,000	4,211	70.2	743	36.2	5,600	6,068	108.4	980	35.2	6,300	8,279	131.4	1,265	36.0	9,000	11,060	122.9	1,721	38.7
	包装紙(千個)	−	1,260	計画外	11	36.4	−	724	計画外	6	16.7	−	340	計画外	3	0.0	−	1,969	計画外	12	−8.3
	石鹸(個)																18,000	22,120	122.9	962	−0.3
売上高(千ルーブル)				32,472					42,301					53,574					62,274		
従業員数(人)				3,391					3,548					3,492					3,375		
営業利益(千ルーブル)				−6,590					−3,324					−1,280					949		

注）(A)生産量(計画値：トン) (B)生産量(実績値：トン) (C)計画執行率(＝(B)/(A)：%) (D)売上高(実績値：千ルーブル) (E)粗利益率(＝[(D)-売上原価(実績値)]/(D)：%) −：生産・販売実績なし n/a：データなし 空白：生産計画なし 未執行：生産計画の未執行 計画外：計画外の生産実績

出所）РГАЭ, ф. 73, оп. 1, д. 854, л. 72-73; ф. 73, оп. 1, д. 1502, л. 54, 71-72; ф. 442, оп. 1, д. 308, л. 43; ф. 442, оп. 1, д. 767, л. 14-15, 59-60; ф. 442, оп. 1, д. 1290, л. 53-54, 90-91; ф. 442, оп. 1, д. 1821, л. 81-82, 100-101; ф. 442, оп. 1, д. 2322, л. 75-76, 102-103; ф. 442, оп. 1, д. 2828, л. 83-84, 112-113.

浄化能力は各段階で所定の八五～九五％に達していたが、処理容量が限られていたために生産工程との不整合が見られ、工場全体の実績が上向かない一因となっていた。そのため、浄化設備の完成と生産能力の増強を要求する工場長宛の命令が、ソ連セルロース・製紙工業省セルロース・製紙工業管理総局（Главное управление целлюлозно- бумажной промышленности Минлесбумпрома СССР）から出されている[80]。

次に、一九六六年冬の開業時から事業活動が軌道に乗り始める一九七〇年代前半までのバイカリスク工場の生産状況を確認すると（表6-4を参照）、当初は操業に苦慮した跡が窺える。第一に、バイカリスク工場の存立に関わるビスコース・セルロースの生産は一九七三年まで待たれ、同年になって初めて営業黒字を計上した。同様に、工場内で生産されたセルロースを中間財として用いた製品の産出も順調とは言えず、生産計画が設定されても実施されなかったケースが一九七〇年頃まで見られた。第二に、今述べたこととは逆に、当初計画では予定されていなかった包装紙や無漂白セルロースの生産が、粗利益が確保できない状況下でも行われていた。その背景には、各種製品の原料となる中間財のセルロース生産は軌道に乗る一方で、上述したように、それを計画どおりに生産ラインに投入できない事態が生じたため、やむなく計画外の製品を生産していたと考えられる。

以上から、少なくとも開業後の数年間は、バイカリスク工場の生産現場では場当たり的な対応に終始した疑いが強く、「現存したソ連社会主義」の企業経営で黙認されていた「計画外」の裁量的な問題処理行為が、ここでも繰り返されていたと言える。

おわりに

バイカル湖流域の経済開発は、後背地シベリアの工業化を企図したアンガラ川流域開発の一環として始まり、社会主義工業化が推進した重化学工業化路線の延長上に林産業の部門構成の高度化と、その主部を担うセルロース・製紙産業に属するバイカリスク工場とセレンギンスク工場の建設計画があった。しかし、ソ連欧州部における開発事業の実態に目を向けると、バイカル湖流域の天然資源の無分別な産業利用は環境破壊・汚染の発生を招くことが十分に予見されたため、その規模と手法に対する異議申し立てが起きた。当初は学界の中で散発的な反対運動が展開し、次第に科学者と文筆家の「共同戦線」のかたちで「環境主義者連合」が組織され、産業省庁と対峙した過程が内外の注目を浴びた。「バイカル問題」と呼ばれた論争を通じて、ソ連国内で開発と環境のジレンマが社会的に提起され、社会主義的近代化に対する疑問の声が公に上がったことは、市場経済の矛盾が公害・環境問題というかたちで噴出していた資本主義諸国にとっても衝撃的な出来事であった(第一章を参照)。第三章二で詳述した定性的なエコロジー近代化の観点から一連の経緯を振り返ると、「バイカル問題」は計画経済機構下での環境政策能力に再考を迫った社会的な一撃であった。それゆえ、次章で考察するように、全国レベルでの取り組みと歩調を合わせながら、少なくとも法定面ではバイカル湖流域開発の環境政策は強化され、従来の近代化路線が招来した公害・環境問題に正面から向き合わざるを得ない「環境の時代」に突入した。

他方で、「バイカル問題」の実態面に目を向けると、バイカリスク工場とセレンギンスク工場の建設計画をめぐる政治決着は「バイカル問題」の解決ではなく、その拡大と長期化の段階を経て、ペレストロイカを契機とする一九八〇年代後半の環境保護運動の高揚期に、よりラディカルな政治的挑戦を受けるという事態を招いた。天然資源の合理的利用という号令の下で、表看板に掲げた社会主義的近代化に体制的な優位性を見出そうとした社会主義国ソ連は、開発と環境のジレンマの慢性化によって徐々に追い詰められ、その矛盾がソ連末期に噴出することになった。

（1）　塩川伸明『終焉の中のソ連史』朝日新聞社、一九九三年、七三―七四頁。
（2）　その一部は公開され、Экология и власть, 1917-1990. Документы. Москва, 1999. С. 133-137, 229-231 に収録され

ている。

(3) バイカリスク工場と並び、バイカル湖へ流入する最大河川のセレンガ川沿いに位置するセレンギンスクセルロース・厚紙コンビナート(ブリヤート共和国)の建設計画も重要な争点であった。そのため、同コンビナートに関する文書も収録されている。両者によるバイカル湖流域の環境汚染が「バイカル問題」の中心であったが、立地先や生産品目の違いに加え、後に見るように社会的影響はバイカリスク工場の方が格段に大きかったため、以下では同工場に関する議論に焦点を絞り、セレンギンスクセルロース・厚紙コンビナート(以下、セレンギンスク工場と略す)には必要に応じて言及する。

(4) ソ連林業・セルロース製紙・木材加工業省(Министерство лесной, целлюлозно-бумажной и деревообрабатывающей промышленности СССР)もしくはソ連セルロース・製紙工業省(Министерство целлюлозно-бумажной промышленности СССР)の公文書で、一九六五年版から一九九〇年版までの原本がロシア国立経済文書館に保管されている。初期の数年間を除いて生産活動と投資活動を各々報告した二部構成で、毎年計三〇〇頁前後の分量に及ぶ。各期の業務記録、損益決算書、貸借対照表から製品別の原価計算書や利益計算書まで、詳細な情報が収録されている。本章ではバイカリスク工場の開業前後の動向に焦点を当てるため、一九六〇年代後半から一九七〇年代前半までの業務報告書(фонд 73, опись 1, дело 223-224, 854, 1602; фонд 442, опись 1, дело 308-309, 767-768, 1290-1291, 1821-1822, 2322-2323, 2828-2829)を利用する。

(5) ソ連における化学工業の展開については、市川浩『科学技術大国ソ連の興亡——環境破壊・経済停滞と技術展開』勁草書房、一九九六年、一四二—一六一頁を参照。

(6) *Васильев П.В.* Основные вопросы изучения и использования лесов Иркутской области // Народнохозяйственные проблемы Иркутской области. Лес и лесная промышленность. Москва-Ленинград, 1948. С. 10-17.

(7) モスクワの工業技術博物館(Политехнический музей)では、当時のセルロース・製紙産業の製品と生産工程が化学部門の展示室で紹介されている(二〇〇九年七月三〇日現在)。

(8) Резолюция секции леса и лесной промышленности Конференции по изучению производительных сил Иркутской области // Народнохозяйственные проблемы Иркутской области. С. 82-83. 会議で報告された木材化学工業の詳細は、*Козлов В.Н.* Пути и задачи развития лесохимической промышленности Иркутской области // Там же. С. 50-57 を参照。

(9) *Колосовский Н.Н.* Проблемы территориальной организации производительных сил Сибири. Новосибирск, 1971. С. 56-57.

(10) 細川隆雄『ソ連の森林資源』晃洋書房、一九九三年、一二六—一三二頁。

（11）*Стриницын М.Н.* Перспективы развития лесной и бумажной промышленности в Восточной Сибири // Развитие производительных сил Восточной Сибири. Лесное хозяйство и лесная промышленность. Москва, 1960. С. 30.

（12）*Белоусова В.С., Беляев А.А.* Основные вопросы комплексного использования лесосырьевых ресурсов Восточной Сибири (на примере Иркутской области) // Там же. С. 52.

（13）Резолюция лесной секции Конференции по развитию производительных сил Восточной Сибири (принята на заседании 22 августа 1958 года) // Там же. С. 228-237.

（14）Основные решения Конференции по развитию производительных сил Восточной Сибири // Развитие производительных сил Восточной Сибири. Общие вопросы развития производительных сил. Москва, 1960. С. 137-140.

（15）中村泰三『ソ連邦の地域開発』古今書院、一九八五年、一〇三―一〇五頁、細川隆雄『シベリア開発とバム鉄道』地球社、一九八三年、一六〇―一六四頁。

（16）*Гипробум.* Перспективы развития целлюлозно-бумажной промышленности Восточной Сибири // Развитие производительных сил... и лесная промышленность. С. 133-145.

（17）Выступления при обсуждении докладов на заседаниях лесной секции // Там же. С. 212-214.

（18）Российский государственный архив экономики (以下、РГАЭ と略記する), ф. 4372, оп. 66, д. 1248, л. 236-237.

（19）Paul R. Josephson, *New Atlantis Revisited: Akademgorodok, The Siberian City of Science* (Princeton: Princeton University Press, 1997), pp. 163-164, 169-171. 本章注(57)も参照。

（20）РГАЭ, ф. 4372, оп. 66, д. 1246, л. 105-111; ф. 4372, оп. 66, д. 1247, л. 110-117.

（21）Charles E. Ziegler, *Environmental Policy in the USSR* (Amherst: The University of Massachusetts Press, 1990), p. 53. ガラジーはロシア科学アカデミー正会員(生物学博士)で、一九五四年から一九八七年までソ連科学アカデミー・シベリア支部陸水学研究所(Лимнологический институт СО АН СССР)の所長を務めた。ソ連からロシアへの体制転換後は、一九九五年一二月に第二期国家会議代議員選挙で比例区から当選し(「我が家ロシア」会派所属)、第二期国家会議環境委員会副議長を務め、連邦法「バイカルの保護について」(一九九九年四月)の立案などに尽力した。以上の略歴は、http://src-h.slav.hokudai.ac.jp/politics/ka/ka2.html#521 および http://whoiswho.irkutsk.ru/1/64.html による(二〇〇九年七月三日閲覧)。

（22）*Самаруха В.И., Суходолов А.П.* Экология и экономика водосборного бассейна Байкала. Иркутск, 1992. С. 31-34. 林野庁『海外林業事情調査資料』第七〇巻、一九五九年一〇月、二五一―二五二頁によると、ソ連におけるビスコー

ス・セルロースの生産量は一九五五年時点で米国の約三分の一の水準にとどまっていた。

(23) *Гипробум*. Перспективы развития. С. 142.

(24) アンガルスクは州都イルクーツクの近郊に位置し、未開地のバイカリスクよりもインフラストラクチャは整備されていた。しかし、イルクーツク水力発電所の建設に伴い周辺地が水没することで工業用水の水源が劣化し、製品の質に悪影響を与えるおそれがあったことと、工場廃水の排出先がイルクーツクの飲料水源に近く、公衆衛生の観点から好ましくないと考えられたため、有力視されていたアンガルスクへの立地は見送られた(*Самаруха*, *Суходолов*. Экология и экономика. С. 32-33)。

(25) РГАЭ, ф. 4372, оп. 66, д. 1245, л. 180-198, 255-259.

(26) РГАЭ, ф. 4372, оп. 66, д. 1245, л. 255-259; ф. 4372, оп. 66, д. 1246, л. 11.

(27) Julian Cooper, "Minatom: The Last Soviet Industrial Ministry," in Stefanie Harter and Gerald Easter, eds., *Shaping the Economic Space in Russia: Decision Making Processes, Institutions and Adjustment to Change in the El'tsin Era* (Aldershot: Ashgate, 2000), pp. 148-149.

(28) 片桐俊浩「ロシア核閉鎖都市の産業構造——形成と転換」『比較経済体制研究』第一四号、二〇〇八年、六六—八四頁。

(29) РГАЭ, ф. 4372, оп. 66, д. 1248, л. 152-160.

(30) Philip Hanson, *The Rise and Fall of the Soviet Economy: An Economic History of the USSR from 1945* (London: Longman, 2003), p. 72.

(31) Philip R. Pryde, *Conservation in the Soviet Union* (Cambridge: Cambridge University Press, 1972), p. 147.

(32) 例えば、ロシア共和国土地改良・水利省(Министерство мелиорации и водного хозяйства РСФСР)の副大臣ニコライ・オフシャンニコフ(Николай Овсянников)は、公式書簡の中で「ソ連林業・セルロース製紙・木材加工業省の傘下で、産業廃水の浄化に関する衛生基準と汚染からの水源保護の要求を満たすような浄化設備が稼働している企業はひとつもない」と述べている(РГАЭ, ф. 4372, оп. 66, д. 1247, л. 275)。

(33) Ziegler, *Environmental Policy in the USSR*, p. 55.

(34) Douglas R. Weiner, *A Little Corner of Freedom: Russian Nature Protection from Stalin to Gorbachëv* (Berkeley: University of California Press, 1999), pp. 359-360.

(35) ソ連の産業地理やシベリア・極東経済の研究で知られ、単著の邦訳も出版されている(ニコライ・ネクラーソフ(鈴木啓介訳)『シベリア開発構想——ソ連の方針と現状と展望』サイマル出版会、一九七五年)。ネクラーソフ率いる当時の生産力研究会議はセルロース・製紙工場の建設計画に懐疑的で、特にセレンギンスク工場の建設には最後まで反対していた(РГАЭ,

ф. 4372, оп. 66, д. 1247, л. 59-60; ф. 4372, оп. 66, д. 1248, л. 272)。

(36) «Литературная газета» 10 февраля 1959 года.

(37) Marshall I. Goldman, *The Spoils of Progress: Environmental Pollution in the Soviet Union* (Cambridge: The MIT Press, 1972)［マーシャル・ゴールドマン（都留重人監訳）『ソ連における環境汚染――進歩が何を与えたか』岩波書店、一九七三年、二〇〇―二〇一頁］。

(38) *Буянтуев Б.Р.* К народнохозяйственным проблемам Байкала. Улан-Удэ, 1960.

(39) *Буянтуев Б.Р., Галазий Г.И., Кротов В.А., Шоцкий В.П.* Проблема комплексного использования и охраны природных ресурсов озера Байкал // Доклады Института географии Сибири и Дальнего Востока. 1962. № 2. С. 3-13.

(40) «Комсомольская правда» 26 декабря 1961 года.

(41) Байкал и проблема чистой воды в Сибири / Лимнологический институт СО АН СССР. Иркутск, 1968. С. 8-14. その序文に同書の著者はガラジーであると記されている(Там же. С. 3)。

(42) РГАЭ, ф. 4372, оп. 66, д. 1247, л. 239-242.

(43) «Комсомольская правда» 11 мая 1966 года.

(44) «Комсомольская правда» 9 июня 1966 года.

(45) «Правда» 28 февраля 1965 года.

(46) 一九二〇年代のギリシャ大使館勤務時代に、内務人民委員部内の国家政治保安局から要請されたスパイ行為を拒否したために逮捕・投獄され、二七年間に及ぶ収容所生活を送った。フルシチョフ政権による名誉回復で釈放され、その後は自然派の作家として名声を博した(Weiner, *A Little Corner of Freedom*, pp. 364-365)。

(47) 建設計画の経済性の問題を持ち出すことで反対派の論拠が強まると進言したのは、鉱物学者のゲンナディ・ポスペロフ(Геннадий Поспелов)である(Ibid., pp. 361-362)。ポスペロフ自身もバイカル湖流域開発の行く末を憂えたエッセイを執筆している(*Поспелов Г.Л.* Размышления о судьбе Байкала // Сибирские огни. 1963. № 6. С. 154-164)。

(48) «Литературная газета» 6 февраля 1965 года.

(49) «Литературная газета» 10 апреля 1965 года; 13 апреля 1965 года.

(50) «Правда» 2 апреля 1966 года.

(51) ゴールドマン『ソ連における環境汚染』一九五―二三二頁。

(52) Donald R. Kelley, "Environmental Policy-making in the USSR: The Role of Industrial and Environmental Interest

Groups," *Soviet Studies* 28:4 (1976), pp. 570–589. この研究は、米国、ソ連、日本の公害・環境問題を多面的に比較分析した業績の一部である。Donald R. Kelley, Kenneth R. Stunkel and Richard R. Wescott, *The Economic Superpowers and Environment: The United States, the Soviet Union, and Japan* (San Francisco: W.H. Freeman, 1976)［ドナルド・ケリー、ケネス・スタンケル、リチャード・ウェスコット（時事通信社外信部・外国経済部訳）『環境の危機と経済大国――米国・ソ連・日本』時事通信社、一九七九年］を参照。

（53） Thane Gustafson, *Reform in Soviet Politics: Lessons of Recent Policies on Land and Water* (Cambridge, New York: Cambridge University Press, 1981), pp. 39–52; Ziegler, *Environmental Policy in the USSR*, pp. 45–77; Craig ZumBrunnen, "The Lake Baikal Controversy: A Serious Water Pollution Threat or a Turning Point in Soviet Environmental Consciousness," in Ivan Volgyes, ed., *Environmental Deterioration in the Soviet Union and Eastern Europe* (New York: Praeger Publishers, 1974), pp. 80–122.

（54） *Комаров Б.* Уничтожение природы: обострение экологического кризиса в СССР. Frankfurt/Main, 1978［ボリス・カマロフ（西野建三訳）『シベリアが死ぬ時』アンヴィエル、一九七九年、七–四〇頁］。

（55） 前注の地下出版物の著者をして、「バイカルの悲劇をとりあげた最初のものであるというだけでなく、おそらく最も真実に近い記述だといえよう」（前掲書、一二頁）と言わしめたエッセイを文芸誌に発表し、大きな反響を呼び起こした（*Чивилихин В.А.* Светлое око Сибири // Октябрь. 1963. № 4. С. 151–172）。

（56） ソ連科学アカデミー・シベリア支部の要職を務め、ブレジネフ書記長に私信を送るなど、その地位を利用して「バイカル問題」を中央政界に伝えようと尽力した。ジョセフソンが依拠した資料は、トロフィムクが個人的に収集・保管していた私文書である。

（57） 本章一2で述べた「東シベリアの生産力発展に関する会議」の席上で、水力エネルギー開発研究所が提案したバイカル湖岸の爆破・掘削計画に対する批判演説を行い、それを否決に追い込む議論の流れを作った。代表的な業績として、Mikhail Kozhov, *Lake Baikal and Its Life* (The Hague: Dr. W. Junk Publishers, 1963)［ミハイル・カジョーフ（紺野芳夫訳）『バイカル湖とその生物』石川県ロシア協会編「イルクーツク・バイカル総覧」第二分冊、一九九六年］が挙げられる。

（58） Josephson, *New Atlantis Revisited*, pp. 163–203; Weiner, *A Little Corner of Freedom*, pp. 334–339, 355–373. ジョセフソンは開発推進派の主要人物（ジャボロンコフなど）にも言及している。

（59） この点は、特に ZumBrunnen, "The Lake Baikal Controversy," pp. 100–103 を参照。

（60） 本項の叙述は、特に断りのないかぎり、РГАЭ, ф. 4372, оп. 66, д. 550, л. 15–19, 22–24; ф. 4372, оп. 66, д. 552, л. 3–37; ф. 4372, оп. 66, д. 1246, л. 11–21, 71–77 に基づく。

(61) 関係者への書簡回覧を求めるコスイギン首相のメモが残されている(РГАЭ, ф. 4372, оп. 66, д. 550, л. 143)。
(62) ゴールドマン『ソ連における環境汚染』二〇九頁。
(63) その略歴は、Красниковский Георгий Владимирович (к 100-летию со дня рождения) // Уголь. 2006. № 9. С. 71-72 を参照した。
(64) РГАЭ, ф. 4372, оп. 66, д. 1246, л. 84-86.
(65) Weiner, *A Little Corner of Freedom*, pp. 367-368.
(66) РГАЭ, ф. 4372, оп. 66, д. 550, л. 144-149.
(67) «Комсомольская правда» 11 мая 1966 года. このとき、共同声明に対するコメントを求められたジャボロンコフがノーコメントを通したことに、同紙の編集部は不満を露わにした。
(68) *Галазий Г.И.* Экосистема Байкала и проблема ее охраны // Природа. 1978. № 8. С. 44-56; *Галазий Г.И.* Байкал в вопросах и ответах. Иркутск, 1987. [ゲ・イ・ガラージイ(石川県ロシア協会ロシア語委員会抄訳　平文雄、紺野義夫監修・編集『バイカル湖Q&A』石川県ロシア協会編「イルクーツク・バイカル総覧」第三分冊、一九九六年、一四〇―一四三頁]などを参照。
(69) РГАЭ, ф. 4372, оп. 66, д. 1247, л. 4-44.
(70) РГАЭ, ф. 4372, оп. 66, д. 1246, л. 11-21.
(71) РГАЭ, ф. 4372, оп. 66, д. 550, л. 122-125, 128-129; ф. 4372, оп. 66, д. 1247, л. 45-46, 54-60.
(72) РГАЭ, ф. 4372, оп. 66, д. 1245, л. 1-2.
(73) РГАЭ, ф. 4372, оп. 66, д. 1245, л. 30.
(74) РГАЭ, ф. 4372, оп. 66, д. 1245, л. 244-248.
(75) РГАЭ, ф. 4372, оп. 66, д. 1246, л. 71-72.
(76) РГАЭ, ф. 4372, оп. 66, д. 552, л. 1-181. 本項における以下の叙述は、特に断りのないかぎり、この議事録に記された内容に基づく。
(77) РГАЭ, ф. 4372, оп. 66, д. 1248, л. 162-173.
(78) ゴールドマン『ソ連における環境汚染』二一〇―二一二頁。
(79) РГАЭ, ф. 4372, оп. 66, д. 1247, л. 326.
(80) РГАЭ, ф. 73, оп. 1, д. 1602, л. 128, 133-134.

第七章　開発と環境のジレンマ
──「バイカル問題」の深化

はじめに

第二次世界大戦後の経済発展の過程で深刻化した公害・環境問題は、経済体制を問わず開発と環境のジレンマを産業社会に投げかけ、それぞれの近代化路線の見直しを要請した。その対応は一九六〇年代以降に環境行政の強化や関連法規の制定というかたちで示され、ソ連でも直接規制の強化に加えて間接規制の手法を一部で取り入れるなど、「環境政策能力」(capacity for environmental policy and management)の向上を求める動きが見られた(第三章二1を参照)。しかし、企業レベルの環境対策の強化を命じた共産党・政府決議の中で同じ内容の指令が繰り返されるなど、開発と環境のジレンマは慢性化し、それを打破しようとする試みは不発に終わった。他方で、オイルショックを契機に資本主義諸国は省エネルギー型の成長路線に舵を切り、一九八〇年代半ばには持続的発展(sustainable development)という新機軸を打ち出し、環境保護を経済成長に組み込んだ近代化のあり方を追求した。「エコロジー近代化」(ecological modernization)や「グリーン資本主義」(green capitalism)などは、開発と環境のジレンマという問題に対して資本主義が引き出した回答であり、それに代わりうる理念や目標を現存した社会主義諸国が打ち立てることはなかった。それゆえ、第三章で検証した環境政策能力の観点からソ連の公害・環境問題を振り返ると、その分水嶺は一九七〇年代から一九八〇年代にかけての出来事に見出される。

バイカル湖流域の公害・環境問題の発生局面(一九六〇年代)に焦点を当てた前章の考察を踏まえて、本章では「バイカル問題」の拡大局面(一九七〇年代〜一九八〇年代)を検討することで、ソ連における開発と環境のジレンマの様態を考察する。バイカリスクセルロース・製紙コンビナート(以下、バイカリスク工場と略す)とセレンギンスクセルロース・厚紙コンビナート(以下、セレンギンスク工場と略す)の建設計画がソ連社会に大きな波紋を呼び起こしてから、一九八七年にバイカリスク工場のセルロース・製紙部門の閉鎖命令が出されるまで、「バイカル問題」は空間的に拡大し、かつ長期化の様相を呈した。管見のかぎり、その過程を実証的に分析した研究は少なく、「バイカル問題」が解消に向かわず、むしろ深まることになった背景については論じられていない。一国の動向と一地域の変化に見られる関係に目を配りながら、「バイカル問題」が体現していたソ連に特有の開発と環境のジレンマについて考えてみたい。

一　バイカル湖流域の環境汚染

1　見解の相違

バイカル湖流域の公害・環境問題を検討する際に、常に議論の中心を占めるのはバイカリスク工場とセレンギンスク工場である。それぞれ一九六六年と一九七三年に操業を始めたが、廃水浄化設備の不備や故障が相次いで起こり、工場廃液が流域一帯に流れ込んだことからバイカル湖の環境汚染の元凶として批判されてきた。前章で紹介した環境保護派の筆頭格として、ソ連科学アカデミー・シベリア支部陸水学研究所長の立場からバイカル湖流域の公害・環境問題を内外に発信し続けたグリゴリー・ガラジー(Григорий Галазий)は、開業から一年余りを経たバイカリスク工場の浄化実績について、工場廃水の度重なる基準値違反(一九六六年九〜一二月―一〇〇回以上、一九六七年―五〇〇回以上)、バイカル湖水と大きくかけ離れた工場廃水の成分(塩化物―二五〇倍以上、非酸化系有機物―二五〇～二八〇倍以上、アルカリ土金属―一二倍以上、硫酸塩―四～五倍以上など)、想定をはるかに上回るバイカル湖の汚染域の出現(計画の〇・七平方キロメートルに対して、二〇〇～二五〇平方キロメートルを計測)と具体的な数値を挙げながら、バイカリスク工場による環境汚染の実状を告発した(1)。工場廃水の成分が計画値から乖離していたことは、建設推進派で占められていたソ連国家計画委員会(ゴスプラン)内の国家審査委員会が一九六七年七月に実施した現地調査でも確認されている(第六章三3を参照)。しかし、本委員会の見解では、バイカル湖の環境汚染の兆候は皆無であるとして告発は真っ向から否定され、一部で判明した湖水成分の変化の原因は工場廃液ではなく、湖への流入河川の汚染にあると主張して工場原因説を退けた(2)。以後、建設計画の推進派と反対派の間で交わされた議論の争点は、バイカリスク工場とセレンギンスク工場による環境汚染の有無と規模であった。

この点については、実は環境保護派の間でも認識の違いが見られる。上述のガラジーは、両工場の廃水浄化設備が正常に稼働し、所定の成果を上げたとしても、バイカル湖に放出される汚染物質は動植物界に影響を与え、湖の生態系に重大な変化が生じるという主張を生涯にわたって曲げなかったが(3)、ガラジー退任後の一九八七年に陸水学研究所長に就任したミハイル・グラチョフ(Михаил Грачёв)によると、バイカリスク工場をはじめとする産業活動に由来する化学物質の蓄積は確認されるが、古陸水学の見地ではバイカル湖の生態系に顕著な変化は認められず、環境汚染を強調する論者は、不適切な調査方法で収集したか初歩的な統計処理さえ施していないデータを利用していると批判する(4)。後にグラチョフはバイカリスク工場の延命を目的とした事業転換問題に深く関与し、その閉鎖を強く主張した環境保護団体と鋭く対立したため、アンチ環境主義者とも目されるが(後述の第八章一を参照)、バイカル湖の生態系を攪乱するリスク要因として、産業廃水による湖水の化学組成の変化(化学的汚染)よりも、外来種の侵入による動植物界の変化(生物的汚染)に力点を置いていることが言動の背景にある。[5] それゆえ、現在のロシア科学アカデミー・シベリア支部陸水学研究所が、バイカル湖研究の世界的拠点であることに変わりはない。[6]

次に「バイカル問題」に取り組んできた主要な環境保護団体に目を向けると、バイカリスク工場に対するキャンペーンは大々的に展開しても、セレンギンスク工場への直接行動はほとんどなされていない。例えば、グリーンピース・ロシアによると、セレンギンスク工場はもはやバイカル湖流域の主たる汚染源ではないため、抗議活動の対象をバイカリスク工場に絞っているという。[7] 見解の相違は環境汚染の全般的評価だけでなく、個々の汚染物質の動態についても評価が分かれる。特に、バイカル湖流域で検出された危険物質(ダイオキシンおよび水銀)の発生源として、グリーンピース・ロシアなどの環境保護団体はバイカリスク工場の名を挙げ、ソ連崩壊後に設立された連邦政府機構のバイカル政府委員会(Правительственная комиссия по Байкалу)[8] も「一連の諸研究が示すデータによると、バイカリスク工場からの排水と排気は、湖の生態系に重大な諸変化を引き起こしている原因であり、…ダイオキシン類の非常に毒性の強い物質が湖に棲む動物の体内に蓄積している」[9] と指摘する一方で、現状のバイカリスク工場の生産工程において人体に影響を与えるような危険物質の発生は化学的にあり得ないとの反論が研究者の側から出ている。[10]

2　バイカル湖流域の汚染源

バイカリスク工場とセレンギンスク工場による環境汚染をめぐる論争の背後には、二つの否定しがたい事実がある。それは、両工場の環境対策の成果と他の汚染源の動向である。

バイカリスク工場とセレンギンスク工場は、環境汚染への懸念と批判に対応して最新鋭の廃水浄化設備を導入するなど、環境対策の強化に努めてきた。[11] 特に一九八〇年代後半に設備投資を積極的に進めたことから、一連の環境指標は大幅に改善した。セレンギンスク工場は一九九二年に閉鎖型給水システムを完全導入し、工場廃水をまったく出さない生産工程に移行した[12]。上述のグリーンピース・ロシアが同工場を抗議活動の対象外としたのは、このためである。他方でバイカリスク工場はパルプの塩素漂白工程を抱えていたため、閉鎖型給水システムの導入は技術的に難しいとされてきたが、一九九〇年代初頭までに計画の約八割は完了していた[13]。その結果、バイカル湖流域の水汚染に占める両者の割合(水汚染寄与率)は、一九七五年の七一・〇%から一九九四年の五九・二%へと減少した(表7-1を参照)[14]。

それにもかかわらずバイカル湖の環境汚染は全般的に進行し、一九九〇年における汚染物質の流入量は一九六〇年の一・四倍に上った。その理由は、もっぱら大気経由による汚染物質の急増に求められる。すなわち、一九六〇年の流入量を一〇〇とすると、一九七〇年に三八四、一九八〇年に一一三一、一九九〇年に一四二〇を記録し、全経路を通じた汚染物質の流入量全体の伸び率(一九六〇年―一〇〇、一九七〇年―一一二、一九八〇年―一三二、一九九〇年―一四〇)をはるかに上回った[15]。バイカリスク工場とセレンギンスク工場の大気汚染寄与率は一九七五年の六・八%から一九九四年の二・一%へと下がっており[16]、そもそも当初から大きな寄与率ではない。したがって、大気経由による汚染物質の流入量が増大した原因は別に求められる。それは、一九五〇年代中葉以降に本格化したアンガラ川流域開発の過程で、バイカル湖西方に位置する産業都市(イルクーツク、アンガルスク、シェレホフなど)に立地した重化学工業の企業群である。バイカル湖の西側で大気中に放出された汚染物質は偏西風に乗って湖に降下するため、アンガラ川沿いの大気汚染が及ぼす悪影響は早くから指摘されていた[17]。

さらに、経済開発の進展に伴い貨物や人員の輸送量も急伸したことで、輸送機関による大気汚染がこれに加わった。表7-1が示すように、バイカル湖流域で最大の大気汚染源は自動車で、その寄与率は六割に上る。一九七〇～八五年に流域における輸送量は全体で二・五倍に増えたが、なかでも自動車輸送の伸びが著しく、都市部を中心に大気汚染の進行に拍車をかけた[18]。また、大気汚染の主要な固定発生源は主にアンガラ川沿いに立地する電力業と燃料業の事業所で、汚染物質の排出量全体の約二割を占めている。バイカル湖周辺の大気汚染物質の

表 7-1　バイカル湖流域の主要な環境汚染源(1990 年)

産業部門	構成比(%)(産出額ベース)[1]	水汚染寄与率(%)	大気汚染寄与率(%)	主要固定汚染源[2]
軽工業	7.9	—	—	ウラン・ウデ羊毛加工工場
機械製作・金属加工業	12.6	0.2	0.9	イルクーツク重機械建設工場，ウラン・ウデ機械製作工場，セベロバイカリスク航空機エンジン製作工場，セレンドゥム機械修理工場
林産業	24.5	59.2	8.7	バイカリスクセルロース・製紙コンビナート，セレンギンスクセルロース・厚紙コンビナート
農工複合体[3]	17.1[4]	3.7	3.2	アンガルスク合成プロテイン・ビタミン濃縮工場，ウラン・ウデ食肉・魚肉加工工場
建材業	5.5	0.2	5.2	アンガルスクセメント採掘コンビナート，セレンギンスクアスベスト・セメント・建材工場，ウラン・ウデ煉瓦工場，ムリンスク煉瓦工場
電力業および燃料業	19.8	6.6	20.6	チェレムホボ石炭採掘場，チェレムホボ火力発電所，アンガルスク火力発電所，イルクーツク火力発電所，グシナオゼルスク火力発電所
鉄鋼業	1.1	2.4	0.6	ペトロフスク・ザバイカリスク冶金工場,チェレムシャンスク選鉱コンビナート
非鉄金属業	11.5	2.1	0.2	イルクーツクアルミニウム工場，オシェルコボ燐灰石採掘場，ホロドネン複合金属鉱採掘場
その他	—	12.3(輸送機関)，13.3(居住・生活活動)	60.6(自動車)	—
合計	100.0(3.8 兆ルーブル)	100.0(93,500 トン)	100.0(760,600 トン)	約 140*

注) 1) イルクーツク州，ブリヤート共和国，チタ州(現在のザバイカリエ地方)の部門別産出額(1993 年)に基づく。化学・石油化学工業部門の汚染寄与率に関するデータがないため，同部門を除いて再計算した。
2) 企業名は当時の通称に従った。ソ連崩壊後の民営化や企業再編に伴い，多くは名称を変更している。おおよその位置は図 7-1 を参照。
3) 農産物の生産者と加工者を垂直統合した農工一体の経営組織のこと。
4) 食品工業の数値に基づく(農業は含まれない)。

出所) V・A・バシャノフ「シベリアの経済概況と投資環境」『ロシア東欧貿易調査月報』1995 年 2 月号，80 頁；Baikal Environmental Wave, "Problems Faced by NGOs in the Baikal Region: 1990-1994," in *The 3rd Asia-Pacific NGO Environmental Conference (Papers)* (Kyoto, 1994), p. 295; *Самаруха В.И., Суходолов А.П.* Экология и экономика водосборного бассейна Байкала. Иркутск, 1992. С. 23-26 に基づき，一部加筆・修正して作成。*は «Правда» 10 мая 1987 года から引用した。

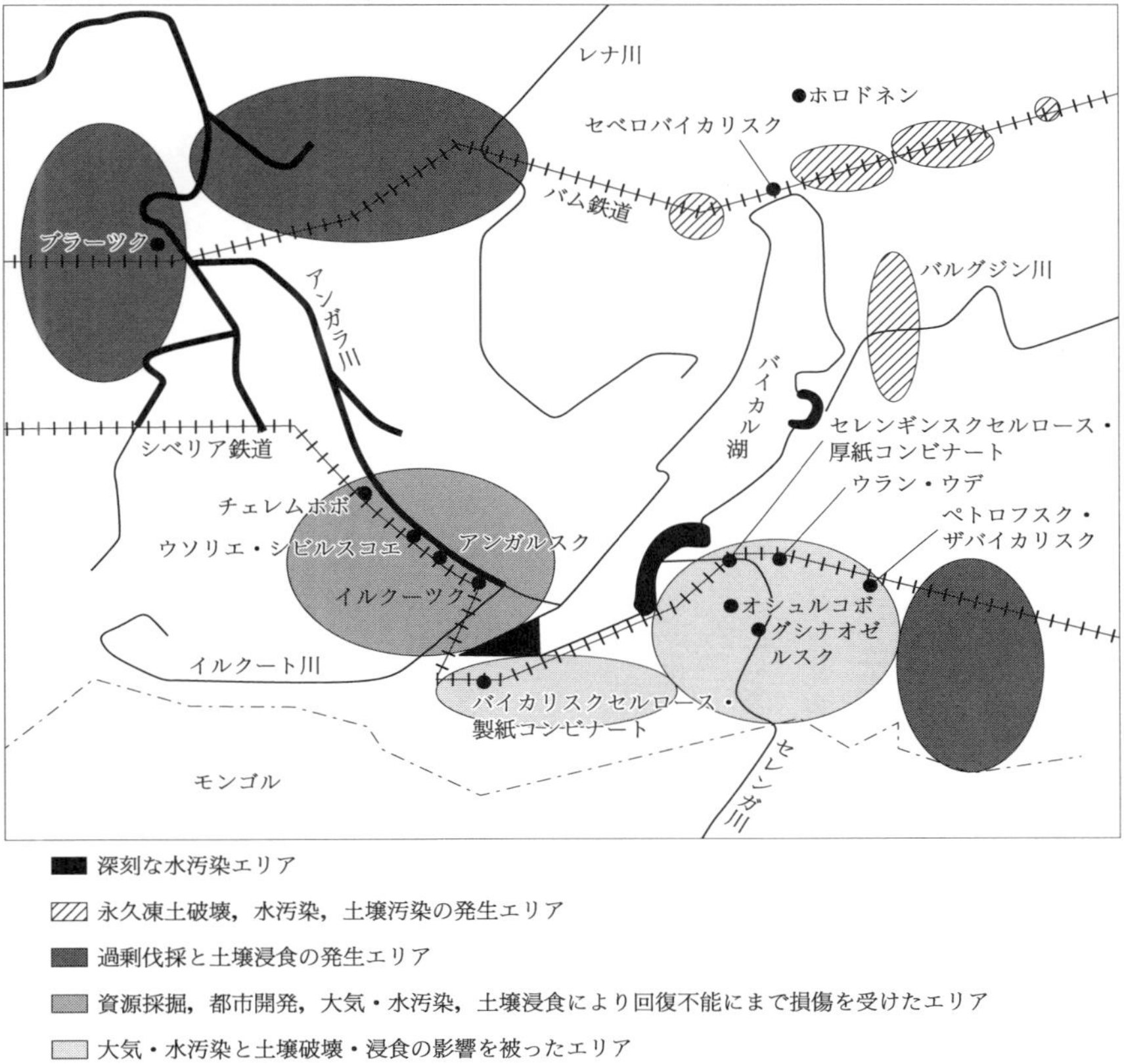

図 7-1　バイカル湖流域の環境汚染の状況（1980 年代末）

出所）徳永昌弘「シベリアにおける開発と環境——バイカル湖地域を例に」『環境と公害』第 27 巻第 2 号，1997 年，61 頁に掲載の図-1 を転載（一部修正）。原出典は，D.J. Peterson, *Troubled Lands: The Legacy of Soviet Environmental Destruction* (Boulder: Westview Press, 1993), p. 84, Map 3.2 である。

分布状況を調べた研究によると、都市別ではイルクーツクとアンガルスクが圧倒的に大きな発生元で、バイカリスクの一〇〜二〇倍に達する。[19]

以上から、バイカル湖流域の公害・環境問題はバイカリスク工場による環境汚染に限定されるわけではなく、「…ここではバイカリスク工場は犯罪者の一人に過ぎず、バイカル湖流域の大気汚染は今やおそらく水汚染よりも大きな問題であろう」[20]との指摘に繋がる。さらに、図7-1が示すように、森林伐採に加えて農地の拡張や過密な放牧が招いた土壌破壊・浸食も広い範囲で進行しており、環境対策が最も急がれる問題とされている。[21]要するに、バイカル湖流域は複合的な環境破壊・汚染に苛まれており、第二章で紹介したソ連もしくはロシアの環境危機地図にたびたび登場する「常連」である(図2-1を参照)。そのため、ロシア環境白書(一九九二年)やＣＩＳ(独立国家共同体)の環境統計(一九九六年)といった公文書も、自然環境の荒廃度が最も著しい指定領域にバイカル湖流域を含めている。[22]

二 「バイカル問題」の拡大と長期化

シベリア・極東地域における経済開発の歴史を振り返ると、鉄道、道路、港湾といった社会資本が整備されたところに産業が集積し、都市が建設され、工業化を牽引した。バイカル湖流域も例外ではなく、第五章で詳述したアンガラ川流域開発はシベリア鉄道沿線に産業都市を創出し、イルクーツク水力発電所の建設に伴って付け替えられた線路沿いにバイカリスクも位置する(図7-1を参照)。当地では、バイカリスク工場の建設と併せて駅舎を開設した。しかし、一九七〇年代に入ると、こうした既存の工業地域における経済発展のテンポの鈍化が始まり、複数の産業都市を抱えるバイカル湖流域の鉱工業生産額の伸び率は一九七六〜八〇年の三・六％(年平均)から、一九八一〜八五年に一・六％(同)、一九八六〜九〇年に一・一％(同)へと低下した。東シベリアの鉱工業生産額に占めるバイカル湖流域のシェアも、一九七六～八〇年の一〇・〇％から一九八一～八五年の七・五％を経て、一九八六～九〇年には五・〇％へと半減した。(23) 後述するように、ソ連政府は一九六〇年代末頃からバイカル湖流域の環境対策に本腰を入れて取り組み始め、水域保護地帯や産業立地規制を導入した。それゆえ、前章で考察したバイカリスク工場とセレンギンスク工場の建設計画をめぐる一連の騒動以来、経済開発の抑制と自然環境の保護を求め続けてきた環境保護運動の成果の表れと見ることもできる。(24) 他方で地域経済開発の側面から見ると、バイカル湖流域の経済発展に大きな影響を及ぼしたと考えられるのは、一九七〇年代半ばにソ連政府が打ち出したシベリア・極東地域開発の新戦略である。

当時は第二シベリア鉄道とも呼ばれたバイカル・アムール鉄道(以下、通称のバム鉄道とする)を一九八三年までに全線開通することが、一九七四年七月に正式決定した。その狙いは、唯一の東西輸送路であったシベリア鉄道の輸送負荷を軽減するとともに、資源探査の結果、シベリア・極東の南部に位置する既存の開発地域に劣らない天然資源の賦存が確認された北部地域の開発を促進することにあった。豊富な森林資源と多様な鉱物資源を擁するバイカル湖北部もバム鉄道の開発圏に属していたことから、圏内に位置するレナ川上流地域・生産複合体、北バイカル地域・生産複合体、ウドカン工業拠点の三カ所で、一九七〇年代に入ってから開発が本格化した(図7-2を参照)。(25) これらの重点開発区を含む東シベリア北部の鉱工業生産額は、一九六五～八〇年に年平均で約三％の成長率を記録し、東シベリア全体に占めるシェアは七・七％から一一・七％に上昇した。(26)

ところが、開発区域の拡大と歩調を合わせて、「バム地区の水資源(河川、湖沼)が汚染されるのは目に見えている」(27)との指摘のとおり、バイカル湖北部で自然環境の汚染と生活環境の悪化が急速に進み始めた。すなわち、ここに至り「バイカル問題」(28)は地理的な拡大という事態を迎えた。バイカル湖の北部沿岸で最大の汚染地帯と言われるセベロバイカリスクとその周辺では、都市開発のテンポに公害防止対策と住環境の整備が追いつかず、工場廃水と生活排水の垂れ流し状態が長く続き、浄化施設の整備は後手に回った。そのため、市域の自然環境の悪

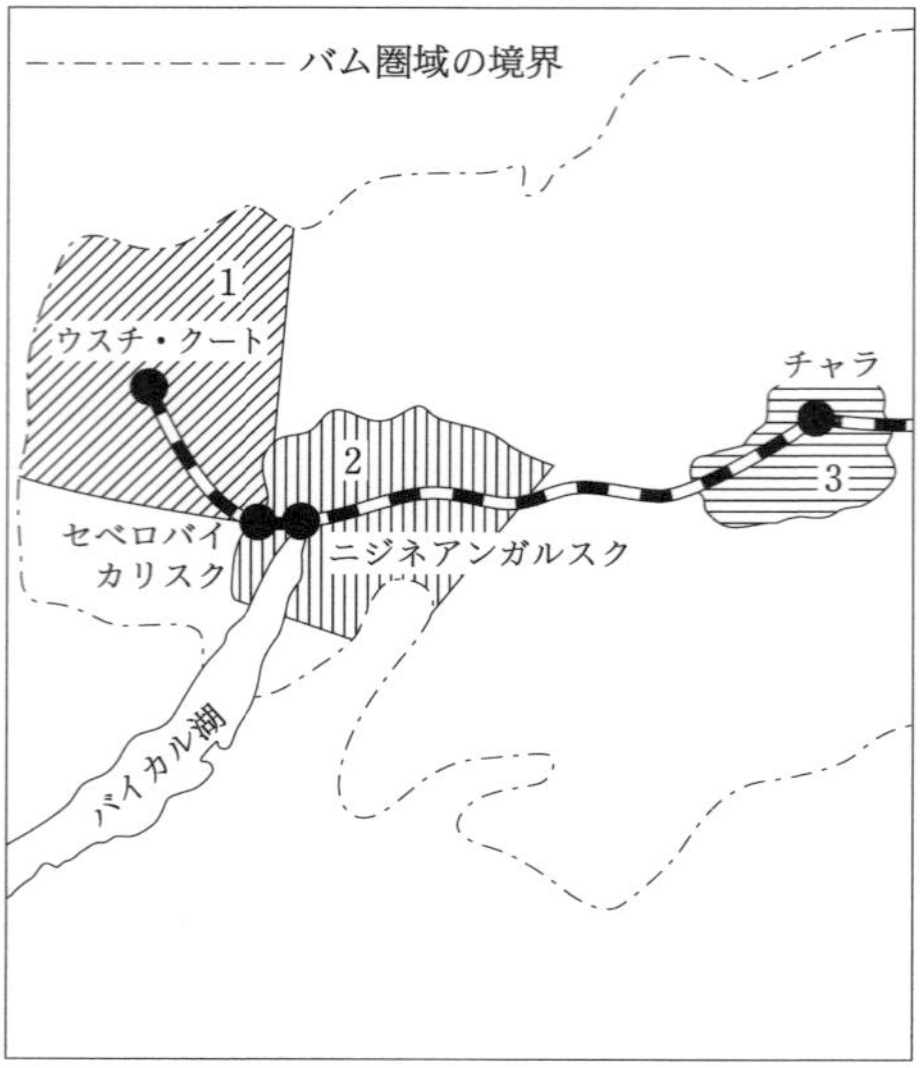

図 7-2　バイカル湖北部の重点開発地域（1980 年代初頭）

注）1．レナ川上流地域・生産複合体（森林開発）
2．北バイカル地域・生産複合体（アスベスト鉱床開発）
3．ウドカン工業拠点（銅鉱床開発）
出所）岡田安彦「全線敷設完了とバム圏開発」『ソ連東欧貿易調査月報』1984 年 10 月号，23 頁に掲載の第 2 図に加筆・修正した。

化は言うに及ばず、バイカル湖の生態系にも悪影響を及ぼしかねない状況にあると懸念された(29)。バム鉄道の敷設自体を含めて、沿線の経済開発が寒冷地の脆弱な自然環境とのバランスを欠いているという批判は早くから見られた。バイカル湖の生態系を調査してきたイルクーツク大学附属生物学研究所の報告書によると、バム鉄道が与えたインパクトはバイカリスク工場と並ぶほど大きく、バイカル湖流域における自然環境の変化の節目であったという(30)。バム鉄道開発圏の公害・環境問題は政府首脳の耳にも届くことになり、一九七二年一二月に続いて、全国における環境政策の強化を求めた一九七八年一二月のソ連共産党中央委員会・閣僚会議決議の中に、圏内における環境対策の実施が単独の項目として立てられた(第三章表3-3を参照)。

　このように「バイカル問題」が外延的に拡大していく一方で、既存の産業都市が位置するバイカル湖流域の環境汚染も依然として深刻なままであった。その自然環境の保護を定めたトップレベルの指令、すなわちソ連閣僚会議決議もしくは同会議とソ連共産党中央委員会の合同決議だけで、計四回(一九六九年、一九七一年、一九七七年、一九八七年)を数えたことは、環境汚染の改善が思うように進まなかった事態を示唆している。それゆえ、バイカル湖流域内の工業地域における開発テンポの低下は、環境政策の成果というよりも、むしろ開発圏の「北進」によるところが大きい。さらに、ソ連の経済成長に鈍化の兆しが見え始めたことは、巨額の開発費がかかるシベリア・極東地域への資本投下の抑制を余儀なくした。その際、公害防止目的の設備投資は優先度が低く、いわゆる「残余原則」(residual principle)の下で後回しにされたことから、企業レベルの環境対策が疎かにされ、生産設備の更新や近代化も後れた[31]。以上はバイカル湖流域の環境汚染が改善されなかった一因であろう。しかし、「バイカル問題」の長期化は地域経済開発のあり方にのみ帰せられるわけでなく、経済開発が公害・環境問題を惹き起こした場合に企業活動と環境破壊・汚染の間に生じた緊張を緩和ないし解消すべき環境政策にも、その長期化を招いた素因が潜んでいた。

三　バイカル湖流域の環境政策――未熟なエコロジー近代化

1　問題の先送り

第一章一2で述べたように、国内での環境汚染の発生を認めざるを得なかった社会主義国ソ連は、公害・環境問題で自らの体制的な優位性が示されるべき領域を環境政策に求めた。私的所有を否定したからこそ国家が企業を適正に管理できるという論法に立脚していたわけだが、数多の実証研究が露わにした事実に目を向ければ、こうした主張には首肯できない。バイカル湖流域の公害・環境問題も、そのような事例のひとつである。

表7-2は、バイカル湖流域の自然環境の保護を目的とした過去の取り組みの一覧で、左側に研究機関が作成したプロジェクト類、右側に中央政界での取り組みを示す諸決定を配している。一九六〇年代後半から一九七〇年代後半にかけて、第一のピークが訪れていることが分かる。この間に多くのプロジェクトが発表され、ソ連閣僚会議が関与したケースだけでも三度の保護決議が出された。しかし、すでに指摘したように、同様の内容の諸

表7-2　バイカル湖流域の環境政策

	年	プロジェクト・答申・報告等	党・政府・省庁による決議・指令・通達等	年
			バイカル湖流域における天然資源の保護と利用について(СМ РСФСР[1])	1960
第1のピーク			バイカリスクセルロース工場の廃水によるバイカル湖の汚染防止に関する東シベリア国民経済会議の諸策について(ВСНХ[2])	1965
			セレンギンスクセルロース・厚紙コンビナートの廃水によるバイカル湖の汚染防止に関する東シベリア国民経済会議の諸策について(ВСНХ)	1965
	1966	バイカル湖および同流域の天然資源の総合的利用の全体構想(Ленгипрогор[3] および АН СССР[4])		
			バイカル湖流域の天然資源の保全と合理的利用に関する諸策について(СМ СССР[5])	1969
	1971	組織・運営面の複合的施策を伴うバイカル湖流域の水域保護地帯の設定プロジェクト	バイカル湖流域の天然資源の合理的利用と保全を保障する追加的諸策について(ЦК КПСС/СМ СССР[6])	1971
	1973	バイカル湖水と同流域の天然資源の保護規則の作成プロジェクト(СО АН СССР[7] 他)	バイカル湖水と同流域の天然資源の時限保護規則(Минводохоз[8])	1973
	1973	複合的な水利施策を伴うバイカル湖流域の水域保護地帯の設定プロジェクト(СО АН СССР他)		
	1976	バイカル湖の天然資源の合理的利用と保全に関係した科学研究と経済研究に関する報告(СО АН СССР)		
			バイカル湖流域の天然資源の合理的利用のさらなる保障に関する諸策について(ЦК КПСС/СМ СССР)	1977
	1979	バイカル湖の生態系の保全とその正常な機能を保障するためのバイカル湖および同流域の経済開発に関する答申(СО АН СССР)		
第2のピーク	1985	バイカル湖の自然環境の状況に関する報告(СО АН СССР)		
			プリバイカル国立公園とザバイカル国立公園の設置(СМ РСФСР)	1986
	1987	1987～1995年におけるバイカル湖の生態系に対する許容規準(АН СССР)	1987～1995年におけるバイカル湖流域の天然資源の保護と合理的利用の保障に関する諸策について(ЦК КПСС/СМ СССР)	1987
			1987～1995年におけるバイカル湖流域の天然資源の保護と合理的利用の保障に関する諸策について(СМ РСФСР)	1987
	1988	バイカル湖流域の社会・経済発展構想(АН СССР)		
	1988	バイカル湖水とその流域の天然資源の保護規則(改訂版)		
	1988	バイカル湖流域の自然保護の地域総合構想(Гипрогор РСФСР[9] および Госстрой РСФСР[10])		
	1988	バイカル湖流域における生産力発展の全体構想(Госплан РСФСР[11])		
	1990	バイカル湖流域の自然保護の地域全体構想(СО АН СССР)	1990～1995年におけるロシア共和国内の環境情勢の健全化に関する緊急策と第13次5カ年計画中ならびに2005年までの自然保護の基本方針について(СМ РСФСР)	1990
			バイカル湖の保護問題の解決に必要な資金調達の一手段として国内市場および輸出向けのバイカル湖水生産を発展させることについて(СМ РСФСР)	1991

注）括弧の中は作成もしくは承認機関を示す(一部不明)。
1) ロシア共和国閣僚会議　2) 東シベリア国民経済会議　3) レニングラード国家都市計画研究所　4) ソ連科学アカデミー　5) ソ連閣僚会議　6) ソ連共産党中央委員会・閣僚会議　7) ソ連科学アカデミー・シベリア支部　8) ソ連土地改良・水利省　9) ロシア共和国都市計画研究所　10) ロシア共和国国家建設委員会(ゴスストロイ)　11) ロシア共和国国家計画委員会(ゴスプラン)

出所）*Афанасьева Э.Л., Бекман М.Ю., Безрукова Е.В. и др.* Путь познания Байкала. Новосибирск, 1987. С. 284-287; *Думова И.И.* Социально-экономические основы управления природопользованием в регионе. Новосибирск, 1996. С. 37-38; Концепция социально-экономического развития города Байкальска и перепрофилирования Байкальского целлюлозно-бумажного комбината. Иркутск, 2000. С. 6-7; *Тулохонов А.К.* Байкальский регион: проблемы устойчивого развития. Новосибирск, 1996. С. 23-28; *Якобсон А.Я., Манжигеев А.Ф.* Методология разработки и основные положения концепции развития города Байкальска // Концепция развития города: социальные, экологические, управленческие аспекты / Под ред. А.Я. Якобсона, А.П. Суходолова, Н.Я. Труфановой. Новосибирск, 1987. С. 129-137 他から作成。

決定が繰り返し登場することは、むしろ環境政策の実効性の欠如を示唆している。三度の保護決議の内容を整理し、比較した表7-3が示すように、ほぼ同じ内容の指令を引き継いだ項目がいくつか見られる(表中の矢印を参照)。こうした事態は問題の先送りを意味している。その一例として浄化設備の設置要求を取り上げると(実線の下線箇所を参照)、バイカリスク工場をはじめとするバイカル湖流域の企業・団体等に対し、一九六九年決議は設置期限を一九七〇年と定めていたが、一九七一年決議では一九七二年に変更され、一九七七年決議では一九八〇年ないし一九八五年とさらに延長されたように、同じ内容の指令の実施期日を繰り延べていることが分かる。

それでは、トップレベルの政府機関の命令として指示された環境政策は、なぜ有効に機能しなかったのだろうか。内外の論者が強調したのは、環境保護に関する法規制は極めて厳格に制定された一方で、企業の現場では遵守されず、それを管轄省庁も黙認していた点である。第三章二2で指摘したように、国家と企業の利害の不一致はソ連社会でも見られ、とりわけ政府による環境対策の強化方針に対して公然と反旗を翻す企業も少なくなかった。とはいえ、環境政策の内容と実行は本来的に別問題であり、後者の局面で見られた問題点を並べ立てただけでは環境政策の性格を総合的に評価することはできないであろう。そこで、具体的な政策目標を定めていた保護決議の内容を吟味することで、バイカル湖流域の環境政策に内在していた問題点を明らかにしたい。表7-3が示すように一九六九年決議はその後の決議の雛形で、一九八七年に内容を一新した決議が登場するまでバイカル湖流域の環境政策の基礎となっていた。そこで、以下では同年の保護決議を検討の対象とする。

2　バイカル湖流域保護決議に見られる開発指向性

一九六九年決議を環境政策の執行機関別に整理し、その業務内容を吟味すると、以下のような特徴が見出される(表7-4を参照)。

第一に、ひとつの政策に複数の省庁が関わるケースが多く、一例を挙げると、水域保護地帯の設定には九つの

表 7-3　バイカル湖流域保護決議の比較

「バイカル湖流域の天然資源の保全と合理的利用に関する諸策について」 (1969 年 1 月 21 日付ソ連閣僚会議決議)	「バイカル湖流域の天然資源の合理的利用と保全を保障する追加的諸策について」 (1971 年 6 月 16 日付ソ連共産党中央委員会・閣僚会議決議)	「バイカル湖流域の天然資源の合理的利用のさらなる保障に関する諸策について」 (1977 年 7 月 21 日付ソ連共産党中央委員会・閣僚会議決議)
○集水域内に水域保護地帯を設定し，天然資源利用の特別な体制を敷く。1969～1971 年に調査し，1971 年内にソ連閣僚会議に提示する。 ○第Ⅲ等級以上のあらゆる国家森林資源(コルホーズとソフホーズを含む)における林業活動を停止する。1969～1971 年に新たな林業活動体制の構築，森林の保全・再生・合理的利用に関するプロジェクトを立案し，確定する。 ○1970 年 1 月 1 日までに森林，土壌，水源の保護の点で重要な役割を果たしている森林を第Ⅰ等級に編入する(ただし，開発林として指定された区域を除く)。また，1971 年 1 月 1 日までに森林の等級付けを見直し，その変更を完了する。 ○林業に携わるあらゆる企業・団体が適切な活動を行うように，管理を強化する。 ○1970 年 1 月 1 日までに森林公園(лесопарк)，自然保護区(заповедник)，鳥獣等保護区(заказник)の設定と運営に関する問題を解決する。 ○森林伐採の割当と運営を見直す。 ○過剰伐採を禁止する。 ○1970 年までに浮送の際に湖底と川底に沈んだ木材を除去し，沿岸部を含めてバイカル湖と周辺河川を清掃する。1969 年 6 月 1 日までに，船舶による木材の運送とモストバヤ―バルグジン間の木材運搬用鉄道の建設に関する提案を提示する。 ○傾斜地においては，林道までの木材の運び出しをトラクターによる牽引からリフトによる運搬に切り替える。 ○1969 年内にバイカリスク工場内に廃水浄化設備と廃棄物利用工場を設置し，工場廃水を規定値まで浄化する。 ○セレンギンスク工場の操業開始までに，工場内に廃水浄化設備を設置する。 ○バイカル湖流域で活動する企業・団体等に対して，汚水の排出を防止する策を講じ，1969～1970 年に浄化設備を設置する。	○水域保護地帯の設定とバイカル湖および同湖流域の天然資源の保全に関する規制の制定を早急に行う。 ○土壌保全を目的とした農業・林業の技術開発を行う。 ○1971 年内にバイカリスク工場内に廃水浄化設備を設置し，規定値まで工場廃水を浄化する。また，同年中に第 2 工期分のセルロース生産工場と廃棄物利用工場の操業を始める。 ○住宅や文化・教育施設等を含め，バイカリスク工場に関わる建物を 1973 年内に完成する。 ○1972 年内にセレンギンスク工場の第 1 工期分の建設を完了する。ただし，所定の浄化設備が整わなければ，操業を許可しない。 ○セレンガ川とその支流に廃水を排出している企業の浄化設備の設置状況をチェックし，すべての企業において 1972 年までに設置を完了する。また，工場廃水に含まれる資源の有効利用を図るために，無排水の生産過程のための技術的改良に関する諸策を 1971 年内に立案し，実行する。 ○ウラン・ウデにおける浄化設備の建設を 1973 年内に完了する。 ○1973 年までに木材のバラ浮送を中止し，順次筏浮送に切り替える。 ○1971～1975 年に淡水魚オムリが産卵する場所を優先的に川床と河口を清掃し，沈んだ丸太を引き上げる。 ○今後 10 年間の森林伐採計画を策定する。 ○バイカル湖流域について定められた規則に厳密に従って，林業活動を行う。 ○1971～1975 年に林業経営・活動の改善に関する諸策を実行し，森林維持を目的とした伐採，伐採跡地の再生，過熟林の適切な開発等を実施する。	○バイカル湖流域に立地する企業・団体は，1985 年までに汚水の排出を完全に停止し，大気中への有害物質の排出を最大限削減する実行案を 1978 年 1 月 1 日までに作成する。 ○1980 年までに循環給水システムの設置に向けての諸策を立案する。 ○1977～1982 年に居住区における浄化設備の設置と下水道網の整備を行い，企業・団体については循環給水システムと浄化設備を設置する。 ○1977～1980 年にバイカリスク工場に浄化設備を設置し，廃棄物利用工場を建設する。また，総額 2580 万ルーブルの機械類を導入する。 ○1977～1980 年にバイカリスク工場からの汚水排出をさらに削減する。 ○1977～1980 年に閉鎖型給水システム，排水の脱ミネラル化，汚染物質の産業利用ないし脱毒性化等の技術研究をバイカリスク工場において実施し，国家計画委員会と国家科学技術委員会に報告する。 ○1977～1980 年にセレンギンスク工場の機械設備の稼働状況をチェックし，閉鎖型給水システムの設置を含めて同工場を完成させる。ただし，閉鎖型給水システムの技術仕様は 1977 年内に立案し，承認を受ける。 ○バイカル湖流域に立地する企業・団体の水保全対策と浄化設備の稼働状況の監督を行う。 ○1977～1980 年にバイカル湖流域の森林の合理的利用に関する諸策を実施し，森林の伐採，運搬，加工の各段階において，廃棄物を削減し，原材料の損失を防ぐ。また，森林環境に与える負の影響を最小限に抑える技術を開発する。 ○1977～1980 年に，山岳地帯の森林が有する土壌浸食防止と水源涵養機能を維持するための特別な伐採技術を考案し，実用化する。

「バイカル湖流域の天然資源の保全と合理的利用に関する諸策について」 (1969年1月21日付ソ連閣僚会議決議)	「バイカル湖流域の天然資源の合理的利用と保全を保障する追加的諸策について」 (1971年6月16日付ソ連共産党中央委員会・閣僚会議決議)	「バイカル湖流域の天然資源の合理的利用のさらなる保障に関する諸策について」 (1977年7月21日付ソ連共産党中央委員会・閣僚会議決議)
○廃水の浄化策を講じない企業，工場，施設の操業と稼働を禁止する。バイカル湖の汚染防止と流域の天然資源の合理的利用に関する諸策が適切に実行されなかった場合，関係省庁の職員の責任が追及される。 ○自然環境に影響を与える企業等の立地，建設，拡張を禁止する。 ○1969～1975年に流域の漁業資源の保護と合理的利用に関する諸策を実行する。 ○企業等から排出される廃水に対する管理体制を確立する。バイカリスク工場からの廃水の成分とバイカル湖水に対する影響を分析する。飲料水として利用される水源の管理を強化する。 ○関係省庁による諸策の実行状況をソ連人民監督委員会がチェックする。湖周辺の自然環境の保護と合理的利用に関する規定に違反し，国民経済に損失を与えた場合は，個人的責任を追及する。	○漁業活動と漁業資源の再生産が現在抱えている不備と欠陥を取り除く。1971～1975年に養殖工場を再建・新設する。漁業資源の保護と再生産に関する諸策を実行する。密猟の取り締りをさらに強化する。 ○バイカル湖流域の天然資源の保護と合理的利用を保障する諸研究を行う。 ○環境保護の諸策が適切に行われているかを監督する特別な職位をソ連人民監督委員会内に設け，その結果をソ連閣僚会議に定期的に報告する。 ○ブリヤート共和国，イルクーツク州，チタ州の各共産党委員会，共和国閣僚会議ないし州執行委員会は，バイカル湖流域の天然資源の保全と合理的利用のために，各々の領域内の企業活動に対する監督を強化する一方で，あらゆる支援を行う。	○成熟林と過熟林の最適な開発水準などを考慮して，水域保護地帯における第Ⅰ等級の森林の伐採量等を1977年内に確定する。また，同地帯において適切な植林を行い，その機械化を進める。 ○工場廃水，生活排水，廃棄物投棄などによる水汚染を防止する諸策を1979年までに実行する。また，石油および石油製品の流出事故を防止し，事故の影響を最小化するための諸策を行う。 ○コルホーズやソフホーズによる農薬と鉱物肥料の使用状況をチェックし，バイカル湖への流入を防止する。 ○1977～1980年にバイカル湖流域の養殖工場を再建・新設する。 ○ブリヤート共和国，イルクーツク州，チタ州の各共産党委員会，共和国閣僚会議ないし州執行委員会は，バイカル湖流域の天然資源の保全と合理的利用のために，各々の領域内の企業活動に対する監督を強化する一方で，あらゆる支援を行う。

出所）О мерах по сохранению и рациональному использованию природных комплексов бассейна озера Байкал // Постановление СМ СССР от 21 января 1969 года; О дополнительных мерах по обеспечению рационального использования и сохранению природных богатств бассейна озера Байкал // Постановление ЦК КПСС и СМ СССР от 16 июня 1971 года; О мерах по дальнейшему обеспечению охраны и рационального использования природных богатств бассейна озера Байкал // Постановление ЦК КПСС и СМ СССР от 21 июля 1977 года から作成。

表 7-4　バイカル湖流域における環境政策の執行機関
（1969 年 1 月 21 日付ソ連閣僚会議決議より）

対　象	執　行　機　関	業　務　内　容
監督機関	ソ連人民監督委員会	環境政策の遂行のチェック，規則違反に対する責任の追及
水	ソ連土地改良・水利省，ソ連農業省，ソ連閣僚会議林業国家委員会，ロシア共和国閣僚会議，ソ連漁業省，ソ連保健省，ソ連林業・木材加工業省，ソ連セルロース・製紙工業省，ソ連科学アカデミー	水域保護地帯の設定
	ソ連土地改良・水利省，ロシア共和国閣僚会議，ソ連閣僚会議附属水文気象局本部，ソ連保健省	水質の監視，調査，保護等
	ロシア共和国閣僚会議	鉱工業および農業部門の排水対策や監視等
	ソ連漁業省	漁業資源の合理的利用と保護の推進
森　林	ソ連閣僚会議林業国家委員会，ソ連農業省，ロシア共和国閣僚会議	森林の合理的利用と保全，植林等の推進
	ソ連林業・木材加工業省，ソ連閣僚会議林業国家委員会，ロシア共和国閣僚会議	森林伐採の割当と運営
	ソ連林業・木材加工業省	木材の運搬とその管理
土　地	ロシア共和国閣僚会議	工場等の立地規制
	ロシア共和国閣僚会議，ソ連閣僚会議林業国家委員会，ソ連農業省	自然保護区の設定と運営
そ の 他	ソ連セルロース・製紙工業省	バイカリスク工場とセレンギンスク工場における浄化設備の設置

出所）О мерах по сохранению и рациональному использованию природных комплексов бассейна озера Байкал // Постановление СМ СССР от 21 января 1969 года から作成。

省庁が関与している。多数の政府機関の参加は幅広い討議を可能にする一方で、調整の場を欠くと責任の所在が曖昧になり、政策の実効性が損なわれることはたびたび指摘されてきた。第二に、天然資源の保護対策を、その経済的利用を図る省庁が担当している。天然資源の利用部門と保護部門の未分離は、ソ連の環境行政に見られた組織面の特徴で[32]、この点をバイカル湖流域の保護決議も踏襲していた。第三に、環境政策の実効性を高めるべき監督業務と違反の取り締まりは、主にソ連人民監督委員会(Комитет народного контроля СССР)が担当した。本委員会は「人民による社会の監督」というスローガンの下で一九六五年に創設され、地方行政機構に対応した支部を置きながら、企業活動が適切に行われているかをチェックし、情報収集や立ち入り検査を行うことも許されていた[33]。環境保護の分野では環境汚染の調査やデータの収集などを通じて、環境行政を補佐する役割が期待されていたが、最終的な権限は自然保護法や環境規制の違反を検察庁に告発することまでであった。その後、司法の場では被告側の反論がしばしば認定され、断片的な数字ではあるが、一九七一年に検察庁が訴追した自然保護法等の違反事案のうち五八・三%は却下されたという[34]。つまり、「ソ連においては、裁判所は汚染防止規則違反者の処罰という点では、おおむね無力な存在である」[35]ことから、企業の環境対策の遂行を監督するとされたソ連人民監督委員会の活動は、法規制の遵守メカニズムを適切に機能させるという点では実務上の限界をはじめから抱えていたと言える。

それゆえ、バイカル湖流域の保護決議は、資源開発の行政機構に対応した保護対策の寄せ集めといった感が否めず、当初から開発指向の強い政策体系であった。そのため、環境政策としては、執行機関の重複と責任の分散、天然資源の利用部門と保護部門の未分離、監督機能の限界に起因する法遵守メカニズムの欠如などが構造的問題として内在していた。

3　公害防止技術――開発と環境の両義性

最後に公害防止技術に目を向けると、ここでも開発を優先した環境政策の特徴が表れていた。バイカル湖流域では、一般的な浄化設備の設置の他に、無排水の生産工程の実現に向けた技術的施策の立案と実行が一九七一年決議の中で指示されている(表7-3の破線の下線箇所を参照)。そして、一九七七年決議は具体的な構想を提示し、流域内の企業・団体等に対して、工場廃水を再利用する閉鎖型循環給水システムの導入を命じている。特に、バイカル湖の主要な汚染源として注視されていたバイカリスク工場とセレンギンスク工場については、項目を別途設けて必要な方策を逐一指示している。このように生産工程から廃棄物や副産物を外部に排出しない手法は「ゼロ・エミッション技術」(безотходная технология)と呼ばれ、早くから研究開発と実用化に注力していた(36)。

ただし、一九七一年決議の中で「…工場廃水に含まれる資源の有効利用を図るために、無排水の生産過程のための技術的改良に関する諸策を…立案し、実行する」(表7-3を参照)と明記されているように、生産過程における資源の有効利用、すなわち有価物の回収と再利用による生産費の削減が本来の目的である。つまり、ゼロ・エミッション技術は環境負荷の減少と生産性の向上の統合を意図しており、その限りで技術的側面に関わるソ連版エコロジー近代化の萌芽と言える。第三章で考察したように、エコロジー近代化の概念規定は一意的に定められていないが、その代表的論者であるマルティン・イェニッケ(Martin Jänicke)は、環境政策能力の経済・技術的枠組み条件のひとつとして、先進的な技術的解決策がエコロジー近代化の進展に結びつく可能性を考えている(37)。しかし、ソ連の現実に目を向けると、閉鎖型循環給水システムの実用化は困難を極め、試行錯誤の末にセレンギンスク工場で完全導入されたのはソ連崩壊後の一九九二年であった(38)。バイカリスク工場の場合はセルロースの塩素漂白工程の存在が技術的な障壁となり、実現性をめぐる十余年の議論を経て、ようやく二〇〇八年夏に設置された(後述の第八章三3を参照)。主要国の製紙・パルプ産業の環境対策は、製品・原料転換と廃液回収(日本)か、工場廃水の浄化処理能力の向上(米国・カナダ)であったことを考慮すると、[39] 先端的なゼロ・エミッション技術への拘泥も、バイカル湖流域の公害・環境問題が長期化した一因であったと言える。「ゼロ・エミッション」(zero emission)が循環型社会の構築を目指す概念として注目され、[40] 工場管理や住宅建設の現場で具体化され始めたのは一九九〇年代に入ってからである。

このように、バイカル湖流域の環境政策は経済開発と環境保護を一体化する方針の下で進められた。こうした開発と環境の両義性は、当時のソ連では「総合的」(комплексный)と称されたが、その未熟なエコロジー近代化はソ連社会の土壌には根づかず、むしろ自然環境の保護に専念する政策体系を退けただけであった。第三章の冒頭で述べたように、経済に環境を取り込む近代化路線を戦略的に実践してきたのは欧州の先進国で、そこで種を播かれたエコロジー近代化が開花するのは一九九〇年代以降のことである。

さらに、バイカル湖流域の保護決議は環境の重視という価値判断を顕示する一方で、政治問題化していた「バイカル問題」に対する国家権力の介入の強化を意味していた。政府首脳はバイカル湖流域の保護決議を重ねる一方で、その環境汚染に関する情報管理を始めたとされる。[41] その結果、公害・環境問題をめぐる議論は学術的な研究分野に限定され、「バイカル問題」を通じて開発と環境のジレンマを社会に提起した環境保護運動は下火になり、ペレストロイカの登場まで停滞を余儀なくされた。

四　ペレストロイカと「バイカル問題」

1　「バイカル問題」の再燃

第三章二で論じたように、一九八〇年代後半のゴルバチョフ政権のペレストロイカは、ソ連における環境政策能力の転換期と高揚期であった。過去の環境政策との決別を言明した一九八八年一月のソ連共産党中央委員会・閣僚会議決議の冒頭で（表3-3を参照）、バイカル湖の環境汚染への言及が見られることから、この時期を迎えても「バイカル問題」は優先度の高い問題と認識されていたと言える。前掲の表7-2が示すように、バイカル湖流域の環境政策は一九八〇年代後半に再び活況を呈し、一九六〇年代後半から一九七〇年代後半にかけての第一のピークに続く第二のピークが訪れている。

さらに、「バイカル問題」関連のプロジェクトや報告書の作成に深く関与してきたソ連科学アカデミーと中央政界の関係にも変化の兆しが見え始めた。第六章で明らかにしたように、バイカリスク工場とセレンギンスク工場の建設計画に対しては、当時の総裁を含む多数のアカデミー関係者が否定的もしくは懐疑的な見解を表明していたが、ゴスプランの主導で政治決着が図られ、両工場の操業に至る道筋がつけられた。その後も、ソ連科学アカデミーは「バイカル問題」の情報発信を続け、環境破壊・汚染の抑制を目的としたプロジェクト類をソ連閣僚会議などに提出していたが、承認はおろか検討にさえ付されなかったケースも見られた。しかし、一九八〇年代半ばから風向きが変わり、経済開発よりも環境保護を重視する立場が政治的に受容されると、表7-2および表7-5が示すように、ソ連とロシア共和国の双方でトップレベルの政策目標としてバイカル湖流域の環境保全プログラムが発表された。

ソ連での最後のバイカル湖流域保護決議となった「一九八七～一九九五年におけるバイカル湖流域の天然資源の保護と合理的利用の保障に関する諸策について」（一九八七年六月）は、国を挙げて環境政策のペレストロイカに取り組む決意を表明した前記のソ連共産党中央委員会・閣僚会議決議と同様に、過去の環境政策の成果を否定し、行政機構の再編を含む新しい政策体系の構築を目指した。その内容については賛否両論が見られ、特にバイカリスク工場の事業転換命令には異論が噴出したが、いずれの立場の論者も一九八七年決議が「バイカル問題」の新たな段階を画す出来事であることは認めていた。さらに、過去のバイカル湖流域保護決議で命じられた施策

表7-5　ソ連科学アカデミーと「バイカル問題」

1966年	バイカル湖および同流域の天然資源の総合的利用の全体構想（レニングラード国家都市計画研究所およびソ連科学アカデミー） →ソ連閣僚会議に提出するが検討されず。
1973年	バイカル湖水と同流域の天然資源の保護規則の作成プロジェクト（ソ連科学アカデミー・シベリア支部他） →ソ連閣僚会議に提出するが承認されず。
1973年	複合的な水利施策を伴うバイカル湖流域の水域保護地帯の設定プロジェクト（ソ連科学アカデミー・シベリア支部他） →ソ連閣僚会議に提出するが承認されず。
1976年	バイカル湖の天然資源の合理的利用と保全に関係した科学研究と経済研究に関する報告（ソ連科学アカデミー・シベリア支部） →ソ連閣僚会議に提出するが検討されず。
1979年	バイカル湖の生態系の保全とその正常な機能を保障するためのバイカル湖および同流域の経済開発に関する答申（ソ連科学アカデミー・シベリア支部） →ソ連閣僚会議国家科学技術委員会に提出するが実施されず。
1985年	バイカル湖の自然環境の状況に関する報告（ソ連科学アカデミー・シベリア支部） →ソ連閣僚会議と同科学技術委員会に提出され，基本的な趣旨は1987年4月のソ連共産党中央委員会・閣僚会議決議に反映される。
1990年	バイカル湖流域の自然保護の地域全体構想（ソ連科学アカデミー・シベリア支部） →ロシア共和国閣僚会議で承認される。

注）表7-2の左側に配したプロジェクト・答申・報告等のうち，政府内での取り扱いが判明したものを取り上げた。
出所）表7-2に同じ。

の未遂を理由に関係省庁の幹部が更迭され、行政上の責任の明確化が図られたことから[42]、膠着状態の続いていた「バイカル問題」が解決に向けて重要な一歩を踏み出したと考えられた。表7-6は、以前のバイカル湖流域保護決議と比較して、一九八七年決議の特徴をまとめたものである。産業活動の抑制や環境対策の強化など、従来の内容を踏襲している箇所も多いが、バイカリスク工場のセルロース・製紙部門の閉鎖と事業転換命令の発表は以前と決定的に異なる。この点は同工場の存在意義を否定し、「バイカル問題」の根幹に手をつけることに他ならず、バイカル湖流域の環境政策を統括する省庁間委員会の設立と併せて、「バイカル問題」の解決を促す強い政治的意思決定の表れと解釈できる。

そして、一九八七年決議で作成が命じられ、一九九〇年に発表された「バイカル湖流域の自然保護の地域全体構想」（表7-5を参照）は、国家のエネルギー基盤の形成と強化に依拠した過去の開発路線を反省した上で、地場産業の需要に応える機

表7-6 「1987～1995年におけるバイカル湖流域の天然資源の保護と合理的利用の保障に関する諸策について」(1987年6月10日付ソ連共産党中央委員会・閣僚会議決議)

共通点	相違点
○産業活動の抑制 ソ連閣僚会議の許可を得た場合を除いて，企業の拡充と新設を禁止する。	○過去の環境政策を厳しく批判 「バイカル問題」の原因は，関係省庁の業務の未遂と無責任な姿勢にある。
○企業の環境対策の強化 公害防止設備の設置ないし再建やリサイクル技術の開発など。	○ゾーニング手法の採用 水域保護地帯をゾーニングして，各ゾーンごとに企業活動規程を定める。
○船舶航行の制限 淡水魚オムリの産卵期における船舶航行の禁止，木材の曳船運搬の禁止と船舶輸送への切り換えなど。	○排水パイプラインの敷設 バイカリスク工場の廃水をイルクート川へ放流するために(バイカル湖への排出を停止するために)，新たに排水パイプラインを敷設する。
○森林の保護対策の強化 森林伐採規程の強化，営林機構の再編，山火事防止対策用の人員と設備の増強など。	○バイカリスク工場の事業転換 バイカリスク工場のセルロース生産を停止し，家具製造工場に事業転換する。それに伴い，セルロース生産部門はウスチ・イリムスクに移転する。
○地方の共産党と政府による監督機能の強化 ブリヤート共和国，イルクーツク州，チタ州の各共産党委員会と共和国閣僚会議ないし州執行委員会は，バイカル湖流域の天然資源の保護と合理的利用のために，各々の領域内の企業活動に対する監督を強化する一方で，あらゆる支援を行う。	○観光施設や保養施設の基盤整備 ○天然ガス開発の推進
○ソ連人民監督委員会の業務 ソ連人民監督委員会は，本決議で検討された施策の遂行に向けて，省庁等の活動を体系的に管理し，ソ連閣僚会議に報告書を毎年提出する。	○省庁間委員会の設置 ソ連水文気象・自然環境監視国家委員会の附属機関として，バイカル湖流域の環境政策に責任を負い，経済活動の監督や自然環境のモニタリングなどを行う省庁間委員会を設置し，関係機関から人員と設備を配置する。

注）主要な環境政策を取り上げ，以前のバイカル湖流域保護決議と比較して(表7-3を参照)，共通点と相違点を整理した。

出所）О мерах по обеспечению охраны и рационального использования природных ресурсов бассейна озера Байкал в 1987-1995 годах // Постановление ЦК КПСС и СМ СССР от 10 июня 1987 года から作成。

械製作業と地域住民の消費水準の向上に繫がる農業や食品加工業の発展を謳い、他のあらゆる施策に優先する地域政策であるとロシア共和国閣僚会議決議の中で位置づけられた。[43] この計画は産業活動の抑制や環境対策の強化だけでなく、環境破壊・汚染の発生と拡大を招いた社会主義工業化の路線自体の見直しを求めていた。それゆえ、法定面の変化に限れば、「バイカル問題」の歴史の中でペレストロイカは重要な画期であったと言えよう。

2　「バイカル問題」への挑戦――混乱から迷走へ

しかし、ペレストロイカの時期を迎えても諸制度の法定(*de jure*)と実態(*de facto*)の相貌の乖離は解消されず、むしろ拡大に向かった。特に、一九八七年決議の目玉であったバイカリスク工場の事業転換命令は反故にされ、その他の施策も資金調達の目途が立たず、多くは画餅に終わった。

バイカリスク工場の廃液をバイカル湖に排出しないために敷設が命じられた排水パイプラインの建設計画は(表7-6を参照)、その排出先のイルクート川(アンガラ川支流)が飲料水源として使用されていたために一般市民の反対運動に遭遇し、それを地方の政府機関も支持した。基本的に有識者の間でのみ組織されていた一九六〇年代の環境保護運動とは異なり(第六章二を参照)、ペレストロイカの時期には一般市民を巻き込んだデモや集会が開催され、警官隊と衝突するという事態も発生した。一九九一年にイルクーツク市内で行われた環境意識に関するアンケート調査によると、回答者の四三%はバイカル湖の環境保護を求める署名活動に参加し、警察による取り締まりもあった抗議集会には一二%が参加していたという。[44] この時期の環境保護運動は全般的に反体制的色彩を帯び、ソ連各地で政治運動と化していたが、[45]「バイカル問題」のケースでも指導的役割を果たしていた「緑の人々」(зелёные)と呼ばれる環境主義者に対して、上記のアンケート回答者の半数以上が政権交代を担う政治改革の旗手として期待を寄せていた。[46] イルクート川への排水パイプラインの建設計画は、その敷設に必要な土地の占有を拒否した地方議会の決議に続いて、計画内容は環境保護関連の法令に違反しているとする警告を西バイカル地区間検察庁が発表し、工業建設銀行イルクーツク州支部が事業融資の凍結を決定したために暗礁に乗り上げ、最終的にはソ連科学アカデミーの中止要請を受け入れるかたちで正式に撤回された(一九八八年三月)[47]。同様にバイカリスク工場の事業転換計画も多方面からの反対に遭い、次章で詳述するように、当初の計画案は廃止に追い込まれた。

その他の施策の遂行状況も全般的に低調で、汚水処理施設の整備が遅れていたブリヤート共和国内の水域保全プロジェクトの不振は[48]、図7-3に示されたバイカル湖流域内での汚水排出量の急増をもたらした。まったく浄化処理されていない汚水の排出量も、この水質分類が新設された一九八七年時の実績と比べて、一九八九〜九〇年には四〜五倍の水準に上った。他方で、表7-7が示すように、固定汚染源による大気汚染には改善の兆候が見られた。しかし、一九八五年から一九九一年までにバイカル湖流域の年間発電量が八一五億キロワット時から七五〇億キロワット時へと約八%減少している点を考慮すると[49]、大気汚染の主因に数えられる火力発電所[50]の稼働率の低下が大気汚染物質の排出減の一因で、この点は環境政策の成果というよりは経済活動の停滞によるものとみなすべきであろう。

前掲のバイカル政府委員会の報告書によると、一九八七年決議が定めた環境政策の遂行に際してソ連政府は追加的な資金供与を行わず、管轄省庁と関係機関に配分された当初の予算内で実施するとされた。同じ時期に全面的に導入された市場原理に基づく間接規制は、「汚染者負担の原則」(polluter pays principle)の徹底を狙いとしていたが(第三章二3を参照)、財政的な裏づけを欠いた一九八七年決議の遂行率は年を追うごとに低下した(一九八七年—九二%、一九八八年—七二%、一九八九年—七〇%、一九九〇年—五八・五%)[51]。それゆえ、ペレストロイカの時期の環境政策は制度改革の面では高く評価されたが、実効性の点で全般的に成果が乏しく、むしろ事態を悪化させたという批判の声が各所で聞かれた。混迷の度を深め、迷走の兆しを見せ始めていた「バイカル問題」も、同様の構造的問題を抱えていたと言えよう。

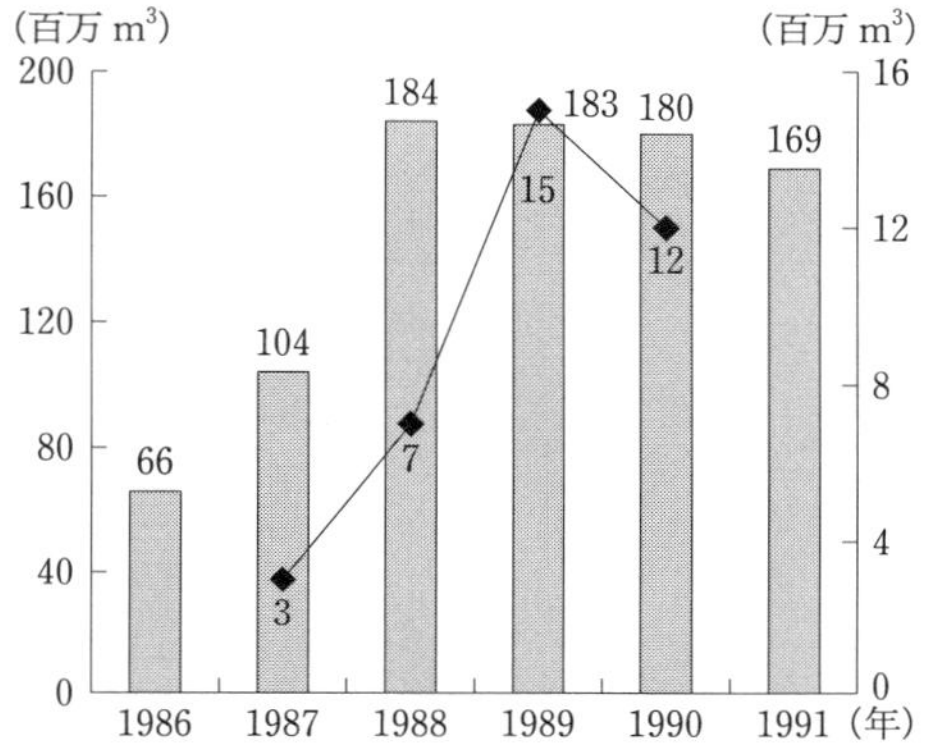

図 7-3　バイカル湖流域における汚水排出量の推移

注）棒グラフは，汚染された(十分に浄化処理されていない)廃水の全量を示す。1986 年から 1987 年にかけての増加の一因は，水質基準の強化に伴う汚水の定義変更にある。折れ線グラフは，まったく浄化処理されていない廃水(未処理の汚水)の排出量を示す。水質基準の強化に伴い，1987 年に新設された水質分類である(1991 年のデータは不明)。

出所）*Госкомстат СССР*. Охрана окружающей среды и рациональное использование природных ресурсов в СССР. Москва, 1989. С. 133, 159; *Госкомстат СССР*. Охрана окружающей среды и рациональное использование природных ресурсов. Москва, 1991. С. 220; *Администрация Президента РФ, Министерство экологии и природных ресурсов РФ*. Государственный доклад о состоянии окружающей природной среды РФ в 1991 году. Москва, 1992. С. 17.

表 7-7　バイカル湖流域における大気汚染の動向(固定発生源)

	1985 年	1986 年	1987 年	1988 年	1989 年	1990 年	1991 年
汚染物質の排出量(千トン)	1,591.0	1,526.8	1,560.3	1,418.0	n/a	1,314.0	1,357.0
汚染物質の捕集率(%)	77.3	79.4	79.4	80.2	n/a	82.5	82.1

注）イルクーツク州，ブリヤート共和国，チタ州(現在のザバイカリエ地方)のデータを合算した。n/a はデータの欠損を示す。

出所）*Госкомстат России*. Российский статистический ежегодник. Москва, 1994. С. 574, 577; *Госкомстат РСФСР*. Народное хозяйство РСФСР в 1987 году. Москва, 1988. С. 549; *Госкомстат СССР*. Охрана окружающей среды и рациональное использование природных ресурсов в СССР. Москва, 1989. С. 134.

おわりに

「バイカル問題」に表出した開発と環境のジレンマは、ソ連の計画経済機構の下では最後まで解決されなかった。その理由として、第一に、バイカル湖流域開発の基本路線の堅持が挙げられる。国民経済への資源供給基盤が拡張し、未踏地の資源開発に手を伸ばしたことで、「バイカル問題」の北方への拡大ないしは北進という事態を招いた。第二に、バイカル湖流域の環境政策を定めた諸決定の多くは、公害防止技術を含めて生来的に開発指向性を帯びており、資源開発の一環として環境行政を進めたことが「バイカル問題」の長期化をもたらした。他の主要国に先駆けて、ソ連版エコロジー近代化と呼べるような取り組みが見られたことは注目されるが、もっぱら経済・技術的枠組み条件の改善に腐心し、多くの論者が重視する政治制度的枠組み条件の整備を顧みることなく[52]、環境政策における社会主義の体制的優位性を固持したために、開発と環境のジレンマを解消させるよりは深化させる方向に働いた。第三に、ペレストロイカは環境政策の制度面を抜本的に見直したが、環境保護運動の高揚と政治運動化は、むしろ「バイカル問題」に対する国家の統制力の低下を招き、環境対策の現場では指揮系統の乱れに加えて資金難に見舞われた。そのため、実態面での成果は全般的に乏しかった。

それゆえ、「バイカル問題」を含め、社会主義国ソ連が生んだ公害・環境問題は自らの体制内で解決の道筋をつけることができず、負の遺産として資本主義国ロシアに引き継がれた。次章で考察するように、バイカリスク工場の事業転換をはじめとする「バイカル問題」は、資本主義化の流れの中で大きく姿を変えることになる。

(1) 第六章注(41)を参照。
(2) Российский государственный архив экономики, ф. 4372, оп. 66, д. 1247, л. 324-332.
(3) 第六章注(68)を参照。その他に、G.I. Galaziy, "Lake Baikal's Ecosystem and the Problem of Its Preservation,"

Marine Technology Society Journal 14:5 (1980), pp. 31-38; G. I. Galaziy, "The Ecosystem of Lake Baikal and Problems of Environmental Protection," *Soviet Geography* 22:4 (1981), pp. 217-225; G. I. Galazii, "Baikal Law: An Analysis of the Existing Primary Sources of Pollution," *Environmental Policy Review: The Soviet Union and Eastern Europe* 5:1 (1991), pp. 47-55も参考にした。

（4）High-Level Advisory Services for the Baikalsk Pulp and Paper Mill, *Technical Report: Environmental Impact of the BPPM and the Ways of Sustainable Development of the Economy of the Southern Coast of Lake Baikal* (Vienna: UNIDO, Working Papers, DP/ID/SER.A/1753, 1996), pp. 12-13. «Российская газета» 24 марта 2010 годаに掲載されたグラチョフの論説も参照のこと。

（5）*Грачев М.А.* О современном состоянии экологической системы озера Байкал. Раздел 8 [http://www.lin.irk.ru/new/index.php/ru/about-baikal/ecology/44-pollution-sources-forecast.html]（二〇一一年七月一一日閲覧）。

（6）同研究所と日本の研究機関によるバイカル湖研究の成果として、森野浩、宮崎信之編『バイカル湖――古代湖のフィールドサイエンス』東京大学出版会、一九九四年が挙げられる。

（7）グリーンピース・ロシアでのヒアリング調査（二〇〇九年七月）。

（8）バイカル湖流域の持続的発展に向けた諸活動の調整機関として一九九二年に設立された（О Правительственной комиссии по Байкале // Постановление Правительства РФ от 18 декабря 1992 года № 992）。

（9）*Государственный комитет РФ по охране окружающей среды.* Охраны озера Байкал и обеспечение рационального природопользования в Байкальском регионе: ежегодный доклад Правительственной комиссии по Байкалу. 1998 год. Москва, 1999. С. 28.

（10）危険物質の排出と蓄積をめぐる見解の相違は、土本典昭「『バイカル会議』レポート」『aala』第三三号、一九八七年、六頁、Baikal Watch, *Third North American-Russian Workshop on Joint Actions to Reduce Dioxin and Dioxin-related Compounds* (mimeo); High-level Advisory Services for the Baikalsk Pulp and Paper Mill, *Technical Report: Environmental Assessment of Mill Operations at BPPM* (Vienna: UNIDO, Working Papers, DP/ID/SER.A/1749, 1996), pp. 13-16; Carine Meuleman, Martine Leermakers and Wiley Baeyens, "Mercury Speciation in Lake Baikal," *Water, Air, and Soil Pollution* 80 (1995), pp. 539-551; *Сапрыкин А.В., Важин В.В.* Ртуть в озере Байкал: история вопроса и современные представления // Химия в интересах устойчивого развития. 1995. Т. 3. № 1/2. С. 119-125; *Федоров Ю.А., Гриненко В.А., Кроузе Р.* Состояние и прогноз зоны влияния целлюлозно-бумажного комбината на акваторию Байкала // Известия Российской академии наук. Серия географическая. 1996. № 1. С. 106-115などを

参考にした。

(11) とりわけバイカリスク工場は世界でも指折りの公害防止設備を備えていたという(*Геллман А.* Байкальская проблема: взгляд со стороны // ЭКО. 1996. № 1. С. 139-141)。

(12) ロシア東欧貿易会『ロシア企業のリストラに関するコンサルテーション――セレンギンスク製紙リストラ・プラン(要約)』一九九七年、III―九一頁。

(13) *Самаруха В.И., Суходолов А.П.* Экология и экономика водосборного бассейна Байкала. Иркутск, 1992. С. 34-41, 50-56.

(14) *Суходолов А.П.* Целлюлозно-бумажная промышленность Байкальского региона: история, эколого-экономические проблемы, перспективы развития. Новосибирск, 1995. С. 45.

(15) *Самаруха, Суходолов.* Экология и экономика. С. 24.

(16) *Суходолов.* Целлюлозно-бумажная промышленность. С. 44-45.

(17) *New York Times*, 23 August 1970, p. 2.

(18) *Раднаев Б.Л.* Роль транспортного фактора во взаимодействии природных и экономических систем в бассейне Байкала // География и природные ресурсы. 1989. № 1. С. 59-65.

(19) *Чебаненко Б.Б.* Влияние дальнего и ближнего переноса промышленных выбросов на загрязнение оз. Байкал // География и природные ресурсы. 1988. № 4. С. 81.

(20) John M. Stewart, "The Great Lake is in Great Peril," *New Scientist* 126:1723 (1990), p. 34.

(21) *Тарноруцкий С.А.* Рациональное использование земельных ресурсов в бассейне озера Байкал // География и природные ресурсы. 1988. № 3. С. 92-97; *Тулохонов А.К.* Байкальский регион: проблемы устойчивого развития. Новосибирск, 1996. С. 164-170.

(22) *Администрация Президента РФ, Министерство экологии и природных ресурсов РФ.* Государственный доклад о состоянии окружающей природной среды РФ в 1991 году. Москва, 1992. С. 43-44; *Межгосударственный статистический комитет СНГ.* Окружающая среда в СНГ. Москва, 1996. С. 171.

(23) *Самаруха, Суходолов.* Экология и экономика. С. 19-20.

(24) *Министерство охраны окружающей среды и природных ресурсов РФ.* Проблемы охраны озера Байкал и природопользования в Байкальском регионе: ежегодный доклад Правительственной комиссии по Байкалу. 1993 год. Москва, 1994. С. 5-8.

(25) 岡田安彦「ザバイカル地方北部の経済開発問題」『ソ連東欧貿易調査月報』一九八二年四月号、四九―六一頁、岡田安彦「レナ河上流地域の天然資源開発の諸問題」『ソ連東欧貿易調査月報』一九八八年九月号、八―一八頁。以上の三カ所は、一部を除いてバイカル湖流域には含まれないため、その開発動向は先述の同流域の鉱工業生産には反映されない。「地域・生産複合体」(территориально-производственные комплексы)というソ連独自の地域開発概念については、第四章注(13)を参照。

(26) *Заборцева Т.И.* Отрасли-детериоранты ближнего севера Восточной Сибири // География и природные ресурсы. 1990. №3. С. 116.

(27) オリガ・コジョワ「バイカル湖をはじめとするシベリアの湖沼(貯水池を含む)の環境保護の現状」『水処理技術』第二四巻第一一号、一九八三年、五一頁。

(28) 北バイカル地域・生産複合体の中心都市で、行政上はブリヤート共和国の直轄市である(二〇一〇年の人口数は約二・五万人)。バム鉄道敷設の拠点として築かれ、一九八〇年に市となる。鉄道関連の企業の他に、建材の生産工場などがある。

(29) Victor M. Mote, "BAM after the Fanfare: The Unbearable Ecumene," in John M. Stewart, ed., *The Soviet Environment: Problems, Policies and Politics* (Cambridge, New York: Cambridge University Press, 1992), pp. 46-47. 当時のソ連大使館広報誌『今日のソ連邦』第二三号、一九八八年、三九―四三頁も参照のこと。

(30) *Information on the State of the Ecosystem of Lake Baikal* (Irkutsk: Scientific Research Institute of Biology at Irkutsk State University, 1995)を参照。なお、*Тулохонов*. Байкальский регион. С. 23-33 は、バム鉄道とセベロバイカリスクを念頭に置いて、「バイカル問題」の歴史の中で「危機の発現段階」(этап кризисных явлений)が一九七〇年代後半に始まったと述べている。

(31) *Самаруха, Суходолов*. Экология и экономика. С. 19-20. Ann-Mari Sätre Åhlander, *Environmental Problems in the Shortage Economy: The Legacy of Soviet Environmental Policy* (Aldershot, Brookfield: Edward Elgar, 1994), pp. 38-57によると、ソ連企業の設備投資の中で優先度の低い分野では、いわゆる「ソフトな予算制約」(soft-budget constraints)のメカニズムが働かず、その一例が公害防止を目的とした設備投資であったという。

(32) 片山博文「ソ連の環境保護理念と行政システム」『スラヴ研究』第四二巻、一九九五年、一一七―一三三頁。

(33) 稲子恒夫(日本語版監修)『ソ連重要法令集　第一巻』プログレス出版所、一九八四年、一四〇―一五七頁を参考にした。

(34) Charles E. Ziegler, *Environmental Policy in the USSR* (Amherst: The University of Massachusets Press, 1990), pp. 121-122.

(35) Donald R. Kelley, Kenneth R. Stunkel and Richard R. Wescott, *The Economic Superpowers and Environment: The

United States, the Soviet Union, and Japan (San Francisco: W.H. Freeman, 1976)〔ドナルド・ケリー、ケネス・スタンケル、リチャード・ウェスコット(時事通信社外信部・外国経済部訳)『環境の危機と経済大国――米国・ソ連・日本』時事通信社、一九七九年、一六九頁〕

(36) *Голланд Э.Б., Фридман Ю.А., Эльберт Э.И.* Технология и окружающая среда // ЭКО. 1977. № 4. С. 70–76.

(37) Martin Jänicke, *The Political System's Capacity for Environmental Policy* (Berlin: Forschungsstelle fur umweltpolitik, FFU-Report, No. 95-4, 1995)〔マーティン・イェニッケ(本田宏、吉田文和訳・解説)「政治システムの環境政策対処能力」『経済学研究』(北海道大学)第四六巻第三号、一九九六年、一六一(三三三)―一八一(三五三)頁〕。

(38) ロシア東欧貿易会『ロシア企業のリストラに関するコンサルテーション』III―九―一一頁。

(39) 中西準子『水の環境戦略』岩波書店、一九九四年、五二―五七頁。

(40) 国連大学が一九九四年に提唱したとされる。

(41) *Комаров Б.* Уничтожение природы: обострение экологического кризиса в СССР. Frankfurt/Main, 1978〔ボリス・カマロフ(西野建三訳)『シベリアが死ぬ時』アンヴィエル、一九七九年、一三―一五頁〕。

(42) «Правда» 10 мая 1987 года.

(43) V. V. Vorob'yev, "Problems of Lake Baykal in the Current Period," *Soviet Geography* 30:1 (1989), pp. 33-48. なお、『今日のソ連邦』第一七号、一九八七年、一六―三六頁も一九八七年決議をめぐるソ連社会の動向に言及しており、参考にした。

(44) *Лисаускене М.В., Лихачева Т.И., Грицынина З.В., Лисаускайте Ю.В.* Экологические движения и экологическое сознание в Прибайкалье // Социологические исследования. 1999. № 8. С. 112.

(45) 第3章注(51)を参照。

(46) *Лисаускене и др.* Экологические движения. С. 112.

(47) 以上は、Vorob'yev, "Problems of Lake Baykal," pp. 40-42; «Правда» 22 июня 1987 года; «Известия» 26 ноября 1987 года; «Московские новости» 27 декабря 1987 を参照した。一九九〇年にはイルクーツク市内の火力発電所の増設計画も反対運動に直面し、頓挫した(*Los Angeles Times*, 27 October 1991)。

(48) Вестник статистики. 1989. № 8. С. 56.

(49) *Госкомстат СССР.* Промышленность России. Москва, 1996. С. 282.

(50) イルクーツク州、ブリヤート共和国、チタ州(現在のザバイカリエ地方)にある火力発電所の数を合算すると、バイカル湖流域全体で計二一カ所に上る。これに対し、一カ所当たりの発電力は大きいが、操業中の水力発電所は三カ所にとどまる(さらに一カ所が建設中)。以上は、Атлас социально-экономического развития России. Москва, 2009. С. 90-91 を参考にした。

(51) *Министерство охраны окружающей среды и природных ресурсов РФ.* Проблемы охраны озера Байкал. С. 13.

(52) 環境政策能力の向上に資する諸条件の概要と含意については、イェニッケ「政治システムの環境政策対処能力」一六一(三三三)—一八一(三五三)頁を参照。

第八章　資本主義国ロシアの公害・環境問題
——「バイカル問題」の転回

はじめに

第六章と第七章で考察した「バイカル問題」はソ連の政治経済システムの下で生じ、継続してきたため、これまで社会主義国ソ連の公害・環境問題の事例として議論されてきた。特に、一貫して「バイカル問題」の焦点であったバイカリスクセルロース・製紙コンビナート(以下、バイカリスク工場と略す)は、静謐な自然環境を汚し続けた社会主義企業の象徴であった。バイカリスク工場の誕生がシベリアの社会主義工業化と密接に結びついていたことは、第六章一で見たとおりである。そして、前章四で述べたように、同工場でのセルロース生産中止を決定し、「バイカル問題」の政治的解決を求めたのはソ連共産党中央委員会・閣僚会議決議(一九八七年六月)であった。それゆえ、「バイカル問題」が社会主義国ソ連の公害・環境問題であることは言を俟たない。

しかし、バイカリスク工場はソ連崩壊後もセルロース生産を続け、新生ロシアの下で資本主義企業として生き残る道を追い求めた。その資本主義化の過程で、企業改革の方針をめぐる利害関係者の対立、司法の場での連邦政府機関との争い、経営環境の劇的な変化など、さまざまな困難に直面した。長年の悲願であった閉鎖型循環給水システムを二〇〇八年夏に導入してからは、バイカル湖への工場廃水の流出はほぼ停止したが、折からのグローバル金融危機の煽りを受けて、開業以来初めての生産停止に追い込まれ、二〇〇八年一〇月末に破産手続きを開始した。それに伴い大量の一時解雇が断行され、最盛期には四〇〇〇人を超えた従業員数は二〇一〇年一月末の時点で実働二三〇人にまで落ち込んだ(1)。その後、事態の打開を模索する動きが官民の双方で見られ、二〇一〇年七月に生産を再開した。そして、同年末に仲裁管財人による外部管理体制へと移行し、翌一一年三月に九割以上の債権者の同意を得て再建計画が承認された(2)。つまり、社会主義国ソ連で生まれ、「バイカル問題」の焦点であり続けたバイカリスク工場にとって、その存廃をめぐる最大の試練は資本主義国ロシアの下で訪れたのである。

そこで、本章ではバイカリスク工場の企業改革と利害関係者の動向を取り上げ、度重なる事業転換命令を受けながらも従来の生産体制が存続した一方で、「バイカル問題」の転回に向けた道筋がつけられた背景を検証する。最初に、バイカリスク工場の廃水問題の解決を目指した事業転換計画に焦点を当て、ペレストロイカの時期に始まる資本主義化の進展とともに「バイカル問題」の性格が変わり(3)、バイカル湖の環境汚染の浄化と併せてバイカリスク工場の事業再生がクローズアップされてきた過程を明らかにする。次に、バイカリスク工場の事業転換計画が二転三転した背後で、ロシア版企業都市ないし企業城下町と呼べる社会主義企業に特有の問題が工場の企業改革を困難にし、利害関係者の間で根深い対立を招いた点に注目する。企業都市がシベリアの経済地理を端的に表現した用語であることはすでに述べたが(第四章三2を参照)、ここではバイカリスク工場を事例として、その経営状況を確認しながら、企業構造と企業改革の関係を仔細に検討する。最後に、バイカリスク工場の所有権をめぐる争いが勃発し、最終的にロシアを代表する新興財閥の一人であるオレグ・デリパスカ(Олег Дерипаска)が支配する企業集団バゾブイ・エレメント(Базовый элемент)の傘下に入るまでの動向を概観した上で、企業と都市が物理的にも経済的にも一体化するという社会主義企業の構造を払拭し、名実とも資本主義企業へと生まれ変わろうとする中で、「バイカル問題」が大きな節目を迎えた過程を検証する。

以下では、各種法令や政府決定、関係各社のプレスリリース、インターネット媒体を含む多様なメディア報道の他に、主にロシアでの現地調査で得られたバイカリスク工場の事業転換計画に関する公文書や報告書、バイカリスク工場の機関誌類、国際連合工業開発機関（ＵＮＩＤＯ）が工場の社内資料を得て作成した調査報告書、世界有数の企業情報プロバイダーＢｖＤ社提供のバイカリスク工場の活動報告書、バイカリスク工場本体とその取引先の企業やバイカル湖の環境保護運動に従事する環境ＮＧＯなどへのヒアリング調査で得られた各種資料を分析に供する。ロシアでの資料収集とヒアリング調査に際しては、ロシア科学アカデミー・シベリア支部イルクーツク科学センター附属地域経済・社会問題部の協力を得た。諸般の事情により現地調査への協力者の氏名は公開せず、その所属機関と調査年月のみを記す。

一　バイカリスクセルロース・製紙コンビナートの事業転換計画

1　ペレストロイカ——国家の統制力低下と自然発生的民営化

前章四で述べたように、バイカリスク工場のセルロース生産中止と事業転換を初めて命じた公式決定は、ソ連共産党中央委員会・閣僚会議決議「一九八七〜一九九五年のバイカル湖の天然資源の保護と合理的利用を保障する措置について」（一九八七年六月）である（表7-6を参照）。当時のソ連国家計画委員会（ゴスプラン）議長ニコライ・タルイジン（Николай Талызин）によると、事業転換は第一三次五カ年計画（一九九一〜九五年）の間に完了する予定であった[4]。バイカリスク工場の事業転換計画の作成に従事した機関は、イルクーツクのシベリアセルロース・製紙工場設計研究所（Институт Сибгипробум）で、一九九〇年に六つの計画案を提出した。後に修正案が追加され、無漂白セルロース生産の有無、生産品目、投資金額と償還期間、予想利益率などが異なる九つの計画案を中心に議論が進められた[5]。しかし、ペレストロイカの末期に至りソ連経済の資本主義化が既定路線になると、製品の販路や需給の見通しなどの市場分析を欠いた事業転換計画は画餅に帰した。

ソ連社会の政治的・経済的混乱が深まる中で、事業転換計画の実務面で主導権を握った機関は、長年にわたりバイカル湖の環境保護運動の先頭に立ち、バイカリスク工場の建設と操業に反対してきたソ連科学アカデミー・シベリア支部陸水学研究所（Лимнологический институт СО АН СССР）である（第六章注(21)を参照）。上記の一九八七年決議は連邦レベルの意思決定だが、ロシア共和国も二度の閣僚会議決議（一九八七年五月および一九九〇年三月）で、バイカリスク工場におけるセルロース生産の中止と事業転換の必要性を認めていた。当時、陸水学研究所はバイカル湖水の飲料化事業に乗り出し、日系企業を含む複数の企業が関心を示したことから[6]、バイカリスク工場の事業転換計画の柱に飲料業（ミネラルウォーターの商品化など）を据える方針をロシア共和国政府は打ち出し（一九九一年一二月）、同研究所に対する調査研究費（二〇〇万ルーブル）の支給をソ連科学アカデミー・シベリア支部に命じた[7]。これは、家具製造等の木材加工・組立部門の創設を求めた一九八七年決議の方針とまったく異なり、ソ連政府の見解と明らかに食い違う。それゆえ、以上の事態は国家の統制力低下と自然発生的民営化、すなわち利害関係者による国有企業の囲い込みを示唆しており、ペレストロイカの末期に進行した「国家セクターの溶解過程と自立化」[8]の一例と言える。

他方で、バイカリスク工場を所管するソ連林業・セルロース製紙・木材加工業省（Министерство лесной, целлюлозно-бумажной и деревообрабатывающей промышленности СССР）は、既存の生産体制を前提にした設備投資計画を前倒しで実施するなど、事業転換計画への対抗姿勢を露わにしていた[9]。そのため、長年にわたり反対してきた工場廃水の排出先を変更する排水パイプラインの敷設計画に同意し、セルロース生産の延命を目論んだが、地域挙げての反対運動に直面した敷設計画は中止に追い込まれた（一九八八年三月）[10]。しかし、バイカリスク工場の事業転換の前提であったセルロース生産工程の別工場への移転も、ソ連閣僚会議が莫大な費用負担の発生を理由に中止決定を下したため（一九八八年一一月）[11]、結果的に連邦レベルでは事業転換計画は棚上げされ、上述のように共和国レベルの利害関係者の裁量に委ねられたのである。このように、バイカリスク工場の事業転換計画は当初から迷走の兆しを見せていた。

2　新事業転換計画の登場――環境対策から投資戦略へ

ソ連崩壊後にロシア首相代行を務めたエゴール・ガイダル(Егор Гайдар)は、バイカリスク工場の事業転換を定めた一九八七年決議の無効を宣告したが、一九九二年末に工場が民営化され、公開型株式会社に改組されると、ロシア政府はセルロース生産の中止と事業転換を再決定した(一九九二年一二月)。実施期限を一九九五年までと定めた点は前回と変わりないが、事業転換計画の内容は白紙に戻して「環境面で安全な生産に転換する」という表現にとどめ、具体案を公募した上で一九九三年内に決定するとした[12]。

その際、バイカリスク工場の立地先であるイルクーツク州政府の同意が必要とされ、州内で関係者の合意を得た後に事業転換計画を連邦政府に上申するというボトムアップ型の手続きで進められた。そのため、イルクーツク州政府の強い影響下で計画案の作成と調整が行われ、州知事の要請で日系企業の関係者がバイカリスク工場を視察し、廃水浄化設備の更新を打診されたこともあった[13]。ソ連崩壊前のロシア共和国政府指令では、イルクーツク州政府は陸水学研究所と協力して計画案を共和国政府に提出するとされていただけで、しかも飲料業を柱とする事業転換の方針があらかじめ示されていたが[14]、体制転換後のロシアでは地方政府の発言力が増し、域内の有力企業を取り込みながらしばしば連邦政府と対峙したという指摘のとおり[15]、バイカリスク工場の事業転換の場合も、利害関係者の間の力関係が急速に変化する中で、その主導権はイルクーツク州政府の手に渡った。後述するように、事業転換計画の財源をめぐる問題がきっかけとなって、連邦政府の側からの巻き返しが始まるのは一九九〇年代末になってからのことである。

新生ロシアの誕生後に初めて登場した事業転換計画Ⅰはバイカリスク工場を中心にしてまとめられ、イルクー

表 8-1　バイカリスク工場の事業転換計画の推移

1987 年 6 月	セルロース・製紙部門の閉鎖と家具製造工場への事業転換命令(1993 年まで)(ソ連共産党中央委員会・閣僚会議決議)
1990 年	シベリアセルロース・製紙工場設計研究所(イルクーツク)が 6 つの計画案を提出
1990 年 3 月	事業転換とセルロース生産中止の必要性を承認(ロシア共和国閣僚会議決議)
1991 年 12 月	飲料業を柱とする事業転換計画を指示(ロシア共和国閣僚会議決議)
1992 年後半	ガイダル首相代行が 1987 年 6 月決議(事業転換命令)の無効を宣告
1992 年 12 月	事業転換とセルロース生産中止を再度指示(1995 年まで)(ロシア連邦政府決議)
1992 年 12 月	第 2 バリアント方式で民営化され公開型株式会社に改組
1993 年 12 月	事業転換計画 8 号案 (事業転換計画 I)[1] を採択(イルクーツク州政府決議)
1994 年 8 月	同上を国家資産管理委員会が承認
1994 年 9 月	International NATO Advanced Research Workshop "Sustainable Development of the Baikal Region"(ウラン・ウデ)で陸水学研究所が対抗案[2] を提示
1994 年 10 月	UNIDO がバイカリスク工場に対する技術支援プロジェクトを承認
1994 年 11 月	「バイカル湖の保護の保障とその流域の天然資源の合理的利用に関する特定連邦プログラム」[3] を公布
1995 年初め	EU 調査団がバイカル湖周辺を視察
1995 年 5 月	事業転換計画の審査機関をイルクーツク州政府内に設立
1995 年 9 月	UNIDO 調査団を交えた政府関係者による現地調査と事業転換計画に関する協議
1995 年 10 月	上記特定連邦プログラムを変更して事業転換計画の推進を図るようにバイカル政府委員会が要求
1995 年 11 月	事業転換計画II 「バイカル湖に対する人為的影響の防止を考慮したバイカリスクセルロース・製紙コンビナートの事業転換と，それに関連するバイカリスク市の社会問題の解決」[4] をイルクーツク州政府が承認
1996 年 1 月	米ロ政府間委員会(ゴア・チェルノムィルジン委員会)が事業転換計画の推進に対する支援を表明
1996 年 1 月	UNIDO が上記技術支援プロジェクトの最終報告書[5] を提出
1996 年 3 月	バイカル政府委員会が事業転換計画IIの修正を要求
1996 年 12 月	UNESCO がバイカル湖の世界自然遺産登録を承認
1997 年	国際共同プロジェクト "Global Environment Facility's Russian Biodiversity Project: The Lake Baikal Regional Component" の開始(国際連合と世界銀行が 600 万ドルを支出)
1997 年 6 月	事業転換計画III 「バイカリスクセルロース・製紙コンビナートの事業転換と，それに関連するバイカリスク市の社会問題の解決」[6] をイルクーツク州政府が承認
1997 年 6 月	連邦法「バイカルの保護について」[7] を下院が採択
1997 年 7 月	上院が同法を承認するもエリツィン大統領が署名を拒否
1998 年	TACIS Program "Ecological Information and Public Awareness Promotion in Lake Baikal Area" の開始
1998 年 1-2 月	自然環境保護国家委員会とロシア科学アカデミーが事業転換問題に関する合同会議を開催
1998 年 5-6 月	バイカル政府委員会は事業転換計画IIIを了承するも国家環境審査会が承認せず
1998 年 6 月	バイカル湖周辺の環境汚染の改善が進んでいないことに UNESCO 世界遺産委員会が懸念を表明[8]
1999 年 4 月	連邦法「バイカルの保護について」(修正版)[9] を下院が採択し上院も承認
1999 年 5 月	エリツィン大統領の署名を得て同法発効
1999 年 12 月	国家的戦略企業にバイカリスク工場を追加

2000年2月	「バイカリスク市の社会・経済発展とバイカリスクセルロース・製紙コンビナートの事業転換コンセプト」[10]をイルクーツク州政府が承認
2000年6月	事業転換計画Ⅳ「バイカリスクセルロース・製紙コンビナートの事業転換とバイカリスク市の社会・経済発展の総合プログラム」[11]が関係者の間で合意
2001年7月	事業転換計画Ⅳを国家環境審査会が承認
2002年7月	コンチネンタル・マネジメントが株式51%を取得
2005年	事業転換計画への融資を世界銀行が撤回
2008年9月	事業転換計画Ⅳの完了
2008年10月	生産停止，破産手続きの開始
2010年1月	漂白セルロース生産の再開を認可(ロシア連邦政府決議)
2010年7月	生産再開，国家的戦略企業からバイカリスク工場を除外(ロシア大統領令)
2010年12月	仲裁管財人による外部管理体制に移行
2011年3月	再建計画の承認

注）1）1998年までセルロース生産を維持しながら家具製造等の木材加工・組立部門を新設。
2）バイカル湖水のボトリング事業の導入と他工場へのセルロース生産の移転。
3）約1.5兆ルーブル(デノミ前の数字)をバイカル湖流域の環境保全対策に支出(2000年まで)。バイカリスク工場の事業転換に関する連邦政府決議が遂行されていないことに言及。
4）2010年までセルロース生産を維持しながら木材加工・組立部門と建材部門を新設。
5）事業転換は経済的に非効率であるとしてセルロース生産設備の近代化を答申。
6）2002年までセルロース生産を維持しながらケミサーモメカニカル・パルプの生産工程を導入し，製紙生産へ段階的に移行。
7）事業転換計画に言及せず。
8）事業転換計画の早急な実施を要求。
9）事業転換計画に言及せず。
10）既存の計画案を比較検討し，経済面・社会面・環境面の指標を総合的に評価。
11）6年間の計画期間内に無漂白セルロース生産への移行，閉鎖型循環給水システムの導入，生活排水と工場廃水の処理工程の分離を実施。
出所）各種資料から作成。

ツク州政府の承認を得た後に、国有資産の民営化を管理していた連邦政府機関の国家資産管理委員会も承認した(表8-1を参照)。事業転換の期限が一九九八年まで延長された点を除けば、内容面で旧来の計画案と大きな相違はないが、事業転換計画の策定にバイカリスク工場自身が関与し、それをイルクーツク州政府が認めたことは、その性格が大きく変化する素地を作り出した。そのため、財源問題で頓挫した事業転換計画Iに代わり一九九〇年代半ばに登場した事業転換計画IIは、バイカリスク工場のセルロース・製紙部門の閉鎖を事実上撤回し(生産期限を一九九八年から二〇一〇年に大幅延長)、家具製造部門に加えて建材部門の創設を提案した。つまり、この時点でバイカリスク工場の事業転換計画は、工場廃水問題の解決と併せて、その事業再編を企図していた。イルクーツク州政府は計画案を承認したが、連邦政府機関のバイカル政府委員会(Правительственная комиссия по Байкалу)が、環境アセスメントの結果や既存の政府決議に配慮するように求めたため(16)、事業転換計画は再び振り出しに戻った(一九九六年三月)。その後、一九九〇年代後半にバイカリスク工場の事業転換問題は内外の関心事になり、国内では連邦法「バイカルの保護について」(一九九九年四月成立)をめぐる大統領と議会の対立の火種となる一方で(17)、国際連合教育科学文化機関(UNESCO)はバイカル湖の世界自然遺産登録(一九九六年一二月承認)を伝達した公式書簡の中で、事業転換計画の速やかな実施をロシア政府に要求していた(18)。

上記のバイカル政府委員会の指示に従い、ロシア科学アカデミー・シベリア支部総裁バレンティン・コプチュグ(Валентин Коптюг)を座長とする作業部会が設立され、それまでに発表された過去の有力案を再検討するかたちで事業転換計画の練り直しが集中して行われた。その結果、バイカリスク工場の未来を製紙生産に託す内容の答申が出され、事業転換計画IIIの骨格が固まった。製紙生産の原料として必要なセルロースは二〇〇二年まで既存の生産工程を維持し(19)ながら、ケミサーモメカニカル・パルプ(chemithermomechanical pulp/химико-термомеханическая масса)と呼ばれる最新鋭のパルプ製造法に順次切り替え、主力産品を段階的にセルロース製品から紙製品に移行させるという内容である。当時は、搬入した丸太(針葉樹林)に機械的および化学的処理を

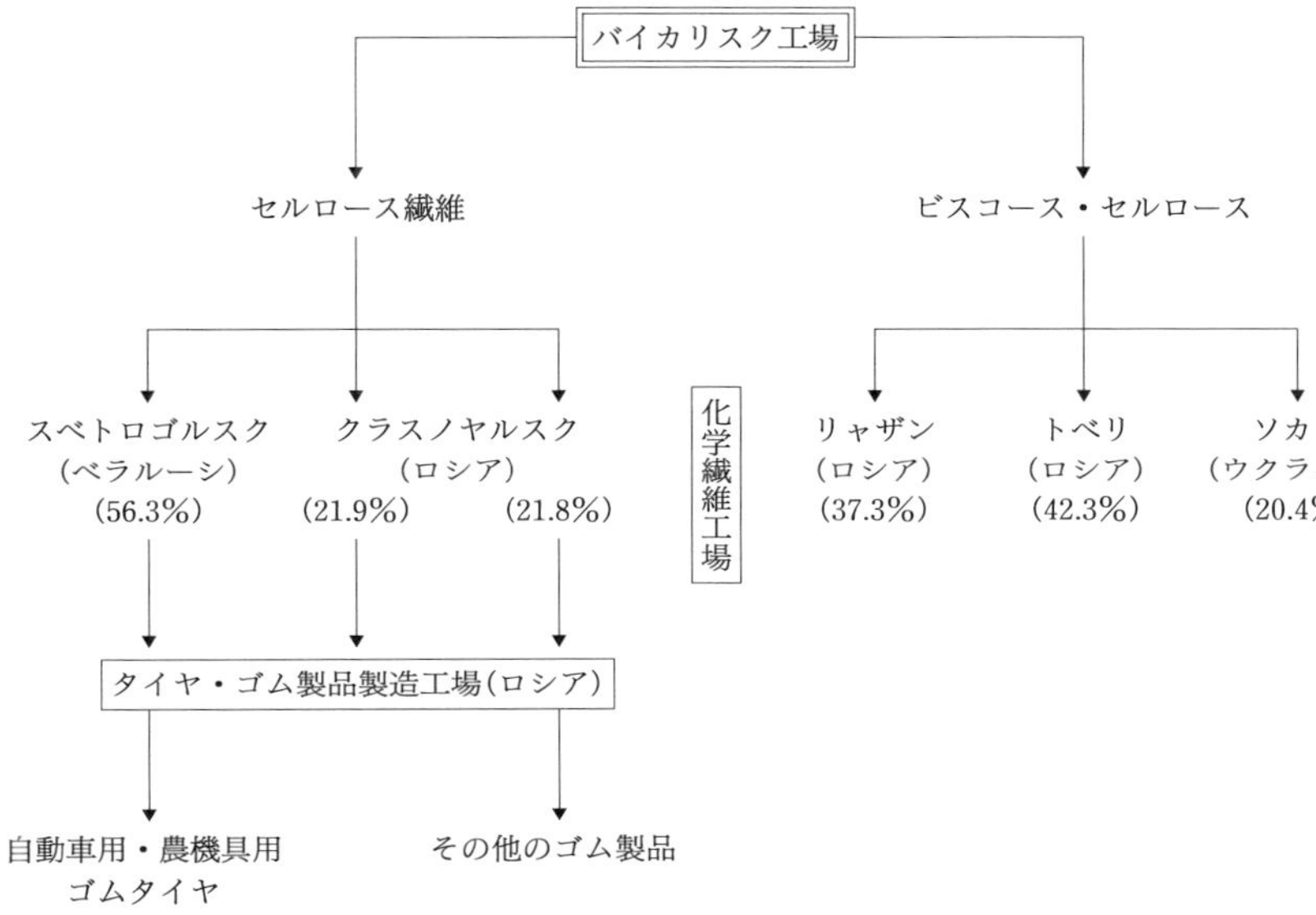

図 8-1　バイカリスク工場で生産されたセルロース製品の販路(1990 年代初頭)

出所) *Самаруха В.И., Суходолов А.П.* Экология и экономика водосборного бассейна Байкала. Иркутск, 1992. С. 43-44 に基づき作成。

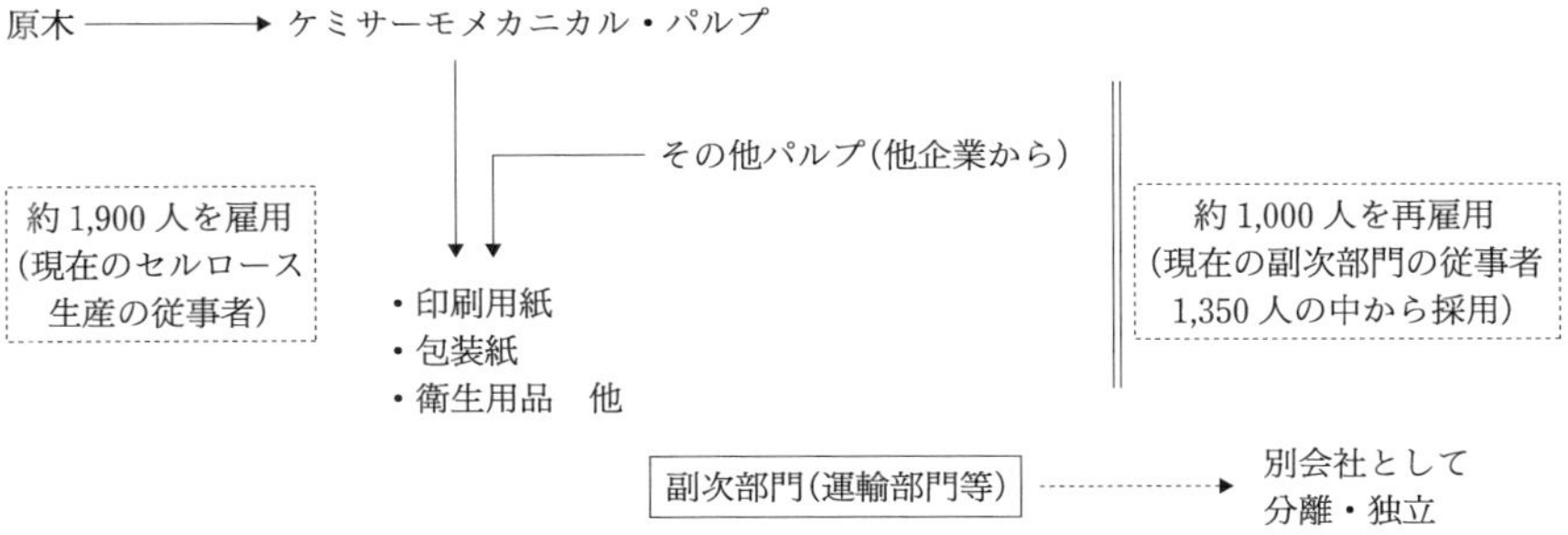

図 8-2　バイカリスク工場の事業転換計画Ⅲの概要(1997 年 6 月)

出所) Федеральная целевая программа «Перепрофилирование Байкальского целлюлозно-бумажного комбината и решение связанных с этим социальных проблем г. Байкальска» (1997-2006 г.). Байкальск, 1997. С. 24-33 に基づき作成。

施し、煮沸過程を経て、主にセルロース製品の原料となるパルプを生産していた。したがって、図8-1が示すように、一部を除いて半製品(中間財)の生産段階にとどまり、付加価値の高い最終加工品の製品化にまで手を広げることは工場側の強い要望であった。事業転換計画IIIは全体の工程を製紙生産に切り替えることで、それに応えようとする内容で、内部生産のケミサーモメカニカル・パルプと外部調達の各種パルプを組み合わせて多用途の加工品を製品化することで、製紙生産の一貫工程の実現を目指した試みであった(図8-2を参照)。しかし、一九八七年決議に基づく事業転換計画の当初の目的であった環境汚染防止は後景に退き、生産設備の近代化が前面に押し出されたことで、環境対策から投資戦略への基調の変化は誰の目にも明らかになった。大規模な設備投資が急がれた背景には、バイカリスク工場の生産設備の老朽化が進み、一九九〇年代半ばの時点で減価償却期間を過ぎた施設の割合が各工程で七四~九四%にまで達していたことがある[20]。

3　新事業転換計画の争点――雇用か環境か

ソ連崩壊後の資本主義化への対応を余儀なくされた一連の新事業転換計画をめぐる争点は比較的単純で、企業を存続させて雇用の場を守るか、あるいはバイカル湖の環境保全を優先し、思い切った事業整理に踏み切るかという選択であった。具体的には、バイカリスク工場の近代化を主張する工場関係者、バイカリスク市民、イルクーツク州政府、ロシア科学アカデミー・シベリア支部に対し、環境保護団体と一部の政府関係者や学識者は、工場閉鎖を訴える声に温度差は見られたものの、セルロース・製紙部門の存続を前提にした設備更新の方針には一致団結して反対した。

事業転換計画IIIに関する意見を聴取するために開催された公聴会(一九九七年四月)の議事録[21]によると、計画反対派が繰り返し批判した問題点は、①二〇〇二年までの旧来のセルロース生産(特に煮沸工程)の維持、②ケミサーモメカニカル・パルプ生産の安全性、③危険物質(ダイオキシンおよび水銀)の発生のおそれ、④財源調達の見通しの甘さ、⑤既存の法令等との不整合、⑥法令で義務づけられている代替案との比較検討の欠如の六点に集約される。これに対する計画推進派の反論は②〜④に集中し、③は科学的根拠に乏しいとして完全に退け、②については国内外で実用化の実績があり、実験的な新工場をバイカル湖畔に建設するという見方は正しくないと批判した。④の財源問題に関しては、投資額の約四割を自己資金(純利益および減価償却引当金)で賄い、残りは政府予算と無利子貸与を充てる意向が示された。⑥に対しては、比較に耐えうる代替案が存在しなかっただけであると主張し、本来は計画案と代替案の比較検討が義務づけられている手続き上の不備(⑤とも重なる)の問題をやや強引に封じ込めた。推進派の内部でも異論の出ていた①については、事業転換計画の財源として自己資金の拠出が求められ、その調達には既存製品の生産と販売が必要であるとした。最後の点は、費用ベースの投資効率性が基準であったソ連時代の投資計画と異なり、市場経済の下で評価される収益性が事業転換計画の命運を握ることを示唆している。実際のところ、後述するように、二〇〇八年秋にバイカリスク工場が一時休止に追い込まれた直接的原因は、市況の悪化による企業収益の急速な低下であった。

バイカリスク工場の企業都市であるバイカリスク市の住民は、当然ながら雇用の場の確保に最大の関心を向けた。この点に事業転換計画Ⅲは最大の配慮をしており、基幹部門のセルロース生産工程に勤務する約一九〇〇人はケミサーモメカニカル・パルプと製紙生産に従事し、副次部門で働く約一三五〇人については、いったん解雇した上で、同部門を独立させた別会社で一〇〇〇人が再雇用され、残りの三五〇人の雇用先はバイカリスク市政府が用意するとされた(図8-2を参照)。公聴会での発言から市民の反応をまとめると、①事業転換計画への同意(即時実施の要望)、②バイカリスク市における基幹産業の必要性、③計画反対派から提起された代替案(バイカリスク工場の閉鎖や中小企業の発展計画など)の拒否の三点に集約され、雇用の安定化に繋がることが期待されていた事業転換計画の速やかな実施を求めた。この点は、前出の一九八七年決議の中で事業転換計画が初めて発表されたときから変わりなく、一九八九年四月に行われたバイカリスク市民へのアンケート調査(一〇%標本抽出)では、事業転換計画への支持率が七割弱にまで達した一方で、バイカリスク工場の事業再編について考える際には、家族の雇用と収入への影響を最も重視し、自然環境に対する配慮は二義的に過ぎないことが明らかにされていた。(22)

4　新事業転換計画とロシア科学アカデミー

バイカリスク工場の事業転換計画を機に、学界と「バイカル問題」の関係も大きく変化した。従来はバイカル湖流域の環境保護を重視し、バイカリスク工場の存在を否定的に捉える論調が学識者の間では強かった。しかし、ペレストロイカの時期になると研究機関にも採算性が求められ、ソ連崩壊後は厳しい予算難に見舞われると、ロシア国内の政府機関だけでなく、UNIDO、世界銀行、欧州連合(EU)、米国際開発庁(USAID)などの国際機関も支援を表明していた事業転換計画は、いわば「金の成る木」と映り、前述した陸水学研究所のように計画案の策定過程に関与することを多くの研究機関が望んだ。総額六億ドルとの試算額が弾き出されていた事業転換計画IIIに対する評価を求められた各種機関の回答を一瞥すると(表8-2を参照)、行政機関は結論だけを述べて特記事項を記していないのに対し、研究機関はセルロース生産の継続に懸念を表明しながらも、自らの利害を事業転換計画に反映させようとさまざまな提言を行っていることが分かる。このようなところにも、ロシアの資本主義化に伴う「バイカル問題」の変容の断面は現れていた。

さらに注目される点が、体制転換後に浮上した「エコ・テクノクラート」(eco-technocrat)の存在である。(23) 例えば、事業転換計画IIIの作成に充てられた資金の出所を疑問視する声が上がっていた。以下は、同計画をめぐる公聴会の席上でのやり取りを議事録(24)に基づいて再現したものである。なお、計画の責任者を務めていたコプチュグの急死後は、陸水学研究所長ミハイル・グラチョフ(Михаил Грачёв)が後任となり、USAIDや米国のコンサルティング会社も参加していた計画作成団のトップを務めるなど、事業転換計画の実権を掌握していた。(25)

表 8-2　事業転換計画Ⅲに対する関係機関の評価

機関・団体名	責任者名	内容の評価	訂正・修正・提案等
イルクーツク州スルジャンカ地区	サイコフ地区長	実施を推奨する	
バイカリスク市	コルネイチュク市長	技術的・経済的な見地から最も実現性が高い	財源調達の見直し
林業・セルロース製紙・木材加工業国家委員会	タチュン委員長	早期実施に必要な措置を執る	
水文気象・自然環境モニタリングイルクーツク圏域管理局	プロホブニク局長	当方の関知するところではない(審議する立場にいない)	
土地資源・土地整理スルジャンカ地区委員会	スタロステンコ委員長	支持する	
ロシア科学アカデミー・シベリア支部	ドブレツォフ総裁，他 1 名	肯定的に評価する	セルロース生産の早期停止 フィージビリティ・スタディの実施
ロシア科学アカデミー・シベリア支部シベリアエネルギー研究所	(署名なし)	総合的で実現性が高いと評価する	経済指標の改善 財源調達の見直し 電力政策の変更
ロシア科学アカデミー・シベリア支部イルクーツク有機化学研究所	トロフィモフ所長，他 3 名	合理的で有望と評価する	汚染物質の排出量に関する推定式の不備 汚染物質の分析機器・技術の改善
ロシア科学アカデミー・シベリア支部地理学研究所	ボロビエフ所長	積極的に評価する	観光業等の他産業育成の研究 セルロース生産の早期停止 汚染指標の改善
全ロシア自然保護協会イルクーツク州協議会	シュレノバ幹部会代表	承認と実施は大きな過ちであると考える	セルロース・製紙生産以外の事業転換計画の作成(ロシア科学アカデミー・シベリア支部経済研究所に委託)

出所）ロシア科学アカデミー・シベリア支部イルクーツク科学センター附属地域経済・社会問題部が所蔵する各機関の公文書に基づき作成。

（質問者） カトコバヤ氏（学識者）

予算難の状況下で本計画案がわずか半年間で作成されたことはセルロース・製紙産業のロビー活動を想起させるが、実際はどうなのか。

（回答者） グラチョフ所長

本計画案の作成に充てられた資金はエコロジー基金から供与された。私はロビー活動が悪習であるとは思わない。それが正しければ擁護し、正しくなければそうしないまでだ。

（質問者） フレノフ氏（学識者・全ロシア自然保護協会員）

エコロジー基金から拠出された一億ルーブルは、本来は事業転換計画の環境アセスメントに用いられることになっていた。なぜ当初の目的どおりに使用されなかったのか。

（回答者） グラチョフ所長

イルクーツク州副知事の指令で事業転換問題の解決を図る国際的な科学技術チームが時限で結成され、その活動資金に一億ルーブルが配分されたためである。

ここで指摘されている問題は、企業から徴収した汚染課徴金を原資とするエコロジー基金の流用問題である。本来は自然環境の改善に寄与する事業（公害防止目的の設備投資など）向けに支弁されるはずが、当時の財政難を背景に特別会計扱いの同基金を一般予算に組み入れたり、他目的に流用したりする事態が相次いでいた（第三章二3を参照）。上記のケースでは、イルクーツク州政府がエコロジー基金の運用に介入し、バイカリスク工場の事業転換計画の作成に予算を付け替えた格好になっている。さらに、工場側からの働きかけをグラチョフ所長が否定していないことから、イルクーツク州の環境行政の実権が官僚層と一部の学識者の手に渡り、「エコ・テクノクラート」と呼べる集団を形成しつつ、バイカリスク工場に代表される汚染企業の利害関係者の一員になるこ

とで自己と組織の利益を追求していたという指摘を裏づけている。(26)

以上のように、一九八七年六月に発令されたバイカリスク工場の事業転換計画は、この時期に始まる資本主義化の過程で位置づけが大きく変わり、国家の統制力が低下する中で工場の存続を望む地方の利害関係者の手中で利権化する一方で、(27)当初の目的であった環境対策から企業の生き残りを目指した投資戦略へと性格を変えた。こうした「バイカル問題」の転回には、その主役であるバイカリスク工場が体現していた社会主義企業に特有の企業構造が影響していただけでなく、資本主義企業に脱皮しつつあった工場の実状も反映されていた。

二　地方から見たバイカリスクセルロース・製紙コンビナート

1　企業都市バイカリスク

バイカリスク工場の建設工事と並行して築かれたバイカリスク市(イルクーツク州スルジャンカ地区)は、工場が操業を始めた一九六六年に市となり、ロシアの典型的な企業城下町として労働力の供給と再生産の役割を果たしてきた。バイカリスク工場は軍需品の供給に必要な部材を生産するとされていたため(第六章一３を参照)、施工者のソ連中規模機械製作省(Министерство среднего машиностроения СССР)が日用品の配給網も管理し、福利厚生施設や上下水道の整備を進めた。(28)軍需企業を支える都市としてバイカリスク市は相対的に恵まれた立場にあり、社会資本の整備状況(上下水道や温熱供給の整備率)ではイルクーツク州全体の平均を大きく上回っていた。(29)シベリア・極東開発で慢性化していた辺境地における人口の社会減(人口流出)に直面していたが、それを凌ぐ人口の自然増(死亡数を上回る出生数)が続いたことで住民数は増え続け、(30)労働力の再生産という点では順調に機能していた。他方でバイカリスク工場は市民生活に必要な社会資本の提供を通じて、工場と市の共生関係を

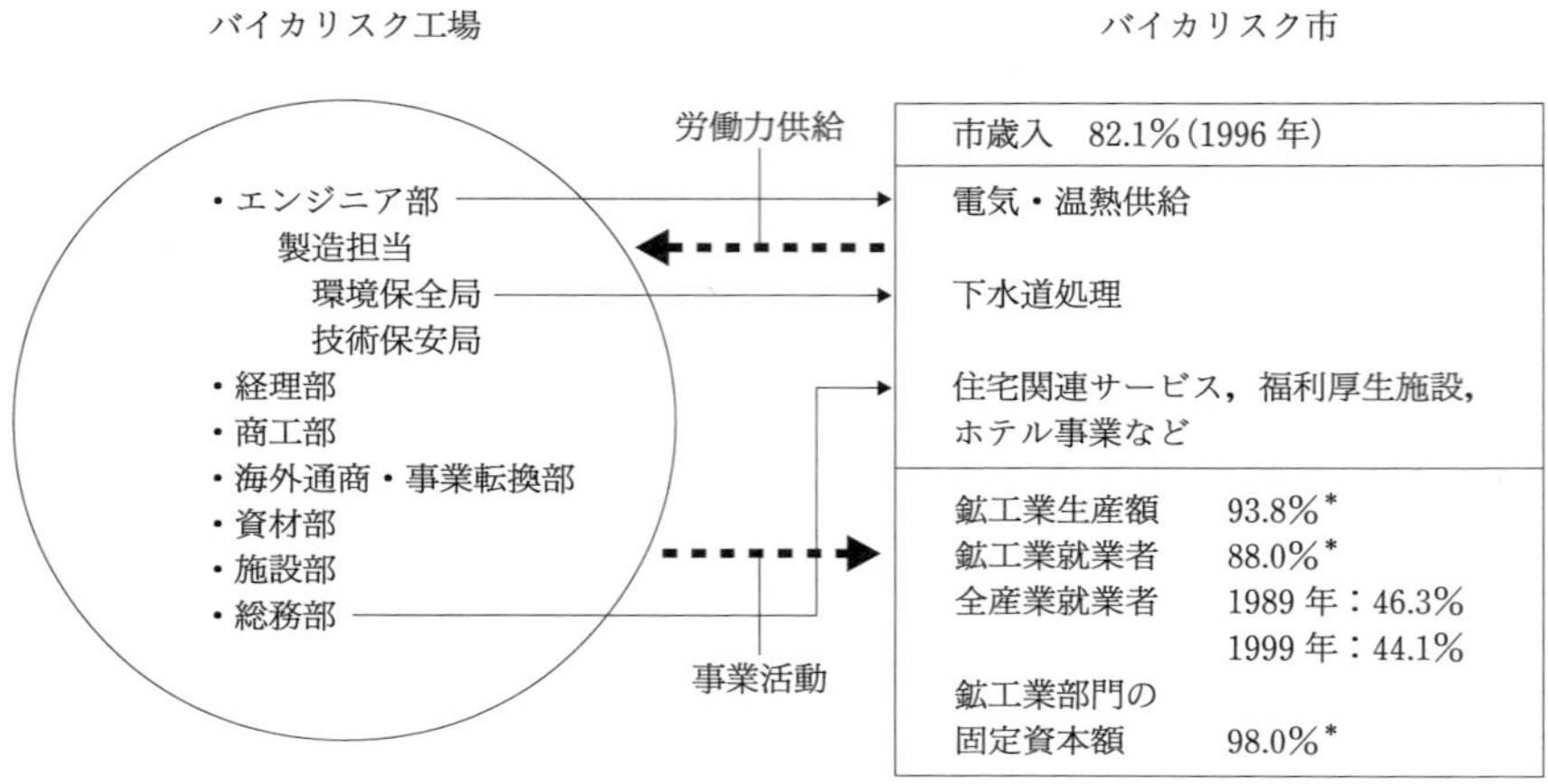

図8-3　バイカリスク工場とバイカリスク市の相互依存関係(1980〜1990年代)

注）右図の数値はバイカリスク工場が占める比率を示す(*1985〜1994年の年平均値)。
出所）High-level Advisory Services for the Baikalsk Pulp and Paper Mill, *Technical Report: Socioeconomic Impacts of Industrial Restructuring* (Vienna: UNIDO, Working Papers, DP/ID/SER.A/1750, 1996), p. 12; *Суходолов А.П.* Целлюлозно-бумажная промышленность Байкальского региона: история, эколого-экономические проблемы, перспективы развития. Новосибирск, 1995. С. 103 に基づき作成。

維持してきた。

両者の関係を描いた図8-3が示すように、バイカリスク工場の総務部は福利厚生施設やホテル事業を運営し、エンジニア部は公共の下水道処理と電気・温熱供給を管理した。一九九六年までに住宅の約六割が私有化されたにもかかわらず、その維持に必要な支出の三割弱だけが家賃収入で賄われ、残りはバイカリスク工場からの補助金と同工場関連の税収が約八割を占める市予算から補われていた(31)。このように、バイカリスク工場は基幹産業としてバイカリスク市の経済を支えていただけでなく、一般市民の日常生活を丸抱えしていたのである。さらに、工場と市は物理的にも結びつき、公共下水道と発電施設は工場の生産工程と一体化していたために企業経営から独立して稼働させることができなかった。そのため、両者は文字どおり運命共同体にあり、工場の閉鎖は市民生活の終焉を意味した。本章の冒頭で述べたように、バイカリスク工場はグローバル金融危機の最中に破産手続きが執行され、二〇〇八年秋から二〇一〇年夏まで生産ラインを停止していたが、その間も莫大な運転費がかかる構内の火力発電所を稼働させていた理由は、それを止めてしまうと一般住宅への電気・温熱供給が途絶えてしまうからである[32]。

体制転換後の「バイカル問題」では、バイカリスク工場とバイカリスク市の関係が問われ始め、前者の企業改革の進捗度と歩調を合わせて後者の公共性をいかに回復するかが議論の焦点となった。社会主義企業から資本主義企業に生まれ変わる以上、立地先の公権力との従来の関係は清算し、経済面での緊密な結びつきはともかく、物理的な一体性は早急に解消しなければならない。そこで、集合住宅や福利厚生施設の固定資産をバイカリスク工場の企業会計から切り離し、住民のライフラインを再建する試みが一九九〇年代に始まり、特にセルロースの生産工程と一体化していたバイカリスク市の公共下水道と工場廃水の処理工程を分離する案が上記の事業転換計画Ⅲに初めて盛り込まれた。この点はソ連時代の「バイカル問題」ではまったく検討されず、ロシアの資本主義化の過程でクローズアップされた問題である。そのため、従来のような開発か環境かという二者択一の議論ではなく、経済（バイカリスク工場）、社会（バイカリスク市）、環境（バイカル湖）の三面から「バイカル問題」を総合的に把握し、三者の持続的な相互発展こそがあらゆる問題解決の基礎であるという主張の台頭に繋がった[33]。それは、バイカリスク市の社会的安定には雇用の場の確保が必要であり、環境汚染を理由にした工場の閉鎖は許されないとする見方を言外に含んでいる。その一例が、バイカリスク工場の生産再開に向けて発表されたバゾブイ・エレメント総帥のデリパスカの声明である。「コンビナート（バイカリスク工場）の再開、これは社会的なプロジェクトであって営利的なものではない」「環境主義者の美辞麗句はＰＲにはいいが、（バイカリスク）市全体を絶滅に追いやる[34]」（傍点は筆者）との一文は、バイカリスク工場を存続させる根拠が社会面にあることを端的に表現している。

2　一九九〇年代のバイカリスク工場

一般に一九九〇年代のロシア企業では、体制転換後の構造不況下で経営環境が急激に悪化したにもかかわらず、「労働力抱え込み」(labour hoarding)と呼ばれる一種の過剰雇用現象が観察され、予見された大量失業の発生は回避された反面、効率的な企業経営に向けての改革は進展しなかった。[35] その有力な理由のひとつとして、ソ連時代から続く経営者と従業員の間の家父長的・温情的関係が挙げられ、立地先の地方政府も企業改革の推進に伴う大規模な雇用調整を望まなかったと言われる。雇用の場が守られることで社会情勢の悪化を抑制し、失業者が大量発生した場合に必要となる社会政策の実施を先送りすることができたからである。そうした風潮は、企業都市を支える基幹産業の場合にはいっそう強くなると考えられるが、バイカリスク工場の場合はどうであったのだろうか。

バイカリスク工場に歳入の八～九割を依存するバイカリスク市だけでなく、その上位自治体のイルクーツク州スルジャンカ地区でも歳入の三割以上が同工場関連の税収であったため、地方政府の予算編成の上でバイカリスク工場は欠かせない存在であった。[36] 工場が生産するセルロース製品は、アルミニウム加工品や石油精製品と並ぶ主力製品としてイルクーツク州経済の屋台骨も支えていた。同州はロシアにおけるセルロース製品の一大産地で、一九九〇年代末の時点でロシア全体の生産量の半分以上を占め、その八割が輸出されていた。州の輸出総額に占めるセルロース製品の割合が一割前後にまで及んだ時期もある。[37] 体制転換後のバイカリスク工場は海外販路の開拓に乗り出し、表8-3および表8-4が示すように、一九九六～九七年を除いて利益を計上していた。一九九〇年代の転換不況の煽りで経済全体が縮小していた中で、輸出に活路を見出して外貨の獲得に成功したバイカリスク工場は文字どおり地域のドル箱産業であった。

一九九〇年代前半にバイカリスク工場は生産品目の構成を大きく変更し、三大主力製品であったビスコース・

表8-3　バイカリスク工場の経営実績(1993〜1995年)

	1993年	1994年	1995年
従業員数(人)	4,115	3,512	3,600
生産量(千トン)	156.9	153.0	151.5
国内向け	82.1%	82.9%	55.9%
輸出向け	17.9%	17.1%	44.1%
売上高(千ドル)	31,142	68,713	134,147
国内市場より	74.4%	76.7%	58.4%
海外市場より	25.6%	23.3%	41.6%
流通費(千ドル)	3,723	4,640	5,358
変動費(　〃　)	13,384	24,671	44,346
固定費(　〃　)	10,491	16,897	29,759
支払利子(　〃　)	0	4,163	0
再投資(　〃　)	333	2,624	8,333
税　金(　〃　)	1,371	6,712	19,792
汚染課徴金(　〃　)	184	901	2,656
純利益(　〃　)	1,656	8,105	23,903

出所）High-level Advisory Services for the Baikalsk Pulp and Paper Mill, *Technical Report: Investment Analysis* (Vienna: UNIDO, Working Papers, DP/ID/SER.A/1755, 1996), p. 13.

表8-4　バイカリスク工場の経営実績(1996〜1999年)

	1996年	1997年	1998年	1999年
営業利益率*	−0.16	−0.17	0.09	0.40
経常利益率*	−0.14	−0.15	0.10	0.29
未処分利益率*	−0.06	−0.35	−0.25	0.78
売上高／流動資本	n/a	2.69	2.50	4.9
キャッシュフロー比率	n/a	0.20	1.01	0.67
未収債権回転率	7.22	5.33	6.6	12.3
売上高／未収債権(短期分)	n/a	1.80	1.27	3.96
未収債権の平均支払期日	n/a	74日	55日	30日
未払債務回転率	4.68	10.41	2.5	8.0
売上高／未払債務(短期分)	n/a	2.80	2.60	10.0

注）*固定および流動資本に対する当該利益の比率。
特に指定されているものを除き，単位はすべて%である。n/aはデータの欠損を示す。

出所）Комплексная программа перепрофилирования Байкальского целлюлозно-бумажного комбината и развития города Байкальска. Иркутск-Москва, 2000. С. 17; Концепция социально-экономического развития г. Байкальска и перепрофилирования Байкальского целлюлозно-бумажного комбината в 1999-2000 гг. I-II этапы. Иркутск, 1999. С. 14-15.

セルロース、セルロース繊維、漂白セルロースのうち、後二者の生産量を減じてビスコース・セルロースの生産に傾斜した(表8-5を参照)。その最大の理由は、ビスコース・セルロース価格の世界的な高騰である。バイカリスク工場製品の販売価格も、一九九三年初頭から一九九五年末にかけて一トンあたり二〇〇ドルから一二〇〇ドルへと急騰した。[38]このような価格変動の背景には、①成長著しい東アジア諸国におけるセルロース需要の増大、②繊維業界の新素材として注目されたビスコース・セルロースへの期待、③一九九〇年代初頭のセルロース価格の低迷期における先進諸国(特にカナダと北欧諸国)での工場閉鎖が招いた供給能力の低下などがあった。[39]縮小する国内市場に見切りをつけて海外市場に打って出た時期に主力製品のビスコース・セルロースの価格騰貴が起きたことで、グローバル化の波に上手く乗ったバイカリスク工場の純利益は急伸した(表8-3を参照)。

しかし、一九九六年初めにビスコース・セルロースの市場価格が急落し、バイカリスク工場の採算ライン(一トンあたり約六〇〇ドル)を割る水準にまで下落すると、[40]工場の経営状況は一変した。図8-4は、市場の景況が変転した一九九五~九六年に焦点を当て、毎月の生産量と計画達成率の二つの指標によってバイカリスク工場におけるセルロース生産の動向を示している。好況期の一九九五年には計画達成率が八〇~九〇%近辺で安定的に推移し、市況の予測と生産量の調整は順調であったことを示しているが、景気後退後の一九九六年に入ると計画達成率のばらつきが目立ち、目標の半分しか達成されない月も見られた。市場の変調に対応して、一九九〇年代前半の躍進を支えたビスコース・セルロースから無漂白セルロースに生産の重点を移したが(表8-5を参照)、経営を下支えするまでには至らず、表8-4が示すように[41]一九九六年は赤字に転落し、翌九七年の経営状況はさらに悪化した。この頃には賃金等の未払いも発生している。バイカリスク工場からの税収が三割近くも減少したバイカリスク市とスルジャンカ地区は予算編成に苦慮し、歳出の大半を住民の福利厚生や生活支援に向けていた地方自治体は苦境に立たされた。[42]

セルロース価格の低迷に苦しんでいたバイカリスク工場の窮地を救ったのは、一九九八年八月にロシア国内で

表 8-5　バイカリスク工場の生産品目(1992～1997 年)

	1992 年	1993 年	1994 年	1995 年	1996 年	1997 年
ビスコース・セルロース(千トン)	52.4	55.9	74.1	92.6	49.8	46.1
輸出向け	24.8%	23.4%	24.0%	31.3%	n/a	n/a
セルロース繊維(千トン)	51.4	39.8	5.1	0.12	0.7	—
輸出向け	21.6%	20.1%	3.9%	n/a	n/a	n/a
漂白セルロース(千トン)	70.0	45.5	52.3	34.7	28.2	15.3
輸出向け	13.9%	13.8%	14.3%	60.5%	n/a	n/a
半漂白セルロース(千トン)	4.8	1.6	—	—	10.5	8.4
輸出向け	14.6%	12.5%	—	—	n/a	n/a
無漂白セルロース(千トン)	4.5	8.1	14.9	16.2	19.6	44.5
輸出向け	6.7%	6.2%	4.7%	90.7%	n/a	n/a
包装紙(千トン)	10.0	6.0	6.6	8.1	5.8	6.3
輸出向け	—	—	—	25.9%	n/a	n/a

注）n/a はデータの欠損，－は生産実績なしを示す。

出所）High-level Advisory Services for the Baikalsk Pulp and Paper Mill, *Technical Report: Investment Analysis* (Vienna: UNIDO, Working Papers, DP/ID/SER.A/1755, 1996), p. 22; Концепция социально-экономического развития г. Байкальска и перепрофилирования Байкальского целлюлозно-бумажного комбината в 1999-2000 гг. I-II этапы. Иркутск, 1999. С. 169.

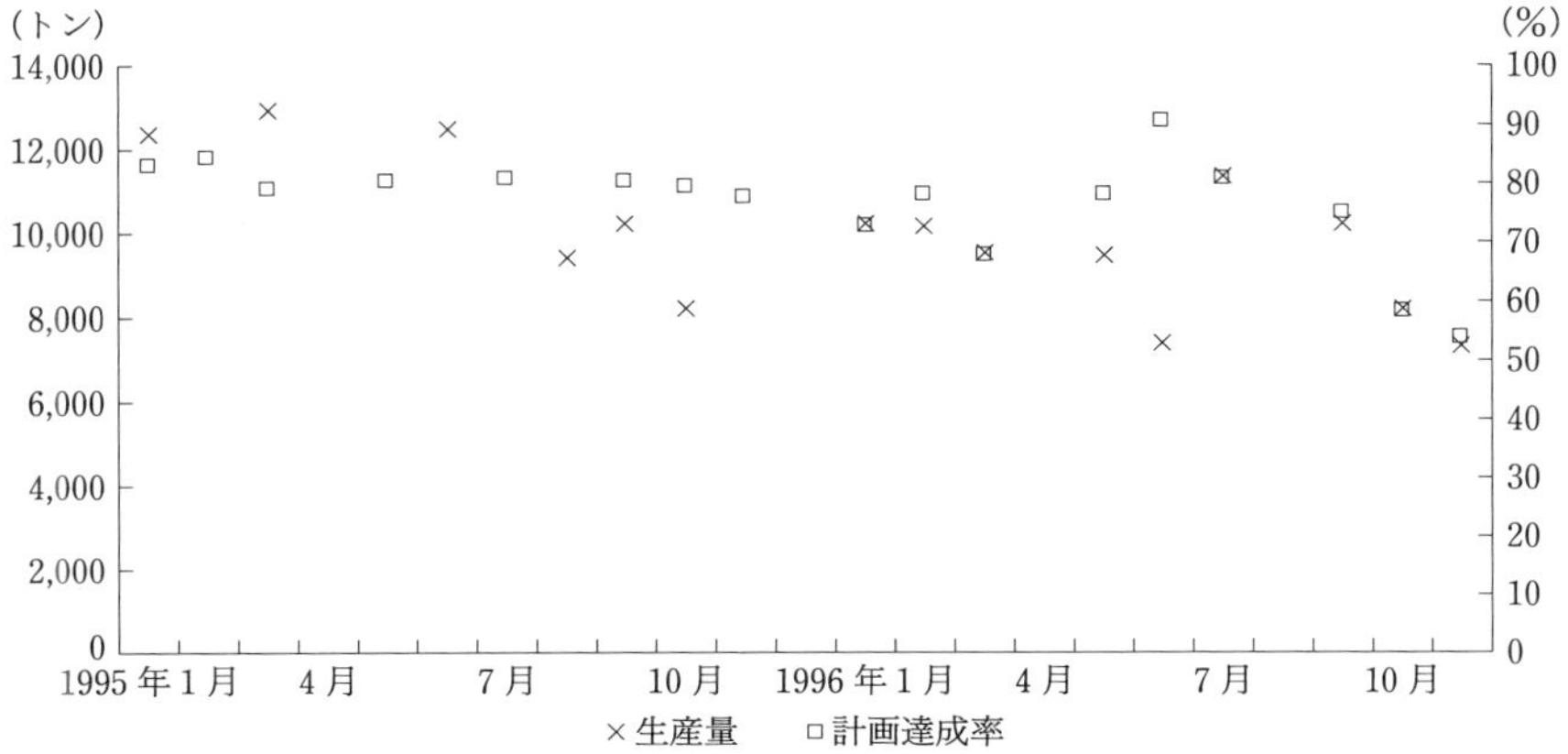

図 8-4　バイカリスク工場におけるセルロース生産の動向(1995～1996 年)

出所）バイカリスク工場労働組合の機関誌 «Байкальский целлюлозник» 各号から作成。

発生した通貨・金融危機である。ルーブルの減価が輸出競争力を高めたことで、イルクーツク州の鉱工業生産は回復に転じた。特に林産業の生産額は一九九八年に対前年比で一六・三%の伸び率を記録し、一九九九〜二〇〇〇年にかけて財務状況の好転が見られた[43]。バイカリスク工場の経営指標も大幅に改善し、単年度赤字から黒字に転換した。流動資本や未収債権・債務に比して売上高が増大したことから、キャッシュフローの面では危機を脱したと言える(表8-4を参照)。しかし、業績の回復はもっぱらルーブルの急落によるもので、製品の質の向上や経営管理の改善などから生み出されたわけではなく、生産設備の老朽化も著しかった。そのため、大規模な設備投資を行わずにバイカリスク工場の経営が持ちこたえるのは、一九九〇年代末の時点で以後五〜七年と予想されていた[44]。

以上から、一九九〇年代のバイカリスク工場は全般的な不況下の最中でも利益を捻出し、基幹産業として地域経済を支えていた反面、多分に受け身のグローバル化は成り行き任せで外生的な要因に大きく依存する企業経営であったと言える。前節で考察した事業転換計画との関係で自律的な設備投資を行えない上に、一九九〇年代半ばの経営危機が露呈した危うさを考慮すると、資本主義化の過程で都市建造企業(本章注(33)を参照)としての役割がクローズアップされる一方で、その期待に応えるだけの力量がバイカリスク工場に備わっていたかを次に考えなければならない。

ここでバイカリスク市の就業構成を産業部門別に確認すると、表8-6から明らかなように、一九九〇年代に三割弱の従業員がバイカリスク工場を離れている。他の産業でも雇用が減少しており、とりわけ建設業と運輸・通信業の落ち込みが大きい[45]。双方ともバイカリスク工場との関係が深く、特に前者の場合は受注の九割以上が工場関連の業務であったことから、バイカリスク工場の設備投資の停滞が大きな影響を及ぼしていたと考えられる。他方で公共部門の教育・文化事業の就業者数が伸びている点は、バイカリスク市政府が雇用環境の改善に努め、離職者の受け皿になっていたことを示唆している[46]。とはいえ、市全体の就業者の減少数から見れば、その影響力

表8-6　バイカリスク市の就業構成

産業部門	就業者数(人)		全体に占める比率(%)		1999年／1989年比(%)
	1989年	1999年	1989年	1999年	
鉱工業	4,657	3,077	52.8	46.8	66.1
うち，バイカリスク工場	4,084	2,904	46.3	44.1	71.1
建設業	794	196	9.0	3.0	24.6
運輸・通信業	346	108	3.9	1.6	31.2
商業・料飲業	853	949	9.7	14.4	111.2
住宅関連サービス	494	402	5.6	6.1	81.4
教育・文化事業	875	1,000	9.9	15.2	114.3
保健業(医療等)	366	341	4.1	5.2	93.2
その他	443	505	5.0	7.7	114.0
合計	8,828	6,578	100.0	100.0	74.5

出所）Концепция социально-экономического развития г. Байкальска и перепрофилирования Байкальского целлюлозно-бумажного комбината в 1999-2000 гг. I-II этапы. Иркутск, 1999. С. 27-28.

は限定的である。一般に就業機会の減少は定住条件の悪化に繋がり、「生活の領域としての地域」の動揺を意味している。(47) 実際にバイカリスク市の人口は一九九〇年代に初めて減少に転じ、一九八九年と二〇〇二年の人口センサスに基づく人口数を比較すると、この間にほぼ四%減を記録した。(48) したがって、人々の期待とは裏腹に、一九九〇年代のバイカリスク工場には企業都市の雇用を全面的に支えるだけの力はもはやなく、都市建造企業としての働きを十分に果たせなくなっていたと言える。

企業都市の基幹産業が一九九〇年代に雇用を大幅に減らした例は他にもある。ロシア最大級の企業都市ノリリスクを本拠地とする非鉄金属企業ノリリスク・ニッケルでは、一九九〇年代後半だけで四割の従業員が離職した。(49)「労働力抱え込み」と称される従業員の過剰雇用は、「不足の経済」(shortage economy)が常態化していた計画経済機構の下では一定の合理性があった。さらに、こうした社会主義企業の特性を体制転換後も保持することは、先行きが不透明な状況下での社会不安の緩和に繋がり、企業経営の観点からは非効率でも地域社会を含む利害関係者の目には合理的な行動と映った。(50) しかし、資本主義企業として市場経済の下で生き残りをかける上で、経営合理化の第一歩である雇用調整は避けて通れない問題である。加えて、本来は公共部門に属すべき社会資本の保有は企業経営の重荷となるため、その切り離しが経済的にも物理的にも求められる。企業都市であればこそ、こうした課題への取り組みは必須であり、その先送りはさらなる困難を生み出す。また、公共のライフラインが私企業の管理下にあることは、主導権を握る企業が本業とは無関係のライフラインへの投資を止めて、その公共的機能を停止することで企業財務の改善を図る可能性も捨て切れない。それゆえ、企業都市の側にしても望ましい事態ではない。ここで改めて事実を確認すると、一九九〇年代のバイカリスク工場は一定の雇用調整を行い、公共下水道の分離を事業転換計画の中に盛り込み、営利性の高い事業への移行を希求した。端的に言えば、バイカリスク工場とバイカリスク市の運命共同体の解消を求めた動きであり、資本主義企業の論理に則った行動である。後述するように、こうした動向は二〇〇〇年代に入ると加速し、一九九〇年代に抱え込んだ利害関係者の間での対立の火種は、「第二のピカリョボ」と呼ばれた大量解雇を発端とする騒動(二〇〇九年六月)として燃え上がり、「バイカル問題」が別の角度から国民的関心事となった。

3 公害・環境問題の「共有」

最後に、公害・環境問題の見地から一九九〇年代に問題視されたバイカリスク工場と地方政府の関係を考察したい。それは、一九八〇年代末に導入され、ソ連崩壊後に運用を始めた汚染課徴金である(第三章一3を参照)。

連邦政府機関の自然環境保護国家委員会(当時)のイルクーツク州支部とイルクーツク州政府が共同で作成した報告書によると、バイカリスク工場はバイカル湖流域の自然環境に人為的な悪影響を与えているとされ、優先的に取り組むべき施策のひとつとしてセルロース生産の停止と事業転換計画の実行を挙げていた[51]。ところが、環境汚染に対する課徴金の運用実態を見ると、汚染者と監督者の間で支払額が事後的に決められ、事実上バイカリスク工場の延命を図っていたことが分かる。当時の制度では、各企業に賦課される汚染課徴金cは以下の算定式で求められていた[52]。

$c = ik\Sigma(\alpha l_p + \beta m_p + 5\beta n_p)$

i：インフレーションに対応した補正率

k：各地域の自然条件等を考慮した地域係数(≧1)

p：課徴金の対象となる汚染物質

l：限界許容量以下の汚染物質排出量

α：lに対する課徴金の料率

m：限界許容量を超えるが暫定合意量以下の汚染物質排出量

β：mに対する課徴金の料率

n：暫定合意量を超える汚染物質排出量

実際に適用されるk、α、βの値とpの範囲は連邦政府と地方政府の間の交渉で決められ[53]、暫定合意量の設定は自然環境保護国家委員会の地方支部と課徴金対象企業の合意に基づいて、定期的に更新されていた。こうした支払額の調整を通じて汚染企業と地方政府が公害・環境問題を「共有」する土壌が社会に広がり、バイカリスク工場も例外ではなかった。同工場に許された暫定的な汚染物質排出量は、当時の排出実績を基準にして限界許容量の数倍から数十倍の間に設定された。そのため、実際の排出量が暫定合意量を超えることは稀で、上記の算定式の$5\beta n_p$は事実上免除されていた[54]。

もっとも、この措置はバイカリスク工場にとってさしたる意味はなく、実際に支払う課徴金の算定には、さらに別の基準が用意されていた。それは、イルクーツク州政府と結んだ協定(一九九四年九月一三日付イルクーツク州知事指令第三六六―p号「自然環境の汚染に対する特別納付金の設定に関する調停委員会の創設について」他)に基づいて決定された[55]。例えば、一九九五年には税引き後利益の一〇%という規定が適用され、バイカリス

表 8-7　バイカリスク工場に対する汚染課徴金の推移（1995〜1998 年）

	1995 年	1996 年	1997 年	1998 年
計　算　額	2,561,776.3	6,470,982.4	7,021,818.4	6,088,651.7
納　付　額	14,034.8	302.0	1,170.1	1,418.7

注）単位はデノミ後の 1998 年価格に実質換算した千ルーブル。そのため，本文中の数字とは異なる。

出所）Концепция социально-экономического развития г. Байкальска и перепрофилирования Байкальского целлюлозно-бумажного комбината в 1999-2000 гг. I-II этапы. Иркутск, 1999. С. 75-76.

ク工場は約一二一億ルーブル（当時の為替レートで約二六六万ドル）を納付した（表8-3を参照）。同年の汚染物質排出量に基づいて本来の支払額を計算すると、約二兆五六二五億ルーブル（約六億六六〇万ドル）となる。[56] 表8-7から明らかなように、その後の納付額も計算額を大きく下回り、実際の支払額は工場の経営状況を参考にして決められていた。例えば、セルロース価格の急落に伴い経営環境が急速に悪化した一九九六年の納付額は、前年のわずか二％程度であった。こうした特別扱いは一九九〇年代のロシアでは珍しくなく、汚染課徴金は年間利益の五〜二〇％の範囲に収まるであろうという「微妙なところ」（sensitive area）が関係者の間で通じ合っていたという。[57]

こうした事態に対し、公式の限界許容量の基準が余りにも厳しく、一部の汚染物質については、仮に最新鋭の設備を導入しても達成できない規制値が設けられていたことから、上記の算定式自体が科学的根拠に乏しいとして、より現実的な措置を擁護する声も聞かれた。[58] バイカリスク工場の場合、算定式を厳密に適用すると課徴金の支払額は純利益の数百倍にも上るため、明らかに非現実的な数字である。しかし、一連の措置は明らかにバイカリスク工場に対する「隠れた」補助金であり、セルロース生産の停止を前提にした事業転換命令が連邦政府によって繰り返し要求されていた中で（本章注（27）を参照）、それを事実上反故にする対応がイルクーツク州政府の中で体系的に講じられていたことは、バイカリスク工場が地方の利害関係者の中に取り込まれ、連邦政府の権限が及ばなかった事態を示唆している。このような状況に一石を投じ、連邦政府による巻き返しのきっかけを作ったのが、前節で詳述したバイカリスク工場の事業転換計画である。その財源をめぐる議論が工場の所有権論争に発展し、最終的に当時のプーチン大統領に近い新興財閥の手に渡ったことで、国家は地方の利害関係者からバイカリスク工場の事業再編に関する主導権を奪い返すかたちになった。

三　国家から見たバイカリスクセルロース・製紙コンビナート

1　事業転換計画の行方

本章一で紹介した事業転換計画Ⅲはイルクーツク州政府とバイカル政府委員会の承認を得て、国家環境審査会(экологическая экспертиза)に送付された。この組織は、連邦法に基づいて大規模な事業計画による環境面の影響を評価する連邦政府機関である。バイカリスク工場の事業転換計画の場合、ここで承認を得られれば、予算措置が執られる特定連邦プログラム(Федеральная целевая программа)として発効することになっていた。しかし、事業転換計画Ⅲは既存の自然保護関連の法令を遵守せず、自然環境に対する配慮を欠いている上に、経済面と社会面の分析が不十分であるという理由で国家環境審査会は承認を見送った(59)。その結果、バイカリスク工場の事業転換計画は三度目の仕切り直しを余儀なくされ、一九九〇年代末から事業転換計画Ⅳの作成に着手した(表8-1を参照)。

事業転換計画Ⅳの策定は以前と同様の手続きで進められ、時限で結成された計画作成団の中に作業部会を置き、事業転換計画Ⅲを叩き台にして原材料、生産工程、生産品目などが異なる代替案の比較検討を徹底することで、以前の計画案の弱点を克服しようとした(60)。その過程でさまざまな機関・団体に計画案の内容を諮ったり、公聴会の開催を通じて意見交換を重ねたりすることで、地方での合意形成に多大な時間を費やした点は前回と同じだが、計画作成団のトップに初めて社会科学系の研究者が迎え入れられた。当時、ロシア科学アカデミー・シベリア支部イルクーツク科学センター附属地域経済・社会問題部の責任者を務め、イルクーツク州知事の学術アドバイザーの一員であった経済学者イリーナ・ドゥモバ(Ирина Думова)である。地域経済の専門家として、バイカル湖流域における自然環境の管理体制に関する研究で学位を取得していた(本章注(3)を参照)。それまではバイカル湖の環境汚染への対処が事業転換計画の最大の焦点であったため、前出のコプチュグやグラチョフに代表される自然科学系の研究者が立案の主導権を握っていた。しかし、事業転換計画IIIの作成過程で、その経済面と社会面の影響に関心が集まり、上記の国家環境審査会の場でも特段の配慮が要求されたことで責任者の交代劇が起きたと見られる。

工場閉鎖を頑強に主張する一部の強硬派を除けば、近代的なセルロース・製紙生産への漸次的移行を軸にして設備投資を進める方針で関係者の足並みが揃いつつあったため、事業転換計画IVに新たな内容は盛り込まれず、事業転換計画IIIを練り直すことで国家審査委員会の承認の取得を再度目指した。最終的には、六年間の移行期間に環境負荷の小さい無漂白セルロースを主力とする生産工程に切り替え、それによって運用が技術的に可能になる閉鎖型循環給水システムを導入することで工場廃液の排出を最小限に抑えると同時に、その処理工程から公共下水道を分離・独立させる計画案が二〇〇〇年半ばに合意された。イルクーツク州政府の承認を得た後に連邦政府に送付された事業転換計画IVは、二〇〇一年六月に関門の国家環境審査会を無事に通過し、翌七月に当時の天然資源省大臣の署名を得て正式に発効した[61]。その後、予定より一年間遅れて二〇〇八年八月に新体制への移行は完了したが、その間にバイカリスク工場の株主構成と経営陣は一変し、事実上国家の支配下に入った。事業転換計画IVへの低利融資を一度は決定した世界銀行が後に撤回に転じたのは、このためである(表8-1を参照)[62]。

2　国家保有株四九%をめぐる争い[63]

事業転換計画IVは同IIIに欠けていた施策の実効性と整合性の確保に重点を置いたため、承認後の実務的な手筈を検討する中で財源の調達手段が問われ始めた。その過程で、国家が保有するバイカリスク工場の株式の売却益で資金を捻出するという案が再浮上したことで、[64] ロシアの経済改革における最大の争点とも言うべき民営化問題が再燃し、連邦政府機関が事業転換計画に介入するきっかけとなった。一九九九年七月に発表された事業転換計画Ⅳの草案には、バイカリスク工場の国家保有株の処遇をめぐる対立が問題の解決を遅らせ、事業転換計画の前進を妨げていると記されている。[65]

一九八七年以来の事業転換問題と絡み合いながら、バイカリスク工場の民営化は中央と地方の間で主導権争いを生み、一九九二年春にイルクーツク州議会は地方の意向に配慮した事業転換計画を早急に実施し、それが終了するまでは民営化を行わないように要求した。しかし、事業転換計画に前進が見られない中で、民営化計画は一九九二年一一月二七日付国家資産管理委員会指令第九三四号によって承認され、定款資本の過半数の株式(五一%までの普通株)を従業員が優先的に購入できるという最も利用された民営化方式(いわゆる第二バリアント方式)で、バイカリスク工場は公開型株式会社に改組された。その後、国家は株式四九%の保有を維持しながら、その他の株式は投資基金を含む複数の法人への移転が進み、一九九〇年代末の時点で工場の経営者と従業員は三・六%の株式を保有するのみであった。[66] 以下、連邦政府機関の国家資産省(Министерства государственного имущества)[67] の動向を中心に検討することで、事業転換計画Ⅳの焦点になった国家保有株四九%の処遇をめぐる対立の構図を明らかにしたい。

民営化後のバイカリスク工場の国家保有株四九%の登記上の所有者はイルクーツク基金事務局(Иркутское фондовое агентство)で、同局が国家資産省の人名勘定を設けて普通株二〇%と優先株二九%の株式を管理していた。[68] しかし、競売形式で株を売却して事業転換計画の原資とする案が現実味を帯びてきたことから、バイカリスク工場の傘下にある福利厚生施設をリストアップし、定款資本の内容を確認するという名目で、国家資産省は上記の株式四九%のすべてを同省に移管する省令を発布した(一九九八年一二月)。これに対し、イルクーツク基金事務局が登記簿のしかるべき変更を行わなかったために、国家資産省は省令の執行を求めて提訴した。[69] 裁判所で審理入りする前に事務局側が変更を承諾し、同省は思惑どおりに国家保有株四九％の登記上の所有者となった上で、そのうち優先株二九％を議決権のある普通株に転換することを命じた(一九九九年四月)。しかし、バイカリスク工場の経営陣が一連の措置に反発し、株主名簿の変更を行わず、当該株式四九％の議決権も認めようとしなかったため、国家資産省の地方支部(イルクーツク州国家資産管理委員会)は、一九九九年四月に予定していた工場の株主総会の開催中止を求める請願書をイルクーツク州調停裁判所に提出した。ここでも同省側の主張が認められ、一九九九年六月二〇日以前の株主総会の開催を禁止する裁判所命令が出された。[70] さらに、国家資産省は他の連邦政府機関と連携して、同省の他に経済省、財務省、自然環境保護国家委員会の代表者を経営陣に加え、これらの政府機関を事業転換計画Ⅳの共同立案者とするように要求した。[71]

こうした国家資産省の攻勢に対してバイカリスク工場の経営陣は危機感を募らせ、国家保有株四九％の移管は他の株主から投資機会を奪い、事業転換問題の解決を遅らせるだけでなく、イルクーツク州政府の影響力を減ずるおそれがあるとして州政府に支援を求めた。[72] これに当時のイルクーツク州知事が同調し、連邦政府機関の経済省で開かれた会議の席上で、「現在の資産関係省(国家資産省の後継機関)の姿勢は、コンビナート(バイカリスク工場)の指導部とイルクーツク州政府の役割を客観的に反映するものではない」と批判的な発言を行った。[73] 他にもロシア国家会議(下院)の経済政策委員会は、国家資産省との公式書簡のやり取りの中で、一連の措置は法的根拠を欠く越権行為であり、株主総会の権利を侵害し、事業転換計画の選択の余地をバイカリスク工場から奪っていると厳しい論調で同省を批判していた。[74]

しかし、国家資産省に手綱を緩める気配はなく、国家保有株四九％の強化に向けたさらなるステップとして、国家的意義を有する戦略的製品・サービスの生産に従事し、所定の期日前における国家保有株の売却が禁止された企業リスト(一九九八年七月一七日付ロシア連邦政府決議第七八四号)にバイカリスク工場を加える案が示され、国家資産省は経済省と協議入りした。[75] この提案は一九九九年一二月三一日付ロシア連邦政府指令第二一六六―ｐ号で承認され、①国家的戦略企業のリストにバイカリスク工場を加え、国家保有株四八・九九％の所有権の強化を図り、②それを超える国家保有分の株式については、国家資産省と連邦資産基金（本章注(68)を参照）がしかるべき手順で競売を行い、③国家資産省はバイカリスク工場の民営化計画を変更し、経済省とイルクーツク州政府の同意を得て、国家の利害を反映した提案を連邦政府に対して行うことが決定した。バイカリスク工場に対して所有と経営の両面で関与を強めたい国家の意思表明と取れる政府指令に署名したプーチン首相（当時）に向けて、ロシア科学アカデミー・シベリア支部は「本指令は長年にわたる合意の努力をすべて水泡に帰し…、バイカリスク工場の事業転換を事実上拒否するものである」と述べて、[76] 連邦政府の介入に憂慮の念を隠さなかった。

一連の事実経過から国家資産省の意図を十全に読み取ることはできないが、バイカリスク工場の事業転換計画の原資という名目で企業資産のすべてが地方の利害関係者の手に渡るルートの遮断を通じて、国家保有株四九％の「濫用」を防ぐことを意図した行動と理解されよう。その背景には、前述したように事業転換問題に関する連邦政府決議・指令がことごとく反故にされ（本章注(27)を参照）、最大株主であるはずの国家の意向を反映していない計画案が現場で利権化していたことがある。いずれにしても、以上の顛末は一九九〇年代末から全国的に始まる国家の統制力の回復を示唆する一コマで、次に述べる二〇〇〇年代におけるバイカリスク工場の企業再編に向けた地ならしであった。

3　二〇〇〇年代のバイカリスク工場

バイカリスク工場の国家保有株四九％の帰属をめぐる争いに終止符が打たれた後、工場の経営者と従業員ならびに複数の法人株主に分散していた残りの株式五一％を取得し、最大株主として経営権を獲得したのは、本章の冒頭で紹介したデリパスカ率いるバゾブイ・エレメントの傘下企業コンチネンタル・マネジメント（Континенталь менеджмент）である。同社はロシア有数の林産業の複合企業体（コングロマリット）で、その設立からまもない二〇〇二年七月にバイカリスク工場を傘下に収めた。[77] 同工場と並び「バイカル問題」の焦点であったセレンギンスクセルロース・厚紙コンビナートもコンチネンタル・マネジメントの一員となった。プーチン大統領に近い新興財閥の系列企業になったことで、国家の利益に反するような企業再編の芽は摘まれたわけだが、二〇〇八年一〇月に破産措置が執られるまでの数年間にバイカリスク工場は二つの点で重要な変化を遂げた。

第一に、一九八七年以来の懸案事項であった事業転換計画が初めて遂行され、当初の予定から一年間の遅れで二〇〇八年八月に終了した。環境負荷の小さい無漂白セルロースを主体とする生産体制への移行、閉鎖型循環給水システムの導入、生活排水と工場廃水の処理工程の分離を柱とした事業転換計画Ⅳが実現されたことで、工場廃液の大半は浄化処理を経て再利用され、公共下水道の機能は企業経営から切り離された。体制転換後の「バイカル問題」の三面性（経済・社会・環境）に目を配った解決策が実を結び、とりわけバイカル湖の環境汚染に代表される環境面で大きな前進が見られた。社会主義国ソ連の下で目指したバイカリスク工場への「ゼロ・エミッション技術」（безотходная технология）の導入は（第七章三3を参照）、資本主義国ロシアの下で実現したのである。[78] その間に天然資源省（現在の天然資源・エコロジー省）の本省や部局と数々の軋轢を起こし、世界銀行が事業転換計画への融資を撤回したことで財源調達の目算は大きく狂ったものの、[79] バイカリスク工場の環境対策が当初の計画に従って粛々と進められたケースは「バイカル問題」の歴史の中で初めてであろう。

第二に、コンチネンタル・マネジメントの下でバイカリスク工場は利潤追求の姿勢を強め、経営体質の強化に努めた。二〇〇〇年代に入るとロシアの新興財閥は地方進出を本格化させ、一九九〇年代に形成された地方政財界の癒着構造に風穴を開けつつ、営利性の高い事業展開を目指したと言われる。[80] コンチネンタル・マネジメントの代表取締役の言によると、シベリア・極東地域の林産業の経営環境は厳しいが事態は好転しており、特に中国への輸出に活路を見出していた。新たに着任したバイカリスク工場の代表取締役も、輸送面や販売面での弱点を

表8-8　バイカリスク工場の経営実績（2005～2009年）

	2005年	2006年	2007年	2008年	2009年
営業収益（千ユーロ）	55,063	76,901	96,821	58,226	3,078
税引き前利益（　〃　）	−3,767	−151	13,927	−9,327	−7,804
純利益（　〃　）	−3,402	−1,779	2,390	−18,845	−16,242
資産総額（　〃　）	58,615	61,353	54,337	43,340	37,749
株主資本（　〃　）	18,667	16,305	17,934	149	−14,555
流動比率（％）	1.29	1.62	1.96	0.54	0.25
売上高利益率（〃）	−6.84	−0.20	14.38	−16.02	n/a
株主資本収益率（〃）	−20.18	−0.92	77.66	n/a	n/a
資本収益率（〃）	−6.62	9.20	42.01	−50.68	n/a
ソルベンシー比率（〃）	31.85	26.58	32.98	0.34	−38.56
従業員数（人）*		約2,300（破産前）		1,058	1,061

注）破産前の従業員数を除いて年末の数字。n/aはデータの欠損を示す。
出所）BvD, *Mint Global: Full Business Report of Baikalskii Tsellyulozno-Bumazshnyi Kombinat*, 31 December 2009, p. 2. *は «Ведомости» 24 июля 2009 года からの引用。

認めつつ、東アジア諸国や独立国家共同体（ＣＩＳ）諸国へのセルロース製品の輸出を重視したいという将来展望を描いていた[81]。実際の経営実績は一九九〇年代と同様に市況によって大きく左右され、表8-8が示すように安定はしていなかったが、主力製品の漂白セルロースと無漂白セルロースを中心に中国への輸出を増やした。また、公式発表はされていないが、耐熱性と耐久性に優れた特殊な炭素プラスチック製品の原料となるセルロース繊維を生産し、国内の軍需企業に納入していたという[82]。そして、一九九〇年代に続いて雇用調整をさらに進め、二〇〇八年秋の経営危機が起きるまでに従業員数は約二三〇〇人に減少し、一九九九年以降だけで二割以上の従業員が工場を去った（表8-6および表8-8を参照）。バイカリスク市の人口も減り続け、上述の公共下水道の分離後のバイカリスク工場は都市建造企業としての役割をいっそう低下させたが、二〇〇八年秋のグローバル金融危機は、その終焉の道を開くことになった。

　表8-8から明らかなように、バイカリスク工場は二〇〇八年と二〇〇九年に巨額の損失を計上し、創業以来初めての生産停止を強いられた。二〇〇八年一〇月に破産手続きを開始し、翌一一月に全従業員二三〇〇人のうち一八〇〇人を解雇した[83]。企業都市の住民に雇用の場を提供するという都市建造企業としての最大の役割を放棄した瞬間である。二〇〇九年半ばの時点で、人口約一万五千人のバ

イカリスク市の登録失業者数は一三七八人を記録し、公式失業率は二三％に達した。[84] そして、二〇〇九年六月初旬にレニングラード州の企業都市ピカリョボで、バイカリスク工場と同じようにグローバル金融危機の煽りを受けて生産停止していたバゾブイ・エレメントの傘下企業の従業員が抗議活動として幹線道路を封鎖した「ピカリョボ事件」に触発され、賃金と年金の支払いを求めてハンガーストライキやピケを始めたバイカリスク工場の従業員の姿がメディアに映し出された。「第二のピカリョボ」とも呼ばれ、本家のピカリョボと同様に当時のプーチン首相（現大統領）が直接介入に乗り出し、早期の生産再開を模索したが、債務をめぐる訴訟が起きるなど正常化までに二年弱の歳月を要した。バイカリスク工場の株式五一％は、コンチネンタル・マネジメントからキプロスに設立されたデリパスカのオフショア企業に移された模様で、所有権の保全を図りながら、本章の冒頭で述べたように仲裁管財人による外部管理体制の下で再建を図っている。しかし、バイカリスク工場の経営危機は、グローバル金融危機による急速な景気後退に加え、原木の長距離輸送による原価の上昇や利益率の低い無漂白セルロース生産への移行といった構造的な問題とも関係しているために、[85] 事業再生の見通しは厳しい。二〇一〇年の人口センサスによると、前回二〇〇二年の人口センサスと比べてバイカリスク市は一三・六％の大幅な人口減を記録した。[86] この点も、企業都市を支えるだけの力量がもはやバイカリスク工場には残されていないことを物語っている。[87]

おわりに

「バイカル問題」の登場（第六章）と深化（第七章）の段階を経て、本章で論じたように、その転回の過程が一九八〇年代末から進行した。簡潔に述べれば、開発と環境の調和が問題提起され、その重要性は認識されたものの、両者のジレンマの解消に繋がる契機を最後まで見つけられなかった計画経済の時代とは異なり、市場経済の下では経済面・社会面・環境面のバランスが問われ始め、特に後二者の両立が求められた。バイカリスク工場の事業転換計画が環境対策から投資戦略に変容した理由も、この点に求められる。こうした「バイカル問題」の二面性から三面性への移行をもたらし、その展開の行方を決したのはロシアの資本主義化の動態である。従来のようなバイカリスク工場とバイカリスク市の共生関係を前提にした議論はもはや不可能で、両者の命運は資本主義の論理において決せられる兆候が一九九〇年代初頭から現れ始め、二〇〇八年秋以降の一連の動向で明白になった。

同時に、資本主義化という近代化プロジェクトの再起動は、バイカリスク工場の事業転換問題に象徴されるように多大な時間を費やしたとはいえ、「バイカル問題」の解決に向けた一定の方向性を提示した。第三章で詳述した西欧的な「エコロジー近代化」(ecological modernization)の潮流から、ロシアは遠く離れたところにいるとはいえ、社会主義国ソ連の下で見出されなかった「バイカル問題」の「答」が資本主義国ロシアの下で初めて具体的なかたちを伴って現れたことは、今後の展望を占う上でも示唆的な事実である。

（1）«WOOD.RU» 25 января 2010 года [http://www.wood.ru/ru/lonewsid-30099.html]（二〇一一年一月二一日閲覧）。

（2）以上は、バイカリスク工場の公式ホームページに基づく[http://bcbk.ru/node/2]（二〇一一年七月二六日閲覧）。ロシアの企業破産制度とその運用実態については、藤原克美「ロシアの破産制度」日本国際問題研究所『ロシアにおける企業制度改革の現状』(平成一四年度外務省委託研究)二〇〇三年三月、六八―八三頁、Katsumi Fujiwara, "The Development and Performance of the Bankruptcy System in Contemporary Russia," *The Journal of Comparative Economic Studies* 1 (2005), pp. 59-78 を参照。

（3）「バイカル問題」の歴史の中でのペレストロイカの位置づけは論者により異なり、*Тулохонов А.К.* Байкальский регион: проблемы устойчивого развития. Новосибирск, 1996. С. 23-33 は一九七〇年代の延長上に捉え、*Думова И.И.* Социально-экономические основы управления природопользованием в регионе. Новосибирск, 1996. С. 28-42 は、体制転換後の動向と連係させて議論している。ロシアにおける資本主義化の過程は事実上ペレストロイカの時期に始まり、体制転換後の環境政策の出発点も同時期に求められることから、筆者の考えは後者に近い。

（4）«Правда» 10 мая 1987 года.

(5) *Суходолов А.П.* Целлюлозно-бумажная промышленность Байкальского региона: история, эколого-экономические проблемы, перспективы развития. Новосибирск, 1995. С. 69-77.

(6) 東北地方を地盤とするみちのく銀行の関連会社がミネラルウォーターとして製品化し、日本への輸出を考えて商標登録も行った。しかし、日本の食品衛生法では、バイカル湖水がミネラルウォーターに関する定義上の要件を満たしていないことが判明し、事業計画に関してロシア側(陸水学研究所)と意見の相違も出てきたため、最終的には事業から撤退した。以上は、みちのく銀行の関係者に対するヒアリング調査に基づく(一九九六年八月)。

(7) О развитии ориентированного на внутренний рынок и экспорт производства Байкальской воды как одного из источников получения средства для решения проблем охраны озера Байкал // Распоряжение Правительства РСФСР от 16 декабря 1991 года.

(8) 溝端佐登史『ロシア経済・経営システム研究――ソ連邦・ロシア企業・産業分析』法律文化社、一九九六年、一七九―一八五頁。

(9) 日本の大手家電メーカーのグループ会社であるバブコック日立からバイカリスク工場が一九八七年に焼却炉三基を計一六億二千万円で購入した際に、同工場とソ連林業・セルロース製紙・木材加工業省は、折からの環境保護運動の高まりへの対応を理由に早期納入の要請をしていた。以上は、バブコック日立社に対するヒアリング調査と後日提供された社内資料に基づく(一九九七年三月)。

(10) 詳細は第七章四2を参照。

(11) *Самаруха В.И., Суходолов А.П.* Экология и экономика водосборного бассейна Байкала. Иркутск, 1992. С. 44.

(12) О перепрофилировании Байкальского целлюлозно-бумажного комбината и создании компенсирующей по производству целлюлозы // Постановление Правительства РФ от 2 декабря 1992 года.

(13) 丸紅関係者へのヒアリング調査(二〇〇九年七月)に基づく。なお、同社がバイカリスク工場の株式を所有したとロシアの一部メディアは報じたが、そのような事実はないとのことであった。

(14) 前出注(7)。

(15) 例えば、Robert W. Orttung, "Business and Politics in the Russian Regions," *Problems of Post-Communism* 51:2 (2004), pp. 48-60を参照。

(16) *Государственный комитет РФ по охране окружающей среды.* Охраны озера Байкал и обеспечение рационального природопользования в Байкальском регионе: ежегодный доклад Правительственной комиссии по Байкалу. 1996 год. Москва, 1997. С. 159-160.

(17) 連邦議会が採択(下院)・承認(上院)した連邦法「バイカルの保護について」に対して、既存の法令との不整合を理由に当時のエリツィン大統領は署名を拒否した(«Зеленые мир» 1998. № 22. С. 7)。この所作を批判した下院の環境委員会は、事業転換計画を実施しないバイカリスク工場の刑事責任を追及し、経営陣を訴追するように検事総長に求めた(«Зеленые мир» 1998. № 22. С. 2, 8; 1999. № 4. С. 6-7)。

(18) Байкал как участок мирового природного наследия: результаты и перспективы международного сотрудничества / Под ред. Н.Л. Добрецова. Новосибирск, 1999. С. 5-6.

(19) 現在最も普及している機械パルプのひとつで、伝統的な砕木パルプやその改良版のリファイナー砕木パルプに比べて長繊維成分の割合が高く、かつ結束繊維の生成が少ない。そのため強度面で秀でており、かつては必要であった補強材(クラフトパルプ)を使用することなく、新聞用紙などの製造が可能になった。以上は、山内龍男『紙とパルプの科学』京都大学学術出版会、二〇〇六年、三五–四五頁を参照した。

(20) *Калихман* А. Построим БЦБК *лучше прежнего?* // Сибирский экологический вестник. 1996. № 3/4 [http://www.nsu.ru/community/nature/books/Vest_3-4/index.htm](二〇一一年七月三〇日閲覧)。

(21) 以下は、特に断りのないかぎり、Стенограмма публичных слушаний по проекту «Федеральной целевой программы перепрофилирования Байкальского целлюлозно-бумажного комбината и решение связанных с этим социальных проблем г. Байкальска» Иркутск, 3 апреля 1997 года; Протокол собрания представителей общественных организаций и граждан г. Байкальска и Слюдянского района по обсуждению проекта «Федеральной целевой программы перепрофилирования Байкальского целлюлозно-бумажного комбината и решение связанных с этим социальных проблем г. Байкальска» Байкальск, 29 апреля 1997 года に基づく。

(22) *Ерш В.А., Полякова Н.В., Столяров С.Л.* Предпосылки развития города Байкальска: социальный подход // Концепция развития города: социальные, экологические, управленческие аспекты / Под ред. А.Я. Якобсона, А.П. Суходолова, Н.Я. Труфановой. Новосибирск, 1991. С. 121-126.

(23) その登場の背景については、第三章二3を参照。

(24) 前出注(21)。

(25) そのため、かつては環境保護派の顔役であった陸水学研究所の転向に反発した人々から厳しく批判され(«Зеленые мир» 1998. № 24. С. 4)、グラチョフ所長にはアンチ環境主義者のレッテルが貼られた(第七章一1を参照)。陸水学研究所の転向を促した要因として、一九八〇年代後半からバイカリスク工場の環境指標が大幅に改善したことに加え(第七章一2を参照)、一九九〇年代に入るとセルロース・製紙生産の技術革新が世界的に進んだことが挙げられる。詳しくは、High-level

Advisory Services for the Baikalsk Pulp and Paper Mill, *Terminal Report* (Vienna: UNIDO, Working Papers, DP/ID/SER.B/739, 1996), pp. 9-10; *Суходолов*. Целлюлозно-бумажная промышленность. С. 26-27, 64-69を参照。

(26) *Лисаускене М.В., Лихачева Т.И., Грицынина З.В., Лисаускайте Ю.В.* Экологические движения и экологическое сознание в Прибайкалье // Социологические исследования. 1999. №8. С. 114.

(27) «Российская газета» 13 марта 1999 годаによると、一九八七年六月から一九九八年六月までに出されたバイカリスク工場の事業転換に関する連邦政府決議・指令だけで二二を数えるが、いずれも遂行されていない。

(28) *Суходолов А.П.* Быть ли городу на Байкале? Новосибирск, 1996. С. 192.

(29) *Иркутский областной комитет государственной статистики.* Показатели социального и экономического положения городов и районов Иркутской области в 1994 году. Иркутск, 1995. С. 40. Gregory Andrusz, Michael Harloe and Ivan Szelenyi, eds., *Cities after Socialism: Urban and Regional Change and Conflict in Post-socialist Societies* (Oxford: Blackwell Publishers, 1996)などが強調するように、ソ連時代のロシアでは、住宅を筆頭に生活関連の社会資本へのアクセス状況が市民生活の質的水準を規定し、金銭で測られる個人資産の多寡よりも重要な社会的格差の要因であった。

(30) *Суходолов*. Быть ли городу. С. 180. Таблица 24に掲載のデータを参照した。

(31) Там же. С. 187-190.

(32) 二〇〇八年夏の閉鎖型循環給水システムの導入時に、生活排水と工場廃水の処理工程を分離する工事が併せて行われ(後述の本章三3を参照)、生産ラインが止まっても公共下水道は機能するようになった。

(33) その典型的な議論が前出注(28)の*Суходолов*. Быть ли городуで展開され、「都市建造企業」(градообразующая предприятия)の社会的意義の強調が同書のモチーフとなっている。それが出版される十年前に、同じ著者が同一のテーマで執筆した論考では、バイカル湖の環境汚染の悪化を指摘し、バイカリスク工場以外の基幹産業の発展を求めていた(*Суходолов А.П.* Предпосылки развития города Байкальска: экологический подход // Концепция развития города / Под ред. Якобсона и др. С. 91-97を参照)。両者を比較すると「バイカル問題」の転回ぶりの程が窺える。

(34) Содружество бумажный оптовиков [http://www.sbo-paper.ru/publications/interview/OlegDeripaska/](二〇一一年七月三〇日閲覧)。

(35) ロシア企業の「労働力抱え込み」や「隠れ失業」については、大津定美、吉井昌彦編著『経済システム転換と労働市場の展開——ロシア・中・東欧』日本評論社、一九九九年、序章および第四章を参照。

(36) Концепция социально-экономического развития г. Байкальска и перепрофилирования Байкальского целлюлозно-

бумажного комбината в 1999-2000 гг. I-II этапы. Иркутск, 1999. С. 24.

（37） 以上は、Alexander Chernikov, "Resource-rich Regions: Irkutsk Oblast' on the Road to the Market," *Communist Economy and Economic Transformation* 10:3 (1998), p. 383; *Госкомстат России.* Российский статистический ежегодник. Москва, 2000. С. 312-313; *Тараканов М.А.* Завершение производственных циклов: новый этап использования ресурсного потенциала Иркутской области // География и природные ресурсы. 1996. № 4. С. 125; *Черников А.П., Воробьев Н.В., Манжигеев А.Ф., Зыкова Е.А.* Экспортный потенциал Прибайкалья // ЭКО. 1998. № 1. С. 85-86 に基づく。

（38） High-level Advisory Services for the Baikalsk Pulp and Paper Mill, *Technical Report: Investment Analysis* (Vienna: UNIDO, Working Papers, DP/ID/SER.A/1755, 1996), p. 6.

（39） High-level Advisory Services for the Baikalsk Pulp and Paper Mill, *Technical Report: Socioeconomic Impacts of Industrial Restructuring* (Vienna: UNIDO, Working Papers, DP/ID/SER.A/1750, 1996), pp. 16-19.

（40） Федеральная целевая программа «Перепрофилирование Байкальского целлюлозно-бумажного комбината и решение связанных с этим социальных проблем г. Байкальска» (1997-2006 г.). Байкальск, 1997. С. 12-13.

（41） Вестник / Интер Байкал. май 1996 года. С. 12.

（42） Концепция социально-экономического развития г. Байкальска. 1999. С. 24.

（43） *Гуков В.П., Кин А.А, Смирнов Н.В.* Возможности устойчивого роста экономики Иркутской области // Регион: экономика и социология. 2001. № 1. С. 136; *Иркутский областной комитет государственной статистики.* 340 лет Иркутску. Иркутск, 2001. С. 34.

（44） Предложения по разработке концепции социально-экономического развития г. Байкальска и перепрофилирования БЦБК. Иркутск, 2 июля 1999 года. С. 2-5.

（45） *Суходолов.* Целлюлозно-бумажная промышленность. С. 106-108.

（46） ロシアの地方自治体の多くは公共部門の雇用を増やすことで、一九九〇年代の経済危機による失業問題に対処した (Vladimir Gimpelson, "The Politics of Labor-market Adjustment: The Case of Russia," in János Kornai, Stephan Haggard and Robert R. Kaufman, eds., *Reforming the State: Fiscal and Welfare Reform in Post-socialist Countries* (Cambridge: Cambridge University Press, 2001), pp. 36-37)。

（47） 日本経済のグローバル化が地場産業としての地域農業に及ぼしている影響を分析した岡田知弘「大不況下における地域経済と農業」『農業問題研究』第四八号、二〇〇一年、一〇頁の表現を借りた。

（48） バイカリスク市の常住人口は一六三七八人（一九八九年）から一五七二七人（二〇〇二年）に減少した（*Госкомстат РСФСР*. Численность населения РСФСР по данным всесоюзной переписи населения 1989 года. Москва, 1990. С. 337; *Росстат*. Численность и размещение населения. Итоги всероссийской переписи населения 2002 года. Т. 1. Москва, 2004. С. 243）。

（49） Vesa Rautio, *The Potential for Community Restructuring* (Helsinki: Kikimora Publications, 2004), p. 55.

（50） 溝端佐登史「体制転換・民営化と二〇世紀社会主義企業――ロシアの経験にもとづいて」『比較経営学会誌』第二五号、二〇〇一年、一三―三二頁。

（51） *Государственный комитет по охране окружающей среды Иркутской области Госкомэкологии России, Администрация Иркутской области.* Государственный доклад о состоянии окружающей природной среды Иркутской области в 1997 году. Иркутск, 1999. С. 255-259.

（52） 片山博文「ロシアにおける環境汚染料・エコロジー基金制度」『一橋論叢』第一一六巻第六号、一九九六年、九九一一〇一、一一二頁。

（53） イルクーツク州の場合、州内で適用される課徴金の料率と本規定から除外される法人の範囲は州政府決議で定められていた（О платежах за загрязнение окружающей природной среды // Постановление Главы администрации Иркутской области от 14 мая 1993 года）。

（54） High-level Advisory Services for the Baikalsk Pulp and Paper Mill, *Technical Report: Environmental Assessment of Mill Operations at BPPM* (Vienna: UNIDO, Working Papers, DP/ID/SER.A/1749, 1996), pp. 7-9, 13-16.

（55） Концепция социально-экономического развития г. Байкальска. 1999. С. 75-76.

（56） High-level Advisory Services, *Technical Report: Investment Analysis*, pp. 11-13, 44.

（57） Michael Kozeltsev and Anil Markandya, "Pollution Charges in Russia: The Experience of 1990-1995," in Randall Bluffstone and Bruce A. Larson, eds., *Controlling Pollution in Transition Economies: Theories and Methods* (Cheltenham, Lyme: Edward Elgar, 1997), p. 140.

（58） High-level Advisory Services, *Technical Report: Environmental Assessment*, pp. 7-9.

（59） Протокол № 11 заседания Правительственной комиссии по Байкалу. 3 июня 1999 года. С. 4-10.

（60） Концепция социально-экономического развития города Байкальска и перепрофилирования Байкальского целлюлозно-бумажного комбината. Иркутск, 2000.

（61） «Восточно-Сибирская правда» 21 июля 2001 года [http://stupeni.vsp.ru/social/2001/07/21/348626]（二〇一一年八

月四日閲覧)；«Континент Сибири» 31 октября 2003 года [http://www.ksonline.ru/ks/-/jid/220/cat_id/3/id/10134/] (二〇〇九年七月二日閲覧)；Наука в Сибири. 2001. № 3. C. 10.

(62) グリーンピース・ロシアでのヒアリング調査(二〇〇九年七月)に基づく。

(63) 本節の詳細は、Masahiro Tokunaga, "Struggle for Survival in a Capitalist State: Analysis of the Re-profiling Program for a Russian Enterprise," *Kansai University Review of Business and Commerce* 7 (2005), pp. 76-83を参照されたい。

(64) 事業転換計画の財源として国家保有分の株式の売却益を充てる考えは早くから出されていたが、本計画を特定連邦プログラムとして扱い、政府予算を獲得する方針が示されたために事業転換計画Ⅲの作成過程で見送られた。

(65) Предложения по разработке. C. 13-14.

(66) Концепция социально-экономического развития г. Байкальска. 1999. C. 12. デリパスカ率いるバゾブイ・エレメントの傘下に入るまで、バイカリスク工場の法人株主は頻繁に替わった。多くの企業名が挙げられたが、そうした情報は正確性に欠けるため(前出注(13)を参照)、ここでは割愛する。

(67) 国家資産管理委員会の後身で、二〇〇四年五月に現在の連邦資産管理庁に再編された。国・公有資産の管理の他に、その民営化関連の業務を執り行う。

(68) イルクーツク基金事務局は、後出の連邦資産基金(Российский фонд федерального имущества)の地方支部である。同基金は国・公有資産の売手として株式の競売を行うほか、その監理下の株式の所有者として株主の発言権を有している。当初は最高ソビエトの管轄下にあり、一九九三年一〇月にロシア政府に移管されたが、民営化問題で国家資産管理委員会(当時)と対立した経緯がある。詳しくは、林昭、門脇延行、酒井正三郎編著『体制転換と企業・経営』ミネルヴァ書房、二〇〇一年、第二章を参照。

(69) 国家資産省は移管指令の数カ月前に登記簿の変更を要請していたが(Письмо Российского фонда федерального имущества РФ от 17 ноября 1999 года № ОЖ-14/7497)、これが受け入れられなかったために、後に強い態度に出たものと考えられる。

(70) Письмо Министерства государственного имущества РФ от 28 апреля 1999 года № ВП-10-443/ж.

(71) Письмо Комитета по промышленности, строительству, транспорту и энергетике Государственной Думы от 2 июня 1999 года № 2321-П; Письмо Министерства государственного имущества РФ от 8 июня 1999 года № ВП-10/6255.

(72) Письмо ОАО «Байкальский целлюлозно-бумажный комбинат» от 15 июня 1999 года № П-6/58.

(73) Протокол совещания в Министерстве экономики РФ. 19 июня 2000 года. С. 4.

(74) Депутатский запрос заместителя председателя Комитета по экономической политике (Машинского В.Л.) от 16 июня 1999 года № ВМ-06/16; Краткий анализ письма зам. министра государственного имущества РФ г-на Пыльнева В.В. от 28 апреля 1999 года № ВП-10-443/ж.

(75) Письмо Министерства государственного имущества РФ от 18 июня 1999 года № ГГ-11-564/ж.

(76) Письмо Российской академий наук. Сибирское отделение от 26 января 2000 года № 15001-15011-21134.

(77) «Континент Сибири» 31 октября 2003 года [http://www.ksonline.ru/ks/-/jid/220/cat_id/3/id/10134/](二〇〇九年七月二日閲覧)。

(78) 事業転換計画の進捗状況をめぐり本省高官が威圧的な発言を繰り返したことに加え、無許可でバイカル湖から取水していたことを理由に同省傘下の天然資源利用監督局が二〇〇七年一一月にバイカリスク工場を提訴し、約四〇億ルーブルに上る罰金の支払いと生産停止を求めた。工場側の代表者が反論したように、巨額の罰金の根拠とされたバイカル湖の環境汚染を示す客観的なデータはなく、その提出を求めた裁判所の要求に天然資源利用監督局が応えられなかったために審理は繰り返し延期された。加えて、やはり同省傘下のエコロジー・技術・原子力監督局の地方支部が過去にさかのぼって取水許可を与えたことで、裁判は工場側に有利となり、最終的には少額の罰金を支払うかたちで二〇〇八年末に決着した。その間に、天然資源省の依頼でコカコーラHBCユーラシア(Coca-Cola HBC Eurasia)の関係者がバイカリスク工場を視察した際に飲料水のボトリング事業への投資を打診されるなど、事業再編に関わる不透明な動きが見られた。

(79) バイカリスク市の公共下水道の建設に関する工費は連邦・州予算で賄われ(総額四・八億ルーブル)、閉鎖型循環給水システムの導入を含む生産工程の刷新にかかる費用はコンチネンタル・マネジメント側が負担した(同二・九億ルーブル)。以上は、«РИА новости» 25 августа 2008 года [http://www.rian.ru/nature/20080825/150638074.html](二〇〇九年六月一八日閲覧)に基づく。

(80) Orttung, "Business and Politics," pp. 48-60.

(81) «Континент Сибири» 8 августа 2003 года [http://www.ksonline.ru/ks/-/jid/228/cat_id/5/id/10543/](二〇〇九年七月二日閲覧); 31 октября 2003 года [http://www.ksonline.ru/ks/-/jid/220/cat_id/3/id/10133/](二〇〇九年七月二日閲覧)。

(82) 前出注(62)に同じ。軍需品のセルロース繊維については、*Виньков А*. Почти библейская история // Эксперт. 28 января 2010 [http://expert.ru/2010/01/28/pohti_bibleiskaya_istore/](二〇一一年七月三〇日閲覧)も参考にした。

(83) «Ведомости» 24 июля 2009 года.

(84) «РИА новости» 3 июня 2009 года [http://www.rian.ru/society/20090603/173129463.html] (二〇〇九年六月一八日閲覧)。

(85) Содружество бумажный оптовиков [http://www.sbo-paper.ru/publications/interview/Dribnyy/] (二〇一一年七月三〇日閲覧)。

(86) バイカリスク市の常住人口は一五七二七人(二〇〇二年)から一三五八九人(二〇一〇年)に減少した(*Росстат*. Численность и размещение населения. С. 243; *Росстат*. Всероссийская перепись населения 2010 [http://www.perepis-2010.ru/results_of_the_census/svod1.xls] (二〇一一年七月二六日閲覧))。

(87) バイカリスク工場の近況を報じた«Московские новости» 5-9 мая 2012 года の中で、ある有識者は「バイカリスクセルロース・製紙コンビナートはかなり以前からバイカリスク[市]における都市建造企業ではない」と述べている。

終　章

――結論と展望

一　本論の総括

本書は二〇世紀ロシアを対象に、その開発と環境をめぐる問題を政治経済学的な視角で検証した。その際、実証分析の枠組みを近代化論に求め、そこで見出されたエコロジー近代化という概念の下で彫琢された分析手法を用いて一国の動向を考察した後に、事例研究に適した地域研究のアプローチで「バイカル問題」の推移を通史的に論じた(図序-1を参照)。その過程で析出された論点を中心に、本論の要点を改めて振り返ってみたい。

二元論の限界と克服

第一章で述べたように、一般に社会主義国ソ連の公害・環境問題は体制論の枠内で提起され、資本主義体制と社会主義体制の二元論を前提として、その優劣を考えるための材料のひとつとして議論の俎上に載せられた。ソ連が国家として健在であった時期には、社会主義体制のあり方を規定する私的所有の否定や計画経済機構の運用が、資本主義体制と比べて公害・環境問題を適切に制御しうるか否かが議論の焦点であった。しかし、一九八〇年代末に至り、チェルノブイリ原発事故による放射能汚染やアラル海域の生態系破壊に代表される破局的な公害・環境問題の全容が明るみになり(第二章一を参照)、ソ連を筆頭に社会主義国家の崩壊という事態を迎えると、政治面や経済面だけでなく環境面での劣位性も揺るぎがたい事実と受け止められ、上記の論争には終止符が打たれた。

しかしながら、二元論的な思考体系を前提とする経済体制論アプローチでは、公害・環境問題の動態性と地域性を内生的に把握できないだけでなく、「現存した社会主義」に観察された現象の中で体制的規定になじまない事実は検討の埒外に置かれてしまう。例えば、補助的な役割にとどまっていたとはいえ、市場原理を利用した仕組みがあったからこそソ連の計画経済機構が曲がりなりにも作動していたことは、現在では専門外の経済学者にも知られているところである。(1) それゆえ、ソ連の経済システムを計画経済機構と同一視するだけでは、経済的誘因を活用した間接規制に基づく環境政策が同国で導入され、徐々に強化されてきた背景は理解できない(第三章二を参照)。同様に、マルクス・レーニン主義のイデオロギー上の誤謬を強調するだけでは、第六章で紹介したように生粋の共産主義者がバイカル湖流域の保護を訴えて「バイカル問題」を世間に喚起し、やはり多くが共産党員であった開発計画の推進者と鋭く対立した経緯を読み解くことはできないであろう。

他方で、ソ連からロシアへの体制転換を経て資本主義化の過程が本格化しても、経済体制の二元論に基づく単線的な見方では理解できない事態が生じた。特に、市場経済機構に対応して根本的に練り直された環境政策が適正に運用されず、むしろ新制度の濫用に近い状況が常態化し、環境政策能力の向上が見られなかったことは予想外の出来事であった。しかし、このような諸制度の法定(*de jure*)と実態(*de facto*)の相貌の乖離はソ連社会に遍く見られた現象で、ロシアの経済改革全般に観察された難点でもあった。このような過去から引き継いだ惰性ないし連続性の問題は、単純な二元論の枠組みでは解釈できない。

それゆえ、経済体制論アプローチに代表される従前の体制論に替わる分析の枠組みと手法が必要になり、本書では近代化論を公害・環境問題に応用したエコロジー近代化論の研究成果を活用した。ロシアの公害・環境問題の実証分析にエコロジー近代化論の手法を用いるメリットは、体制的規定を排した要因に基づく定量的・定性的分析によって、同国の環境ガバナンスの長期的展開と短期的変化の双方を追跡できることにある(詳細は第三章を参照)。

近代化論から見たロシアの開発と環境

いわゆる近代化論は単線的な発展史観で経済体制の異同を捨象しているだけでなく、資本主義体制を擁護する議論であると厳しく批判されてきた。(2) とはいえ、客観的に見ればソ連の「社会主義プロジェクト」は資本主義に対抗する代替的な近代化戦略として受容され、二〇世紀中葉には社会主義工業化という名称で一定の地歩を築いた。そして、その独自の特異な近代化路線が破綻したために、近代化戦略の見直しを資本主義化に求めたのが体制転換後のロシアである。二〇〇八年五月に就任したメドベージェフ大統領(現首相)が政治・経済改革の目標として掲げた「ロシアの近代化」(3)は、この点を一言したキーワードであると同時に、欧米諸国の列強と並び称せられるだけの地位を得るために必要な近代化がロシアでは未完であることを物語っている。(4)

二〇世紀ロシアの近代化の洗礼を最も浴びた地域のひとつは、かつて「無主地」と呼ばれたシベリアであろう。人類未踏の地に囲まれ、無垢の自然を湛えると同時に、天然資源の宝庫として知られたシベリアは、社会主義工業化の力量を内外に示すことができる格好の挑戦相手であった。第四章および第五章で論証したように、戦後のシベリア開発では多くの産業都市が叢生し、工業化が遅れていた後背地の経済地理を一変させた。特に、大規模な資源開発の推進は社会主義工業化の射程を超えた生産力をかの地にもたらし、現在の資源大国ロシアの経済力の基盤を創り上げた。二一世紀に入り十余年を経た今日でも、ロシア経済の命運は、シベリア・極東地域の極北部や沿海部で進められている資源開発プロジェクトの成否にかかっている。その一方で、いわゆる自然改造計画に象徴されるような大規模で野心的な開発計画が寒冷地の脆弱な自然環境を蝕んできたことは紛れもない事実で、その根本的な解決の目途が立たないまま新たな開発地域が次々に登場しているのが現状である。(第二章一を参照)。

このように、古今のロシアの近代化はシベリアの経済地理を大きく変容させると同時に、その自然環境の社会化(開発)によって支えられてきたのであるが、人間社会と自然環境の関係(環境)は根本的に変化し、両者の再生産(発展)を脅かす環境破壊・汚染として認識されるようになった。(5)

「なぜバイカルか」

シベリアの環境破壊・汚染の事例は数多くあるが、必ずと言っていいほど言及されるのが「シベリアの真珠」(жемчужина Сибири)と呼ばれるバイカル湖をめぐる問題である。事例研究として本書の第II部で取り上げた「バイカル問題」の概容と経緯については、多くの先行研究で紹介されてきたが、公文書館の所蔵史料や関係者の内部文書といった一次資料に基づいて、その歴史的背景から体制転換後の動向に至るまでの経緯を丹念に追跡した研究は本書の他に見当たらない。

第I部第四章三では、「点状の工業化」および「面状の工業化」という概念を用いてシベリア開発の実像を検証した。重工業に属する産業部門は都市部に集中立地する傾向が見られたのに対し、鉱工業企業の全事業所の半数を占める林産業と食品加工業はシベリア全域に広く散開し、とりわけ前者は機械製作・金属加工業に匹敵する生産力を有していたことが判明した。石油・天然ガスに代表される地下資源の関連産業がシベリア経済の顔であることは間違いないが、いわば「影の主役」として地域経済を下支えしてきたのは林産業である。なかでもイルクーツク州の林産業はロシア最大の地域シェアを誇り、多くの市町村において極めて重要な地場産業であった(第五章三を参照)。そのひとつが、後に「バイカル問題」の元凶として内外に知れ渡ることになったバイカリスクセルロース・製紙コンビナート(バイカリスク工場)である。

第五章および第六章で明らかにされたように、バイカリスク工場の建設計画は単独で提起されたわけではなく、戦後シベリアにおける大規模な社会主義近代化プロジェクトのひとつであったアンガラ川流域開発の一環として打ち出され、当時の技術水準の下では飛躍が期待されていた木材化学工業に属していたことが、多方面からの異議申し立てにもかかわらず建設計画が強引に推進されたことの背景にあった。それゆえ、「なぜバイカルか」との問いに対する回答は、単に清浄なバイカル湖水とバイカル湖流域の豊富な森林資源が必要とされたというだけではなく、国を挙げてシベリアの社会主義工業化に邁進する中で、その達成に必要な用具のひとつとしてバイカル湖を「利用しない手はない」と捉えられていたことに求められよう。バイカル湖流域の自然環境の保護を訴える声量は日ごとに大きくなっていたが、最後はシベリア経済の近代化を求める声高な唱和にかき消され（第六章三を参照）、今日から振り返ると「不条理」(absurd／абсурд)と言うより他はない禍根を後世に残すことになった。

「バイカル問題」の変容

第六章以下の副題に掲げたように、バイカリスク工場の動向を基点とする「バイカル問題」は、その建設計画、開業後の環境対策、企業経営の刷新を伴う事業転換計画に応じて、「登場」「深化」「転回」の三段階を経て今日に至る。ほとんどの先行研究は最初の局面にのみ注目し、その後の変容過程を押さえた論考は少ない。しかし、第八章で触れたようにバイカリスク工場は二〇〇八年秋に経営破綻し、半世紀近くにわたり「バイカル問題」の中心にいた歴史にいったん幕を下ろした。そこに至るまでの経緯を仔細に検討すると、第七章および第八章で検討したように、「バイカル問題」の内容が二転三転していることが分かる。

第一に、一九七〇年代に入ると「バイカル問題」に拡大と長期化の兆しが現れ、開発と環境のジレンマが深化した。すなわち、バイカリスク工場による環境汚染に加えて、バイカル・アムール（バム）鉄道の敷設を契機とする開発区域の北進の結果、バイカル湖流域への環境負荷は着実に高まっていった。こうした事態に対し、最上位の政治的意思決定としてバイカル湖流域の自然環境の保護が数次にわたり命じられ、当時としては極めて野心的な環境技術の適用が主要な汚染源で試みられたが、いずれも実を結ばずに終わり、より急進的な解決策を志向するペレストロイカの時代へと突入した。

第二に、バイカリスク工場の事業転換命令に象徴されるように、「バイカル問題」は一九八〇年代末に大きく転回した。この時期から事実上始まる資本主義化の奔流に飲み込まれたバイカリスク工場の事業転換計画は七転八起の末に実現されたが、その直後に市場の力学が工場を操業停止に追い込み、破産手続きが開始された。こうして「バイカル問題」は資本主義の論理に則って解決されることが明らかになり、それまでの開発か環境かという二者択一の議論ではなく、経済・社会・環境の三面のバランスに配慮した解決策が強く求められるようになった。体制転換前はバイカリスク工場とバイカリスク市の共存を前提にして、両者の環境面の妥当性がもっぱら問われていたが、転換後は経済面の効率性と社会面の持続性が保障されなければ、環境面の展望も開かれないことを学んだのである。

二　理論的含意と今後の展望

最後に、本論の実証分析で得られた知見に基づいて、移行経済論と環境経済論の理論的発展に多少とも寄与すると考えられる論点を提示して、本書の結びとしたい。

一般に計画経済から市場経済への転換は経済活動の効率性を高め、エネルギー消費量や二酸化炭素排出量に代表される環境指標の改善に繋がると考えられてきた。「全て環境面では落第生」(6)の移行諸国にとって、市場経済への移行と市場原理に基づく環境政策体系の構築こそが公害・環境問題の解決に向けた必要条件である。定量的な環境指標の推移を確認すると、ロシアを含む大半の移行諸国で一定の改善が見られたことは、環境面での市場経済移行の成果と評価されている。(7) しかしながら、数値の動きと現場での皮膚感覚の乖離は別にしても、環境政策能力という定性的な側面に目を向けると、公害・環境問題の解決に向けた十分条件として環境ガバナンスの強化を実現することがいかに難しいかを体制転換後のロシアの経験は示している。一九九〇年代のロシアは、経済成長がなければ環境政策能力の向上に分配される資源は確保できないことを示し、二〇〇〇年代のロシアは、経済成長が環境政策に利用可能な資源をもたらしたとしても環境政策能力は向上するどころか減退さえすることを明らかにした。環境政策に限らず、制度の公正かつ効率的な執行力の点でロシアが他の主要国と比べて劣っている点を考慮すると、他国・地域との比較分析を通じて制度の構築と施行の能力水準を決する要因は何であるかを見極める必要がある。

本書は「現存した社会主義」の公害・環境問題を正面から取り上げたが、環境経済論の実証研究の分野で業績が少ないというだけではなく、その政治経済学的分析においても確たる位置づけがされているわけではない。(8) ソ連や東欧諸国の公害・環境問題の惨状は強調しても、それを理論構築の素材としたり、実証分析の枠組みの彫琢に活かしたりする研究はほとんど見られない。その最大の理由は、現象として見れば資本主義諸国と社会主義諸国の公害・環境問題に大きな差は認められないにもかかわらず、初めから異なる発生メカニズムを暗黙裡に想定したことで、社会主義諸国の公害・環境問題に関する事例研究の成果を十分に吸収できないばかりか、それを理論的に昇華できなかったことに求められる。このジレンマを解消するために、本書では統一的な分析枠組みとして近代化論に立ち戻り、その理論的発展の延長上に提起されたエコロジー近代化論が考案した手法を適用して、地域研究のアプローチを用いた事例研究を交えながら、「現存したソ連社会主義」の公害・環境問題の実証分析に望んだ。ひとつの試論ではあるが、本書を捨石として公害・環境問題の政治経済学に新たな地平が開かれる可能性はあろう。

（1） 例えば、Suleiman (Solomon) I. Cohen, *Economic Systems Analysis and Policies: Explaining Global Differences, Transitions and Developments* (Hampshire: Palgrave Macmillan, 2007)［スレイマン・コーヘン（溝端佐登史、岩﨑一郎、雲和広、徳永昌弘監訳／比較経済研究会訳）『国際比較の経済学――グローバル経済の構造と多様性』ＮＴＴ出版、二〇一二年、第五章］を参照。

（2） 富永健一『近代化の理論――近代化における西洋と東洋』講談社、一九九六年、三―四頁によると、同書の出発点となる処女作が出版された一九六〇年代には、表題に「近代化」を掲げることさえ憚られたという。近代化論の代表的著作として知られるWalt W. Rostow, *The Stages of Economic Growth: A Non-communist Manifesto*, 2nd ed. (Cambridge: Cambridge University Press, 1971)［ウォルト・ロストウ（木村健康、久保まち子、村上泰亮訳）『経済成長の諸段階――一つの非共産主義宣言』ダイヤモンド社、一九七四年］に対する評価も辛辣で、「新植民地主義のイデオロギー以外のなにものでもない」（松井清「ロストウ開発論批判」『経済論叢』（京都大学）第九九巻第五号、一九六七年、四一（四三七）頁）と一蹴されることが多かった。

（3） 二〇〇九年一一月一二日に連邦議会（上下両院）で行われたメドベージェフ大統領の年次教書演説で強調され、内外の注目を浴びた（*Financial Times*, 13 November 2009; *Wall Street Journal*, 13 November 2009; «Независимая газета» 13 ноября 2009 года）。その具体的な内容については、序章注（14）を参照。

（4） 序章注（13）を参照。

（5） この点については、第一章五３を参照されたい。森田桐郎「人間―自然関係とマルクス経済学」『経済評論』第二五巻第七号、一九七六年、五八頁は、マルクスの生産力概念に「決定的なゆがみを与えたのは、スターリンの〝生産用具プラス労働力〟説」で、自然の生産力が完全に忘却されたと指摘している。

（6） 中兼和津次『体制移行の政治経済学――なぜ社会主義国は資本主義に向かって脱走するのか』名古屋大学出版会、二〇一〇年、一八〇頁。

（7） OECD, *Environment in the Transition to a Market Economy: Progress in Central and Eastern Europe and the New Independent States* (Paris: OECD, 1999), pp. 31-59.

（8） 例えば、序章注（1）で挙げた文献を参照されたい。

あとがき

本書は、二〇〇二年一月に京都大学に提出した課程博士申請論文『ソ連・ロシアにおける地域経済開発と公害・環境問題に関する研究』を大幅に書き改めたものである。以下の初出一覧に掲げたように、多くの章は既発表の論文に基づいているが、版元の許可を得て再録するにあたり全面的に増補・改訂した。あわせて各章を独立した論文としても読めるように表記上の配慮をした。参考文献はテーマ別に整理した上で、本論で参照・引用した以外の文献も広く含めている。

序章
　書き下ろし
第一章
「公害・環境問題と社会経済体制――社会主義における『公害』論争を振りかえって」『比較経済体制研究』第三号、一九九六年、五四―六三頁。
「体制転換諸国の公害・環境問題――過去と現在」溝端佐登史、吉井昌彦編『市場経済移行論』世界思想社、二〇〇二年、九九―一一二頁。

人名索引

あ　行

アガンベギャン，アベル(Абел Аганбегян)　109
アレクサンドロフ，イワン(Иван Александров)　191
イェニッケ，マルティン(Martin Jänicke)　38, 39, 86, 87, 89, 90, 95, 102, 110, 130, 131, 268
イムラー，ハンス(Hans Immler)　28, 47
イラリオノフ，アンドレイ(Андрей Илларионов)　116
ウイナー，ダグラス(Douglas Weiner)　225, 230, 234
ウォルフソン，ゼエフ(Ze'ev Wolfson)　47, 62
エリツィン，ボリス(Борис Ельцин)　65, 288, 319
オスルンド，アンダス(Anders Åslund)　125
オフシャンニコフ，ニコライ(Николай Овсянников)　246
オルドフィールド，ジョナサン(Jonathan Oldfield)　4

か　行

カー，エドワード(Edward Carr)　167
ガイダル，エゴール(Егор Гайдар)　287, 288
ガーシェンクロン，アレクサンダー(Alexander Gerschenkron)　159, 176
ガディ，クリフォード(Clifford Gaddy)　162-165, 178
ガラジー，グリゴリー(Григорий Галазий)　220, 225-227, 230, 235, 237, 245, 247, 252, 253
カラシニコバ，タチアナ(Татьяна Калашникова)　192
カレール＝ダンコース，エレーヌ(Hélène Carrère d'Encausse)　13
ギデンズ，アンソニー(Anthony Giddens)　38
グスタフソン，セイン(Thane Gustafson)　229
クラスニコフスキー，ゲオルギー(Георгий Красниковский)　233, 237
グラチョフ，ミハイル(Михаил Грачёв)　253, 277, 294, 296, 310, 319
クルーグマン，ポール(Paul Krugman)　163
クルジィジャノフスキー，グレブ(Глеб Кржижановский)　209
ケネディ，ポール(Paul Kennedy)　177
ケリー，ドナルド(Donald Kelley)　228, 229, 235
ケルドイシュ，ムスティスラフ(Мстислав Келдыш)　226
コジョフ，ミハイル(Михаил Кожов)　230
コスイギン，アレクセイ(Алексей Косыгин)　220, 234, 249
コプチュグ，バレンティン(Валентин Коптюг)　290, 294, 310
ゴールドマン，マーシャル(Marshall Goldman)　2, 24-29, 33-37, 43, 103, 228, 229, 233, 236, 239
ゴルバチョフ，ミハイル(Михаил Горбачёв)　57, 109, 120, 137, 269
コルポー，アンナ(Anna Korppoo)　116
コロソフスキー，ニコライ(Николай Колосовский)　184, 191-194, 197, 211

さ　行

サックス，ジェフリー(Jeffrey Sachs)　163
ザンブランネン，クレイグ(Craing ZumBrunnen)　229
塩野谷祐一　1, 33, 34

ジーグラー，チャールズ(Charles Ziegler)　2, 31, 32, 229
シャヴァンス，ベルナール(Bernard Chavance)　50
ジャボロンコフ，ニコライ(Николай Жаворонков)　230, 233, 236-238, 248, 249
ジョセフソン，ポール(Paul Josephson)　230, 248
ショーロホフ，ミハイル(Михаил Шолохов)　227, 230
スターリン，ヨシフ(Иосиф Сталин)　166, 334
セミョーノフ，ワジム(Vadim Semenov)　26
ソーントン，ジェームス(James Thornton)　2, 31, 32

た　行

タウリン，フランツ(Франц Таурин)　225, 230
タルイジン，ニコライ(Николай Талызин)　285
チビリヒン，ウラジーミル(Владимир Чивилихин)　230
都留重人　1, 12, 33-36, 43, 49
ディーンズ，レスリー(Leslie Dienes)　165, 180
寺西俊一　12
デリパスカ，オレグ(Олег Дерипаска)　284, 299, 313, 316, 323
ドゥモバ，イリーナ(Ирина Думова)　310
ドッブ，モーリス(Maurice Dobb)　176
ドボルコビッチ，アルカディ(Аркадий Дворкович)　117
トロフィムク，アンドレイ(Андрей Трофимук)　230, 237, 248

な　行

ネクラーソフ，ニコライ(Николай Некрасов)　225, 236, 246

は　行

ハイエ，マルテン(Maarten Hajer)　38, 115
バイバコフ，ニコライ(Николай Байбаков)　233, 234, 237
ハーベイ，デビット(David Harvey)　38
ハンソン，フィリップ(Philip Hanson)　165
ヒューバー，ジョセフ(Joseph Huber)　38
ヒル，フィオナ(Fiona Hill)　162-165, 178
プーチン，ウラジーミル(Владимир Путин)　65, 111, 114-118, 126, 135, 141, 180, 309, 313, 314, 316
ブヤントゥエフ，バリジャン(Бальжан Буянтуев)　225
フルシチョフ，ニキータ(Никита Хрущёв)　149, 200, 223, 247
ブレジネフ，レオニード(Леонид Брежнев)　108, 248
ベック，ウルリッヒ(Ulrich Beck)　38, 87
ベドリツキー，アレクサンドル(Александр Бедрицкий)　117
ポスペロフ，ゲンナディ(Геннадий Поспелов)　247
ボルコフ，オレグ(Олег Волков)　227, 230

ま　行

マッキンタイア，コバート(Robert McIntyre)　2, 31, 32
マツケビッチ，ウラジーミル(Владимир Мацкевич)　234, 235
マルイシェフ，ワジム(Вадим Малышев)　191
マルクス，カール(Karl Marx)　21, 25, 28-30, 34, 45, 47, 334
ミーク，ジェームス(James Meek)　178
宮本憲一　12, 37, 43, 49, 50
メドベージェフ，ジョレス(Жорес Медведев)　60
メドベージェフ，ドミトリー(Дмитрий Медведев)　8, 14, 56, 79, 114-117, 125, 126, 141, 329, 334
モル，アーサー(Arthur Mol)　38, 88, 132

や　行

山中貞則　45

ら　行

事項索引

あ　行

か　行

さ　行

た　行

な　行

は　行

ま　行

や　行

ら　行

アルファベット順

参考文献

本書の執筆に際し，参考にした文献を5つのテーマ(1．エコロジー近代化論，2．ソ連・ロシア近代化論，3．ソ連およびロシアの公害・環境問題，4．シベリア開発の現代史，5．バイカル湖流域の開発と環境)に分けて一覧にした。本論で参照・引用した以外の文献も含まれており，逆に本論で利用しても上記のテーマに沿わないものは割愛した。各テーマの中で，和文，欧文，露文の著者名・書名順に並べている。

なお，これまでに世界各国で発表されたバイカル湖の学術研究を収めたオンラインのデータベースhttp://www.nti.lin.irk.ru/bibl/が運用中で，2万2927点に上る成果物の概要が収録されている。あわせて参照されたい。

1．エコロジー近代化論

(ロシアについての文献は後出の「ソ連およびロシアの公害・環境問題」を参照)

秋山幸子「エコロジー的近代化と環境情報公開」『現代社会理論研究』第15号，2005年，269-280頁。

秋山幸子「エコロジー的近代化論における社会構想論的視角――森林認証制度を事例として」『名古屋大学社会学論集』第27号，2006年，43-61頁。

宇仁宏幸「経済成長と温室効果ガス排出の関係――累積的因果連関モデルによる分析」『経済理論』第49巻第3号，79-89頁。

金基成「エコロジー的近代化言説とEUの気候変動政策――ストーリーラインの類似性とその政治的含意」『立命館大学法学』2010年5・6号(第333・334号)，529(1989)-550(2010)頁。

孫穎「産業構造転換と環境負荷の関係――北九州市と大連市の比較研究を中心に」『福祉社会研究』(京都府立大学)第4・5号，2005年，69-96頁。

高井亨「経済成長と二酸化炭素排出量削減は両立するか――デカップリング概念を用いた国際比較」『経済論叢』(京都大学)第184巻第2号，2010年，71-88頁。

徳永昌弘「新興市場経済におけるエコロジー近代化――予備的考察」水野一郎編著『上海経済圏と日系企業――その動向と展望』関西大学出版部，2009年，175-193頁。

長岡延孝「『エコロジー的近代化』の挑戦と社会民主主義――『持続可能な発展』，社会的公正および新しい個人主義」『大阪経大論集』第46巻第5号，1996年，41-70頁。

長尾伸一「エコロジー的近代化論と『緑の産業革命』」『ドイツ研究』第45号，2011年，39-53頁。

福士正博「環境近代化論――その意義と限界(上)」『東京経大学会誌(経済学)』第203号，1997年，161-178頁。

福士正博「環境近代化論——その意義と限界(下)」『東京経大学会誌(経済学)』第209号，1998年，65-85頁。

福士正博「リスク社会論——環境近代化論批判」『人文自然科学論集』(東京経済大学)第110号，2000年，119-140頁。

堀田康彦「エコロジー的近代化と脱国家的権威——グローバリゼーション下の環境政策・技術戦略の形成について」『年報科学・技術・社会』第12巻，2003年，65-95頁。

松崎茂「環境問題の現代的位相——『エコロジー的近代化論』の基礎的検討」『国際比較政治研究』(大東文化大学)第12号，2003年，85-94頁。

松崎茂「エコロジー的近代化論の成立と展開——その基礎的検討」『社会学論叢』(日本大学)第156号，2006年，1-19頁。

松野弘「産業主義思想と環境主義思想の有機的統合化への視点と課題——『ヘッチヘッチ論争』から『エコロジー的近代化論』へ」『国際比較政治研究』(大東文化大学)第12号，2003年，69-75頁。

満田久義「持続可能な社会論」『社会学部論集』(佛教大学)第36号，2003年，87-104頁。

八木信一「産業構造の転換と環境負荷」『調査と研究』(京都大学)第19号，2000年，50-69頁。

山口裕司「緑の国家論に関する一考察——エッカースレイの見解を踏まえて」『宮崎公立大学人文学部紀要』第15巻第1号，2008年，333-343頁。

Andersen, M. S., "Ecological Modernization or Subversion? The Effect of Europeanization on Eastern Europe," *American Behavioral Scientist* 45:9 (2002), pp. 1394-1416.
Andersen, M. S. and Massa, I., "Ecological Modernization: Origins, Dilemmas and Future Directions," *Journal of Environmental Policy and Planning* 2:4 (2000), pp. 337-345.
Anh, P. T., Dieu, T. T. M., Mol, A. P. J., Kroeze, C. and Bush S. R., "Towards Eco-agro Industrial Clusters in Aquatic Production: The Case of Shrimp Processing Industry in Vietnam," *Journal of Cleaner Production* 19:17-18 (2011), pp. 2107-2118.
Ashford, N. A., "Government and Environmental Innovation in Europe and North America," *American Behavioral Scientist* 45:9 (2002), pp. 1417-1434.
Bäckstrand, K. and Lövbrand, E., "Planting Trees to Mitigate Climate Change: Contested Discourses of Ecological Modernization, Green Governmentality and Civic Environmentalism," *Global Environmental Politics* 6:1 (2006), pp. 50-75.
Barrett, B. F. D., *Ecological Modernisation and Japan* (New York: Routledge, 2005).
Beck, U. *Risikogesellschaft: Auf dem Weg in eine andere Moderne* (Frankfurt: Suhrkamp, 1986). [ウルリヒ・ベック(東廉，伊藤美登里訳)『危険社会——新しい近代への道』法政大学出版局，1998年。]
Beck, U., Giddens, A. and Lash, S. *Reflexive Modernization: Politics, Tradition and*

Aesthetics in the Modern Social Order (Cambridge: Polity Press, 1994).［ウルリッヒ・ベック，アンソニー・ギデンズ，スコット・ラッシュ（松尾精文，小幡正敏，叶堂隆三訳）『再帰的近代化——近現代における政治，伝統，美的原理』而立書房，1997 年。］

Bostrom, M., "Environmental Organisations in New Forms of Political Participation: Ecological Modernisation and the Making of Voluntary Rules," *Environmental Values* 12:2 (2003), pp. 175–193.

Brand, U., "Sustainable Development and Ecological Modernization: The Limits to a Hegemonic Policy Knowledge," *Innovation: The European Journal of Social Science Research* 23:2 (2010), pp. 135–152.

Bulkeley, H. and Mol, A. P. J., "Participation and Environmental Governance: Consensus, Ambivalence and Debate," *Environmental Values* 12:2 (2003), pp. 143–154.

Burg, S. W. K. van den, Mol, A. P. J. and Spaargaren, G., "Consumer-oriented Monitoring and Environmental Reform," *Environment and Planning C* 21:3 (2003), pp. 371–388.

Buttel, F. H., "Ecological Modernization as Social Theory," *Geoforum* 31:1 (2000), pp. 57–65.

Buttel, F. H., "Environmental Sociology and the Explanation of Environmental Reform," *Organization and Environment* 16:3 (2003), pp. 306–344.

Carolan, M. S., "Ecological Modernization Theory: What about Consumption?," *Society and Natural Resources* 17:3 (2004), pp. 247–260.

Carolan, M. S., "Ecological Modernization and Consumption: A Reply to Mol and Spaargaren," *Society and Natural Resources* 17:3 (2004), pp. 267–270.

Carter, N. T. and Mol, A. P. J., "China and Environment: Domestic and Transnational Dynamics of a Future Hegemon," *Environmental Politics* 15:2 (2006), pp. 330–344.

Carter, N. T. and Mol, A. P. J., eds., *Environmental Governance in China* (London: Routledge, 2007).

Catney, P. and Doyle, T., "The Welfare of Now and the Green (Post) Politics of the Future," *Critical Social Policy* 31:2 (2011), pp. 174–193.

Christoff, P., "Ecological Modernisation, Ecological Modernities," *Environmental Politics* 5:3 (1996), pp. 476–500.

Clement, M. T. and Schultz, J., "Political Economy, Ecological Modernization, and Energy Use: A Panel Analysis of State-level Energy Use in the United States, 1960–1990," *Sociological Forum* 26:3 (2011), pp. 581–600.

Cohen, M. J., "Risk Society and Ecological Modernisation: Alternative Visions for Post-industrial Nations," *Futures* 29:2 (1997), pp. 105–119.

Cohen, M. J., "Science and the Environment: Assessing Cultural Capacity for Ecological Modernization," *Public Understanding of Science* 7:2 (1998), pp. 149–167.

Cohen, M. J., "Ecological Modernisation, Environmental Knowledge and National Character: A Preliminary Analysis of the Netherlands," *Environmental Politics* 9:1 (2000), pp. 77-106.

Cohen, M. J. and Murphy, J., eds., *Exploring Sustainable Consumption: Environmental Policy and the Social Sciences* (Amsterdam: Pergamon, 2001).

Curran, G., "Modernising Climate Policy in Australia: Climate Narratives and the Undoing of a Prime Minister," *Environment and Planning C* 29:6 (2011), pp. 1004-1017.

Davidson, D. J. and Frickel, S., "Understanding Environmental Governance: A Critical Review," *Organization and Environment* 17:4 (2004), pp. 471-492.

Davidson, D. J. and MacKendrick, N. A., "All Dressed up with Nowhere to Go: The Discourse of Ecological Modernization in Alberta, Canada," *Canadian Review of Sociology/Revue Canadienne de Sociologie* 41:1 (2004), pp. 47-65.

Davies, A. R., "Does Sustainability Count? Environmental Policy, Sustainable Development and the Governance of Grassroots Sustainability Enterprise in Ireland," *Sustainable Development* 17:3 (2009), pp. 174-182.

Death, C., "'Greening' the 2010 FIFA World Cup: Environmental Sustainability and the Mega-event in South Africa," *Journal of Environmental Policy and Planning* 13:2 (2011), pp. 99-117.

Drake, F., Purvis, M. and Hunt, J., "Business Appreciation of Global Atmospheric Change: The United Kingdom Refrigeration Industry," *Public Understanding of Science* 10:2 (2001), pp. 187-211.

Dryzek, J. S., *The Politics of the Earth: Environmental Discourses* (Oxford, New York: Oxford University Press, 1997).

Eckersley, R., *The Green State: Rethinking Democracy and Sovereignty* (Cambridge: The MIT Press, 2004). [ロビン・エッカースレイ（松野弘監訳）『緑の国家――民主主義と主権の再考』岩波書店，2010年。]

Ehrhardt-Martinez, K., Crenshaw, E. M. and Jenkins, J. C., "Deforestation and the Environmental Kuznets Curve: A Cross-national Investigation of Intervening Mechanisms," *Social Science Quarterly* 83:1 (2002), pp. 226-243.

Er, A. C., Mol, A. P. J. and van Koppen, C. S. A., "Ecological Modernization in Selected Malaysian Industrial Sectors: Political Modernization and Sector Variations," *Journal of Cleaner Production* 24 (2012), pp. 66-75.

Fagin, A., "Environmental Capacity Building in the Czech Republic," *Environment and Planning A* 33:4 (2001), pp. 589-606.

Fisher D. R. and Freudenburg W. R., "Ecological Modernization and Its Critics: Assessing the Past and Looking toward the Future," *Society and Natural Resources* 14:8

(2001), pp. 701–709.

Foster, J. B., "The Planetary Rift and the New Human Exemptionalism: A Political-economic Critique of Ecological Modernization Theory," *Organization and Environment* 25:3 (2012), pp. 211–237.

Frijns, J., Phuong, P. T. and Mol, A. P. J., "Ecological Modernisation Theory and Industrialising Economies: The Case of Viet Nam," *Environmental Politics* 9:1 (2000), pp. 257–292.

Gendron, C., *Regulation Theory and Sustainable Development: Business Leaders and Ecological Modernization* (London, New York: Routledge, 2012).

Gibbs, D., "Ecological Modernisation, Regional Economic Development and Regional Development Agencies," *Geoforum* 31:1 (2000), pp. 9–19.

Gibbs, D., "Prospects for an Environmental Economic Geography: Linking Ecological Modernization and Regulationist Approaches," *Economic Geography* 82:2 (2006), pp. 193–215.

Giddens, A., *The Consequences of Modernity* (Cambridge: Polity Press in association with Blackwell, 1990).［アンソニー・ギデンズ（松尾精文，小幡正敏訳）『近代とはいかなる時代か？——モダニティの帰結』而立書房，1993 年。］

Gille, Z., "Legacy of Waste or Wasted Legacy? The End of Industrial Ecology in Post-socialist Hungary," *Environmental Politics* 9:1 (2000), pp. 203–231.

Glenna, L. L. and Mitev, G. V., "Global Neo-liberalism, Global Ecological Modernization, and a Swine CAFO in Rural Bulgaria," *Journal of Rural Studies* 25:3 (2009), pp. 289–298.

Gonzalez, G. A., *The Politics of Air Pollution: Urban Growth, Ecological Modernization, and Symbolic Inclusion* (Albany: State University of New York Press, 2005).

Gouldson, A. and Murphy, J., "Ecological Modernization and the European Union," *Geoforum* 27:1 (1996), pp. 11–21.

Hajer, M. A., *The Politics of Environmental Discourse: Ecological Modernization and the Policy Process* (Oxford: Clarendon Press, 1995).

Harring, N., Jagers, S. C. and Martinsson, J., "Explaining Ups and Downs in the Public's Environmental Concern in Sweden: The Effects of Ecological Modernization, the Economy, and the Media," *Organization and Environment* 24:4 (2011), pp. 388–403.

He, C., ed.-in-chief, *China Modernization Report Outlook (2001–2010)* (Beijing: Peking University Press, 2010), Chapter X, pp. 143–165.

Herrschel, T., "Environment and the Postsocialist 'Condition'," *Environment and Planning A* 33:4 (2001), pp. 569–572.

Herrschel, T. and Forsyth, T., "Constructing a New Understanding of the Environment under Postsocialism," *Environment and Planning A* 33:4 (2001), pp. 573–587.

Hills, P., "Environmental Policy and Planning in Hong Kong: An Emerging Regional Agenda," *Sustainable Development* 10:3 (2002), pp. 171-178.

Ho, P., "Trajectories for Greening in China: Theory and Practice," *Development and Change* 37:1 (2006), pp. 3-28.

Hoffmann, J. P., "Social and Environmental Influences on Endangered Species: A Cross-national Study," *Sociological Perspectives* 47:1 (2004), pp. 79-107.

Holleman, H., "Energy Policy and Environmental Possibilities: Biofuels and Key Protagonists of Ecological Change," *Rural Sociology* 77:2 (2012), pp. 280-307.

Ibitz, A., "China's Climate Change Mitigation Efforts from an Ecological Modernization Perspective," *Issues and Studies* 47:2 (2011), pp. 151-203.

Jamison, A., "Environmentalism in an Entrepreneurial Age: Reflections on the Greening of Industry Network," *Journal of Environmental Policy and Planning* 3:1 (2001), pp. 1-13.

Jänicke, M., "Conditions for Environmental Policy Success: An International Comparison," *The Environmentalist* 12:1 (1992), pp. 47-58.

Jänicke, M., *The Political System's Capacity for Environmental Policy* (Berlin: Forschungsstelle fur umweltpolitik, FFU-Report, No. 95-4, 1995).［マーティン・イェニッケ（本田宏，吉田文和訳・解説）「政治システムの環境政策対処能力」『経済学研究』(北海道大学)第 46 巻第 3 号，1996 年，161(333)-181(353)頁。］

Jänicke, M., *Governing Environmental Flows: The Need to Reinvent the Nation State* (Berlin: FFU-Report, No. 03-2005, 2005).［マーティン・イェニッケ（吉田文和，佐々木創，行方のな訳）「環境フローのガバナンス――国民国家を再生する必要」『経済学研究』(北海道大学)第 54 巻第 4 号，2005 年，93(473)-107(487)頁。］

Jänicke, M., Binder, M. and Mönch, H., "'Dirty Industries': Patterns of Change in Industrial Countries," *Environmental and Resource Economics* 9:4 (1997), pp. 467-491.

Jänicke, M., Mönch, H. and Binder, M., *Umweltentlastung durch Industriellen Strukturwandel?: Eine Explorative Studie über 32 Industrieländer (1970 bis 1990)* (Berlin: Edition Sigma, 1992)

Jänicke, M., Mönch, H., Ranneberg, T. and Simonis, U. E., "Economic Structure and Environmental Impacts: East-West Comparisons," *The Environmentalist* 9:3 (1989), pp. 171-183.

Jänicke, M. and Weidner, H., eds., *Successful Environmental Policy: A Critical Evaluation of 24 Cases* (Berlin: Edition Sigma, 1995).［マルティン・イェニッケ，ヘルムート・ヴァイトナー編（長尾伸一，長岡延孝監訳）『成功した環境政策――エコロジー的成長の条件』有斐閣，1998 年。］

Jänicke, M. and Weidner, H., eds., *National Environmental Policies: A Comparative*

Study of Capacity-building (Berlin and New York: Springer, 1997).

Jay, M. and Morad, M., "Crying over Spilt Milk: A Critical Assessment of the Ecological Modernisation of New Zealand's Dairy Industry," *Society and Natural Resources* 20:5 (2006), pp. 469-478.

Jokinen, P., "Europeanisation and Ecological Modernisation: Agri-environmental Policy and Practices in Finland," *Environmental Politics* 9:1 (2000), pp. 138-167.

Jokinen, P. and Koskinen, K., "Unity in Environmental Discourse? The Role of Decision Makers, Experts and Citizens in Developing Finnish Environmental Policy," *Policy and Politics* 26:1 (1998), pp. 55-70.

Jorgenson, A. K. and Clark, B., "Are the Economy and the Environment Decoupling? A Comparative International Study, 1960-2005," *American Journal of Sociology* 118:1 (2012), pp. 1-44.

Jorgenson, A. K., Clark, B. and Giedraitis, V. R., "The Temporal (In)Stability of the Carbon Dioxide Emissions/Economic Development Relationship in Central and Eastern European Nations," *Society and Natural Resources* 25:11 (2012), pp. 1182-1192.

Katayama, H., "Ecological Modernization in Northeast Asia," in Shinichiro Tabata, ed., *Energy and Environment in Slavic Eurasia: Towards the Establishment of the Network of Environmental Studies in the Pan-Okhotsk Region* (Sapporo: Slavic Research Center, Hokkaido University, 2008), pp. 185-201.

Kehbila, A. G., Ertel, J. and Brent, A. C., "Corporate Sustainability, Ecological Modernization and the Policy Process in the South African Automotive Industry," *Business Strategy and the Environment* 19:7 (2010), pp. 453-465.

Kment P. and Kocmánková, L., "Rural and Environmental Concern - Focus on the Czech Republic," *Agricultural Economics (Zemědělská ekonomika)* 58:4 (2012), pp. 191-199.

Korhonen, J., "Reconsidering the Economics Logic of Ecological Modernization," *Environment and Planning A* 40:6 (2008), pp. 1331-1346.

Lankao, P. R., "Are We Missing the Point? Particularities of Urbanization, Sustainability and Carbon Emissions in Latin American Cities," *Environment and Urbanization* 19:1 (2007), pp. 159-175.

Lash, S., Szerszynski, B. and Wynne, B., *Risk, Environment and Modernity: Towards a New Ecology* (London, Thousand Oaks: Sage Publications, 1996).

Lenihan, M. H. and Brasier, K. J., "Ecological Modernization and the US Farm Bill: The Case of the Conservation Security Program," *Journal of Rural Studies* 26:3 (2010), pp. 219-227.

Lundqvist, L. J., "Capacity-building or Social Construction? Explaining Sweden's Shift

towards Ecological Modernisation," *Geoforum* 31:1 (2000), pp. 21-32.
Lundqvist, L. J., "Implementation from Above: The Ecology of Power in Sweden's Environmental Governance," *Governance* 14:3 (2001), pp. 319-337.
McKinney, L. A., Fulkerson, G. M. and Kick, E. L., "Investigating the Correlates of Biodiversity Loss: A Cross-national Quantitative Analysis of Threatened Bird Species," *Human Ecology Review* 16:1 (2009), pp. 103-113.
McLaughlin, P., "Ecological Modernization in Evolutionary Perspective," *Organization and Environment* 25:2 (2012), pp. 178-196.
Memon, P. A. and Kirk, N. A., "Institutional Reforms in New Zealand Fisheries as an Ecological Modernization Project," *Society and Natural Resources* 24:10 (2011), pp. 995-1010.
Michelsen, J., "A Europeanization Deficit? The Impact of EU Organic Agriculture Regulations on New Member States," *Journal of European Public Policy* 15:1 (2008), pp. 117-134.
Midttun, A. and Kamfjord, S., "Energy and Environmental Governance under Ecological Modernization: A Comparative Analysis of Nordic Countries," *Public Administration* 77:4 (1999), pp. 873-895.
Milanez, B. and Bührs, T., "Ecological Modernisation beyond Western Europe: The Case of Brazil," *Environmental Politics* 17:5 (2008) pp. 784-803.
Mol, A. P. J., *The Refinement of Production: Ecological Modernization Theory and the Chemical Industry* (Utrecht: Van Arkel, 1995).
Mol, A. P. J., "Ecological Modernisation and Institutional Reflexivity: Environmental Reform in the Late Modern Age," *Environmental Politics* 5:2 (1996), pp. 302-323.
Mol, A. P. J., "The Environmental Movement in an Era of Ecological Modernisation," *Geoforum* 31:1 (2000), pp. 45-57.
Mol, A. P. J., *Globalization and Environmental Reform: The Ecological Modernization of the Global Economy* (Cambridge: The MIT Press, 2001).
Mol, A. P. J., "Environment and Modernity in Transitional China: Frontiers of Ecological Modernization," *Development and Change* 37:1 (2006), pp. 29-56.
Mol, A. P. J. and Buttel, F. H., eds., *The Environmental State under Pressure* (Amsterdam: JAI, 2002).
Mol, A. P. J. and Carter, N. T., "China's Environmental Governance in Transition," *Environmental Politics* 15:2 (2006), pp. 149-170.
Mol, A. P. J., Lauber, V. and Liefferink, D., eds., *The Voluntary Approach to Environmental Policy: Joint Environmental Policy-making in Europe* (Oxford, Tokyo: Oxford University Press, 2000).
Mol, A. P. J. and Opschoor, J. B., "Developments in Economic Valuation of Environmen-

tal Resources in Centrally Planned Economies," *Environment and Planning A* 21: 9 (1989), pp. 1205-1228.

Mol, A. P. J. and Sonnenfeld, D. A., "Ecological Modernisation around the World: An Introduction," *Environmental Politics* 9:1 (2000), pp. 1-14.

Mol, A. P. J. and Sonnenfeld, D. A., *Ecological Modernisation around the World: Perspectives and Critical Debates* (London: Frank Cass Publishers, 2000).

Mol, A. P. J., Sonnenfeld, D. A. and Spaargaren, G., *The Ecological Modernisation Reader: Environmental Reform in Theory and Practice* (New York: Routledge, 2009).

Mol, A. P. J. and Spaargaren, G., "Environment, Modernity and the Risk-society: The Apocalyptic Horizon of Environmental Reform," *International Sociology* 8:4 (1993), pp. 431-459.

Mol, A. P. J. and Spaargaren, G., "Ecological Modernisation Theory in Debate: A Review," *Environmental Politics* 9:1 (2000), pp. 17-49.

Mol, A. P. J. and Spaargaren, G., "Ecological Modernization and Consumption: A Reply," *Society and Natural Resources* 17:3 (2004), pp. 261-265.

Mol, A. P. J. and Spaargaren, G., "From Additions and Withdrawals to Environmental Flows: Reframing Debates in the Environmental Social Sciences," *Organization and Environment* 18:1 (2005), pp. 91-107.

Mol, A. P. J. and van Buuren, J. C. L., *Greening Industrialization in Asian Transitional Economies: China and Vietnam* (Lanham: Lexington Books, 2003).

Murphy, J., "Editorial: Ecological Modernisation," *Geoforum* 31:1 (2000), pp. 1-8.

Nomura, K., "Democratization and the Politics of Environmental Claim-making: A Story from Indonesia," *South East Asia Research* 17:2 (2009), pp. 261-285.

Obach, B., "Theoretical Interpretations of the Growth in Organic Agriculture: Agricultural Modernization or an Organic Treadmill?," *Society and Natural Resources* 20: 3 (2007), pp. 229-244.

Orsato, R. J. and Clegg, S. R., "Radical Reformism: Towards *Critical* Ecological Modernization," *Sustainable Development* 13:4 (2005), pp. 253-267.

Park, J., Sarkis, J. and Wu, Z. H., "Creating Integrated Business and Environmental Value within the Context of China's Circular Economy and Ecological Modernization," *Journal of Cleaner Production* 18:15 (2010), pp. 1494-1501.

Pataki, G., "Ecological Modernization as a Paradigm of Corporate Sustainability," *Sustainable Development* 17:2 (2009), pp. 82-91.

Pellow, D. N., Schnaiberg, A. and Weinberg, A. S., "Putting the Ecological Modernisation Thesis to the Test: The Promises and Performances of Urban Recycling," *Environmental Politics* 9:1 (2000), pp. 109-137.

Pepper, D., "Ecological Modernisation or the 'Ideal Model' of Sustainable Development? Questions Prompted at Europe's Periphery," *Environmental Politics* 8:4 (1999), pp. 1-34.

Perz, S. G., "Reformulating Modernization-based Environmental Social Theories: Challenges on the Road to an Interdisciplinary Environmental Science," *Society and Natural Resources* 20:5 (2007), pp. 415-430.

Pulver, S., "Making Sense of Corporate Environmentalism: An Environmental Contestation Approach to Analyzing the Causes and Consequences of the Climate Change Policy Split in the Oil Industry," *Organization and Environment* 20:1 (2007), pp. 44-83.

Reiche, D., "Energy Policies of Gulf Cooperation Council (GCC) Countries - Possibilities and Limitations of Ecological Modernization in Rentier States," *Energy Policy* 38:5 (2010), pp. 2395-2403.

Rezaei-Moghaddam, K., Karami, E. and Gibson, J., "Conceptualizing Sustainable Agriculture: Iran as an Illustrative Case," *Journal of Sustainable Agriculture* 27:3 (2005), pp. 25-56.

Richardson, T., "The Trans-European Transport Network: Environmental Policy Integration in the European Union," *European Urban and Regional Studies* 4:4 (1997), pp. 333-346.

Rinkevicius, L., "Ecological Modernisation as Cultural Politics: Transformations of Civic Environmental Activism in Lithuania," *Environmental Politics* 9:1 (2000), pp. 171-202.

Rock, M. T., "Integrating Environmental and Economic Policy Making in China and Taiwan," *American Behavioral Scientist* 45:9 (2002), pp. 1435-1455.

Sagar, A. D. and VanDeveer, S. D., "Capacity Development for the Environment: Broadening the Scope," *Global Environmental Politics* 5:3 (2005), pp. 14-22.

Sanchez, R. A., "Governance, Trade, and the Environment in the Context of NAFTA," *American Behavioral Scientist* 45:9 (2002), pp. 1369-1393.

Sarkis, J. and Cordeiro, J. J., "Ecological Modernization in the Electrical Utility Industry: An Application of a Bads-goods DEA Model of Ecological and Technical Efficiency," *European Journal of Operational Research* 219:2 (2012), pp. 386-395.

Scheinberg, A., Spies, S., Simpson, M. H. and Mol, A. P. J., "Assessing Urban Recycling in Low- and Middle-income Countries: Building on Modernised Mixtures," *Habitat International* 35:2 (2011), pp. 188-198.

Schlosberg, D. and Dryzek, J. S., "Political Strategies of American Environmentalism: Inclusion and beyond," *Socity and Natural Resources* 15:9 (2002), pp. 787-804.

Shandra, J. M., London, B., Whooley, O. P. and Williamson, J. B., "International

Nongovernmental Organizations and Carbon Dioxide Emissions in the Developing World: A Quantitative, Cross-national Analysis," *Sociological Inquiry* 74:4 (2004), pp. 520–545.

Shwom, R. L., "A Middle Range Theorization of Energy Politics: The Struggle for Energy Efficient Appliances," *Environmental Politics* 20:5 (2011), pp. 705–726.

Simonis, U. E., *Ecological Modernization of Industrial Society: Three Strategic Elements* (Islamabad: Friedrich-Ebert-Stiftung, 1989).

Skoglund, P. and Svensson, E., "Discourses of Nature Conservation and Heritage Management in the Past, Present and Future: Discussing Heritage and Sustainable Development from Swedish Experiences," *European Journal of Archaeology* 13:3 (2010), pp. 368–385.

Smith, A. and Kern, F., "The Transitions Storyline in Dutch Environmental Policy," *Environmental Politics* 18:1 (2009), pp. 78–98.

Sonnenfeld, D. A., "Contradictions of Ecological Modernisation: Pulp and Paper Manufacturing in South-East Asia," *Environmental Politics* 9:1 (2000), pp. 235–256.

Sonnenfeld, D. A., "Social Movements and Ecological Modernization: The Transformation of Pulp and Paper Manufacturing," *Development and Change* 33:1 (2002), pp. 1–27.

Sonnenfeld, D. A. and Mol, A. P. J., "Globalization and the Transformation of Environmental Governance: An Introduction," *American Behavioral Scientist* 45:9 (2002), pp. 1318–1339.

Sonnenfeld, D. A. and Mol, A. P. J., "Ecological Modernization, Governance, and Globalization: Epilogue," *American Behavioral Scientist* 45:9 (2002), pp. 1456–1461.

Sonnenfeld, D. A. and Mol, A. P. J., "Environmental Reform in Asia: Comparisons, Challenges, Next Steps," *The Journal of Environment and Development* 15:2 (2006), pp. 112–137.

Spaargaren, G., "Sustainable Consumption: A Theoretical and Environmental Policy Perspective," *Society and Natural Resources* 16:8 (2003), pp. 687–701.

Spaargaren, G. and Mol, A. P. J., "Sociology, Environment and Modernity: Ecological Modernisation as a Theory of Social Change," *Society and Natural Resources* 5:4 (1992), pp. 323–344.

Spaargaren, G. and Mol, A. P. J., "Greening Global Consumption: Politics and Authority," *Global Environmental Change* 18:3 (2008), pp. 350–359.

Spaargaren, G., Mol, A. P. J. and Buttel, F. H., eds., *Environment and Global Modernity* (London: SAGE Publications, 2000).

Spaargaren, G., Mol, A. P. J. and Buttel, F. H., eds., *Governing Environmental Flows: Global Challenges to Social Theory* (Cambridge: The MIT Press, 2006).

Spaargaren, G. and Vliet, B. V., "Lifestyles, Consumption and the Environment: The Ecological Modernization of Domestic Consumption," *Environmental Politics* 9:1 (2000), pp. 50-76.

Staddon, C., "Restructuring the Bulgarian Wood-processing Sector: Linkages between Resource Exploitation, Capital Accumulation, and Redevelopment in a Postcommunist Locality," *Environment and Planning A* 33:4 (2001), pp. 607-628.

Szarka, J., "Climate Challenges, Ecological Modernization, and Technological Forcing: Policy Lessons from a Comparative US-EU Analysis," *Global Environmental Politics* 12:2 (2012) pp. 87-109.

Toke, D., *Ecological Modernisation and Renewable Energy* (Basingstoke: Palgrave Macmillan, 2011).

Uhlaner, L. M., Berent-Braun, M. M., Jeurissen, R. J. M. and de Wit, G., "Beyond Size: Predicting Engagement in Environmental Management Practices of Dutch SMEs," *Journal of Business Ethics* 109:4 (2012), pp. 411-429.

UNEP, *Decoupling Natural Resource Use and Environmental Impacts from Economic Growth* (Nairobi: UNEP, 2011).

Vail, B., "Ecological Modernization at Work? Environmental Policy Reform in Sweden at the Turn of the Century," *Scandinavian Studies* 80:1 (2008), pp. 85-108.

van Tatenhove, J. P. M., Arts, B. and Leroy, P., eds., *Political Modernisation and the Environment: The Renewal of Environmental Policy Arrangements* (Dordrecht, Boston: Kluwer Academic Publishers, 2000).

van Tatenhove, J. P. M. and Leroy, P., "Environment and Participation in a Context of Political Modernisation," *Environmental Values* 12:2 (2003), pp. 155-174.

Weidner, H., "Capacity Building for Ecological Modernization: Lessons from Cross-national Research," *American Behavioral Scientist* 45:9 (2002), pp. 1340-1368.

Weidner, H. and Jänicke, M., eds., *Capacity Building in National Environmental Policy: A Comparative Study of 17 Countries* (Berlin: Springer, 2002).

Welford, R., Hills, P. and Lam, J., "Environmental Reform, Technology Policy and Transboundary Pollution in Hong Kong," *Development and Change* 37:1 (2006), pp. 145-178.

While, A., Jonas, A. E. G. and Gibbs, D., "The Environment and the Entrepreneurial City: Searching for the Urban 'Sustainability Fix' in Manchester and Leeds," *International Journal of Urban and Regional Research* 28:3 (2004), pp. 549-569.

Wong, C. M. L., "The Developmental State in Ecological Modernization and the Politics of Environmental Framings: The Case of Singapore and Implications for East Asia," *Nature and Culture* 7:1 (2012), pp. 95-119.

Wright, J. and Kurian, P., "Ecological Modernization versus Sustainable Development:

The Case of Genetic Modification Regulation in New Zealand," *Sustainable Development* 18:6 (2010), pp. 398–412.

Xue, L., Simonis, U. E. and Dudek, D. J., "Environmental Governance for China: Major Recommendations of a Task Force," *Environmental Politics* 16:4 (2007), pp. 669–676.

York, R., "The Treadmill of (Diversifying) Production," *Organization and the Environment* 17:3 (2004), pp. 355–362.

York, R. and Rosa, E. A., "Key Challenges to Ecological Modernisation Theory: Institutional Efficacy, Case Study Evidence, Units of Analysis, and the Pace of Eco-efficiency," *Organization and the Environment* 16:3 (2003), pp. 273–287.

Young, S. C., ed., *The Emergence of Ecological Modernisation: Integrating the Environment and the Economy?* (London, New York: Routledge, 2000).

Zahran, S., Kim, E., Chen, X. and Lubell, M., "Ecological Development and Global Climate Change: A Cross-national Study of Kyoto Protocol Ratification," *Society and Natural Resources* 20:1 (2007), pp. 37–55.

Zhang, L. and Mol, A. P. J., "Water Price Reforms in China: Policy-making and Implementation," *Water Resources Management* 24:2 (2010), pp. 377–396.

Zhang, L., Mol, A. P. J. and Sonnenfeld, D. A., "The Interpretation of Ecological Modernisation in China," *Environmental Politics* 16:4 (2007), pp. 659–668.

Zhang, L., Tu, Q. and Mol, A. P. J., "Payment for Environmental Services: The Sloping Land Conversion Program in Ningxia Autonomous Region of China," *China and World Economy* 16:2 (2008), pp. 66–81.

Zhu, Q., Geng, Y., Sarkis, J. and Lai, K-H., "Evaluating Green Supply Chain Management among Chinese Manufacturers from the Ecological Modernization Perspective," *Transportation Research Part E: Logistics and Transportation Review* 47:6 (2011), pp. 808–821.

Zhu, Q., Sarkis, J. and Lai, K-H., "Green Supply Chain Management Innovation Diffusion and Its Relationship to Organizational Improvement: An Ecological Modernization Perspective," *Journal of Engineering and Technology Management* 29:1 (2012), pp. 168–185.

2. ソ連・ロシア近代化論（ソ連・ロシア経済に関する文献を含む）

浅元薫哉，齋藤寛編著『ロシア経済の基礎知識』ジェトロ（日本貿易振興会），2012 年。

池田頴昭，岡稔編『社会主義の経済構造（Ⅰ）（現代社会主義講座第 3 巻）』東洋経済新報社，1956 年。

上野俊彦「メドヴェージェフ『近代化』論の政治的含意」『平成 22 年度ロシア研究会中間報告書「ロシアにおけるエネルギー・環境・近代化」』日本国際問題研究所，2011 年 3 月，

87-93 頁。

上原一慶編著『躍動する中国と回復するロシア——体制転換の実像と理論を探る』高菅出版，2005 年。

岡田進「ロシア革命と工業化——1920 年代を中心にして」『ロシア史研究』第 14 号，1966 年，4-15 頁。

岡田進「ロシアの 08－09 年金融・経済危機」『ロシア・ユーラシア経済』第 934 号，20-39 頁。

岡稔『ソヴェト工業生産の分析』岩波書店，1956 年。

岡本正編著『ソ連経済論・歴史編』日本評論社，1968 年。

小野堅「レーニンとゴエルロ・プラン」『大阪外国語大学学報』第 25 巻，1971 年，165-179 頁。

小野堅，岡本武，溝端佐登史編『ロシア・東欧経済』世界思想社，1994 年。

小野堅，岡本武，溝端佐登史編『ロシア経済』世界思想社，1998 年。

門脇彰「1920 年代央のソ連における利権資本」『同志社商学』第 43 巻第 6 号，1992 年，55-76 頁。

川端香男里『ロシア——その民族とこころ』講談社，1998 年。

久保庭真彰「ロシア生産統計の下方バイアス性——鉱工業生産を中心として」『経済研究』(一橋大学)第 46 巻第 4 号，1995 年，289-302 頁。

久保庭真彰「ロシアにおける産業空洞化と商業肥大化」『比較経済体制学会年報』第 40 巻第 1 号，2003 年，18-29 頁。

久保庭真彰「ロシア経済の成長と多様化」『経済研究』第 60 巻第 1 号，2009 年，1-15 頁。

久保庭真彰「『ロシア病(Russian Disease)』の病理と診断」『経済研究』第 61 巻第 3 号，2010 年，261-285 頁。

久保庭真彰『ロシア経済の成長と構造——資源依存経済の新局面』岩波書店，2011 年。

久保庭真彰，田畑伸一郎編著『転換期のロシア経済——市場経済移行と統計システム』青木書店，1999 年。

コルガーノフ，A.(藤原克美訳)「資本主義のジュラシック・パーク——ロシア移行経済における所有関係の特徴」『比較経済体制研究』第 7 号，2000 年，19-30 頁。

金野雄五「ロシアにおける金融危機と政策対応」『比較経済研究』第 47 巻第 1 号，2010 年，39-50 頁。

佐々木りつ子『ソビエト体制の崩壊——経済資源コントロール国家解体の政治力学』木鐸社，1999 年。

左治木吾郎「メドベージェフ政権と『経済の近代化』——その位置づけと評価をめぐって」『ロシア・ユーラシアの経済と社会』2012 年 2 月号，14-32 頁。

塩川伸明『現存した社会主義——リヴァイアサンの素顔』勁草書房，1999 年。

塩川伸明『《二〇世紀史》を考える』勁草書房，2004 年。

塩原俊彦『現代ロシアの経済構造』慶應義塾大学出版会，2004 年。

塩原俊彦『ロシア経済の真実』東洋経済新報社，2005年。

塩原俊彦『ロシア資源産業の「内部」』アジア経済研究所，2006年。

塩原俊彦「ロシア経済危機のミクロ分析」『ロシアNIS調査月報』2009年12月号，12-25頁。

塩原俊彦『ミクロ分析　経済危機のロシア』東洋書店，2010年。

島村史郎『ソ連経済と統計――ゴルバチョフ経済政策の評価』東洋経済新報社，1989年。

シュヴィトコ，V.「ロシア政府の経済危機対策とその効果」『ロシアNIS調査月報』2009年12月号，1-11頁。

庄野新「ソビエト計画経済前史――最高国民経済会議の転形と中央計画機関の創出過程」『歴史学研究』第284号，1964年，1-12頁。

白鳥正明「世界恐慌とロシアの金融危機対策(2008～10年)」『ロシア・ユーラシア経済』第934号，2-19頁。

鈴木義一「ソヴィエト政権初期における国民経済の計画化の構想」『ロシア史研究』第56号，1995年，49-55頁。

鈴木義一「ソヴィエト計画経済体制の源流――臨時政府とソヴィエト・ロシア」『経済学論集』(東京大学)，第62巻第2号，1996年，38-56頁。

鈴木義一「社会主義経済体制の形成過程と変容過程」『情況』第1巻第4号，2000年，96-108頁。

鈴木義一「『戦時共産主義』期の計画経済論再考――ソヴィエトの計画化の思想的問題によせて」『スラヴ文化研究』第2号，2002年，98-109頁。

栖原学「ロシア経済と天然資源」『経済研究』(一橋大学)第55巻第2号，2004年，97-110頁。

栖原学「ソ連工業生産指数における上方バイアス」『経済集志』(日本大学)第80巻第4号，2011年，29(269)-56(296)頁。

ソ連邦ゴスプラン経済研究所(竹浪祥一郎訳)『米ソの経済競争――理論・分析・展望』合同出版社，1960年。

高橋長太郎「ソ連邦国民所得統計の吟味」『経済研究』(一橋大学)創刊号，1950年，44-50頁。

田中宏「『ソ連型』経済社会と体制転換の20年に関する省察」『立命館経済学』第59巻第6号，2011年，573-592頁。

ダニーロフ，V. P.，ミニューク，A. I.(源河朝典訳)「ソ連経済統計(1918～1991年)に関する歴史的分析」『NIRA政策研究』第12巻第7号，1999年，8-23頁。

田畑伸一郎編著『石油・ガスとロシア経済』北海道大学出版会，2008年。

田畑伸一郎「世界金融危機とロシア経済の現状」『ERINA REPORT』第90号，2009年，2-14頁。

田畑伸一郎「岐路に立つロシア経済――マクロ経済と財政の視点から」『ロシアNIS調査月報』2009年5月号，1-17頁。

田畑伸一郎「ロシア経済の動向――世界金融危機の影響と回復過程」『ロシアNIS調査月報』2010年5月号，1-23頁。

田畑伸一郎「2010年のロシア経済——強いられる成長モデルの修正」『ロシアNIS調査月報』2011年5月号，6-24頁。

田畑伸一郎「2000年代のロシアの経済発展メカニズムについての再考」『経済研究』(一橋大学)第63巻第2号，2012年，143-154頁。

チューリナ，E.「ロシア国立経済文書館とソ連およびロシアの経済統計」一橋大学経済研究所中核的拠点形成プロジェクト・ディスカッションペーパー，DP 99-2，1999年5月。

東京大学社会科学研究所編『経済成長II　受容と対抗(20世紀システム3)』東京大学出版会，1998年。

中江幸雄「ゴエルロ計画の作成経過と電化構想——ソビエト20年代国民経済計画化論の形成史(1)」『経済論叢』(京都大学)第121巻第6号，1978年，331-348頁。

中江幸雄「ゴエルロ計画の方法と発表後の経過——ソビエト20年代国民経済計画化論の形成史(2)」『経済論叢』(京都大学)第122巻第1・2号，1978年，86-110頁。

中江幸雄「ソビエト初期の『単一経済計画』論争(1920年)——第9回党大会の決議『経済建設の当面の諸問題』第2項をめぐって」『海外事業研究』第10巻第2号，1983年，123-132頁。

中江幸雄「ソビエト初期の社会主義建設——レーニン電化計画の実現過程〈1921～31年〉」『熊本商大論集』第30巻第3号，1984年，73-109頁。

長岡貞男「市場経済移行と世界経済への統合——国内改革と対外開放の相互作用」『経済研究』(一橋大学)第50巻第4号，1999年，312-323頁。

中津孝司『ガスプロムが東電を買収する日』ビジネス社，2007年。

中村逸郎『帝政民主主義国家ロシア——プーチンの時代』岩波書店，2005年。

中村逸郎『ロシアはどこに行くのか——タンデム型デモクラシーの限界』講談社，2008年。

中山弘正，上垣彰，栖原学，辻義昌『現代ロシア経済論』岩波書店，2001年。

西村可明，岩﨑一郎「ソ連中央統計局内部資料が示す中央アジア工業発展史」一橋大学経済研究所中核的拠点形成プロジェクト・ディスカッションペーパー，DP 99-35，2000年10月。

西村可明，岩﨑一郎「ソ連中央アジア地域長期農業統計」一橋大学経済研究所中核的拠点形成プロジェクト・ディスカッションペーパー，DP 99-36，2000年10月。

西村可明，杉浦史和「旧ソ連におけるザカフカス諸国の経済発展」『経済研究』(一橋大学)第56巻第1号，2005年，53-68頁。

野々村一雄「『二つの体制』と経済統計の問題——最近英米学会のソヴェート統計批判について」『経済研究』(一橋大学)創刊号，1950年，32-37頁。

野々村一雄「ソヴェート愛国主義と統計学——ソヴェート統計学界の自己批判について」『経済研究』(一橋大学)創刊号，1950年，51-56頁。

袴田茂樹『現代ロシアを読み解く——社会主義から「中世社会」へ』筑摩書房，2002年。

蓮見雄「世界資本主義とロシア」『経済学季報』(立正大学)第48巻第2号，1999年，231-264頁。

林昭，門脇延行，酒井正三郎編著『体制転換と企業・経営』ミネルヴァ書房，2001年。

林田博史「ソ連邦における地方財政と利益共同体」『社会主義経済研究』創刊号，1983年，42-56頁。

林田博史「社会計画化と社会主義」『社会主義経済研究』第3号，1984年，41-51頁。

林田博史「社会計画化論と《企業の論理》克服の道」『財政学研究』第9号，1984年，96-101頁。

ハンソン，P.(溝端佐登史訳)「ロシア経済はどの程度特殊なのか？規模と地域的多様性から」『比較経済体制研究』第8号，2001年，133-147頁。

廣岡正久『ロシアを読み解く』講談社，1995年。

ブラギンスキー，S.，シュヴィドコー，V.『ソ連経済の歴史的転換はなるか』講談社，1991年。

溝端佐登史『ロシア経済・経営システム研究――ソ連邦・ロシア企業・産業分析』法律文化社，1996年。

溝端佐登史「ロシア移行過程研究に関する一考察」『ロシア・ユーラシア経済調査資料』第778号，1997年，10-33頁。

溝端佐登史「ロシアにおける社会・経済構造の変化と経済政策の選択」『ロシア・東欧学会年報』第25号，1997年，31-47頁。

溝端佐登史「ロシアにおける会社は誰のものか――民営化後の所有権論争から」『ユーラシア研究』第22号，2000年，40-46頁。

溝端佐登史「体制転換・民営化と20世紀社会主義企業――ロシアの経験にもとづいて」『比較経営学会誌』第25号，2001年，13-32頁。

溝端佐登史「体制転換からみたソ連社会主義」『比較経済体制研究』第9号，2002年，60-77頁。

溝端佐登史「ロシアにおける資本形成と再編――資本はどこから来て，どこへ行くのか？」『彦根論叢』(滋賀大学)第359号，2006年，21-40頁。

溝端佐登史「ロシアにおける企業社会の変貌」日本比較経営学会『会社と社会――比較経営学のすすめ』文理閣，2006年，167-190頁。

溝端佐登史「成長と危機のなかのロシア企業社会――新興市場と比較企業研究」『比較経営研究』第34号，2010年，20-41頁。

溝端佐登史「ロシア経済における近代化」『平成22年度ロシア研究会中間報告書「ロシアにおけるエネルギー・環境・近代化」』日本国際問題研究所，2011年3月，1-24頁。

溝端佐登史編著『ロシア近代化の政治経済学』文理閣，2013年(近刊)。

南塚信吾「帝国主義と『社会主義的工業化』――ソ連邦を中心に」『津田塾大学紀要』第3号，1971年，53-83頁。

森岡真史「社会主義の過去と未来――科学・闘争・規範」『経済理論』第48巻第1号，2011年，26-38頁。

山口秋義『ロシア国家統計制度の成立』梓出版社，2003年。

山田勇「ソ連の生産指数」『経済研究』(一橋大学)創刊号，1950 年，38-43 頁。

吉井昌彦，溝端佐登史編著『現代ロシア経済論』ミネルヴァ書房，2011 年。

早稲田大学社会科学研究所編『社会主義工業経済論』早稲田大学社会科学研究所，1968 年。

Adachi, Y., *Building Big Business in Russia: The Impact of Informal Corporate Governance Practices* (Abingdon: Routledge, 2010).

Ahrend, R., "Can Russia Break the "Resource Curse"?," *Eurasian Geography and Economics* 46:8 (2005), pp. 584-609.

Altvater, E., "Theoretical Deliberations on Time and Space in Post-socialist Transformation," *Regional Studies* 32:7 (1998), pp. 591-605.

Åslund, A., "Russian Resources: Curse or Rents?," *Eurasian Geography and Economics* 46:8 (2005), pp. 610-617.

Baev, P. K., "Russia Abandons the 'Energy Super-power' Idea but Lacks Energy for 'Modernisation'," *Strategic Analysis* 34:6 (2010), pp. 885-896.

Baran, P. A., "National Income and Product of the U.S.S.R. in 1940," *The Review of Economic Statistics* 29:4 (1947), pp. 226-234.

Bergson, A., "A Problem in Soviet Statistics," *The Review of Economic Statistics* 29:4 (1947), pp. 234-242.

Bradshaw, M. J., ed., *Geography and Transition in the Post-Soviet Republics* (New York: John Wiley & Sons, 1997).

Carrère d'Encausse, H., *Le pouvoir confisqué: gouvernants et gouvernés en U.R.S.S.* (Paris: Flammarion, 1980). [エレーヌ・カレール=ダンコース(尾崎浩訳)『奪われた権力――ソ連における統治者と被統治者』新評論，1982 年。]

Carrère d'Encausse, H., *La Russie inachevée* (Paris: Fayard, 2000). [エレーヌ・カレール=ダンコース(谷口侑訳)『未完のロシア――10 世紀から今日まで』藤原書店，2008 年。]

Chavance, B. *Le Système Économique Soviétique: de Brejnev à Gorbatchev* (Paris: Nathan, 1989). [ベルナール・シャヴァンス(斉藤日出治訳)『社会主義のレギュラシオン理論――ソ連経済システムの危機分析』大村書店，1992 年。]

Chavance, B. and Magnin, E., "Convergence and Diversity in National Trajectories of Post-socialist Transformation," in Benjamin Coriat, Pascal Petit and Geneviève Schméder, eds., *The Hardship of Nations: Exploring the Paths of Modern Capitalism* (Cheltenham: Edward Elgar, 2006), pp. 225-244.

Clark, C., "Russian Income and Production Statistics," *The Review of Economic Statistics* 29:4 (1947), pp. 215-217.

Clarke, S., "A Very Soviet Form of Capitalism? The Management of Holding Companies in Russia," *Post-Communist Economies* 16:4 (2004), pp. 405-422.

Cliff, T., *Stalinist Russia: A Marxist Analysis* (London: M. Kidron, 1955). [トニー・クリ

フ(対馬忠行，姫岡玲治訳)『ロシア＝官僚制国家資本主義論――マルクス主義的分析』論争社，1961 年。]

Connolly, R., "Financial Constraints on the Modernization of the Russian Economy," *Eurasian Geography and Economics* 52:3 (2011), pp. 428-459.

Dallago, B. and Iwasaki, I., eds., *Corporate Restructuring and Governance in Transition Economies* (Hampshire: Palgrave Macmillan, 2007).

Dobb, M. and Scwartz, H., "Further Appraisals of Russian Economic Statistics: A Comment on Soviet Statistics," *The Review of Economic Statistics* 30:1 (1948), pp. 34-41.

Ellman, M., ed., *Russia's Oil and Natural Gas: Bonanza or Curse?* (London: Anthem Press, 2006).

Ericson, R. E., "The Russian Economy: Market in Form but "Feudal" in Content?," in Michael Cuddy and Ruvin Gekker, eds., *Institutional Change in Transition Economies* (Aldershot: Ashgate, 2002), pp. 3-34.

Feinstein, C. H., ed., *Socialism, Capitalism and Economic Growth: Essays Presented to Maurice Dobb* (Cambridge: Cambridge University Press, 1967). [チャールズ・フェインステーン編(水田洋ほか訳)『社会主義・資本主義と経済成長――モーリス・ドッブ退官記念論文集』筑摩書房，1969 年。]

Gaddy, C. G. and Ickes, B. W., "Resource Rents and the Russian Economy," *Eurasian Geography and Economics* 46:8 (2005), pp. 559-583.

Gaddy, C. G. and Ickes, B. W., "Russia after the Global Financial Crisis," *Eurasian Geography and Economics* 51:3 (2010), pp. 281-311.

Gerschenkron, A., "The Soviet Indices of Industrial Production," *The Review of Economic Statistics* 29:4 (1947), pp. 217-226.

Gerschenkron, A., *Economic Backwardness in Historical Perspective: A Book of Essays* (Cambridge: Belknap Press of Harvard University Press, 1962). [アレクサンダー・ガーシェンクロン(絵所秀紀，雨宮昭彦，峯陽一，鈴木義一訳)『後発工業国の経済史――キャッチアップ型工業化論』ミネルヴァ書房，2005 年。]

Guriev, S. and Kuchins, A. C., eds., *Russia after the Global Economic Crisis* (Washington, D.C.: Peterson Institute for International Economics, 2010).

Hanson, P., "The Russian Economic Crisis and the Future of Russian Economic Reform," *Europe-Asia Studies* 51:7 (1999), pp. 1141-1166.

Hanson, P., *The Rise and Fall of the Soviet Economy: An Economic History of the USSR from 1945* (London: Longman, 2003).

Hanson, P., "Russia's Inward and Outward Foreign Direct Investment: Insights into the Economy," *Eurasian Geography and Economics* 51:5 (2010), pp. 632-652.

Harris, S. E., "Introduction," *The Review of Economic Statistics* 29:4 (1947), pp. 213-214.

Heleniak, T., *Bibliography of Soviet Statistical Handbooks* (Washington D.C.: Center for International Research, U.S. Bureau of the Census, 1988).

Inkeles, A., *Social Change in Soviet Russia* (Cambridge: Harvard University Press, 1968).

IMF, *World Economic Outlook Database.* [http://www.imf.org/external/data.htm]

IMF, World Bank, OECD and EBRD. *A Study of the Soviet Economy* (Paris: OECD, 1991).

Kaufman, R. F. and Hardt, J. P., eds, for the Joint Economic Committee, Congress of the United States, *The Former Soviet Union in Transition* (Armonk: M. E. Sharpe, 1993).

Kim, Y., *The Resource Curse in a Post-communist Regime: Russia in Comparative Perspective* (Aldershot: Ashgate, 2003).

Kuboniwa, M., "Economic Growth in Postwar Russia: Estimating GDP," *Hitotsubashi Journal of Economics* 38 (1997), pp. 21–32.

Kuboniwa, M., *Growth and Diversification of the Russian Economy in Light of Input-Output Tables* (Tokyo: Russian Research Center, The Institute of Economic Research, Hitotsubashi University, RRC Working Paper, 18, 2009).

Kuboniwa, M., Tabata, S. and Ustinova, N., "How Large Is the Oil and Gas Sector of Russia? A Research Report," *Eurasian Geography and Economics* 46:1 (2005), pp. 68–76.

Kumo, K., "Soviet Industrial Location: A Re-examination," *Europe-Asia Studies* 56:4 (2004), pp. 595–613.

Kuznetsov, A. and Kuznetsova, O., "Institutions, Business and the State in Russia," *Europe-Asia Studies* 55:6 (2003), pp. 907–922.

Lane, D., *Soviet Society under Perestroika* (Boston: Unwin Hyman, 1990).

Lane, D., ed., *Russia in Transition: Politics, Privatisation and Inequality* (London, New York: Longman, 1995).

Lane, D., *The Rise and Fall of State Socialism: Industrial Society and the Socialist State* (Cambridge: Polity Press, 1996). [デービッド・レーン（溝端佐登史，林裕明，小西豊著訳）『国家社会主義の興亡——体制転換の政治経済学』明石書店，2007 年。]

Lane, D. and Myant, M., eds., *Varieties of Capitalism in Post-communist Countries* (Hampshire: Palgrave Macmillan, 2007).

Laqueur, W., "Moscow's Modernization Dilemma: Is Russia Charting a New Foreign Policy?," *Foreign Affairs* 89:6 (2010), pp. 153–160.

Maurseth, P. B., "Divergence and Dispersion in the Russian Economy," *Europe-Asia Studies* 55:8 (2003), pp. 1165–1185.

OECD, *The Investment Environment in the Russian Federation: Laws, Policies and Institutions* (Paris: OECD, 2001).

Orttung, R., "Business and Politics in the Russian Regions," *Problems of Post-Communism* 51:2 (2004), pp. 48-60.

Parsons, T., *The System of Modern Societies* (Englewood Cliffs: Prentice-Hall, 1971). [タルコット・パーソンズ(井門富二夫訳)『近代社会の体系』至誠堂，1977 年。]

Pickles, J., *State and Society in Post-socialist Economies* (Basingstoke: Palgrave Macmillan, 2008).

Pickles, J. and Smith, A., *Theorising Transition: The Political Economy of Post-communist Transformations* (London, New York: Routledge, 1998).

Rosefielde, S., "Russia: An Abnormal Country," *The European Journal of Comparative Economics* 2:1 (2005), pp. 3-16.

Rostow, W. W., *The Stages of Economic Growth: A Non-communist Manifesto*, 2nd ed. (Cambridge: Cambridge University Press, 1971). [ウォルト・ロストウ(木村健康，久保まち子，村上泰亮訳)『経済成長の諸段階――一つの非共産主義宣言』ダイヤモンド社，1974 年。]

Sapir, J., "What Should Russian Monetary Policy Be," *Post-Soviet Affairs* 26:4 (2010), pp. 342-372.

Tabata, S., ed., *Dependent on Oil and Gas: Russia's Integration into the World Economy* (Sapporo: Slavic Research Center, Hokkaido University, 2006).

United Nations, *National Accounts Statistics: Main Aggregates and Detailed Tables, 2005, Part III* (New York: United Nations, 2007).

Wiles, P. J. D., *The Political Economy of Communism* (Oxford: Blackwell, 1962). [ピーター・ワイルズ(堀江忠男監訳)『社会主義の政治経済学』学文社，1971 年(改訂増補版)。]

Wilhelmsen, J. and Rowe, E. W., eds., *Russia's Encounter with Globalization: Actors, Processes and Critical Moments* (Basingstoke: Palgrave Macmillan, 2011).

World Bank, *Transition - The First Ten Years: Analysis and Lessons for Eastern Europe and the Former Soviet Union* (Washington, D.C.: The World Bank, 2002).

World Bank, *From Transition to Development: A Country Economic Memorandum for the Russian Federation* (Washington D.C.: The World Bank, 2005).

Yugow, A., "Economic Statistics in the U.S.S.R.," *The Review of Economic Statistics* 29:4 (1947), pp. 242-246.

Адамеску А.А., Кистанов В.В. Размещение производительных сил и развитие народного хозяйства // Плановое хозяйство. 1990. № 6. С. 109-114.

Алексашенко С., Миронов В., Мирошниченко Д. Российский кризис и антикризисный пакет: цели, масштабы, эффективность // Вопросы экономики. 2011. № 2. С. 23-49.

Глисин Ф. О конкуренции на рынках промышленной продукций в 1999-2000 гг. // Экономист. 2001. № 4. С. 39-44.
Гонтмахер Е. Российская модернизация: институциональные ловушки и цивилизационные ориентиры // Мировая экономика и международные отношения. 2010. № 10. С. 3-11.
Госкомстат России. Народное хозяйство Российской Федерации. 1992. Москва, 1992.
Госкомстат России. Российский статистический ежегодник. Москва, Ежегодное изд.
История России: Советское общество, 1917-1991. Москва, 1997.
История социалистической экономики СССР. Т. 1-7. Москва, 1976-1980.
Кудрин А., Сергиенко О. Последствия кризиса и перспективы социально-экономического развития России // Вопросы экономики. 2011. № 3. С. 4-19.
Кудров В. Надежны ли расчеты темпов роста экономики СССР и России? // Вопросы экономики. 1993. № 10. С. 122-131.
Мау В. Драма 2008 года: от экономического чуда к экономическому кризису // Вопросы экономики. 2009. № 2. С. 4-23.
Мау В. Экономическая политика 2009 года: между кризисом и модернизацией // Вопросы экономики. 2010. № 2. С. 4-25.
Мау В. Экономическая политика 2010 года: в поисках инноваций // Вопросы экономики. 2011. № 2. С. 4-22.
Паппэ Я. Олигархи. Экономическая хроника, 1992-2000. Москва, 2000. [ヤコブ・パッペ，溝端佐登史（溝端佐登史，小西豊，横川和穂訳）『ロシアのビッグビジネス』文理閣，2003 年。]
Паппэ Я. Крупняк под защитой // *Эксперт.* 15 июня 2009. [http://expert.ru/expert/2009/23/krupnyak_pod_zaschitoi/]
Паппэ Я., Галухина Я. Российский крупный бизнес. Первые 15 лет. Экономический хроники, 1993-2008. Москва, 2009.
Росстат. Российский статистический ежегодник. Москва, Ежегодное изд.
Росстат. Центральная база статистических данных. [http://www.gks.ru/dbscripts/Cbsd/DBInet.cgi]
Рывкина Р.В. Драма перемен: экономическая социология переходной России. Москва, 2001.
Смирнов С. Факторы циклической уязвимости Российской экономики // Вопросы экономики. № 6. 2010. С. 44-68.
Статистика промышленности / Под ред. В.Е. Адамова. Москва, 1987.
Фейгин Я.Г. Размещение производства при капитализме и социализме. Москва,

1954.
Ханин Г.И. Экономический рост: альтернативная оценка // Коммунист. 1988. № 17. С. 83-90.
Хейфец Б. Офшорные юрисдикции в глобальной и национальной экономике. Москва, 2008.
Хейфец Б. Офшорные финансовые сети Российского бизнеса // Вопросы экономики. 2009. № 1. С. 52-67.
Эйдельман М.Р. Пересмотр динамических рядов основных макроэкономических показателей // Вестник статистики. 1992. № 4. С. 19-26.
Экономика социалистической промышленности / Под ред. Л.И. Итина, Б.С. Геращенко. 2-е изд. Москва, 1961.
Экономическая история СССР / Под ред. И.С. Голубничего, А.П. Погребинского, И. Н. Шемякина. Москва, 1963.

3. ソ連およびロシアの公害・環境問題
（資源・エネルギー問題と都市問題に関する文献を含む）

明日香壽川，森岡裕「京都議定書とロシア」『ロシア研究』第 33 号，2001 年，19-42 頁。

アントノワ，E.「ロシア連邦における環境保護活動の経済的手段——形成過程・制約・展望」京都大学経済研究所ディスカッションペーパー，第 0707 号，2008 年 3 月。

アントノワ，E.「環境から見たロシアのエネルギー戦略」『比較経済体制研究』第 14 号，2008 年，85-110 頁。

市川浩「ソ連における環境・資源問題と技術」『日本の科学者』第 26 巻第 7 号，1991 年，17(401)-21(405)頁。

市川浩『科学技術大国ソ連の興亡——環境破壊・経済停滞と技術展開』勁草書房，1996 年。

伊藤美和「旧ソ連におけるエコロジーと政治——河川転流計画争点化の一考察」ソビエト史研究会編『旧ソ連の民族問題』木鐸社，1993 年，191-213 頁。

伊藤美和「ロシアのエコロジー行政と極東」『ロシア研究』第 24 号，1997 年，60-77 頁。

伊藤美和「移行期ロシアの環境——エコロジー状況・環境行政の近年の傾向」『サハリン北東部大陸棚の石油・ガス開発と環境 I』スラブ研究センター研究報告シリーズ第 69 号，1999 年，49-65 頁。

稲子恒夫「ソビエト(公害差止の法的メカニズム)」『比較法研究』第 34 号，1973 年，61-75 頁。

稲子恒夫，片山良一訳「ソ連の基本保健法」『名古屋大学法政論集』第 57 号，1973 年，106-127 頁。

今中哲二「チェルノブイリ原発事故とその放射能災害の概要」『ロシア研究』第 33 号，2001 年，79-99 頁。

岩城成幸「『サハリン2』問題——資源ナショナリズムと環境問題の狭間で」『レファレンス』2007年5月号，7-21頁。

上垣彰「ロシア——国内の政治経済と気候変動政策」亀山康子，高村ゆかり編著『気候変動と国際協調——京都議定書と多国間協調の行方』慈学社，2011年，310-330頁。

上野達彦「旧ソ連邦諸国の新刑法典における環境犯罪」『三重大学法経論叢』第21巻第2号，2004年，273-293頁。

上野俊彦「2005年12月のいわゆる「『NGO関連法』修正法」の制定過程について」『ロシアの政策決定——諸勢力と過程』日本国際問題研究所，2010年3月，101-123頁。

ウラル・カザフ核被害調査団編『大地の告発——戦慄のコバルト爆弾疑惑』リベルタ出版，1993年。

大江泰一郎「ソ連における環境保護の法的規制——新憲法草案の全人民討議と関連して」『法経研究』(静岡大学)，第27巻第1号，1978年，99-142頁。

大江泰一郎「ソ連における環境保護法の展開——大気保護法の制定過程を中心に」社会主義法研究会編『社会主義における生活と法』法律文化社，1981年，33-59頁。

大田幸雄「シベリアの大気汚染」『ロシア研究』第33号，2001年，43-59頁。

小田博「サハリンIIとロシア環境法」『e-NEXI』(日本貿易保険 Web Magazine)2007年1月号。[http://nexi.go.jp/service/sv_syuppan/magazine/index_frame.html]

柿沢宏昭「連邦崩壊後のロシアにおける森林政策と林産業の動向」『林業経済』第47巻第3号，1994年，9-16頁。

柿沢宏昭「ロシア極東の森林資源と林業・林産業の動向——深化する危機」『林業経済』第50巻第11号，1997年，10-20頁。

柿沢宏昭，山根正伸編著『ロシア　森林大国の内実』日本林業調査会，2003年。

片桐俊浩「ロシア核閉鎖都市の産業構造——形成と転換」『比較経済体制研究』第14号，2008年，66-84頁。

片桐俊浩『ロシアの旧秘密都市』東洋書店，2010年。

片山博文「ソ連の環境保護理念と行政システム」『スラヴ研究』第42巻，1995年，117-133頁。

片山博文「ロシアにおける環境汚染料・エコロジー基金制度」『一橋論叢』第116巻第6号，1996年，95(1121)-114(1140)頁。

片山博文「ソ連の経済システムと『環境保護の計画化』」『一橋論叢』第118巻第6号，1997年，77(871)-97(891)頁。

片山博文「ロシアの環境行政について」『サハリン大陸棚石油・天然ガスの「開発と環境」に関する学際的研究』スラブ研究センター研究報告シリーズ第62号，1998年，21-28頁。

片山博文「ポスト京都議定書——ロシアの環境への取り組みとわが国への影響」『高圧ガス』第43巻第3号，2006年，14(198)-18(202)頁。

片山博文「国際炭素市場とロシア移行経済」池本修一，岩﨑一郎，杉浦史和編著『グローバ

リゼーションと体制移行の経済学』文眞堂，2008年，124-142頁。

片山博文「ロシアの気候ドクトリンと気候変動戦略」『ロシアNIS調査月報』2010年4月号，1-13頁。

片山博文「ロシアにおける再生可能エネルギーの現状と課題——太陽光発電産業を中心に」『ロシア・ユーラシアの経済と社会』第962号，2012年，2-18頁。

川名英之『世界の環境問題　第4巻——ロシアと旧ソ連邦諸国』緑風出版，2009年。

菊間満「ロシア極東地域における先住民族の森林利用と開発問題」『日本の科学者』第29巻第3号，1994年，164-167頁。

菊間満「集権化と分権化の岐路に立つロシアの林業——自然保護制度と先住民族問題から」『森林科学』第15号，1995年，42-48頁。

菊間満，林田光祐『ロシア極東の森林と日本』東洋書店，2004年。

清浦雷作『世界の環境汚染——その実態と各国の対策』日本経済新聞社，1974年。

久保庭真彰「社会主義における『公害』規制論」『経済評論』第24巻第13号，1975年，159-164頁。

久保庭真彰「ソ連の大変動と環境の行方」『公害研究』第21巻第3号，1992年，2-8頁。

ゴールドマン，M.「環境保護主義とナショナリズム——展望なき方向での展望なき旋回」『公害研究』第20巻第1号，1990年，10-15頁。

金野雄五「最近のロシア経済情勢——『2030年までの長期エネルギー戦略』とそのリスク要因」『みずほ欧州インサイト』2010年6月30日号，1-11頁。

坂口泉「ロシアの白熱電球禁止措置——省エネに向けての具体的第一歩」『ロシアNIS調査月報』2010年4月号，74-77頁。

佐々木史郎編『北東アジアにおける森林資源の商業的利用と先住民族』国立民族学博物館，2006年。

社会主義法研究会編『社会主義国における自然保護と資源利用』法律文化社，1975年。

白岩孝行編『魚附林の地球環境学——親潮・オホーツク海を育むアムール川』昭和堂，2011年。

全国木材組合連合会違法伐採総合対策推進協議会『極東ロシア・沿海地方における高級家具用木材の違法伐採対策調査報告書』全国木材組合連合会，2007年。

田窪雅文「セミパラチンスクの放射能汚染」『技術と人間』第21巻第6号，1992年，42-52頁。

田窪雅文「旧ソ連核実験全データ公開(1)」『技術と人間』第23巻第10号，1994年，60-71頁；「同(2)」第24巻第1号，1995年，76-83頁；「同(3)」第24巻第2号，1995年，66-72頁；「同(4)」第24巻第3号，1995年，76-77頁。

田中雄三「エコロゴ・インターナショナリズムの旗を高く！」『比較経済体制研究』第7号，2000年，1-4頁。

田畑伸一郎「ロシア——エネルギー政策と気候変動政策」亀山康子，高村ゆかり編著『気候変動と国際協調——京都議定書と多国間協調の行方』慈学社，2011年，331-351頁。

田畑伸一郎，江淵直人編著『環オホーツク海地域の環境と経済』北海道大学出版会，2012年。

チェルカソーバ，M.（高橋昇訳）「ソ連で自然破壊とたたかう」『技術と人間』第19巻第7号，1990年，20-26頁。

土岐寛「環境汚染問題への視角――M. I. ゴールドマン『ソ連における環境汚染』（都留重人監訳）を読んで」『都市問題』第85巻第1号，1974年，108-115頁。

徳永昌弘「公害・環境問題と社会経済体制――社会主義における『公害』論争を振りかえって」『比較経済体制研究』第3号，1996年，54-63頁。

徳永昌弘「ロシアにおける体制転換と公害・環境問題――環境統計『ロシア連邦における自然保護』分析を中心に」『ロシア・ユーラシア経済調査資料』第788号，1998年，12-23頁。

徳永昌弘「公害・環境問題とロシア」小野堅，岡本武，溝端佐登史編『ロシア経済』世界思想社，1998年，37-50頁。

徳永昌弘「体制転換諸国の公害・環境問題――過去と現在」溝端佐登史，吉井昌彦編『市場経済移行論』世界思想社，2002年，99-111頁。

徳永昌弘「ロシアの環境ガバナンス――『閉ざされた』エコロジー近代化の道」『国民経済雑誌』（神戸大学）第199巻第1号，2009年，47-66頁。

徳永昌弘「ロシアの環境事情――『環境政策なき環境改善』とその後」『環境管理』第45巻第12号，2009年，12-19頁。

徳永昌弘「メドヴェージェフ政権の環境政策」『ロシアNIS調査月報』2010年4月号，30-49頁。

徳永昌弘「開発と環境」吉井昌彦，溝端佐登史編著『現代ロシア経済論』ミネルヴァ書房，2011年，152-166頁。

徳永昌弘，松本かおり「ロシアにおける環境意識の形成と特徴――社会意識調査の検討を中心に」平成12年度教育研究共同プロジェクト経費成果報告書『ロシア・東欧における市民社会の確立に関する研究』東北大学，2001年，99-113頁。

徳永昌弘，諸富徹「低炭素社会ロシアへの展望――環境面から見たロシア経済近代化の成果と課題」溝端佐登史編著『ロシア近代化の政治経済学』文理閣，2013年（近刊）。

戸田清『環境的公正を求めて――環境破壊の構造とエリート主義』新曜社，1994年。

利根川治夫「『社会主義と公害』に関する文献的考察」『公害研究』第2巻第1号，1972年，67-72頁。

長砂實「社会主義ソ連の『公害』問題――その現実，対策および理論」『公害研究』第2巻第4号，1973年，42-47頁。

中村泰三「資源主権をめぐる連邦と地方」『ユーラシア研究』第20号，1999年，33-38頁。

中村靖「ソ連社会主義体制と環境問題」『ロシア・ユーラシア経済調査資料』第770号，1996年，2-19頁。

七沢潔『原発事故を問う――チェルノブイリから，もんじゅへ』岩波書店，1996年。

日ソ協会『ソ連の公害対策』1971年。

日ソ協会『続　ソ連の公害対策』1971年。

二瓶剛男「戦後ソヴェト社会主義における都市と農村――『本質的差異』の克服をめぐって」島崎稔編『現代日本の都市と農村』大月書店，1978年，289-319頁。

野村政修「ソ連中央アジア開発の光と影――消えゆくアラル海」『社会評論』第40巻第12号，1991年，26-38頁。

野村政修「ソ連中央アジアの経済危機と環境――カザフ共和国を中心として」『公害研究』第21巻第1号，1991年，26-31頁。

野村政修『乾燥地帯の開発と環境――ソビエト中央アジア』京都大学課程博士申請論文，1997年5月。

野村政修，石田紀郎「アラル海の環境問題と中央アジアの安定」『ロシア研究』第33号，2001年，100-117頁。

服部倫卓「ロシアのモノゴーラド(企業城下町)問題」『ロシアNIS調査月報』2010年2月号，5-21頁。

藤田整「ソ連における環境問題と民族問題の重層性――その経済的根拠と文学的表現」『経済学雑誌』(大阪市立大学)第90巻第5・6号，1990年，129-142頁。

ベルキン，V.，ストロジェンコ，V.(杉本龍紀訳)「ロシアのエコロジー危機とその克服の道」『スラヴ研究』第41巻，1994年，117-139頁。

堀江典生「水道事業からみたロシアの水環境」『ロシアNIS調査月報』2010年4月号，50-60頁。

松永佳子「社会主義とエコロジーに関する覚書」『社会主義経済研究』第2号，1984年，56-66頁。

水田明男「ソ連邦における『都市問題』の特質――社会主義経済システムにおける『都市問題』発生のメカニズム」『財政学研究』第8号，1983年，40-51頁。

宮鍋幟「ソ連の経済改革とフォンド有償制」『経済研究』(一橋大学)第19巻第1号，1968年，31-40頁。

村上隆「サハリン大陸棚石油・ガス開発にともなう環境問題」『ロシア研究』第33号，2001年，5-18頁。

村上隆編著『サハリン大陸棚石油・ガス開発と環境保全』北海道大学図書刊行会，2003年。

本村真澄「ロシア――サハリン－2問題をどう見るか？」『石油・天然ガスレビュー』第41巻第1号，2007年，51-62頁。

本村真澄「ロシアの2030年までのエネルギー戦略――その実現可能性と不確実性」『ロシアNIS調査月報』2010年4月号，14-28頁。

尹七錫「中央アジアにおける開発と環境破壊――アラル海周辺灌漑プロジェクト拡張の背景」『調査と研究』(京都大学)第9号，1995年，42-62頁。

尹七錫『中央アジアにおける開発と環境』京都大学課程博士申請論文，1996年3月。

吉川元「社会主義と人権・開発・環境問題」臼井久和，綿貫礼子編『地球環境と安全保障』

有信堂，1993 年，138-158 頁。

劉旭「ロシア東部地域の石油開発と環境問題――東シベリア～太平洋パイプラインを中心に」『ロシア・東欧研究』第 37 号，2009 年，106-119 頁。

ワイセンバーガー，U.「ソ連の環境保護政策の新動向」『ソ連東欧貿易調査月報』1988 年 6 月号，59-66 頁。

渡辺弘「モスクワの大気汚染対策」『別冊　経済評論』第 1 号，1970 年，82-84 頁。

Aalto, P., ed., *Russia's Energy Policies: National, Interregional and Global Levels* (Cheltenham: Edward Elgar, 2012).
Adachi, Y., "Subsoil Law Reform in Russia under the Putin Administration," *Europe-Asia Studies* 61:8 (2009), pp. 1393-1414.
Agyeman, J. and Ogneva-Himmelberger, Y., *Environmental Justice and Sustainability in the Former Soviet Union* (Cambridge: The MIT Press, 2009).
Andrusz, G. D., "The Built Environment in Soviet Theory and Practice," *International Journal of Urban and Regional Research* 11:4 (1987), pp. 478-499.
Åslund, A., "Russia's Energy Policy: A Framing Comment" *Eurasian Geography and Economics* 47:3 (2006), pp. 321-328.
Balzter, H., ed., *Environmental Change in Siberia: Earth Observation, Field Studies and Modelling* (Dordrecht: Springer, 2010).
Bater, J. H., "Central St. Petersburg: Continuity and Change in Privilege and Place," *Eurasian Geography and Economics* 47:1 (2006), pp. 4-27.
Blinnikov, M. S., *A Geography of Russia and Its Neighbors* (New York: Guilford Press, 2011).
Bluffstone, R. and Larson, B. A., eds., *Controlling Pollution in Transition Economies: Theories and Methods* (Cheltenham, Lyme: Edward Elgar, 1997).
Bouman, O. T. and Brand, D. G., eds., *Sustainable Forests: Global Challenges and Local Solutions* (New York: Food Products Press, 1997).
Bradshaw, M., "A New Energy Age in Pacific Russia: Lessons from the Sakhalin Oil and Gas Projects," *Eurasian Geography and Economics* 51:3 (2010), pp. 330-359.
Bridges, O. and Bridges, J., *Losing Hope: The Environment and Health in Russia* (Aldershot: Avebury, 1996).
Brock, G., "Public Finance in the ZATO Archipelago," *Europe-Asia Studies* 50:6 (1998), pp. 1065-1081.
Brock, G., "The ZATO Archipelago Revisited: Is the Federal Government Loosening Its Grip?," *Europe-Asia Studies* 52:7 (2000), pp. 1349-1360.
Carter, F. W. and Turnock, D., eds., *Environmental Problems of East Central Europe*, 2nd ed. (London: Routledge, 2002).

Charap, S. and Safonov, G. V., "Climate Change and Role of Energy Efficiency," in Anders Åslund, Sergei Guriev and Andrew C. Kuchins, eds., *Russia after the Global Economic Crisis* (Washington, D.C.: Peterson Institute for International Economics, 2010), pp. 125-150.

Cochran, T. B., et al., *Soviet Nuclear Weapons* (New York: Harper & Row, 1989).

Crotty, J., "The Reorganization of Russia's Environmental Bureaucracy: Regional Response to Federal Changes," *Eurasian Geography and Economics* 44:6 (2003), pp. 462-475.

Crotty, J., "Making a Difference? NGOs and Civil Society Development in Russia," *Europe-Asia Studies* 61:1 (2009), pp. 85-108.

DeBardeleben, J., *The Environment and Marxism-Leninism: The Soviet and East German Experience* (Boulder: Westview Press, 1985).

DeBardeleben, J. and Hannigan, J., eds., *Environmental Security and Quality after Communism: Eastern Europe and the Soviet Successor States* (Boulder: Westview Press, 1995).

Feldman, D. and Blokov, I., *The Politics of Environmental Policy in Russia* (Cheltenham, Lyme: Edward Elgar, 2012).

Feshbach, M., "Environmental Calamities: Widespread and Costly," in Richard F. Kaufman and John P. Hardt, eds, for the Joint Economic Committee, Congress of the United States, *The Former Soviet Union in Transition* (Armonk: M.E. Sharpe, 1993), pp. 577-596.

Feshbach, M., *Ecological Disaster: Cleaning up the Hidden Legacy of the Soviet Regime* (New York: The Twentieth Century Fund Press, 1995).

Feshbach, M., ed.-in-chief, *Environmental and Health Atlas of Russia* (Moscow: PAIM Publishing House, 1995).

Feshbach, M. and Friendly, A., Jr., *Ecocide in the USSR: Health and Nature under Siege* (New York: BasicBooks, 1992).

Fortescue, S., "The Russian Law on Subsurface Resources: A Policy Marathon," *Post-Soviet Affairs* 25:2 (2009), pp. 160-184.

Goldman, M. I., "The Convergence of Environmental Disruption," *Science* 170:3953 (1970), pp. 37-42.

Goldman, M. I., "Environmental Disruption in the Soviet Union," in Shigeto Tsuru, ed., *Proceedings of International Symposium: Environmental Disruption* (Tokyo: Asahi Evening News, 1970), pp. 171-189.

Goldman, M. I., "Externalities and the Race for Economic Growth in the USSR: Will the Environment Ever Win?," *Journal of Political Economy* 80:2 (1972), pp. 314-327.

Goldman, M. I., *The Spoils of Progress: Environmental Pollution in the Soviet Union*

(Cambridge: The MIT Press, 1972).［マーシャル・ゴールドマン（都留重人監訳）『ソ連における環境汚染——進歩が何を与えたか』岩波書店，1973 年。］

Golubchikov, O., “Re-scaling the Debate on Russian Economic Growth: Regional Restructuring and Development Asynchronies,” *Europe-Asia Studies* 59:2 (2007), pp. 191–215.

Groisman, P. Y. and Gutman, G., eds., *Regional Environmental Changes in Siberia and Their Global Consequences* (Dordrecht: Springer, 2012).

Henry, L. A., “Shaping Social Activism in Post-Soviet Russia: Leadership, Organizational Diversity, and Innovation,” *Post-Soviet Affairs* 22:2 (2006), pp. 99–124.

Henry, L. A. and Sundstrom, L. M., “Russia and the Kyoto Protocol: Seeking an Alignment of Interests and Image,” *Global Environmental Politics* 7:4 (2007), pp. 47–69.

Henry, L. A. and Sundstrom, L. M., “Russia's Climate Policy: International Bargaining and Domestic Modernisation,” *Europe-Asia Studies* 64:7 (2012), pp. 1297–1322.

Hill, M. R., *Environment and Technology in the Former USSR: The Case of Acid Rain and Power Generation* (Cheltenham, Lyme: Edward Elgar, 1997).

Hønneland, G. and Jørgensen, J. H. “Federal Environmental Governance and the Russian North,” *Polar Geography* 29:1 (2005), pp. 27–42.

Hughes, G. and Lovei, M., *Economic Reform and Environmental Performance in Transition Economies* (Washington D.C.: The World Bank, 1999).

IFC and World Bank, *Energy Efficiency in Russia: Untapped Reserves* (Washington D.C.: IFC and the World Bank, 2008).

Jakobson, L., Urpelainen, J., Vihma, A. and Luta, A., *Towards a New Climate Regime? Views of China, India, Japan, Russia and the United States on the Road to Copenhagen* (Helsinki: The Finnish Institute of International Affairs, FIIA Report, 19, 2009).

Jancar, B., *Environmental Management in the Soviet Union and Yugoslavia: Structure and Regulation in Federal Communist States* (Durham: Duke University Press, 1987).

Jensen, R. G., Theodore Shabad and Arthur W. Wright, eds., *Soviet Natural Resources in the World Economy* (Chicago: The University of Chicago Press, 1983).

Katasonov, V. (translated by W. Edward Nute), “Joint Ventures Could Mean Environmental Devastation: Capitalizing on Perestroika,” *Earth Island Journal*, spring 1990, pp. 40–41.

Kelley, D. R., Stunkel, K. R. and Wescott, R. R., *The Economic Superpowers and Environment: The United States, the Soviet Union, and Japan* (San Francisco: W.H. Freeman, 1976).［ドナルド・ケリー，ケネス・スタンケル，リチャード・ウェスコット（時事通信社外信部・外国経済部訳）『環境の危機と経済大国——米国・ソ連・日本』時

事通信社，1979 年。]

Kimstach, V., Meybeck, M. and Baroudy, E., eds., *A Water Quality Assessment of the Former Soviet Union* (London: E & FN Spon, 1998).

Kjeldsen, S., "Financing of Environmental Protection in Russia: The Role of Charges," *Post-Soviet Geography and Economics* 41:1 (2000), pp. 48–62.

Korppoo, A., *Russia and the Post-2012 Climate Change: Foreign Rather than Environmental Policy* (Helsinki: The Finnish Institute of International Affairs, Briefing Paper, 23, 2008).

Korppoo, A., *The Russian Debate on Climate Doctrine: Emerging Issues on the Road to Copenhagen* (Helsinki: The Finnish Institute of International Affairs, Briefing Paper, 33, 2009).

Korppoo, A., "Russian Climate Policy: Home and Away," *Greenhouse Gas Market Report 2010*, pp. 29–32.

Korppoo, A., "Russia's Climate Commitments: Which GDP Growth Contributes to Emissions?," *IAEE Energy Forum* Fourth Quarter (2010), pp. 23–26.

Korppoo, A. and Spencer, T., *The Dead Souls: How to Deal with the Russian Surplus?* (Helsinki: The Finnish Institute of International Affairs, Briefing Paper 29, 2009).

Korppoo, A. and Spencer, T., *The Layers of the Doll: Exploring the Russian Position for Copenhagen* (Helsinki: The Finnish Institute of International Affairs, Briefing Paper 46, 2009).

Kortelainen, J. and Kotilainen, J., eds, *Contested Environments and Investments in Russian Woodland Communities* (Helsinki: Kikimora Publications, 2006).

Kosonen, R., "The Use of Regulation and Governance Theories in Research on Post-Socialism: The Adaptation of Enterprises in Vyborg," *European Planning Studies* 13:1 (2005), pp. 5–17.

Kotilainen, J., Tysiachniouk, M., Kuliasova, A., Kuliasov, I. and Pchelkina, S., "The Potential for Ecological Modernisation in Russia: Scenarios from the Forest Industry," *Environmental Politics* 17:1 (2008), pp. 58–77.

Kotov, V. and Nikitina, E., *Russia's Environmental Policy during 1990s* (Moscow: Russian Academy of Sciences, Working Paper, 1998).

Kotov, V., Nikitina, E., Roginko, A., Stokke, O. S., Victor, D. G. and Hjorth, R., "Implementation of International Environmental Commitments in Countries in Transition," *Moct-Most* 7:2 (1997), pp. 103–128.

Kramer, J. M., "Prices and the Conservation of Natural Resources in the Soviet Union," *Soviet Studies* 24:3 (1973), pp. 364–373.

Kramer, J. M., "Environmental Problems in the USSR: The Divergence of Theory and Practice," *The Journal of Politics* 36:4 (1974), pp. 886–899.

Lehtinen, A. A., Donner-Amnell, J. and Sæther, B., eds., *Politics of Forests: Northern Forest-industrial Regimes in the Age of Globalization* (Aldershot, Burlington: Ashgate, 2004).

Linkov, I. and Wilson, R., eds., *Air Pollution in the Ural Mountains: Environmental, Health and Policy Aspects* (Berlin: Springer in cooperation with NATO Scientific Affairs Division, 1998).

Makhijani, A., Hu, H. and Yih, K., eds., *Nuclear Wastelands: A Global Guide to Nuclear Weapons Production and Its Health and Environmental Effects* (Cambridge: The MIT Press, 1995).

Mandel, W. M., "The Soviet Ecology Movement," *Science and Society* 36:4 (1972), pp. 385-416.

Marples, D. R., *The Social Impact of the Chernobyl Disaster* (Basingstoke: Macmillan, 1988).

Massa, I. and Tynkkynen, V-P., *The Struggle for Russian Environmental Policy* (Helsinki: Kikimora Publications, 2001).

McIntyre, R. J. and Thornton, J. R., "On the Environmental Efficiency of Economic Systems," *Soviet Studies* 30:2 (1978), pp. 173-192.

McIntyre, R. J. and Thornton, J. R., "Environmental Policy Formulation and Current Soviet Management: A Reply to Ziegler," *Soviet Studies* 33:1 (1981), pp. 146-149.

McKinsey & Company, *Pathways to an Energy and Carbon Efficient Russia (Summary of Findings)*, December 2009.

Medvedev, Z. A., *Nuclear Disaster in the Urals* (New York: Norton, 1979). [ジョレス・メドベージェフ(梅林宏道訳)『ウラルの核惨事』技術と人間，1982年。]

Medvedev, Z. A., *The Legacy of Chernobyl* (Oxford: Blackwell, 1990). [ジョレス・メドヴェジェフ(吉本晋一郎訳)『チェルノブイリの遺産』みすず書房，1992年。]

Milov, V., Coburn, L. L. and Danchenko, I., "Russia's Energy Policy, 1992-2005," *Eurasian Geography and Economics* 47:3 (2006), pp. 285-313.

Mol, A. P. J., "Environmental Deinstitutionalization in Russia," *Journal of Environmental Policy and Planning* 11:3 (2009), pp. 223-241.

Mote, V. L., "BAM after the Fanfare: The Unbearable Ecumene," in John M. Stewart, ed., *The Soviet Environment: Problems, Policies and Politics* (Cambridge, New York: Cambridge University Press, 1992), pp. 40-56.

Murakami, T. and Tabata, S., eds., *Russian Regions: Economic Growth and Environment* (Sapporo: Slavic Research Center, Hokkaido University, 2000).

Newell, J. and Wilson, E., "The Russian Far East: Foreign Direct Investment and Environmental Destruction," *The Ecologist* 26 (1996), pp. 68-72.

OECD, *Environmental Funds in Economies in Transition* (Paris: OECD, 1995).

OECD, *Environmental Financing in the Russian Federation* (Paris: OECD, 1998).

OECD, *Environment in the Transition to a Market Economy: Progress in Central and Eastern Europe and the New Independent States* (Paris: OECD, 1999).

OECD, *Environmental Performance Reviews: Russian Federation* (Paris: OECD, 1999).

OECD, *Mobilising Financial Resources for the Environment in Russia* (Paris: OECD, 2007).

OECD/IEA, *CO_2 Emissions from Fuel Combustion*, various issues (Paris: OECD).

OECD/IEA, *Energy Balances of Non-OECD Countries*, various issues (Paris: OECD).

Oldfield, J. D., "Structural Economic Change and the Natural Environment in the Russian Federation," *Post-Communist Economies* 12:1 (2000), pp. 77–80.

Oldfield, J. D., *Russian Nature: Exploring the Environmental Consequences of Societal Change* (Aldershot: Ashgate, 2005).

Ostergren, D. and Jacques, P., "A Political Economy of Russian Nature Conservation Policy: Why Scientists Have Taken a Back Seat," *Global Environmental Politics* 2: 4 (2002), pp. 102–124.

Parker, D., "Water and Waste Water Services in the Russian Federation: A Study of Four Vodokanaly," *Post-Communist Economies* 11:2 (1999), pp. 219–235.

Pavlínek, P. and Pickles, J., *Environmental Transitions: Transformation and Ecological Defense in Central and Eastern Europe* (London, New York: Routledge, 2000).

Peterson, D. J., *Troubled Lands: The Legacy of Soviet Environmental Destruction* (Boulder: Westview Press, 1993).

Peterson, D. J. and Bielke, E. K., "The Reorganization of Russia's Environmental Bureaucracy: Implications and Prospects," *Post-Soviet Geography and Economics* 42: 1 (2001), pp. 65–76.

Pivovarov, I. L., "The Urbanization of Russia in the Twentieth Century: Perceptions and Reality," *Sociological Research* 42:2 (2003), pp. 45–65.

Powell, D. E., "The Social Costs of Modernization: Ecological Problems in the USSR," *World Politics* 23:4 (1971), pp. 618–634.

Pryde, P. R., *Conservation in the Soviet Union* (Cambridge, New York: Cambridge University Press, 1972).

Pryde, P. R., "The "Decade of the Environment" in the U.S.S.R.," *Science* 220:4594 (1983), pp. 274–279.

Pryde, P. R., *Environmental Management in the Soviet Union* (Cambridge, New York: Cambridge University Press, 1991).

Pryde, P. R., "Observations on the Mapping of Critical Environmental Zones in the Former Soviet Union," *Post-Soviet Geography* 35:1 (1994), pp. 38–49.

Pryde, P. R., ed., *Environmental Resources and Constraints in the Former Soviet*

Republics (Boulder: Westview Press, 1995).
Pryde, P. R., "The Privatization of Nature Conservation in Russia," *Post-Soviet Geography and Economics* 40:5 (1999), pp. 382-392.
Rautio, V., *The Potential for Community Restructuring* (Helsinki: Kikimora Publications, 2004).
Rosencranz, A. and Scott, A., "Siberia, Environmentalism, and Problems of Environmental Protection," *The Hastings International and Comparative Law Review* 14:4 (1991), pp. 929-947.
Rowe, E. W., "Who is to Blame? Agency, Causality, Responsibility and the Role of Experts in Russian Framings of Global Climate Change," *Europe-Asia Studies* 61:4 (2009), pp. 593-619.
Rowe, E. W., "Encountering Climate Change," in Julie Wilhelmsen and Elana W. Rowe, eds., *Russia's Encounter with Globalization: Actors, Processes and Critical Moments* (Basingstoke: Palgrave Macmillan, 2011), pp. 40-70.
Rowland, R. H., "Metropolitan Population Change in Russia and the Former Soviet Union, 1987-1997," *Post-Soviet Geography and Economics* 39:5 (1998), pp. 271-296.
Sagers, M. J., "Russia's Energy Policy: A Divergent View," *Eurasian Geography and Economics* 47:3 (2006), pp. 314-320.
Sätre Åhlander, A., *Environmental Problems in the Shortage Economy: The Legacy of Soviet Environmental Policy* (Aldershot, Brookfield: Edward Elgar, 1994).
Semenov, V. S., "Man in Socialist City Environment and Problems of Scientific City Planning," in Shigeto Tsuru, ed., *Proceedings of International Symposium: Environmental Disruption* (Tokyo: Asahi Evening News, 1970), pp. 160-170.
Shaw, D. J. B., *Russia in the Modern World: A New Geography* (Oxford: Blackwell, 1999).
Shaw, D. J. B. and Oldfield, J. D., "The Natural Environment of the CIS in the Transition from Communism," *Post-Soviet Geography and Economics* 39:3 (1998), pp. 164-177.
Shirokalova, G. S., "The Effect of the 1990s Reforms on Urban and Rural Residents," *Sociological Research* 42:2 (2003), pp. 66-86.
Singleton, F., ed., *Environmental Misuse in the Soviet Union* (New York: Praeger Publishers, 1976).
Singleton, F., ed., *Environmental Problems in the Soviet Union and Eastern Europe* (Boulder: Lynne Rienner Publishers, 1987).
Sjoberg, Ö., "Shortage, Priority and Urban Growth: Towards a Theory of Urbanization under Central Planning," *Urban Studies* 36:13 (1999), pp. 2217-2236.
Söderholm, P., "Environmental Policy in Transition Economies: Will Pollution Charges Work?," *The Journal of Environment and Development* 10:4 (2001), pp. 365-390.
Stewart, J. M., ed., *The Soviet Environment: Problems, Policies and Politics* (Cambridge,

New York: Cambridge University Press, 1992).

Tabata, S., ed., *Energy and Environment in Slavic Eurasia: Towards the Establishment of the Network of Environmental Studies in the Pan-Okhotsk Region* (Sapporo: Slavic Research Center, Hokkaido University, 2008).

Tickle, A. and Welsh, I., eds., *Environment and Society in Eastern Europe* (Harlow: Addison Wesley Longman, 1998).

Tokunaga, M., "Environmental Governance in Russia: The 'Closed' Pathway to Ecological Modernization," *Environment and Planning A* 42:7 (2010), pp. 1686-1704.

Trejviš, A. I., Pandit, K. and Bond, A. R., "Macrostructural Employment Shifts and Urbanization in the Former USSR: An International Perspective," *Post-Soviet Geography* 34:3 (1993), pp. 157-171.

Turnbull, M., *Soviet Environmental Policies and Practices: The Most Critical Investment* (Aldershot, Brookfield: Dartmouth, 1991).

Tynkkynen, N., "A Great Ecological Power in Global Climate Policy? Framing Climate Change as a Policy Problem in Russian Public Discussion," *Environmental Politics* 19:2 (2010), pp. 179-195.

UNDP Russia, *National Human Development Report in the Russian Federation 2009: Energy Sector and Sustainable Development* (Moscow: UNDP Russia, 2010).

Volgyes, I., ed., *Environmental Deterioration in the Soviet Union and Eastern Europe* (New York: Praeger Publishers, 1974).

Volk, Y., "Russia's NGO Law: An Attack on Freedom and Civil Society," *Web Memo* (published by The Heritage Foundation) 1090 (2006), pp. 1-3.

Vorobyev, V. V. and Naprasnikov, A. T., "Prediction of Environmental Change under the Impact of Construction and Operation of the Baikal-Amur Mainline," *Soviet Geography Review and Translation* 22:5 (1981), pp. 312-324.

Whitefield, S., "Russian Mass Attitudes towards the Environment, 1993-2001," *Post-Soviet Affairs* 19:2 (2003), pp. 95-113.

Wolfson, Z., *The Geography of Survival: Ecology in the Post-Soviet Era* (Armonk: M.E. Sharpe, 1994).

Yanitsky, O. N., *Russian Greens in a Risk Society: A Structural Analysis* (Helsinki: Kikimora Publications, 2001).

Zamparutti, T. and Gillespie, B., "Environment in the Transition towards Market Economies: An Overview of Trends in Central and Eastern Europe and the New Independent States of the Former Soviet Union," *Environment and Planning B* 27:3 (2000), pp. 331-347.

Ziegler, C. E., "Soviet Environmental Policy and Soviet Central Planning: A Reply to McIntyre and Thornton," *Soviet Studies* 32:1 (1980), pp. 124-134.

Ziegler, C. E., “Centrally Planned Economies and Environmental Information: A Rejoinder,” *Soviet Studies* 34:2 (1982), pp. 296-299.

Ziegler, C. E., *Environmental Policy in the USSR* (Amherst: The University of Massachusetts Press, 1990).

Авдонин А.Н., Камаев Р.В., Рыжевская Д.С. Экологическое сознание: состояние и причины пассивности // Социологические исследования. 1997. № 8. С. 88-92.

Аверченков А. Экологическая политика в переходный период: проблемы и решения // Вопросы экономики. 1995. № 2. С. 150-159.

Администрация Президента Российской Федерации, Министерство экологии и природных ресурсов Российской Федерации. Государственный доклад о состоянии окружающей природной среды Российской Федерации в 1991 году. Москва, 1992.

Антонова Н.В., Кашун Т.А., Марчук Е.А. Финансовая основа социально-экономического развития малых городов и проблемы ее укрепления // Экономическое развитие России: региональный и отраслевой аспекты. Вып. 5. Новосибирск, 2004. С. 66-79.

Башмаков И. Российский ресурс энергоэффективности: масштабы, затраты и выгоды // Вопросы экономики. 2009. № 2. С. 71-89.

Башмаков И. Низкоуглеродная Россия: перспективы после кризиса // Вопросы экономики. 2009. № 10. С. 107-120.

Блинов Л.Н., Перфилова И.Л., Юмашева Л.В. Экологические основы природопользования. Москва, 2010.

Бобылев С.Н., Стеценко А.В. Экономическая оценка природных ресурсов и услуг // Вестник Московского университета. Сер. 6. Экономика. 2000. № 1. С. 108-110.

Бобылев С.Н., Ходжаев А.Ш. Экологизация экономики и конечные результаты // Вестник Московского университета. Сер. 6. Экономика. 2001. № 4. С. 96-102.

Богачев В. О горней ренте и оценке месторождений сырья и топлива // Вопросы экономики. 1974. № 9 С. 25-38.

Василенко В.А. Экология и экономика: проблемы и поиски путей устойчивого развития. 2-е изд. Новосибирск, 1997.

Воркуев Б.Л. Оценка экономической эффективности в условиях экологического кризиса // Вестник Московского университета. Сер. 6. Экономика. 1992. № 1. С. 47-53.

Глобальные экологические проблемы России. Москва, 2008.

Голланд Э.Б., Фридман Ю.А., Эльберт Э.И. Технология и окружающая среда //

ЭКО. 1977. № 4. С. 70-76.

Голуб А. Природопользование в преддверии рынка // Экономические науки. 1991. № 1. С. 28-35.

Голуб А., Струкова Е. Природоохранная деятельность в переходной экономике // Вопросы экономики. 1995. № 2. С. 139-149.

Госкомстат России. Охрана окружающей среды в РФ.... Москва, Ежегодное изд.

Госкомстат России. Охрана окружающей среды в России. Москва, Ежегодное изд.

Госкомстат СССР. Охрана окружающей среды и рациональное использование природных ресурсов в СССР. Москва, 1989.

Государственный комитет СССР по охране природы. Доклад. Состояние природной среды в СССР в 1988 году. Москва, 1989.

Гофман К.Г. Экономика природопользавания (из научного наследия). Москва, 1998.

Докторов Б.З. О характере Российского экологического сознания // Мониторинг общественного мнения: экономические и социальные перемены. 1993. № 7. С. 5-9.

Думнов А., Потравный И. Экологические затраты: проблемы сопоставления и анализа // Вопросы экономики. 1998. № 6. С. 122-132.

Ерасова Е.А. Конкурентоспособность экономики современной России: показатели и экспертные оценки // Вестник Санкт-Петербургского университета. Сер. 5. Экономика. 2002. № 2. С. 31-41.

Ерасова Е.А. Экологизация производства как условие конкурентоспособности на мировых рынках // Вестник Санкт-Петербургского университета. Сер. 5. Экономика. 2003. № 4. С. 41-46.

Зубаревич Н.В. Социальное развитие регионов России: проблемы и тенденции переходного периода. 2-е изд. Москва, 2005.

Зубаревич Н.В. Регионы России: неравенство, кризис, модернизация. Москва, 2010.

Зыкова И.А., Нечаев А.Ф., Прояев В.В., Касьяненко А.П. Субъективные оценки экологических рисков // Социологические исследования. 1999. № 1. С. 137-141.

Июдина Е.П. Экологически приемлемое развитие промышленности. Москва, 2010.

Казанцева Л.К., Тагаева Т.О. Современная экологическая ситуация в России // ЭКО. 2005. № 9. С. 30-45.

Кислова Т. Экономическая оценка естественных факторов производства о плате за природные ресурсы // Экономические науки. 1966. № 6. С. 54-58.

Клюев Н.Н. Россия и ее регионы: внешние и внутренние экологические угрозы. Москва, 2001.

Козырев А.И. Разрешение и проблемы защиты природной среды (60-70-е годы) //

Экономика, предпринимательства, окружающая среда. 1993. № 1. С. 58-66.
Комаров Б. Уничтожение природы: обострение экологического кризиса в СССР. Frankfurt/Main, 1978.［ボリス・カマロフ(西野建三訳)『シベリアが死ぬ時』アンヴィエル，1979年。］
Кочуров Б.И. На пути к созданию экологической карты СССР // Природа. 1989. № 8. С. 10-17.
Кто есть кто в экономике природопользования: энциклопедия. Москва, 2009.
Кюлясов И.П. Экологическая модернизация: теория и практики. Санкт-Петербург, 2004.
Лаппо Г.М., Полян, П.М. Закрытые города: архипелаг "ЗАТО" // Социологические исследования. 1998. № 2. С. 43-48.
Лаптев И.Д. Идеологические аспекты экологических проблем // Коммунист. 1975. № 17. С. 65-73.
Лемешев М.Я. Экономика и экология: их взаимосвязь и зависимость // Коммунист. 1975. № 17. С. 47-55.
Лемешев М.Я. Научно-технический прогресс // ЭКО. 1984. № 8. С. 61-76.
Мамин Р., Иванов В. Проблемы природопользования в регионах России // Экономист. 1996. № 2. С. 92-96.
Марков Ю.Г. Социальная экология: взаимодействие общества и природы. Новосибирск, 2001.
Межгосдарственный статистический комитет СНГ. Окружающая среда в СНГ. Москва, 1996.
Министерство природных ресурсов и экологии Российской Федерации. Государственный доклад. О состоянии и об охране окружающей среды Российской Федерации.... Москва, Ежегодное изд.
Моделирование и анализ экономических процессов: финансовый и экологический аспекты / Под ред. В.Н. Павлова, Т.О. Тагаевой. Новосибирск, 1997.
Моделирование социо-эколого-экономической системы региона / Под ред. В.И Гурмана, Е.В. Рюминой. Москва, 2001.
Москвин Д.В. Экологическая политика государства в процессе перехода к рыночной экономике. Новосибирск, 2005.
Нагорный А., Сизякин О., Скуфьин К. Некоторые вопросы экологизации производства // Коммунист. 1975. № 17. С. 56-63.
Об охране окружаюшей среды: сборник документов партии и правительства. 1917-1978 гг. Москва, 1979.
Омигов В.И. Экологическая преступность // Социологические исследования. 2005. № 7. С. 104-106.

Опыт природопользования в Сибири в XIX-XX вв. Новосибирск, 2001.

Пегов С., Хомяков. П. О приоритетности экологических проблем // Российский экономический журнал. 1992. № 7. С. 73-76.

Портнов Б.А. Городская среда: феномен престижности // Социологические исследования. 1991. № 1. С. 69-74.

Порфирьев, Б. Глобальные климатические изменения: новые риски и новые возможности экономического развития страны // Российский экономический журнал. 2009. № 6. С. 66-76.

Протасов В.Ф. Экология, здоровье и охрана окружающей среды в России. Москва, 2011.

Протасов В.Ф. Экология, охрана природы: законы, кодексы, экологическая доктрина, Киотский протокол, нормативы, платежи, термины и понятия, экологическое право. Москва, 2011.

Региональная экономика: природно-ресурсные и экологические основы / Под ред. В. Глушковой, Ю. Симагина. Москва, 2012.

Роль гражданского общества в стимулировании корпоративной социальной ответственности в лесном секторе России / Под ред. М. Тысячнюк. Москва, 2008.

Росгидромет. Оценочный доклад об изменениях климата и их последствиях на территории Российской Федерации. Общее резюме. Москва, 2008.

Росстат. Основные показатели охраны окружающей среды. Москва, Ежегодное изд.

Росстат. Охрана окружающей среды в России. Москва, Ежегодное изд.

Рюмина Е.В. Анализ эколого-экономических взаимодействий. Москва, 2000.

Седых В. Парадоксы в решении экологических проблем Западной Сибири. Новосибирск, 2005.

Сосунова И.А. Социально-экологическая напряженность: методология и методика оценки // Социологические исследования. 2005. № 7. С. 94-104.

Струмилин С. О цене «даровых благ» природы // Вопросы экономики. 1968. № 8. С. 60-72.

Тагаева Т.О. Экологическая ситуация в России // ЭКО. 1994. № 5. С. 106-120.

Тагаева Т.О. Региональные аспекты анализа и моделирования экологических процессов в России // Моделирование и анализ экономических процессов: финансовый и экологический аспекты / Под ред. В.Н. Павлова, Т.О. Тагаевой. Новосибирск, 1997. С. 38-55.

Тихомирова Н.А. Экологическая обстановка глазами Россиян // Мониторинг общественного мнения. 2005. № 4. С. 102-107.

Усачева О.А. экологический активизм в постсоветской России и западном мире

(сравнительный анализ) // Социологические исследования. 2011. № 3. С. 23-31.
Хейман С. Экономическое видение экологии // Плановое хозяйство. 1991. № 4. С. 98-102.
Шкатов В. Цены на природные богатства и совершенствование планового ценообразования // Вопросы экономики. 1968. № 9. С. 67-77.
Экологические проблемы промышленных городов: сборник научных трудов / Под ред. Губиной Т.И. Саратов, 2007.
Экологический атлас России. Москва, 2002.
Экология и власть, 1917-1990. Докуметны. Москва, 1999.
Эколого-экономические проблемы России и ее регионов. 3-е изд. / Под ред. В.Г. Глушковой. Москва, 2004.
Энергетическая стратегия России на период до 2030 года. [http://www.energystrategy.ru/projects/docs/ES-2030_(utv._N1715-p_13.11.09).doc]
Яницкий О.Н. Россия: экологический вызов (общественные движения, наука, политика). Новосибирск, 2002.
Яницкий О.Н. Эволюция экологического движения в современной России // Социологические исследования. 2005. № 8. С. 15-25.
Яницкий О.Н. Акторы и ресурсы социально-экологической модернизации // Социологические исследования. 2007. № 8. С. 3-12.
Яо Л.М. Опыт создания модели экологического сознания Российского общества // Социологические исследования. 2004. № 9. С. 59-63.

4. シベリア開発の現代史（アンガラ川流域開発に関する文献を含む）

有木宗一郎「シベリア・極東開発のコストとソ連の開放政策」『ソ連・東欧学会年報』第 19 号，1991 年，88-97 頁。

池田博行『シベリア開発の実態』アジア経済研究所，1964 年。

池田博行『シベリア経済史』アジア経済研究所，1968 年。

石井浩『シベリア開発——その現状と展望』ダイヤモンド社，1963 年。

伊藤庄一『北東アジアのエネルギー国際関係』東洋書店，2009 年。

宇多文雄「旧ソ連地域全体状況把握の試み」『ロシア研究』第 22 号，1996 年，5-23 頁。

大津定美，松野周治，堀江典生編著『中ロ経済論——国境地域から見る北東アジアの新展開』ミネルヴァ書房，2010 年。

岡田安彦「ブリヤート自治共和国北部の経済開発」『ソ連東欧経済速報』第 461 号，1979 年 11 月 5 日，1-7 頁。

岡田安彦「ザバイカル地方北部の経済開発問題」『ソ連東欧貿易調査月報』1982 年 4 月号，49-61 頁。

岡田安彦「全線敷設完了とバム圏開発」『ソ連東欧貿易調査月報』1984年10月号，19-25頁。

岡田安彦「レナ河上流地域の天然資源開発の諸問題」『ソ連東欧貿易調査月報』1988年9月号，8-18頁。

小川和男『シベリア開発と日本』時事通信社，1983年。

小川和男，越山昭二「ソ連経済と地域生産コンプレクス構想」『世界経済評論』第24巻第7号，1980年，62-68頁。

小俣利男「ソビエトにおける地域生産複合体概念の形成過程——1940年までを対象に」『経済地理学年報』第32巻第3号，1986年，48-59頁。

小俣利男「戦後のソ連における地域生産コンプレクス概念の展開と地域開発」『経済地理学年報』第38巻第2号，1992年，1-22頁。

小俣利男『ソ連・ロシアにおける工業の地域的展開——体制転換と移行期社会の経済地理』原書房，2006年。

加藤九祚『シベリアの歴史』紀伊國屋書店，1994年(復刻版)。

グコフ，V.他「レナ河上流地域の天然資源開発の諸問題」『ソ連東欧貿易調査月報』1988年9月号，8-18頁。

久保庭真彰「ロシア極東産業連関表(1987)の構造と地域特性」『ERINA REPORT』第9号，1995年，13-17頁。

グランベルク，A.「シベリア工業の構造変化と今後の方向」『ソ連東欧貿易調査月報』1985年12月号，16-29頁。

黒田乙吉「進むソ連の発電計画」『エコノミスト』1954年6月5日号，15-18頁。

黒田乙吉「ソ連の水力発電計画」『エコノミスト』1956年5月12日号，16-20頁。

経済団体連合会・日本ロシア経済委員会編『日ソ経済委員会史——日ソ経済協力四半世紀の歩み(1965-1992)』経済団体連合会，1999年。

古賀正則「ソ連の地域経済論について」『経済学雑誌』(大阪市立大学)第53巻第1号，1965年，74-81頁。

国立国会図書館調査立法考査局『ソ連における電力建設問題』1951年。

国立国会図書館調査立法考査局『ソ連経済力の東漸——シベリア開発計画が目指すもの』1957年。

小西善次「社会主義計画理論の諸問題——地域開発理論について(1)」『明大商学論叢』第50巻第1号，1967年，65-98頁。

嶋倉民生編『東北アジア経済圏の胎動——東西接近の新フロンティア』アジア経済研究所，1992年。

菅沼桂子「ロシアにおける外国資本の導入と地域経済への影響——サハリン資源開発プロジェクトの事例研究」『ロシア・ユーラシア経済——研究と資料』第926号，2009年，22-39頁。

菅沼桂子「サハリン州への外国直接投資——地域経済効果に関する一考察」『比較経済研究』第48巻第2号，2011年，13-27頁。

ソ連東欧貿易会「バム鉄道沿線の経済開発問題」『ソ連東欧貿易調査月報』1979年9月号，35-53頁。

ソ連東欧貿易会『シベリア開発の諸問題』1980年。

「ソ連・バム鉄道建設の小史」『ソ連東欧貿易調査月報』1984年12月号，55-60頁。

巽良知，渡邊一郎共編『ソヴェト聯邦に於ける電化の發展』(社)電氣協會，1941年。

田中宏「ソ連邦国民経済における地域計画化」『経済論叢』(京都大学)第124巻第3・4号，1979年，202-221頁。

田中宏「ソ連経済の地域別投資構造」『経済論叢』(京都大学)第125巻第6号，1980年，414-436頁。

東亞問題研究會編『シベリヤ産業要覽』三省堂，1939年。

徳永昌弘「シベリアにおける社会主義工業化——ロシア後背地の変貌と実像」『比較経済体制研究』第14号，2008年，18-43頁。

徳永昌弘「戦後シベリアの社会主義工業化——アンガラ川流域開発を中心に」『スラヴ研究』第59号，2012年，115-143頁。

トロフィムーク，A.「シベリアの資源開発とその問題点」『ソ連東欧貿易調査月報』1980年9月号，24-42頁。

中村泰三「1970年代のソビエト経済地理学——生産配置の科学から社会・経済地理学へ」『人文地理』(大阪市立大学)第34巻第1号，1982年，35-52頁。

中村泰三「ソビエト経済地理学の誕生」『人文地理』(大阪市立大学)第34巻第6号，1982年，245-266頁。

中村泰三『ソ連邦の地域開発』古今書院，1985年。

中村泰三『現代ソ連白書——民族・環境・共和国』古今書院，1991年。

中村泰三『CIS諸国の民族・経済・社会——ユーラシア国家連合へ』古今書院，1995年。

野々村一雄「新シベリア物語〈1〉アカデムゴロドク　『黄金の谷』で」『朝日ジャーナル』1973年9月14日号，31-36頁；「同〈2〉ウスチ・イリムスク　アンガラ川の岸辺で」1973年9月21日号，31-36頁；「同〈3〉ヤクーチヤ　凍土と闘う人々」1973年9月28日号，31-36頁；「同〈4〉サモトロールに火は燃えて」1973年10月5日号，31-36頁。

バシャノフ，V.「シベリアの経済概況と投資環境」『ロシア東欧貿易調査月報』1995年2月号，77-100頁。

平竹傳三『シベリア經濟地理』大阪屋號書店，1939年。

福田正己『極北シベリア』岩波書店，1996年。

細川隆雄『シベリア開発とバム鉄道』地球社，1983年。

細川隆雄『ソ連林業論序説』晃洋書房，1987年。

細川隆雄『ソ連の森林資源』晃洋書房，1993年。

堀江典生「ロシア極東経済発展再考」『世界経済評論』第41巻第1号，1997年，75-83，63，85頁。

ホーレフ，Б.，ヴァルラーモフ，В.(清島清十訳)「中部アンガラ河流域にて」『地理』第4

巻第5号，1959年，66-77頁。

丸山直光「アンガラストロイ」『ソ連研究』第3巻第7号，1954年，46-49，65頁。

満洲電業(株)企畫室資料課『東部ソ聯電氣事業概説』1944年。

滿鐵・調査部『ソ聯ニ於ケル動力用燃料工業ノ配置——アンガラストロイト沿バイカル地方工業綜合建設ノ全貌』1938年。

水田明男「ソ連邦における地域・生産コンプレクス研究」『社会主義経済研究』創刊号，1983年，80-84頁。

水田明男「ソ連の地域経済開発と計画化システム——1965『経済改革』以降のソ連における『地域計画化』」『社会主義経済研究』第3号，1984年，52-63頁。

望月喜市「シベリア開発モデルの理論と実際」『スラヴ研究』第23巻，1979年，169-205頁。

望月喜市編『シベリア開発と北洋漁業』北海道新聞社，1982年。

本村真澄「ロシアから極東向けパイプラインが始動する」『石油・天然ガスレビュー』第44巻第4号，2010年，17-36頁。

森岡裕『電力企業経営論——旧ソビエト・ロシアの電力経営』税務経理協会，1992年。

森本良男『シベリア——その自然と開発計画』築地書館，1962年。

山中文夫『シベリア五〇〇年史——セーブルロード(毛皮の道)は語る』近代文藝社，1995年。

山本敏『シベリア開発』講談社，1973年。

劉旭「中ロ原油パイプライン交渉の現状と問題点——原油供給価格交渉をめぐって」『比較経済研究』第45巻第2号，2008年，19-29頁。

劉旭「東シベリア〜太平洋石油パイプライン建設と資源開発——建設開始から正式稼働開始まで」『スラブ研究』第57巻，2010年，157-177頁。

ロシアNIS貿易会ロシアNIS経済研究所『ロシアのガス分野の上流部門の変化に伴う日ロ協力の可能性についての調査』2010年3月。

Alexandrova, A., Hamilton E. and Kuznetsova, P., “Housing and Public Services in a Medium-sized Russian City: Case Study of Tomsk,” *Eurasian Geography and Economics* 45:2 (2004), pp. 114-133.
Bradshaw, M. J. and Hanson, P., “Understanding Regional Patterns of Economic Change in Russia: An Introduction,” *Communist Economies and Economic Transformation* 10:3 (1998), pp. 285-304.
Chernikov, A., “Resource-rich Regions: Irkutsk Oblast’ on the Road to the Market,” *Communist Economy and Economic Transformation* 10:3 (1998), pp. 375-389.
Chernyavsky, A. and Vartapetov, K., “Municipal Financial Reform and Local Self-governance in Russia,” *Post-Communist Economies* 16:3 (2004), pp. 251-264.
de Souza, P., “The Russian Far East: Russia’s Gateway to the Pacific”, in Michael J. Bradshaw, ed., *Geography and Transition in the Post-Soviet Republics* (New York:

John Wiley & Sons, 1997), pp. 187-207.

Dienes, L., *Soviet Asia: Economic Development and National Policy Choices* (Boulder: Westview Press, 1987).

Dienes, L., "Reflections on a Geographic Dichotomy: Archipelago Russia," *Eurasian Geography and Economics* 43:6 (2002), pp. 443-458.

Dmietrieva, O., *Regional Development: The USSR and after* (London: UCL Press, 1996).

Heleniak, T., "Out-migration and Depopulation of the Russian North during the 1990s," *Eurasian Geography and Economics* 40:3 (1999), pp. 155-205.

Hill, F. and Gaddy, C. G., *The Siberian Curse: How Communist Planners Left Russia out in the Cold* (Washington, D.C.: Brookings Institution Press, 2003).

Interstate Statistical Committee of the Commonwealth of Independent States, *Official Statistics of the Countries of the Commonwealth of Independent States* (CD-ROM), 1998.

Iwasaki, I. and Suganuma, K., "Regional Distribution of Foreign Direct Investment in Russia," *Post-Communist Economies* 17:2 (2005), pp. 153-172.

Kirkow, P., "Russia's Regional Puzzle: Institutional Change and Economic Adaptation," *Communist Economy and Economic Transformation* 9:3 (1997), pp. 261-287.

McIntyre, R. J., "Regional Stabilisation Policy under Transitional Period Conditions in Russia: Price Controls, Regional Trade Barriers and Other Local-level Measures," *Europe-Asia Studies* 50:5 (1998), pp. 859-871.

Mellinger, A. D., Sachs, J. D. and Gallup, J. L., "Climate, Coastal Proximity, and Development," in Gordon L. Clark, Maryann P. Feldman and Meric S. Gertler, eds., *The Oxford Handbook of Economic Geography* (Oxford, New York: Oxford University Press, 2000), pp. 89-107.

Mote, V. L., *Siberia: Worlds Apart* (Boulder: Westview Press, 1998).

Naumov, I. V. (edited by David N. Collins), *The History of Siberia* (Abingdon: Routledge, 2006).

Schiffer, J. R., *Soviet Regional Economic Policy: The East-West Debate over Pacific Siberian Development* (London: Macmillan, 1989).

Selm, B. V., "Economic Performance in Russia's Regions," *Europe-Asia Studies* 50:4 (1998), pp. 603-618.

Swearingen, R., ed., *Siberia and the Soviet Far East: Strategic Dimensions in Multinational Perspective* (Stanford: Hoover Institution Press, 1987).

Thompson, N., "Migration and Resettlement in Chukotka: A Research Note," *Eurasian Geography and Economics* 45:1 (2004), pp. 73-81.

Westlund, H., Granberg, A. and Snickars, F., *Regional Development in Russia: Past Policies and Future Prospects* (Cheltenham: Edward Elgar, 2000).

Whiting, A. S., *Siberian Development and East Asia: Threat or Promise?* (Stanford: Stanford University Press, 1981).［アレン・ホワイティング（池井優訳）『シベリア開発の構図——錯綜する日米中ソの利害』日本経済新聞社，1983 年。］

Wood, A., ed., *Siberia: Problems and Prospects for Regional Development* (London, New York: Croom Helm, 1987).

Wood, A. and French, R. A., eds., *The Development of Siberia: People and Resources* (London: Macmillan, 1989).

Zimin, D., "Promoting Investment in Russia's Regions," *Eurasian Geography and Economics* 51:5 (2010), pp. 653-668.

Агранат Г.А. Жаркие проблемы Севера // ЭКО. 2004. № 1. С. 21-35.

Александров И.Г. Проблема Ангары. Москва-Ленинград, 1931.

Анализ тенденций развития регионов России в 1992-1995 годах // Вопросы экономики. 1996. № 6. С. 42-77.

Бандман М.К. Сибирь в системе экономических районов СССР-России // Регион: экономика и социология. 1998. № 2. С. 3-27.

Бандман М.К., Воробьева В.В., Ионова В.Д. Пространственная структура системы ТПК Ангаро-Енисейского региона // Методы анализа и модели структуры территориально-производственных комплексов / Под ред. М.К. Бандмана, Макарова А.А. Новосибирск, 1979. С. 152-173.

Бандман М.К., Малов В. Сибирь и ее проблемные регионы: подходы к разработке программ их развития // Экономист. 1997. № 4. С. 58-66.

Бизнес-Карта 92. Россия. Восточная Сибирь. Промышленность. Кн. 2. Москва, 1992.

Бизнес-Карта 92. Россия. Западная Сибирь. 4. Промышленность. Кн. 4. Москва, 1992.

Богорад Д.Р. Вопросы специализации и комплексного развития народного хозяйства Сибири. Москва, 1966.

Большая Советская энциклопедия. 3-е изд. Т. 1-31. Москва, 1970-1981.

Винокуров М.А., Суходолов А.П. Экономика Сибири 1900-1928. Новосибирск, 1996.

Винокуров М.А., Суходолов А.П. Экономика Иркутской области. Т. 1-3. Иркутск, 1998-2002.

Вопросы истории Сибири XX века. Вып. 1-8. Новосибирск., 1998-2008.

Географический энциклопедический словарь. Москва, 2003.

Горавский А.И. Ангарострой к проблеме индустриализации Сибири. Иркутск, 1930.

Город России. Энциклопедия. Москва, 1994.

Госкомстат России. Основные показатели социально-экономического положения и

хода экономической реформы в регионах Западно-Сибирского и Восточно-Сибирского экономических районов Российской Федерации. Москва, 1994.

Госкомстат России. Показатели экономического развития республик, краев, областей Российской Федерации. Москва, 1992.

Госкомстат России. Промышленность России. Москва, 1995.

Госкомстат России, Иркутское областное управление статистики. Промышленность Иркутской области в 1994 году. Иркутск, 1995.

Госкомстат России, Иркутское областное управление статистики. Численность населения городов, поселков, районов и сельских населенных пунктов. Иркутск, 1995.

Госкомстат РСФСР. Численность населения РСФСР по данным всесоюзной переписи населения 1989 года. Москва, 1990.

Госкомстат СССР. Итоги всесоюзной переписи населения 1979 года. Т. 1. Москва, 1989.

Госкомстат СССР. Народное хозяйство СССР в Великой Отечественной войне, 1941-1945. Москва, 1990.

Гоффе Н., Цапенко И. Россия в шкуре леопарда: социальные проблемы региональной политики // Мировая экономика и международные отношения. 1996. № 2. С. 17-25.

Гранберг А.Г. Экономика Сибири: задачи структурной политики // Коммунист. 1988. № 2. С. 31-40.

Гранберг А.Г. Экономическое пространство России: трансформации на рубеже веков и альтернативы будущего // Общество и экономика. 1999. № 3-4. С. 225-244.

Гранберг А.Г. Сибирь и Дальний Восток: общие проблемы и свойства экономического роста // Регион: экономика и социология. 2003. № 1. С. 14-28.

Гуков В.П., Кин А.А, Смирнов Н.В. Возможности устойчивого роста экономики Иркутской области // Регион: экономика и социология. 2001. № 1. С. 133-152.

Гуков В.П., Фильшин, Г.И. Некоторые региональные особенности развития промышленности на юге Восточной Сибири // Известия Сибирского отделения Академии Наук СССР. Сер. общественных наук. 1969. № 6. Вып. 2 С. 21-26.

Евсеенко А., Кулешов В. Базовые процессы развития экономики Сибири // Экономист. 1997. № 11. С. 12-17.

Илларионов А. Экономический потенциал и уровни экономического развития союзных республик // Вопросы экономики. 1990. № 4. С. 46-59.

Иркутск в панораме веков: очерки истории города. Иркутск, 2002.

Иркутский областной комитет государственной статистики. Показатели социального и экономического положения городов и районов Иркутской области в

1994 году. Иркутск, 1995.

Иркутский областной комитет государственной статистики. Промышленность Иркутской области в 1994 году. Иркутск, 1995.

Иркутский областной комитет государственной статистики. 340 лет Иркутску. Иркутск, 2001.

Калашникова Т.М. Пророчество без чудес (к 90-летию Н.Н. Колосовского). Москва, 1983.

Кистанов В.В. Будущее Сибири: развитие хозяйства в семилетке. Москва, 1960.

Колосовский Н.Н. К итогам исследовательских работ по Ангарострою // Плановое хозяйство. 1935. № 4. С. 143-153.

Колосовский Н.Н. Прибайкальский гидроэнергопромышленный комплекс Ангароstроя // Плановое хозяйство. 1936. № 9-10. С. 157-173.

Колосовский Н.Н. Прибайкальский энергопромышленный комплекс Ангаростроя // Плановое хозяйство. 1938. № 3. С. 97-110.

Колосовский Н.Н. Проблемы территориальной организации производительных сил Сибири. Новосибирск, 1971.

Корзинников С.Н. Лесная промышленность Иркутской области. Автреф. дис. канд. геог. наук. Ленинград, 1952.

Кротов В.А. Проблемы экономического районирования Сибири и Дальнего Востока // Известия Сибирского отделения Академии Наук СССР. Сер. общественных наук. 1969. № 6. Вып. 2. С. 3-11.

Кротов В.А. Программа освоения энергетических ресурсов р. Ангары и формирование территориально-производственных комплексов Прибайкалья // Вопросы экономической географии Восточной Сибири. Иркутск, 1975. С. 32-47.

Кротов В.А., Фильшин Г.И. Проблемы экономического развития территориально-производственных комплексов Иркутской области // Проблемы экономики Восточной Сибири / Под ред. В.П. Гукова. Новосибирск, 1981. С. 55-68.

Кудзи Е.М. Перспективы развития Иркутской области. Иркутск, 1956.

Кудрявцев Ф.А, Вендрих Г.А. Иркутск. Очерки по истории города. Иркутск, 1958.

Кулешов В.В. Экономика Сибири: этапы развития, современные проблемы и варианты будущего // Общество и экономика. 1999. № 3-4. С. 245-250.

Кулешов В.В. Экономика Сибири: дрейф в море российского кризиса или экономический маневр? // ЭКО. 1999. № 7. С. 94-105.

Малышев В.М. Гипотеза решения Ангарской проблемы. Москва-Иркутск, 1935.

Медведкова Э.А. Социально-экономическое районирование Приангарья. Новосибирск, 1985.

Мельникова Л.В. Освоение Сибири: ревнивый взгляд из-за рубежа // ЭКО. 2004. №

6. С. 99-119.

Молодых И.Ф. Исследования рек Восточной Сибири // Первый восточно-сибирский краеведческий съезд. 11-18 января 1925 года. Иркутск, 1925. С. 91-93.

Московский А.С. Промышленное освоение Сибири в период строительства социализма, 1917-1937 гг.: историко-экономический очерк. Новосибирск, 1975.

Муравьева Л.И. История формирования и развития Иркутско-Черемховского промышленного комплекса: Автреф. дис. канд. ист. наук. Москва, 1968.

Народнохозяйственные проблемы Иркутской области. Труды Конференции по развитию производительных сил Иркутской области, 4-11 августа 1947 г. Москва-Ленинград, 1948.

Некрасов Н.Н. Проблемы Сибирского комплекса. Москва, 1973. [ニコライ・ネクラーソフ（鈴木啓介訳）『シベリア開発構想——ソ連の方針と現状と展望』サイマル出版会, 1975年。]

Нижнее Приангарье: логика разработки и основные положения концепции программы освоения региона. Новосибирск, 1996.

План электрификации РСФСР. Доклад VIII съезду советов государственной комиссии по электрификации России. 2-е изд. Москва, 1955.

Попадюк Н. Административно-территориальная реформа и территориально-хозяйственные уклады // Вопросы экономики. 2004. № 5. С. 73-84.

Попов В.Э. Проблемы экономики Сибири. Москва, 1968.

Проблемные регионы ресурсного типа: экономическая интеграция европейского Северо-Востока, Урала и Сибири. Новосибирск, 2002.

Проблемы экономики Восточной Сибири. Новосибирск, 1981.

Процессы урбанизации в Центральной России и Сибири: сборник статей / Под ред. В. А. Скубневского. Барнаул, 2005.

Раднаев Б.Л., Хандуев П.Ж. Вопросы формирования Забайкальского экономического района // Известия Сибирского отделения Академии Наук СССР. Сер. Экономика и прикладная социология. Вып. 1. 1989. С. 24-31.

Развитие народного хозяйства Сибири. Новосибирск, 1978.

Развитие производительных сил Восточной Сибири. Труды Конференции по развитию производительных сил Восточной Сибири, 18-26 августа 1958 г. Москва, 1960.

Российский государственный архив экономики, фонд 1562, опись 33, ед. хр. 2333, 2731.

Российский государственный архив экономики, фонд 1562, опись 51, ед. хр. 4.

Российский государственный архив экономики, фонд 1562, опись 329, ед. хр. 1593, 4145.

Росстат. Численность и размещение населения: итоги всероссийской переписи

населения 2002 года. Т. 1. Москва, 2004.

Росстат. Всероссийская перепись населения 2010. [http://www.perepis-2010.ru/]

Сибирь на пороге нового тысячелетия. 2-е изд. Новосибирск, 1999.

Сибирь: проблемы комплексного развития / Под ред. В.В. Воробьева, А.И. Чистобаева. Санкт-Петербург, 1993.

Социальные проблемы сибирских городов в ретроспективе XX века. Сборник научных трудов. Новосибирск, 2001.

Среднее Приангарье: географическое исследование хозяйственного освоения таежной территории. Иркутск, 1975.

Ступин П.П. Конференции по изучению производительных сил Восточной Сибири // Иркутский историко-экономический ежегодник. Иркутск, 2002. С. 97-101.

Суходолов А.П. Электроэнергетика Иркутской области: история, современное состояние, перспективы // Наука в Сибири. 1998. № 3-4, № 5-6, № 7-8, № 14. [http://www.nsc.ru/HBC/]

Тараканов М.А. Проблемы специализации Иркутской области // Экономист. 1991. № 2. С. 102-106.

Тараканов М.А. Завершение производственных циклов: новый этап использования ресурсного потенциала Иркутской области // География и природные ресурсы. 1996. № 4. С. 124-129.

Тараканов М.А. Химический комплекс Иркутской области // Экономист. 1998. № 6. С. 64-69.

Тарасов Г.Л. Восточная Сибирь. Москва, 1964.

Тарасов Г.Л. Территориально-экономические проблемы развития и размещения производительных сил Восточной Сибири. Москва, 1970.

Территориально-производственные комплексы: планирование и управление. Новосибирск, 1984.

Субъекты Федерации и города Сибири в системе государственного и муниципального управления / Под ред. А.С. Новосёлова. Новосибирск, 2005.

Улюкаев А. Государственные финансы и региональное развитие // Вопросы экономики. 1998. № 3. С. 4-17.

Формирование территориально-производственных комплексов Ангаро-Енисейского региона. Новосибирск, 1975.

ЦСУ РСФСР. Народное хозяйство РСФСР.... Москва, Ежегодное изд.

ЦСУ РСФСР. Промышленность РСФСР. Москва, 1961.

ЦСУ РСФСР, Статистическое управление Иркутской области. Народное хозяйство Иркутской области. Иркутск, Ежегодное изд.

ЦСУ СССР. Итоги всесоюзной переписи населения 1959 года. РСФСР. Москва,

1963.
ЦСУ СССР. Итоги всесоюзной переписи населения 1970 года. Т. 1. Москва, 1972.
ЦУНКУ Госплана СССР. Социалистическое строительство СССР. Москва, Ежегодное изд.
Цыкунов Г.А. Ангаро-Енисейские ТПК: проблемы и опыт (исторический аспект). Иркутск, 1991.
Цыкунов Г.А. Особенности формирования населения в районах нового освоения // Иркутский историко-экономический ежегодник. Иркутск, 2002. С. 101-107.
Цыкунов Г.А. Формирование трудовых коллективов в Ангаро-Енисейском регионе // Иркутский историко-экономический ежегодник. Иркутск, 2003. С. 109-115.
Черников А.П., Воробьев Н.В., Зыкова Е.А. Внешнеэкономические связи Прибайкалья // ЭКО. 1995. № 11. С. 112-117.
Черников А.П., Воробьев Н.В., Манжигеев А.Ф., Зыкова Е.А. Экспортный потенциал Прибайкалья // ЭКО. 1998. № 1. С. 82-92.
Чернова Ю.В. Динамика численности населения новых городов Иркутской области (1950-1980-е гг.) // Иркутский историко-экономический ежегодник. Иркутск, 2002. С. 111-115.

5. バイカル湖流域の開発と環境
(バイカリスクセルロース・製紙コンビナートに関する文献を含む)
ー史料(ロシア国立経済文書館所蔵)ー

バイカリスクセルロース・製紙コンビナートの業務報告書(1965〜1990年)
Российский государственный архив экономики, фонд 73, опись 1, дело 223-224, 854, 1602.
Российский государственный архив экономики, фонд 73, опись 2, дело 301-302, 1264-1265, 2284-2285, 3038-3039, 4129-4130, 5021-5022, 5883-5884, 6660-6661, 7359-7360, 7917, 8429.
Российский государственный архив экономики, фонд 442, опись 1, дело 308-309, 767-768, 1290-1291, 1821-1822, 2322-2323, 2828-2829, 3338-3339, 3831-3832, 4275-4276, 4784-4785, 5289-5290, 5779-5781.

「バイカル湖の汚染防止問題に関するソ連国家計画委員会国家審査委員会の提案に関するソ連国家計画委員会，ソ連閣僚会議国家科学技術委員会，ソ連科学アカデミー本部の合同会議資料」ならびに「バイカル湖の汚染防止問題に関する審査資料」
Российский государственный архив экономики, фонд 4372, опись 66, дело 550-552, 1245-1248.

一報告書一

国際連合工業開発機関(UNIDO)作成のバイカリスクセルロース・製紙コンビナートの調査報告書(刊行順)

High-level Advisory Services for the Baikalsk Pulp and Paper Mill, *Technical Report: Mechanical Wood Processing* (Vienna: UNIDO, Working Papers, DP/ID/SER.A/1740, 1996).

High-level Advisory Services for the Baikalsk Pulp and Paper Mill, *Technical Report: Assessment of the Waste Water Situation at BPPM* (Vienna: UNIDO, Working Papers, DP/ID/SER.A/1748, 1996).

High-level Advisory Services for the Baikalsk Pulp and Paper Mill, *Technical Report: Environmental Assessment of Mill Operations at BPPM* (Vienna: UNIDO, Working Papers, DP/ID/SER.A/1749, 1996).

High-level Advisory Services for the Baikalsk Pulp and Paper Mill, *Technical Report: Socioeconomic Impacts of Industrial Restructuring-The Case of the BPPM* (Vienna: UNIDO, Working Papers, DP/ID/SER.A/1750, 1996).

High-level Advisory Services for the Baikalsk Pulp and Paper Mill, *Technical Report: Pulp and Papermaking* (Vienna: UNIDO, Working Papers, DP/ID/SER.A/1751, 1996).

High-level Advisory Services for the Baikalsk Pulp and Paper Mill, *Technical Report: Environmental Impact of the BPPM and the Ways of Sustainable Development of the Economy of the Southern Coast of Lake Baikal* (Vienna: UNIDO, Working Papers, DP/ID/SER.A/1753, 1996).

High-level Advisory Services for the Baikalsk Pulp and Paper Mill, *Technical Report: Air Emission Control and Abatement in Kraft Pulping* (Vienna: UNIDO, Working Papers, DP/ID/SER.A/1754, 1996).

High-level Advisory Services for the Baikalsk Pulp and Paper Mill, *Technical Report: Investment Analysis* (Vienna: UNIDO, Working Papers, DP/ID/SER.A/1755, 1996).

High-level Advisory Services for the Baikalsk Pulp and Paper Mill, *Terminal Report* (Vienna: UNIDO, Working Papers, DP/ID/SER.B/739, 1996).

企業情報プロバイダーBvD社提供のバイカリスクセルロース・製紙コンビナートの事業報告書

BvD, *Mint Global: Full Business Report of Baikalskii Tsellyulozno-Bumazshnyi Kombinat*, 31 December 2009.

ロシア政府発行のバイカル湖流域の環境白書(刊行順)

Министерство охраны окружающей среды и природных ресурсов РФ. Пробл-

емы охраны озера Байкал и природопользования в Байкальском регионе: ежегодный доклад Правительственной комиссии по Байкалу.... Москва, Ежегодное изд.
Государственный комитет РФ по охране окружающей среды. Проблемы охраны озера Байкал и природопользования в Байкальском регионе...: ежегодный доклад Правительственной комиссии по Байкалу. Москва, Ежегодное изд.
Государственный комитет РФ по охране окружающей среды. Охраны озера Байкал и обеспечение рационального природопользования в Байкальском регионе: ежегодный доклад Правительственной комиссии по Байкалу. Москва, Ежегодное изд.
Министерство природных ресурсов РФ. О состоянии озера Байкал и мерах по его охране.... Государственный доклад. Москва, Ежегодное изд. [http://www.geol.irk.ru/baikal/baikal.htm]
Министерство природных ресурсов и экологии РФ. О состоянии озера Байкал и мерах по его охране.... Государственный доклад. Москва, Ежегодное изд. [http://www.geol.irk.ru/baikal/baikal.htm]

バイカリスクセルロース・製紙コンビナートの事業転換計画に関する資料集(刊行順)

Материалы согласования Федеральной целевой программы «перепрофилирование Байкальского целлюлозно-бумажного комбината и решение связанных с этим социальных проблем г. Байкальска (проект)» (1997-2006 гг.). Иркутск-Байкальск, 1997.
Федеральная целевая программа «Перепрофилирование Байкальского целлюлозно-бумажного комбината и решение связанных с этим социальных проблем г. Байкальска» (1997-2006 г.). Байкальск, 1997.
Стенограмма публичных слушаний по проекту «Федеральной целевой программы перепрофилирования Байкальского целлюлозно-бумажного комбината и решение связанных с этим социальных проблем г. Байкальска» Иркутск, 3 апреля 1997 года.
Протокол собрания представителей общественных организаций и граждан г. Байкальска и Слюдянского района по обсуждению проекта «Федеральной целевой программы перепрофилирования Байкальского целлюлозно-бумажного комбината и решение связанных с этим социальных проблем г. Байкальска» Байкальск, 29 апреля 1997 года.
Концепция социально-экономического развития г. Байкальска и перепрофилирования Байкальского целлюлозно-бумажного комбината в 1999-2000 гг. I-II этапы. Иркутск, 1999.
Предложения по разработке концепции социально-экономического развития г.

Байкальска и перепрофилирования БЦБК. Иркутск, 2 июля 1999 года.

Анализ социального самочувствия и социально-трудовых аспектов населения города Байкальска. Байкальск, 2000.

Комплексная программа перепрофилирования Байкальского целлюлозно-бумажного комбината и развития города Байкальска. Иркутск-Москва, 2000.

Концепция социально-экономического развития города Байкальска и перепрофилирования Байкальского целлюлозно-бумажного комбината. Иркутск, 2000.

Материалы согласования «концепции социально-экономического развития города Байкальска и перепрофилирования Байкальского целлюлозно-бумажного комбината в 1999-2005 гг.». Иркутск, 2000.

—書籍・論文—

秋山紀子「バイカル地域の環境問題」『環境と公害』第24巻第2号，1994年，68-69頁。

石川県ロシア協会編『イルクーツクとバイカル湖』石川県ロシア協会編「イルクーツク・バイカル総覧」第1分冊，1996年。

井上源喜，柏谷健二，箕浦幸治編著『地球環境変動の科学——バイカル湖ドリリングプロジェクト』古今書院，1998年。

NHK取材班(日本放送協会編)『白と青のバイカル——シベリア紀行』日本放送出版協会，1979年。

大田憲司『シベリアの至宝バイカル湖』東洋書店，2002年。

河合崇欣，河室公康「バイカル湖の長期環境変動を読む」『科学』第69巻第11号，1999年，861-864頁。

コジョワ，O.「バイカル湖をはじめとするシベリアの湖沼(貯水池をふくむ)の環境保護の現状」『水処理技術』第24巻第11号，1983年，889-893頁。

セルゲーエフ，M.(江川潮訳)『バイカル湖の不思議さと問題点』APN出版局，1989年。

ソミンスキー，V. S.「ソ連のパルプ・製紙工業の問題点」『ソ連東欧貿易調査月報』1981年1月号，53-63頁。

「ソ連の紙・パルプ工業の展望」『ソ連東欧貿易調査月報』1982年6月号，32-47頁。

土本典昭「『バイカル会議』レポート」『aala』第33号，1987年，2-12頁。

徳永昌弘「シベリアにおける開発と環境——バイカル湖地域を例に」『環境と公害』第27巻第2号，1997年，60-66頁。

徳永昌弘「ロシア・バイカル湖地域開発の展開と公害・環境問題」『ロシア・東欧学会年報』第26号，1998年，51-63頁。

徳永昌弘「シベリア・極東地域の〝regionalisation〟——バイカリスクセルロース・製紙コンビナート(イルクーツク州)を例に」『ユーラシア研究』第20号，1999年，39-45頁。

徳永昌弘「地方からみたロシアの環境マネージメント——バイカル湖の環境汚染にみられる公害・環境問題の『共有』」『ロシア研究』第33号，2001年，60-78頁。

徳永昌弘「ロシア企業はグローバライズするのか，されるのか？」『ユーラシア研究』第 26 号，2002 年，19-24 頁。

徳永昌弘「都市と企業の市場移行――ロシアにおける企業都市の変容に関する一考察」『ロシア・東欧研究』第 32 号，2004 年，105-118 頁。

バターリン，A.「バイカル湖自然保護問題の現況」『日刊 APN プレスニュース』第 3915 号，1987 年 10 月 14 日，12-16 頁。

森野浩，宮崎信之編『バイカル湖――古代湖のフィールドサイエンス』東京大学出版会，1994 年。

宮崎信之「バイカル湖の生物多様性と環境――バイカルアザラシから地球規模の水汚染を考える」『地球環境』第 6 巻第 1 号，2001 年，79-86 頁。

ヤネリス，V.「バイカルのきれいな水」『ソ連の工業技術』第 2 巻第 12 号，1972 年，27-28 頁。

渡邊廣『素顔のバイカル――シベリアのタイガに眠る神秘の湖』にんげん社，1997 年。

Baikal Environmental Wave, "Problems Faced by NGOs in the Baikal Region: 1990-1994," in *The 3rd Asia-Pacific NGO Environmental Conference (Papers)* (Kyoto, 1994), pp. 294-300.

"Baikal Today and Tomorrow," *Soviet Law and Government* 10:4 (1972), pp. 336-346.

Baikal Watch, *Third North American-Russian Workshop on Joint Actions to Reduce Dioxin and Dioxin-related Compounds* (mimeo).

Galazii, G. I., "Baikal Law: An Analysis of the Existing Primary Sources of Pollution," *Environmental Policy Review: The Soviet Union and Eastern Europe* 5:1 (1991), pp. 47-55.

Galaziy, G. I., "Lake Baikal's Ecosystem and the Problem of Its Preservation," *Marine Technology Society Journal* 14:5 (1980), pp. 31-38.

Galaziy, G. I., "The Ecosystem of Lake Baikal and Problems of Environmental Protection," *Soviet Geography* 22:4 (1981), pp. 217-225.

Galazii, G. I., Kazannik, A. I. and Shapkhaev, S. G., "The Baikal Law," *Environmental Policy Review: The Soviet Union and Eastern Europe* 5:1 (1991), pp. 47-55.

Goldman, M. I., "The Pollution of Lake Baikal," *The New Yorker*, 19 June 1971, pp. 58-66.

Goldman, M. I., *The Spoils of Progress: Environmental Pollution in the Soviet Union* (Cambridge: The MIT Press, 1972), Chapter 6, pp. 177-209. [マーシャル・ゴールドマン（都留重人監訳）『ソ連における環境汚染――進歩が何を与えたか』岩波書店，1973 年，第 6 章，195-232 頁。]

Goncharo, V., "At Lake Baikal," *Soviet Law and Government* 10:3 (1972), pp. 260-275.

Gustafson, T., *Reform in Soviet Politics: Lessons of Recent Policies on Land and Water*

(Cambridge, New York: Cambridge University Press, 1981), Chapter 3, pp. 39-52.

Hunermann, G., "Environmental Policy in the Soviet Union: The Example of Lake Baikal," *Europa Archiv* 43:19 (1988), pp. 569-574.

Information on the State of the Ecosystem of Lake Baikal (Irkutsk: Scientific Research Institute of Biology at Irkutsk State University, 1995).

International Union for Conservation of Nature and Natural Resources, *Lake Baikal: on the Brink?* (Oxford: IUCN Information Press, 1991).

Josephson, P. R., *New Atlantis Revisited: Akademgorodok, The Siberian City of Science* (Princeton: Princeton University Press, 1997), Chapter 5, pp. 163-203.

Kelley, D. R., "Environmental Policy-making in the USSR: the Role of Industrial and Environmental Interest Groups," *Soviet Studies* 28:4 (1976), pp. 570-589.

Koptyug, V. A. and Uppenbrink, M., *Sustainable Development of the Lake Baikal Region: A Model Territory for the World* (Berlin, Tokyo: Springer, 1996).

Kozhov, M., *Lake Baikal and Its Life* (The Hague: Dr. W. Junk Publishers, 1963). [ミハイル・カジョーフ(紺野芳夫訳)『バイカル湖とその生物』石川県ロシア協会編「イルクーツク・バイカル総覧」第2分冊，1996年。]

Kozhova, O. M. and Izmest'eva, L. R., *Lake Baikal: Evolution and Biodiversity* (Leiden: Backhuys Publishers, 1998).

Lubomudrov, S., "Environmental Politics in the Soviet Union: Baikal Controversy," *Canadian Slavonic Papers/Revue Canadienne des Slavistes* 20:4 (1978), pp. 529-543.

Meuleman, C., Leermakers, M. and Baeyens, W., "Mercury Speciation in Lake Baikal," *Water, Air, and Soil Pollution* 80 (1995), pp. 539-551.

Minoura, K., ed., *Lake Baikal: A Mirror in Time and Space for Understanding Global Change Processes* (Amsterdam, Tokyo: Elsevier, 2000).

Nijhoff, P., "Lake Baikal Endangered by Pollution," *Environmental Conversation* 6:2 (1979), pp. 111-115.

Rich, V., "Baikal Railway Raises Environmental Questions," *Nature* 278 (1979), p. 203.

Stewart, J. M., "Baikal's Hidden Depths," *New Scientist* 126:1722 (1990), pp. 42-46.

Stewart, J. M., "The Great Lake is in Great Peril," *New Scientist* 126:1723 (1990), pp. 32-36.

Tinker, J., "What's Happening to Lake Baikal?," *New Scientist* 58:850 (1973), pp. 694-695.

Tokunaga, M., "Enterprise Restructuring in the Context of Urban Transition: Analysis of Company Towns in Russia," *The Journal of Comparative Economic Studies* 1 (2005), pp. 79-102.

Tokunaga, M., "Struggle for Survival in a Capitalist State: Analysis of the Re-profiling Program for a Russian Enterprise," *Kansai University Review of Business and Commerce* 7 (2005), pp. 63-89.

Venable, S., *Protecting Lake Baikal* (Saarbrücken: VDM Verlag Dr. Mueller, 2008).

Vorob'yev, V. V., "Problems of Lake Baykal in the Current Period," *Soviet Geography* 30:1 (1989), pp. 33-48.

Vorob'yev, V. V. and A. V. Martynov, "Protected Areas of the Lake Baykal Basin," *Soviet Geography* 30:5 (1989), pp. 359-370.

Weiner, D. R., *A Little Corner of Freedom: Russian Nature Protection from Stalin to Gorbachëv* (Berkeley: University of California Press, 1999), Chapter 16, pp. 355-373.

Wolfson, Z., "Ecological Problems as National Problems: Lake Sevan in Armenia, Lake Baikal and the Volga," *Environmental Policy Review: The Soviet Union and Eastern Europe* 2:2 (1988).

Ziegler, C. E., *Environmental Policy in the USSR* (Amherst: The University of Massachusetts Press, 1990), Chapter 3, pp. 45-77.

ZumBrunnen, C., "The Lake Baikal Controversy: A Serious Water Pollution Threat or a Turning Point in Soviet Environmental Consciousness," in Ivan Volgyes, ed., *Environmental Deterioration in the Soviet Union and Eastern Europe* (New York: Praeger Publishers, 1974), pp. 80-122.

Афанасьева Э.Л., Бекман М.Ю., Безрукова Е.В. и др. Путь познания Байкала. Новосибирск, 1987.

Баженова О.Н., Любцова Е.М., Рыжов Ю.В. Эрозионное районирование юга Восточной Сибири // География и природные ресурсы. 1997. № 2. С. 68-73.

Байкал и проблема чистой воды в Сибири / Лимнологический институт СО АН СССР. Иркутск, 1968.

Байкал как участок мирового природного наследия: результаты и перспективы международного сотрудничества / Под ред. Н.Л. Добрецова. Новосибирск, 1999.

Байкальский регион в двадцать первом веке: модель устойчивого развития или непрерывная деградация? Комплексная программа политики землепользования для российской территории бассейна озера Байкал. Нью-Йорк, 1993/*The Lake Baikal Region in the Twenty-first Century: A Model of Sustainable Development or Continued Degradation? A Comprehensive Program of Land Use Policies for the Russian Portion of the Lake Baikal Region* (New York: 1993).

Байкальский регион в переломные периоды истории (19-21 вв.): Материалы Всероссийской научной конференции, 27-28 апреля 2006 г. Улан-Удэ, 2006.

Байкальский регион как модельная территория мирового устойчивого развития. Новосибирск, 1994.

Белов А.В. Экологическая программа Иркутской области на период до 2005 года // География и природные ресурсы. 1991. № 1. С. 5-10.

Буянтуев Б.Р. К народнохозяйственным проблемам Байкала. Улан-Удэ, 1960.

Буянтуев Б.Р., Галазий Г.И., Кротов В.А., Шоцкий В.П. Проблема комплексного использования и охраны природных ресурсов озера Байкал // Доклады Института географии Сибири и Дальнего Востока. 1962. № 2. С. 3-13.

Васильев И.М., Дамбиев Э.Ц., Мельник А.В., Тулохонов А.К. Изменения природной среды в Байкальском регионе по историко-картографическим данным // География и природные ресурсы. 1988. № 3. С. 110-114.

Взаимодействие социально-экономического развития и охраны природы в Байкальском регионе / Под ред. Г.И. Фильшина. Новосибирск, 1990.

Винокуров М.А., Антонова Л.Л., Озерникова Т.Г. Город должен жить: проблемы города Байкальска глазами социологами. Иркутск, 1999.

Виньков А. Почти библейская история // Эксперт. 28 января 2010. [http://expert.ru/2010/01/28/pohti_bibleiskaya_istore/]

Воробьев В.В. Города южной части Восточной Сибири (историко-географические очерки). Иркутск, 1959.

Воробьев В.В., Антипов А.Н., Белов А.В., Васянович А.В. Проблема перехода к экологически безопасному (устойчивому) развитию Иркутской области // География и природные ресурсы. 1995. № 4. С. 79-89.

Галазий Г.И. Экосистема Байкала и проблема ее охраны // Природа. 1978. № 8. С. 44-56.

Галазий Г.И. Байкал в вопросах и ответах. Иркутск, 1987. [ゲ・イ・ガラージイ（石川県ロシア協会ロシア語委員会抄訳　平文雄，紿野義夫監修・編集）『バイカル湖 Q&A』石川県ロシア協会編「イルクーツク・バイカル総覧」第 3 分冊，1996 年。]

Геллман А. Байкальская проблема: взгляд со стороны // ЭКО. 1996. № 1. С. 139-141.

Гидроэнергетика и Байкал. Ч. 1-2. Улан-Удэ, 1996.

Грачев М.А. О современном состоянии экологической системы озера Байкал. [http://www.lin.irk.ru/new/index.php/ru/about-baikal/ecology/44-pollution-sources-forecast.html]

Думова И.И. Социально-экономические основы управления природопользованием в регионе. Новосибирск, 1996.

Ерш В.А., Полякова Н.В., Столяров С.Л. Предпосылки развития города Байкальска: социальный подход // Концепция развития города: социальные, экологические, управленческие аспекты / Под ред. А.Я. Якобсона, А.П. Суходолова, Н.Я. Труфановой. Новосибирск, 1991. С. 121-126.

Заборцева Т.И. Отрасли-детериоранты ближнего севера Восточной Сибири // География и природные ресурсы. 1990. № 3. С. 116-122.

Зуляр Ю.А. Очерки истории природопользования в Байкальском регионе в XX веке. Иркутск, 2002.

Иметхенов А.Б. Катастрофические явления в береговой зоне Байкала. Улан-Удэ, 1994.

Истравников В., Грачев М., Максимова И., Сутурин А., Шмаудер Г. В лаборатории законотворчества - Байкал // Российский экономический журнал. 1992. № 2. С. 56-64.

Калихман А. Построим БЦБК лучше прежнего? // Сибирский экологический вестник. 1996. № 3/4. [http://www.nsu.ru/community/nature/books/Vest_3-4/index.htm]

Комаров Б. Уничтожение природы: обострение экологического кризиса в СССР. Frankfurt/Main, 1978. С. 5-30. [ボリス・カマロフ(西野建三訳)『シベリアが死ぬ時』アンヴィエル, 1979年, 7-40頁。]

Лисаускене М.В., Лихачева Т.И., Грицынина З.В., Лисаускайте Ю.В. Экологические движения и экологическое сознание в Прибайкалье // Социологические исследования. 1999. № 8. С. 111-116.

Максимова И.И. Обеспечить правовую базу разрешения Байкальских коллизий // Российский экономический журнал. 1995. № 3. С. 72-75.

Максимова И.И., Кузьмин М.И. Формирование системы управления сохранением озера Байкал. Иркутск, 2004.

Мониторинг и оценка состояния Байкала и Прибайкалья: материалы школы-семинара, 4-7 сентября 1989 г., Байкальск. Ленинград, 1991.

Настоящее и будущее Байкальского региона: возможности устойчивого развития. Ч. 1-3. Новосибирск, 1994.

Перспективы градообразующей специализации г. Байкальска и оценка возможностей региональных финансовых ресурсов для решения проблемы Байкальского ЦБК: научный отчет. Иркутск, 1993.

Поспелов Г.Л. Размышления о судьбе Байкала // Сибирские огни. 1963. № 6. С. 154-164.

Природные ресурсы и их рациональное использование в бассейне озера Байкал. Улан-Удэ, 1977.

Природопользование и охрана среды в бассейне Байкала. Новосибирск, 1990.

Проблемы развития производительных сил в бассейне озера Байкал с учетом экологических требований (материалы генеральной концепции). Москва, 1988.

Проблемы регионального мониторинга состояния озера Байкал. Ленинград, 1983.

Раднаев Б.Л. Роль транспортного фактора во взаимодействии природных и экономических систем в бассейне Байкала // География и природные ресурсы. 1989. №

1. С. 59-65.

Резникова А.В., Суворов Е.Г., Серышев А.А. Организация особо охраняемых природных территорий (на примере Слюдянского района Иркутской обл.) // География и природные ресурсы. 1996. № 4. С. 62-70.

Россолимо Л.Л. Байкал. Москва, 1966. [エリ・エリ・ロソリーモ(藤井昭二，大浦清，田中晋共訳)『バイカル湖』ラティス，1968年。]

Самаруха В.И., Суходолов А.П. Экология и экономика водосборного бассейна Байкала. Иркутск, 1992.

Сапрыкин А.В., Важин В.В. Ртуть в озере Байкал: история вопроса и современные представления // Химия в интересах устойчивого развития. 1995. Т. 3. № 1-2. С. 119-125.

Слово в защиту Байкала: материалы дискуссии. Иркутск, 1989.

Совершенствование регионального мониторинга состояния озера Байкал. Ленинград, 1985.

Суходолов А.П. Предпосылки развития города Байкальска: экологический подход // Концепция развития города: социальные, экологические, управленческие аспекты / Под ред. А.Я. Якобсона, А.П. Суходолова, Н.Я. Труфановой. Новосибирск, 1991. С. 91-97.

Суходолов А.П. О том ли спорим? Борясь с промышленностью, экологических проблем не решить // ЭКО. 1992. № 5. С. 105-117.

Суходолов А.П. Целлюлозно-бумажная промышленность Байкальского региона: история, эколого-экономические проблемы, перспективы развития. Новосибирск, 1995.

Суходолов А.П. Быть ли городу на Байкале? Новосибирск, 1996.

Суходолов А.П. Байкальская проблема в свете социально-демографической ситуации // Социологические исследования. 1997. № 12. С. 45-47.

Суходолов А.П., Зырянов В. История целлюлозно-бумажной промышленности в России и Сибири // ЭКО. 1995. № 8. С. 143-148.

Тараканов М.А. Завершение производственных циклов: новый этап использования ресурсного потенциала Иркутской области // География и природные ресурсы. 1996. № 4. С. 124-129.

Тарноруцкий С.А. Рациональное использование земельных ресурсов в бассейне озера Байкал // География и природные ресурсы. 1988. № 3. С. 92-97.

Тржцинский Ю.Б., Козырева Е.А., Мазаева О.А. Изменение природных условий Приангарья под воздействием водохранилищ // География и природные ресурсы. 1997. № 1. С. 40-47.

Трофимук А.А., Герасимов И.П. Сохранить чистоту вод озера Байкала // Прир-

ода. 1965. № 11. С. 50–60.

Тулохонов А.К. Байкальский регион: проблемы устойчивого развития. Новосибирск, 1996.

Тулохонов А.К. Социально-правовые аспекты в деятельности национальных парков Байкальского региона // География и природные ресурсы. 1996. № 2. С. 66–69.

Федоров Ю. А., Гриненко В. А., Кроузе Р. Состояние и прогноз зоны влияния целлюлозно-бумажного комбината на акваторию Байкала // Известия Российской академии наук. Сер. географическая. 1996. № 1. С. 106–115.

Халий И.А. Защита Байкала: хроника конфликта // Социологические исследования. 2007. № 8. С. 26–34.

Хозяйственное освоение и охрана природных ресурсов бассейна озера Байкал. Улан-Удэ, 1976.

Чебаненко Б.Б. Влияние дальнего и ближнего переноса промышленных выбросов на загрязнение оз. Байкал // География и природные ресурсы. 1988. № 4. С. 79–83.

Человек у Байкала и среда его обитания: материалы 1-й Международной конференции по экологическим проблемам Байкальского региона. Улан-Удэ, 1991.

Черкашин А.К. Анализ политики землепользования на примере Байкальского региона // Известия Российской академии наук. Сер. географическая. 1996. № 2. С. 101–108.

Чивилихин В.А. Светлое око Сибири // Октябрь. 1963. № 4. С. 151–172.

Широков Г.И., Калихман А.Д., Комиссарова Н.В., Савенкова (Калихман) Т.П. Экологический туризм: Байкал. Байкальский регион. Иркутск, 2002.

Экология южного Байкала. Иркутск, 1983.

Якобсон А.Я., Манжигеев А.Ф. Методология разработки и основные положения концепции развития города Байкальска // Концепция развития города: социальные, экологические, управленческие аспекты / Под ред. А.Я. Якобсона, А.П. Суходолова, Н.Я. Труфановой. Новосибирск, 1987. С. 129–137.

年二月)、関西大学在外研究員制度を利用したヘルシンキ経済大学移行経済研究所(二〇〇八年九月~〇九年三月)ならびにロシア高等経済大学社会学部(二〇〇九年三月~九月)における客員研究員としての研究活動をはじめ、学内外の研究費の支援を受けて実現した。この場を借りて関係者に深謝したい。

国内外の学会、シンポジウム、セミナー、研究会などで発表・討論する機会に恵まれたことは、本書の内容を吟味し、精緻化する上で大いなる助けとなった。このような場で対話・交流することができた先生方と研究仲間に感謝の意を表したい。査読誌へ投稿した拙論に寄せられた編集者とレフリーからの批判や助言も非常に有益で、査読システムの利点を十分に活かすことができたと考えている。さらに、本書の草稿に対して北海道大学出版会の企画委員会から出されたコメントと要望は、原稿の細部を見直しつつ論旨の展開を最終確認する貴重な機会を与えてくれた。個人名を逐一挙げることは差し控えたいが、このように多くの方々に支えられて本書の上梓までたどり着けたことに改めて感謝申し上げる。

本書の刊行にあたっては、日本学術振興会による平成二四年度科学研究費補助金(研究成果公開促進費)の交付を受けた(課題番号二四五一七〇)。また、本書は、同上による学術研究助成基金助成金(平成二三~二五年度基盤研究(C)課題番号二三五三〇三〇六)の研究成果の一部でもある。最後に、本書の出版を引き受けてくれた北海道大学出版会に厚くお礼申し上げたい。

二〇一二年一一月　大阪

徳永昌弘

第七章
「シベリアにおける開発と環境――バイカル湖地域を例に」『環境と公害』第二七巻第二号、一九九七年、六〇―六六頁。
「ロシア・バイカル湖地域開発の展開と公害・環境問題」『ロシア・東欧学会年報』第二六号、一九九八年、五一―六三頁。

第八章
「地方からみたロシアの環境マネージメント――バイカル湖の環境汚染にみられる公害・環境問題の『共有』」『ロシア研究』第三三号、二〇〇一年、六〇―七八頁。
「都市と企業の市場移行――ロシアにおける企業都市の変容に関する一考察」『ロシア・東欧研究』第三二号、二〇〇四年、一〇五―一一八頁。（改訂版――"Enterprise Restructuring in the Context of Urban Transition: Analysis of Company Towns in Russia," *The Journal of Comparative Economic Studies* 1 (2005), pp. 79-102.）
"Struggle for Survival in a Capitalist State: Analysis of the Re-profiling Program for a Russian Enterprise," *Kansai University Review of Business and Commerce* 7 (2005), pp. 63-89.

終章
書き下ろし

本書で利用した文献、データ、史料等の収集は、日露青年交流センターの小渕フェローシップ「日本人若手研究者派遣」事業によるノボシビルスク大学への研究留学（二〇〇〇年八月～〇一年二月）、日本学術振興会の特定国派遣研究者（フィンランド短期）として訪問したヘルシンキ大学アレクサンテリ研究所での研究交流（二〇〇八

第二章
「ロシアの環境事情――『環境政策なき環境改善』とその後」『環境管理』第四五巻第一二号、二〇〇九年、一二―一九頁。
「開発と環境」吉井昌彦、溝端佐登史編著『現代ロシア経済論』ミネルヴァ書房、二〇一一年、一五二―一六六頁。

第三章
「ロシアの環境ガバナンス――『閉ざされた』エコロジー近代化の道」『国民経済雑誌』(神戸大学)第一九九巻第1号、二〇〇九年、四七―六六頁。(改訂版――"Environmental Governance in Russia: The 'Closed' Pathway to Ecological Modernization," *Environment and Planning A* 42:7 (2010), pp. 1686-1704.)
「メドヴェージェフ政権の環境政策」『ロシアＮＩＳ調査月報』二〇一〇年四月号、三〇―四九頁。
「環境面から見たロシア経済近代化の成果と課題」『ロシアにおけるエネルギー・環境・近代化』日本国際問題研究所、二〇一二年三月、一七五―一八五頁。

第四章・第五章
「シベリアにおける社会主義工業化――ロシア後背地の変貌と実像」『比較経済体制研究』第一四号、二〇〇八年、一八―四三頁。
「戦後シベリアの社会主義工業化――アンガラ川流域開発を中心に」『スラヴ研究』第五九号、二〇一二年、一一五―一四三頁。

第六章
書き下ろし

徳 永 昌 弘（とくなが まさひろ）

関西大学商学部准教授。1999年京都大学大学院経済学研究科博士後期課程単位取得退学。経済学博士（京都大学，2002年）。主著に『グローバル金融危機と経済統合——欧州からの教訓』（共著）関西大学出版部，2012年，『国際比較の経済学——グローバル経済の構造と多様性』（監訳）NTT出版，2012年。*Environment and Planning A*，*The Journal of Comparative Economic Studies*，『環境管理』，『国民経済雑誌』，『スラヴ研究』，『比較経済体制研究』，『ロシア・東欧研究』，『ロシアNIS調査月報』等に論文を発表。

20世紀ロシアの開発と環境——「バイカル問題」の政治経済学的分析

2013年2月28日　第1刷発行

著　者　　徳　永　昌　弘

発行者　　櫻　井　義　秀

発行所　北海道大学出版会
札幌市北区北9条西8丁目 北海道大学構内（〒060-0809）
Tel. 011(747)2308・Fax. 011(736)8605・http://www.hup.gr.jp

アイワード／石田製本

ISBN978-4-8329-6774-8

北樺太石油コンセッション1925-1944　村上　隆著　A5・458頁　定価8500円

サハリン大陸棚石油・ガス開発と環境保全　村上　隆編著　B5・450頁　定価16000円

イルクーツク商人とキャフタ貿易
―帝政ロシアにおけるユーラシア商業―　森永貴子著　A5・562頁　定価8000円

〈北海道大学スラブ研究センター　スラブ・ユーラシア叢書3〉
石油・ガスとロシア経済　田畑伸一郎編著　A5・308頁　定価2800円

〈北海道大学スラブ研究センター　スラブ・ユーラシア叢書11〉
環オホーツク海地域の環境と経済　田畑伸一郎・江淵直人編著　A5・294頁　定価3000円

〈北海道大学スラブ研究センター　スラブ・ユーラシア叢書9〉
ポスト社会主義期の政治と経済
―旧ソ連・中東欧の比較―　林　忠行・仙石　学編著　A5・362頁　定価3800円

〈北海道大学スラブ研究センター　スラブ・ユーラシア叢書10〉
日露戦争とサハリン島　原　暉之編著　A5・450頁　定価3800円

アジアに接近するロシア
―その実態と意味―　木村　汎・袴田茂樹編著　A5・336頁　定価3200円

もう一つの経済システム
―東ドイツ計画経済下の企業と労働者―　石井　聡著　A5・312頁　定価5600円

〈定価は消費税を含まず〉

北海道大学出版会